# Environnement Vegetal de l'Homme Fossile et Climats en Ligurie pendant le Dernier Cycle Climatique et le Postglaciaire

Eleni Karatsori

BAR International Series 1159
2003

Published in 2019 by
BAR Publishing, Oxford

BAR International Series 1159

*Environnement Vegetal de l'Homme Fossile et Climats en Ligurie pendant le Dernier Cycle Climatique et le Postglaciaire*



ISBN 9781841713397 paperback
ISBN 9781407325637 e-book

DOI https://doi.org/10.30861/9781841713397

A catalogue record for this book is available from the British Library

This book is available at www.barpublishing.com

BAR Publishing is the trading name of British Archaeological Reports (Oxford) Ltd. British Archaeological Reports was first incorporated in 1974 to publish the BAR Series, International and British. In 1992 Hadrian Books Ltd became part of the BAR group. This volume was originally published by John and Erica Hedges in conjunction with British Archaeological Reports (Oxford) Ltd / Hadrian Books Ltd, the Series principal publisher, in 2003. This present volume is published by BAR Publishing, 2019.

BAR
PUBLISHING

BAR titles are available from:

BAR Publishing
122 Banbury Rd, Oxford, OX2 7BP, UK
EMAIL info@barpublishing.com
PHONE +44 (0)1865 310431
FAX +44 (0)1865 316916
www.barpublishing.com

*MUSEUM NATIONAL D'HISTOIRE NATURELLE*
*DEPARTEMENT DES SCIENCES PREHISTORIQUES*

**THESE**

présentée à l'Institut de Paléontologie Humaine
pour obtenir le grade de
**DOCTEUR DU MUSEUM NATIONAL D'HISTOIRE NATURELLE**

Discipline :
Quaternaire : Géologie, Paléontologie humaine, Préhistoire

Option : Géologie
Spécialité : Palynologie

par

**Eleni KARATSORI**

# ENVIRONNEMENT VEGETAL DE L'HOMME FOSSILE ET CLIMATS EN LIGURIE PENDANT LE DERNIER CYCLE CLIMATIQUE ET LE POSTGLACIAIRE. ETUDE PALYNOLOGIQUE DES SITES PREHISTORIQUES ITALIENS DE CAVERNA DELLE FATE, DE ARMA DELLE MANIE (FINALE LIGURE) ET DE SAN FRANCESCO (SAN REMO).

soutenue le 24 avril 2003

devant la commission composée de :

**Président :**
Henry de LUMLEY, Professeur au Muséum National d'Histoire Naturelle.
**Examinateurs :**
Lilian KARALI-GIANNAKOPOULOU, Professeur à l'Université d'Athènes.
Philippe MORAT, Professeur au Muséum National d'Histoire Naturelle.
Josette RENAULT-MISKOVSKY, Directeur de Recherche au C.N.R.S.
Giuseppe VICINO, Conservateur du Musée d'Archéologie de Finale Ligure.
Massimo RICCI, Conservateur Honoraire du Musée de San Remo.
**Rapporteurs :**
José S. CARRIÓN, Professeur à l'Université de Murcia.
Laura CATTANI, Professeur à l'Université de Bologne.

# REMERCIEMENTS

La présente étude a été réalisée dans le Département des Sciences Préhistoriques du Muséum National d'Histoire Naturelle de Paris (Unité de Palynologie). Avant de présenter ce travail, il m'est très agréable de remercier toutes les personnes qui ont contribué directement ou indirectement à sa réalisation.

Je tiens, en premier lieu, à exprimer ma reconnaissance à Monsieur Henry de Lumley, Professeur au Muséum National d'Histoire Naturelle et Directeur de l'Institut de Paléontologie Humaine de Paris, pour m'avoir proposé le sujet de cette thèse. Il a suivi avec un grand intérêt l'évolution du travail et je lui suis aujourd'hui très reconnaissante de présider ce jury.

Je voudrais exprimer ma gratitude à Madame Josette Renault-Miskovsky, Directeur de Recherche au C.N.R.S., pour m'avoir accueillie dans l'Unité de Palynologie et pour m'avoir initiée à cette discipline. Je ne pourrais jamais la remercier suffisamment pour son encadrement scientifique de qualité, son soutien et ses encouragements permanents ainsi que la confiance qu'elle m'a portée tout au long de cette étude.

Je voudrais, également, remercier Madame Lilian Karali-Giannakopoulou, Professeur à l'Université d'Athènes, responsable de ma bourse d'Etat, pour m'avoir orientée vers la discipline de la Palynologie. Je lui exprime ma reconnaissance pour l'intérêt qu'elle a porté à mes recherches depuis leur commencement, pour sa disponibilité et son soutien constant. Je la remercie en outre d'avoir bien voulu juger ce travail.

Je remercie sincèrement Madame Laura Cattani, Professeur à l'Université de Bologne, pour avoir accepté de relire et de juger ce manuscrit en tant que rapporteur.

J'exprime ma reconnaissance à Monsieur José S. Carrión, Professeur à l'Université de Murcia pour avoir consacré du temps à la correction de ce manuscrit. Ses remarques et ses propositions m'ont été très bénéfiques et m'ont permis d'améliorer ce travail. Je lui suis reconnaissante d'avoir accepté de participer au jury en tant que rapporteur.

J'adresse mes sincères remerciements à Monsieur Philippe Morat, Professeur au Muséum National d'Histoire Naturelle qui a bien voulu examiner ce travail et participer à ce jury.
J'aimerais également témoigner ma gratitude à Monsieur Giuseppe Vicino, Conservateur du Musée d'Archéologie de Finale Ligure pour avoir accepté de corriger ce travail et de faire partie de ce jury. Je le remercie, en outre, pour son aimable accueil sur le site de Arma delle Manie.

Je tiens aussi à remercier Monsieur Massimo Ricci, Conservateur Honoraire du Musée de San Remo d'avoir bien voulu juger ce travail et de participer au jury. Je le remercie également pour son accueil et son assistance précieuse sur le terrain.

Je voudrais exprimer toute ma gratitude à Monsieur Polychronis C. Tzedakis, Maître de Conférence à l'Université de Leeds (UK), pour avoir accepté de corriger ce travail dans des délais très restreints. Je le remercie pour ses remarques très constructives ainsi que pour sa gentillesse.

Je tiens à adresser mes remerciements les plus sincères aux doctorants et post-doctorants de l'Unité de Palynologie :
Je voudrais remercier tout particulièrement Hocine Fellag et Vincent Lebreton pour le temps inestimable qu'ils ont consacré à la lecture de ce manuscrit dès les premières versions. Je leur témoigne toute ma gratitude pour leur patience, leurs remarques, leurs conseils et leurs discussions très profitables, sans lesquels ce travail serait beaucoup moins complet.

Je voudrais également remercier David Kaniewski, Mostafa Kharbouch, Chafika Kalaï-Falguères, sans oublier Erwan Messager et Anne-Sophie Lartigot, tout d'abord, pour l'aide et les encouragements qu'ils m'ont prodigués, notamment pour d'innombrables services techniques, mais aussi pour l'ambiance conviviale qui ils ont créée au laboratoire, contribuant à rendre ces années de recherche inoubliables.

Je souhaite remercier Messieurs Jean-Jacques Bahain et Christophe Falguères pour leur gentillesse et leurs orientations bibliographiques. Je remercie également Monsieur Salah Abdessadok pour sa collaboration sur le terrain.

Je voudrais adresser mes remerciements à l'équipe du Lazaret à Nice, particulièrement à Madame Annie Echassoux, responsable du laboratoire, pour son aimable accueil et à Monsieur Samir Khatib, sédimentologue, pour l'agréable collaboration lors des campagnes de prélèvements en Ligurie.

Il m'est agréable de remercier le personnel administratif de l'Institut de Paléontologie Humaine pour leur efficacité et leur gentillesse. J'aimerais témoigner ma sympathie à Madame Marie-Thérèse Barbaud, Madame Michelle Dacier, Monsieur Patrick Pollet, Monsieur Olivier Thévenot, Madame Florence Tosca et Madame Tiana Ravelo.

Il m'est agréable de remercier également l'Institut National Grec des Bourses (I.K.Y.) ainsi que la Fondation Leventis pour m'avoir donné la possibilité de réaliser mes études en France.

Je tiens à exprimer ma gratitude à Jason Charles Bryar, Giulia Griuppioni, Vayia Malamidou, Stamatia Perpinia et Maria Papanikolaou pour leur aide lors des traductions du résumé, en anglais et en italien.

J'adresse toute ma gratitude à Anne-Sophie Lartigot qui a bien voulu relire et corriger le français de ce manuscrit. Elle a fait preuve de volonté et de patience et je lui en suis très redevable. Je n'oublie pas Matthieu Fritz à qui je dois également l'amélioration de la qualité du texte français et Sylvain Entressangle pour son aide précieuse lors de la mise en forme du manuscrit. Je les remercie également pour leur soutien permanent. Je tiens à exprimer mes plus sincères remerciements à Voula Tritsaroli, pour son concours inestimable lors de l'impression de ce manuscrit ainsi que pour son affectueuse sollicitude.

Je ne pourrais pas oublier mes amis, tout particulièrement Nikolakis Kourtis, Amerso Psarrou et Dionysia Psychoyou, mais également Minas Athanassiou, Effie Baltzi, Anton Chosson, Maria Dawson, Katerina Nodarou, Lina Nodarou, Aggeliki Theodoropoulou...et l'énumération serait encore longue, car chacun de ces amis à sa manière, m'a constamment aidée pendant la préparation de ce travail.

Ma pensée va naturellement à mes parents, restés en Grèce, pour m'avoir toujours soutenue, financièrement et moralement au cours de ces dernières années. Leur amour ainsi que leurs encouragements permanents sont pour beaucoup dans l'aboutissement de cette thèse.

J'adresse, enfin, toute ma gratitude à John et Erica Hedges, des éditions B.A.R. (British Archaeological Reports) pour m'avoir donné la possibilité de publier cet ouvrage.

# SOMMAIRE

INTRODUCTION

**PREMIERE PARTIE- GENERALITES**

CHAPITRE I-CADRE NATUREL

- Cadre geographique
- Cadre geologique
- Cadre archeologique
- Climat actuel
- Vegetation actuelle

CHAPITRE II-CADRE CHRONOSTRATIGRAPHIQUE DU PLEISTOCENE SUPERIEUR ET DE L'HOLOCENE

- Bref historique de la deffinition du cadre chronostratigraphique du Quaternaire
- Le Quaternaire
- Le Pleistocene superieur
- L'Holocene

CHAPITRE III-METHODOLOGIE PALYNOLOGIQUE

- Introduction a la Palynologie
- Morphologie sporopollinique
- Applications de la Palynologie
- Principe de l'analyse sporopollinique
- Prelevements
- Extraction chimique du contenu sporopollinique
- Microscopie
- Saisie informatique des resultats
- ELEMENTS D'INTERPRETATION DES DIAGRAMMES POLLINIQUES

CHAPITRE IV-PARTICULARITES DE LA PALYNOLOGIE EN DEPOT ARCHEOLOGIQUE

- Origine du materiel sporopollinique en grottes
- Mecanismes de transport du materiel sporopollinique en grotte
- phenomenes de Taphonomie sporopollinique
- Limites de la methode

**DEUXIEME PARTIE-ETUDE DES SITES**

CHAPITRE V-CAVERNA DELLE FATE

- Presentation du site
- Etude palynologique

CHAPITRE VI-ARMA DELLE MANIE

- Presentation du site
- Etude palynologique

CHAPITRE VII-SAN FRANCESCO

- Presentation du site
- Etude palynologique

CHAPITRE VIII-CORRELATIONS DES RESULTATS AVEC DES SEQUENCES POLLINIQUES DU PLEISTOCENE SUPERIEUR ET DE L'HOLOCENE
- SEQUENCES LACUSTRES DU PLEISTOCENE SUPERIEUR ET DE L'HOLOCENE
- SITES ARCHEOLOGIQUES DU PLEISTOCENE SUPERIEUR ET DE L'HOLOCENE
- CORRELATIONS DES TROIS SITES D'APRES LES RESULTATS PALYNOLOGIQUES ET LES HYPOTHESES CHRONOSTRATIGRAPHIQUES

CONCLUSIONS GENERALES

BIBLIOGRAPHIE
PLANCHES PHOTOGRAPHIQUES
ANNEXE
LISTE DES FIGURES
LISTE DES TABLEAUX
TABLE DES MATIERES
RESUME
ABSTRACT
RIASSUNTO
ΠΕΡΙΛΗΨΗ

**Veuillez noter que du matériel supplémentaire peut être téléchargé à partir de www.barpublishing.com/additional-downloads.html.**
**Les dépliants originaux ont été réduits pour correspondre au format A4 de ce livre, les images ne sont donc pas aussi claires que celles les dépliants originaux. Veuillez vous référer aux dépliants originaux via le téléchargement pour le contenu original.**

# INTRODUCTION

La présente étude contribue à la connaissance de l'environnement végétal et du climat des Hommes préhistoriques, présents en Ligurie pendant le Quaternaire final.

Cette période englobe le Pléistocène supérieur, c'est à dire le dernier cycle climatique interglaciaire-glaciaire, ainsi que l'Holocène correspondant à l'interglaciaire du cycle climatique actuel. Le Pléistocène supérieur s'étend du début du stade isotopique 5, daté d' environ 130 ka, jusqu'au stade isotopique 2 inclus, qui s'achève il y a environ 11 ka (Martinson *et al.*, 1987). L'Holocène, équivalent au stade isotopique 1, fait suite au Pléistocène supérieur et se prolonge jusqu'à l'actuel.

Pendant cet intervalle, l'Europe a connu l'expansion de l'Homme de Néandertal (*Homo neanderthalensis*), lié traditionnellement à la culture moustérienne du Paléolithique moyen, sa cohabitation avec l'Homme moderne (*Homo sapiens sapiens*) et enfin son remplacement par ce dernier et ses faciès culturels, qui définissent le Paléolithique supérieur ainsi que les cultures plus récentes (Mésolithique, Néolithique...).

En Italie, la présence de ces deux populations distinctes est attestée par la découverte de nombreux restes humains, associés à diverses industries lithiques dans plusieurs sites archéologiques. Les études pluridisciplinaires de ces gisements permettent d'appréhender le mode de vie de ces populations, afin de saisir l'histoire de nos différents ancêtres. Parmi celles-ci, la reconstitution du paysage végétal par la Palynologie s'avère indispensable pour comprendre les interactions qui s'exercent entre l'Homme et le Milieu, au cours de l'évolution humaine.

En Ligurie italienne, nombreux sont les sites préhistoriques qui ont livré un abondant matériel archéologique se rapportant aux cultures du Paléolithique moyen et supérieur (les grottes de Madonna dell'Arma, de Colombo, de Manie, de Fate, de Santa Lucia superiore, le site de plein air de San Francesco...). En l'absence de séquences polliniques continues dans cette région, les enregistrements polliniques archéologiques, souvent discontinus, constituent néanmoins une source d'information importante pour saisir le contexte paléovégétal et paléoclimatique des Hominidés. La corrélation des épisodes climatiques ainsi mis en évidence, avec les séquences polliniques continues extrarégionales contemporaines (Follieri *et al.*, 1988, 1989, 1998 ; Leroy, 1992, 1994 ; Leroy *et al.*, 1996 ; Magri, 1999 ; Magri et Sadori, 1999 ; Watts, 2000) contribue à positionner les niveaux archéologiques étudiés dans le cadre chronostratigraphique du Quaternaire.

Cette recherche s'intègre à l'étude multidisciplinaire engagée par le Professeur Henry de Lumley, en collaboration avec la Soprintendence des Antiquités de la Ligurie, sur trois gisements archéologiques : Caverna delle Fate, Arma delle Manie (Finale Ligure, Savone), et le site de plein air de San Francesco (San Remo, Imperia).
Le choix de ces trois sites pour une étude palynologique est, nous l'avons vu, lié au souhait de connaître l'évolution de la végétation et du climat d'un territoire géographique entre la Méditerranée et les Alpes, pendant une durée déterminée, et de pouvoir ainsi placer les trois gisements dans le cadre chronostratigraphique du Quaternaire régional.

L'étude concerne 210 échantillons traités au laboratoire et analysés au microscope, dont seuls 89 ont répondu aux conditions statistiques requises pour établir un spectre valable, les 121 autres s'étant avérés stériles. L'analyse palynologique représente un total de 37 960 grains déterminés qui ressemblent 79 taxons et 4 types de spores de Filicales.

La présentation de ce travail est organisée autour de huit chapitres, regroupés en deux parties.

La première partie de généralités, comprend les chapitres 1 à 4.

Le premier chapitre expose le cadre naturel de l'étude, c'est à dire : la géographie de l'Italie et notamment de la Ligurie, la géologie des Alpes, des Apennins ligures et celle du territoire ligure englobant les trois sites, le contexte archéologique, ainsi que le climat et la végétation actuelle de l'Italie, particulièrement de la Ligurie.

Le deuxième chapitre concerne le cadre chronostratigraphique du Pléistocène supérieur et de l'Holocène à travers une approche multidisciplinaire mettant en parallèle les différentes terminologies usitées.

Le troisième chapitre se rapporte à la méthodologie adoptée pour l'acquisition des données qui décrit le protocole suivi, depuis l'extraction du matériel sporopollinique jusqu'au traitement informatique des résultats. Il comprend également une introduction à la discipline palynologique et fait aussi référence aux principes de l'interprétation des diagrammes polliniques, notamment aux phénomènes de conservation sporopollinique. Ce chapitre a été particulièrement détaillé afin qu'il puisse servir d'initiation à la Palynologie en Grèce, où cette discipline est encore peu connue des archéologues.

Le quatrième chapitre commente les particularités de la Palynologie en dépôt archéologique ; il précise l'origine et les mécanismes de transport du matériel sporopollinique, avec quelques éléments de taphonomie sporopollinique et les limites de la discipline.

La deuxième partie réservée à l'étude des sites, comprend les chapitres 5 à 8.

Le cinquième, le sixième et le septième chapitres rappellent les données des différentes disciplines se rapportant à chaque gisement et présentent les résultats des analyses palynologiques. La description des différents diagrammes, basée sur le principe de la zonation pollinique établie, conduit à la reconstitution de la végétation et du climat, et à la comparaison des données polliniques avec ceux des autres disciplines. Dans l'étude de Arma delle Manie, les hypothèses déduites du traitement statistique des données ont été prises en considération lors de l'interprétation des résultats.

Le huitième chapitre rassemble la comparaison et la corrélation des résultats polliniques obtenus, avec des séquences de référence continues de l'Europe moyenne et méridionale et des sites archéologiques de l'Europe du sud. Une corrélation entre les résultats des trois sites étudiés a été également proposée.

Enfin, les conclusions générales reprennent les résultats palynologiques obtenus dans les trois sites et envisagent les éventuelles perspectives pour l'avenir.

# PREMIERE PARTIE

–

# GENERALITES

# CHAPITRE I

–

# Cadre naturel de l'étude

# I. CADRE GEOGRAPHIQUE

La péninsule italienne s'étend au centre du bassin méditerranéen, sur environ 1300 km, du nord au sud. La partie septentrionale du pays se trouve, d'ouest en est, aux confins de la France, de la Suisse, de l'Autriche et de la Slovénie. La partie péninsulaire est délimitée au nord-ouest par la mer Ligure, à l'ouest par la mer Tyrrhénienne, au sud et au sud-est par la mer Ionienne et enfin à l'est par la mer Adriatique (Fig. 1).

L'Italie est dominée par deux grands massifs montagneux, les Alpes et les Apennins. Les Alpes, au Nord, constituent une barrière géographique frontalière. Plusieurs sommets dépassent 4000 m d'altitude : le Mont Rose et le Mont Blanc culminent respectivement à 4618 m et 4807 m. Le Mont Blanc, qui constitue un point d'intersection entre la France, l'Italie et la Suisse, est aussi le point culminant de l'Europe. Au nord-ouest de l'Italie le massif des Apennins jouxte la chaîne alpine. Les Apennins traversent toute la partie péninsulaire et constituent l'ossature du pays. Ils culminent au Gran Sasso (2914 m) et à la Maiella (2975 m) en Italie centrale.

L'Italie se repartit en 20 régions. La Ligurie fait partie de huit régions appartenant à l'Italie septentrionale. Elle même se subdivise en quatre provinces (Imperia, Savone, Gênes et La Spezzia). Elle est placée entre la frontière française et la Toscane et possède une superficie territoriale d'environ 5418 km².

La Ligurie se développe en arc autour de la mer ligurienne, en orientant sa convexité vers le nord, le long des versants méridionaux des Alpes et de l'Apennin ligure. Le littoral est géographiquement subdivisé de part et d'autre de Gênes, en Riviera occidentale (Riviera du Ponant) et Riviera orientale (Riviera du Levant). Les plaines littorales sont très réduites, voire pratiquement absentes dans cette région, les collines et les montagnes s'élevant très rapidement et occupant pratiquement tout le territoire ligure. Le système hydrographique est formé de petits cours d'eau similaires à des torrents. Les plus importants, sur le versant côtier, sont le Roya (sa partie inférieure), le Nervia, et le Magra. Sur l'autre versant, montagneux, se rencontrent certains affluents du Pô : les deux branches du Bormida, le Scrivia et le Trebbia.

Dans la province d'Imperia, le sommet du Mont Saccarello (2200 m) dans la vallée d'Argentine, à environ 40 km de la côte, constitue le point culminant de la Ligurie. C'est dans cette province que se situe la station de plein air de San Francesco, en pleine ville de San Remo. Plus à l'est, dans l'arrière pays de Savone, la chaîne alpine rejoint les Apennins par l'intermédiaire du Col d'Altare. C'est ici, plus précisément dans la région de Finale, que se localisent les gisements de Caverna delle Fate et de Arma delle Manie.

# II. CADRE GEOLOGIQUE

La région ligure se trouve, de part sa position géographique, à la confluence des zones structurales des Alpes sud-occidentales et de l'Apennin ligure. Avant d'exposer le contexte géologique des sites archéologiques étudiés, la structure actuelle de ces deux chaînes sera brièvement présentée à partir des travaux de synthèse de J. Debelmas et G. Mascle, (1991), et ceux de A. Fayard *et al.*, (1999).

## 1. Les Alpes

Les Alpes résultent de la collision initiée au début du Tertiaire, entre la plaque eurasiatique et le promontoire adriatique (insubrien) de la plaque africaine. Ainsi, la chaîne alpine est formée de trois ensembles tectoniques : l'helvétique (externe) et le pennique (interne) qui constituent les Alpes occidentales, et l'ensemble austro-alpin formant la quasi-totalité des Alpes orientales (Fig. 2a ).

L'ensemble pennique est à l'origine des ensembles structuraux de la Ligurie occidentale. Il comprend le socle pennique et sa couverture, formée par les zones briançonnaise et piémontaise. Un matériel ophiolitique se positionne entre les zones de l'ensemble pennique et l'ensemble austro-alpin. La couverture sédimentaire des ophiolites est dite liguro-piémontaise. Allant du Jurassique moyen au Crétacé supérieur elle s'est plissée et métamorphisée ultérieurement, particulièrement au cours de l'Eocène. Cependant, une partie de cette couverture a échappé au métamorphisme en se décollant pendant le Crétacé supérieur et en glissant vers l'extérieur des Alpes en nappes gravitaires. Il s'agit du flysch à Helminthoïdes.

Les Alpes ligures, depuis la mise en place de ces édifices structuraux, ont subi un mouvement de soulèvement constant, notamment pendant le Quaternaire.

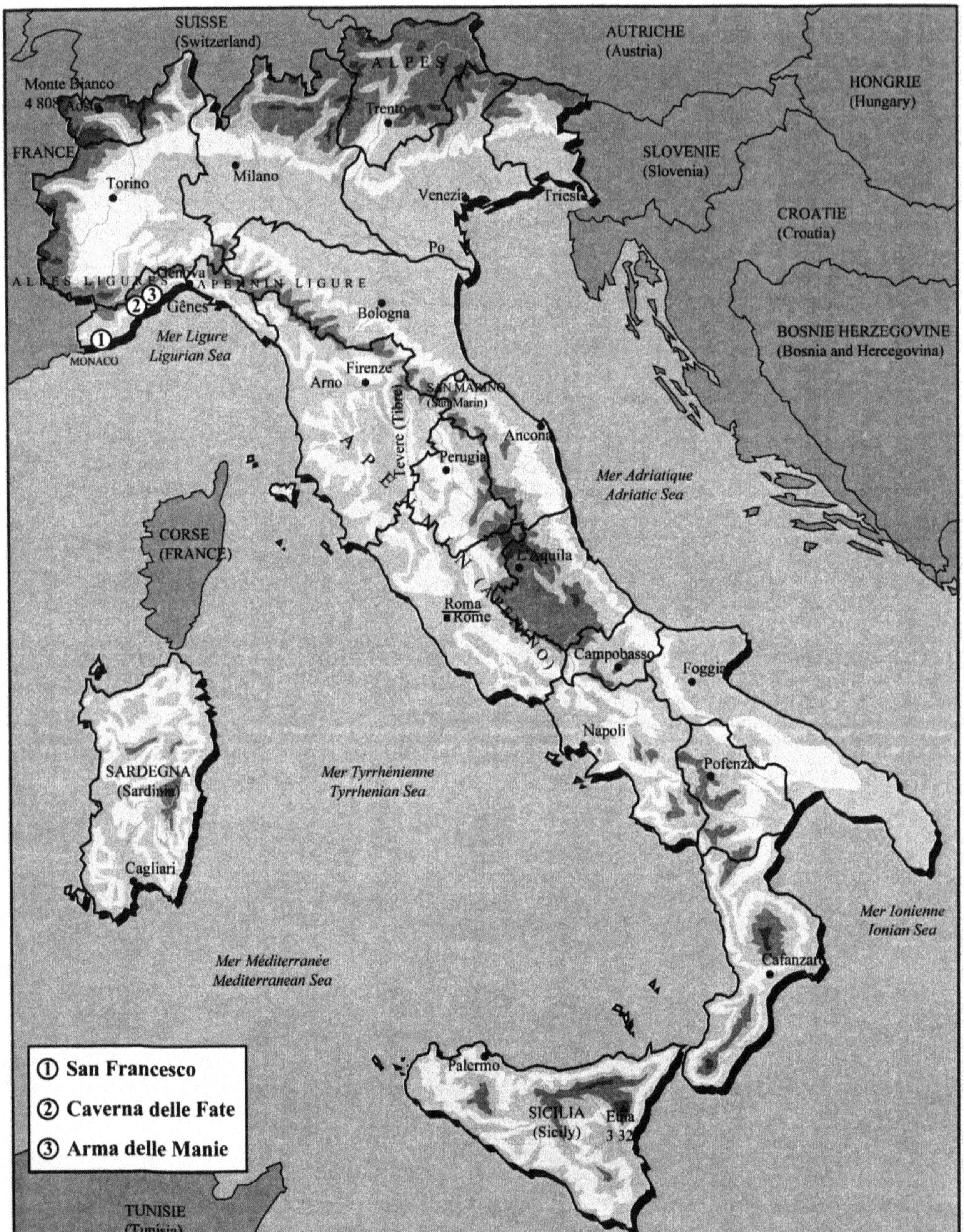


Figure 1 : Cadre géographique de l'étude.

## 2. LES APENNINS

Les Apennins, résultent également de la collision Europe-Afrique. Leur tectogenèse, liée à cette collision, s'est réalisée à une époque postérieure à celle des Alpes. Elle s'initie au Miocène supérieur (Néogène) et continue pendant tout le Quaternaire. Les Apennins se divisent en trois grands ensembles structuraux : l'Apennin du flysch, l'Apennin calcaire et l'Apennin cristallin. L'Apennin ligure fait partie de l'Apennin du flysch (Jaurand, 1998).

Dans ce domaine, les unités structurales ligures allant du Jurassique au Crétacé supérieur se superposent de la manière suivante, de bas en haut (Fig. 2b):

- la nappe ophiolitique du Bracco (Jurassique-Crétacé inférieur),
- la nappe des grés du Mont Cottero et des schistes du Val Lavagna (Crétacé moyen-supérieur),
- la nappe du Flysch à Helminthoïdes de l'Antola (Cénomanien-Maestrichtien, Crétacé supérieur),
- la nappe du Flysch à Helminthoïdes du Mont Caio, du Mont Cassio, et de Canetolo, qui chevauche toutes les autres (Paléocène à Eocène inférieur).

## 3. LA LIGURIE DANS LE CONTEXTE GEOLOGIQUE APENNIN ET ALPIN

La Ligurie, fait partie de la bordure nord du bassin méditerranéen. Elle présente une évolution très complexe. Celle-ci est apparentée à la mise en place et l'évolution continue des Alpes et de l'Apennin ligures respectivement depuis l'Eocène et le Miocène. C'est dans ce contexte que se forment les bassins ligure et nord tyrrhénien. L'ouverture du golfe de Gênes est due à la rotation du bloc corso-sarde pendant le Miocène (Aquitanien), qui est à l'origine de sa forme arquée (Lorenz, 1984 ; Fanucci, 1986). En Ligurie occidentale, secteur géologique intéressant particulièrement cette étude, affleurent principalement deux unités structurales : le Briançonnais et le Flysch à Helminthoïdes (Fig. 2b).

Le Briançonnais ligure est constitué par un ensemble complexe de séries allant du Paléozoïque à l'Eocène. Une zone appelée « zone des lambeaux de charriages » le sépare des chaînes subalpines méridionales. Cette zone représente probablement le subbrianҫonais dilacéré. Au Nord, le Briançonnais présente des faciès ligures et piémontais et à l'ouest la nappe du Flysch à Helminthoïdes des Alpes maritimes (Haccard, 1975).

La nappe du Flysch à Helminthoïdes, mise en place entre le Priabonien supérieur et le Stampien est d'origine ligure. Elle se subdivise en deux domaines :
- le domaine oriental (Albenga-Alassio) avec une série conglomératique,
- le domaine occidental, appelé unité (ou nappe) d'Imperia.

D'après des données tectoniques et micropaléontologiques, il s'est avéré que l'« unité de Moglio-Testico » et l' « unité de San Remo-Mt Sacarrel », considérées comme tectoniques, n'étaient superposées que stratigraphiquement et appartenaient au même ensemble tectonique, l'unité d'Imperia (Foucault et Powichrowski, 1984).

## 4. LES SITES ETUDIES DANS LE CONTEXTE GEOLOGIQUE LIGURE

Les trois sites étudiés se localisent en Ligurie occidentale. Le gisement de San Francesco, qui se situe dans la ville côtière de San Remo, se place dans le domaine structural occidental de la nappe du Flysch à Helminthoïdes (unité d'Imperia). La stratigraphie du site de San Francesco montre une série de marnes et conglomérats pliocènes sur lesquels reposent des sédiments quaternaires.

Les grottes de Arma delle Manie et de Caverna delle Fate se développent sur le calcaire miocène de la Pietra di Finale (Fig. 3). Cette unité géologique est de très faible extension (quelques kilomètres carrés) et repose sur le Briançonnais ligure. Elle est composée d'un substratum et d'un calcaire de type molasse, qui sont transgressifs sur les faciès briançonnais plissés, antétertiaires. Le substratum est principalement formé de faciès marneux et de faciès clastiques. Celui-ci, très discontinu, n'existe que localement. Son âge est probablement oligocène terminal ou miocène pré-langhien. Aucune faune ne permet d'obtenir plus de précision. Le calcaire sus-jacent est composé de cinq membres successifs, toujours concordants avec le substratum. Ce calcaire est d'âge miocène, langhien-serravalien. Il s'agit d'une vaste structure puissante d'une trentaine de mètres, qui constitue la plus grand partie des falaises du Finalese (Boni *et al.*, 1969 ; Bichet, 1987).

Le haut plateau de Manie où se développent les deux grottes, en dehors de la molasse miocène de la Pietra di Finale, se compose aussi d'un niveau de dolomie triasique, dite de San Pietro di Monti, ainsi que de schistes permiens. Ces derniers forment le substratum de la grotte de Arma delle Manie.

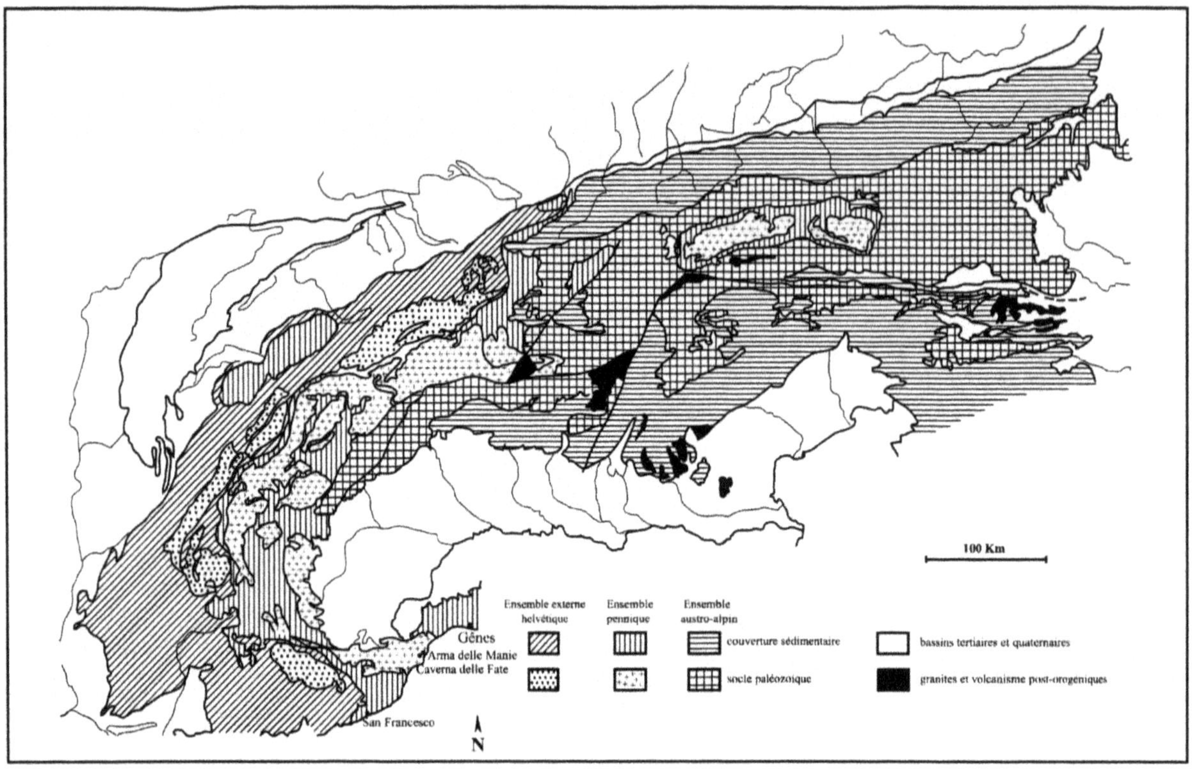


Figure 2a : Les grands ensembles structuraux des Alpes (d'après Debelmas et Mascle, 1991, modifié).

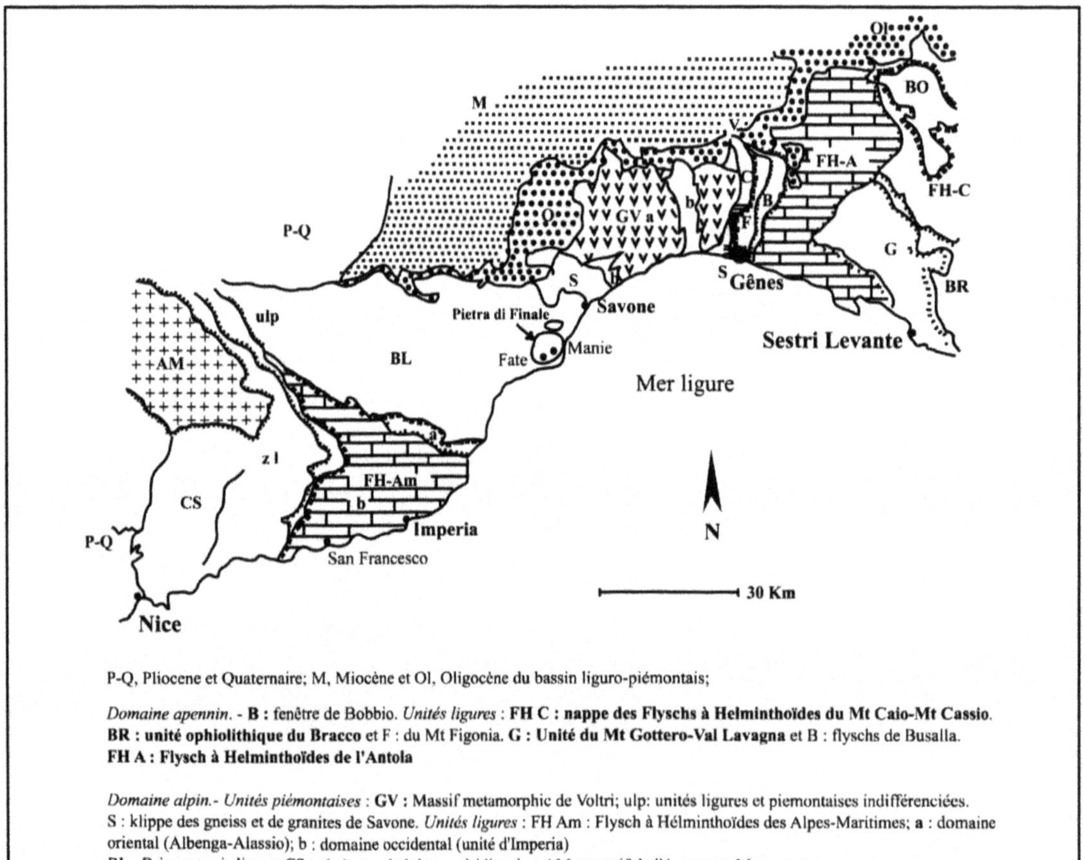


Figure 2b : Schéma structural de la marge méditerranéenne de Nice à Sestri Levante (d'après Haccard, 1975, modifiée).

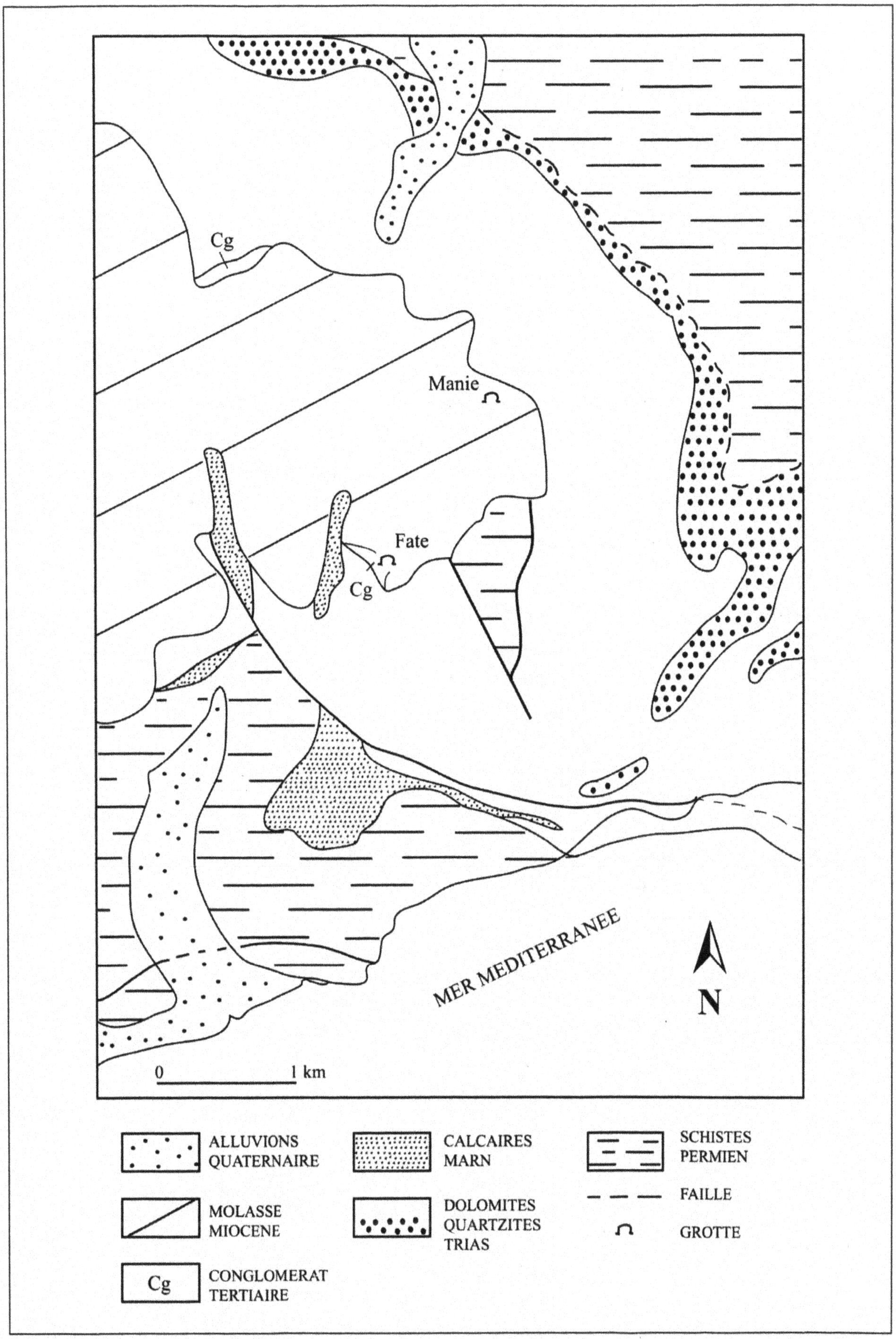


Figure 3 : carte géologique simplifiée de la région de Caverna delle Fate et de Arma delle Manie (d'après Boni et al., 1971, modifiée).

# III. CADRE ARCHEOLOGIQUE

Pendant le Pléistocène supérieur, l'Europe fut la scène d'une série d'évènements primordiaux liés à son peuplement et les activités de ses populations : l'expansion de l'Homme de Néandertal, sa cohabitation avec l'Homme Moderne puis son remplacement par ce dernier, ainsi que l'évolution des systèmes culturels de ces deux populations. La péninsule italienne était habitée pendant toute cette période. Ainsi, les nombreuses découvertes faites dans cette région, ont joué un rôle important dans l'étude du processus évolutif de ces populations et de leurs systèmes culturels.

La première partie du Pléistocène supérieur est globalement dominée par l'industrie moustérienne, qui caractérise le Paléolithique moyen. Certaines industries du Paléolithique inférieur, formeraient le substrat dans lequel il faut rechercher les origines de la culture moustérienne. La transition entre Paléolithique inférieur et moyen s'effectue progressivement sans rupture ni limite typo-technologique stricte.

Le Moustérien italien ne forme pas un groupe homogène. Au contraire, il présente un «paysage en mosaïque» (Fig. 4). Il est marqué par une variabilité locale et se subdivise en plusieurs phylums ou faciès qui évoluent indépendamment. Malgré cette diversification deux aires géographiques sont toutefois distinguées : une centro-septentrionale et une centro-méridionale. Celles-ci présentent des caractéristiques communes au moins pour les phases les plus anciennes du Moustérien (Palma di Cesnola, 1996).

La région ligure fait partie de la zone centro-septentrionale. Plusieurs sites archéologiques du Paléolithique moyen ont été découverts dans cette région. Ces sites ayant livrés, pour la plupart d'entre eux, un abondant matériel archéologique sont essentiellement des grottes et abris-sous-roche, plus rarement des sites de plein air. Ces gisements du Paléolithique moyen forment deux aires géographiques. La première, à l'ouest, dans la province d'Imperia, comprend les grottes de Grimaldi (Barma Grande, grottes du Prince, du Cavillon, du Bausu da Ture, des Enfants, de Florestan et Constantini, abris Mochi, Lorenzi et Bombrini) ainsi que les gisements de San Remo (grotte de Madonna dell'Arma et le site de plein air de San Francesco). La deuxième, à l'est, dans la province de Savone, inclut les grottes de Finale Ligure, (grottes de Manie et de Fate), de Pietra di Ligure et de Toirano (grotte supérieure de Santa Lucia).

L'évolution des industries moustériennes ligures, marquée tout d'abord par l'apparition précoce de la technique Levallois, est suivie par un Moustérien typique, riche en racloirs. Ce dernier présente un débitage Levallois et un faciès levalloisien. Progressivement, cette technique perd son importance et remplacée par un Moustérien à denticulés, annonce le Paléolithique supérieur.

De nombreux restes fossiles de l'Homme de Néandertal, ont été découverts en Ligurie. Dans la grotte de Fate plusieurs restes appartenant à différents individus ont été découverts, datés par la suite entre 75 000 +21 000 / -14 000 ans B.P. et 82 000 +36 000 / -25 000 ans B.P. (Giacobini *et al.*, 1984). A Madonna dell'Arma (Taggia, Imperia), quatre fragments crâniens ont été également décelés.

Le passage, ensuite, de l'industrie sur éclat du Paléolithique moyen à l'industrie laminaire du Paléolithique supérieur s'effectue progressivement. Dans de nombreux sites italiens, le moustérien tardif s'enrichît en pièces lithiques qui annoncent le Paléolithique supérieur. Cependant, comme dans le cas du Moustérien, les cultures du Paléolithique supérieur ne sont pas uniformes mais elles s'inscrivent dans un contexte d'évolution individuelle, régionale (Palma di Cesnola, 2001).

En Ligurie, en dehors des séquences « classiques » du Paléolithique supérieur de l'abri Mochi, de la grotte des Enfants, ou de la Caverne delle Candide, les industries tardives de San Francesco et de Arma delle Manie pourraient s'inscrire dans un contexte Paléolithique supérieur (Palma di Cesnola, 2001).

# IV. CLIMAT ACTUEL

Le climat de l'Italie, variable selon les régions, se subdivise en deux types : un climat à tendance continental au Nord et un autre plus tempéré, méditerranéen, au Sud. La partie centrale de la péninsule profite d'un climat de transition du premier vers le second, qui présente des caractéristiques plus océaniques.

• **Sites moustériens ligures**

1. grottes de Grimaldi (Barma Grande, grottes du Prince, du Cavillon, du Bauso da Ture, des Enfants, de Florestan et Constantini, abris Mochi, Lorenzi et Bombrini; 2. gisements de San Remo (grotte de Madonna dell'Arma, **site de plein air de San Francesco**); 3. grotte supérieure de Santa Lucia (Toirano); 4. **grottes de Manie et de Fate** (Finale Ligure).

◆ **Autres sites moustériens**

Figure 4 : Localisation des sites moustériens italiens d'après palma di Cesnola, 1996).

Un facteur déterminant du régime climatique est la présence des reliefs montagneux qui occupent la plus grande partie du territoire et la proximité des rivages alpins et apennins. Tandis que les deux massifs se caractérisent par un climat de montagne, le littoral italien présente un climat méditerranéen. Dans les zones côtières, les hivers sont doux et humides et les étés secs, marqués par un déficit pluviométrique ; ce dernier est le trait fondamental du climat méditerranéen (Walter *et al.*, 1975).

La Ligurie occupe une position de transition entre deux aires climatiques distinctes : l'aire méditerranéenne et celle de l'Europe centrale (Barberis *et al.*, 1992). Elle inclut le versant sud des Alpes ligures ainsi que celui de l'Apennin ligure qui séparent, d'un point de vue climatique, le littoral de l'arrière pays. Cette disposition des montagnes, qui protègent la région des vents nordiques, et l'exposition sud de la majorité de son territoire, contribuent à lui donner un régime climatique plus doux que ne laisserait supposer sa position septentrionale.

La moyenne annuelle des précipitations varie de 700 mm à Vintimille à 1900 mm à Colonia Arnali. Il a été montré qu'il existe une « zone de convergence » au centre du golfe ligure, caractérisée par un indice de pluviosité plus élevé (Hederia-Calderon et Siccardi, 1999). Sur le littoral, à San Remo, la moyenne annuelle est de l'ordre de 680 mm alors qu'à Savone elle dépasse les 900 mm (Fig. 5). Ces précipitations sont essentiellement concentrées en automne et au printemps.

Les températures moyennes annuelles sont de l'ordre de 7,5°C à Colle Belenda et de 17°C à San Remo (Fig. 5). Savone possède une moyenne de 15,5°C (Ministero Lavori Pubblici, 1950-1974 ; *in* Barberis *et al.*, 1992). Les températures moyennes estivales sont supérieures à 22° aux alentours de San Remo et sur la côte occidentale. De Savone à Gênes, ces isothermes oscillent entre 21°C et 21,9°C pour devenir de nouveaux supérieurs à 22°C sur la Riviera orientale (Fayard *et al.*, 1999). Les hivers sont en général doux et ensoleillés en Ligurie. Cependant, dans l'arrière pays ce régime se modifie. En montagne, les températures diminuent sous l'effet d'altitude, en suivant une loi linéaire, et les précipitations augmentent. Ces phénomènes contribuent à l'augmentation de la hauteur de neige, rare en Ligurie en dehors de ces zones montagneuses (Ozenda, 1985).

Les vents venant du nord ou du nord-ouest sont rares à cause des Alpes ligures qui constituent une barrière de protection. En revanche, les vents du sud atteignent le littoral ligure. Le sirocco, d'origine sud ou sud-est, affecte plus la Ligurie orientale. Le Libeccio venant de sud à sud-ouest souffle en Ligurie occidentale.

Tous ces facteurs climatiques (température, pluviosité, vents) influencent la répartition de la végétation, sa mise en place et sa diversification (Quézel, 1995).

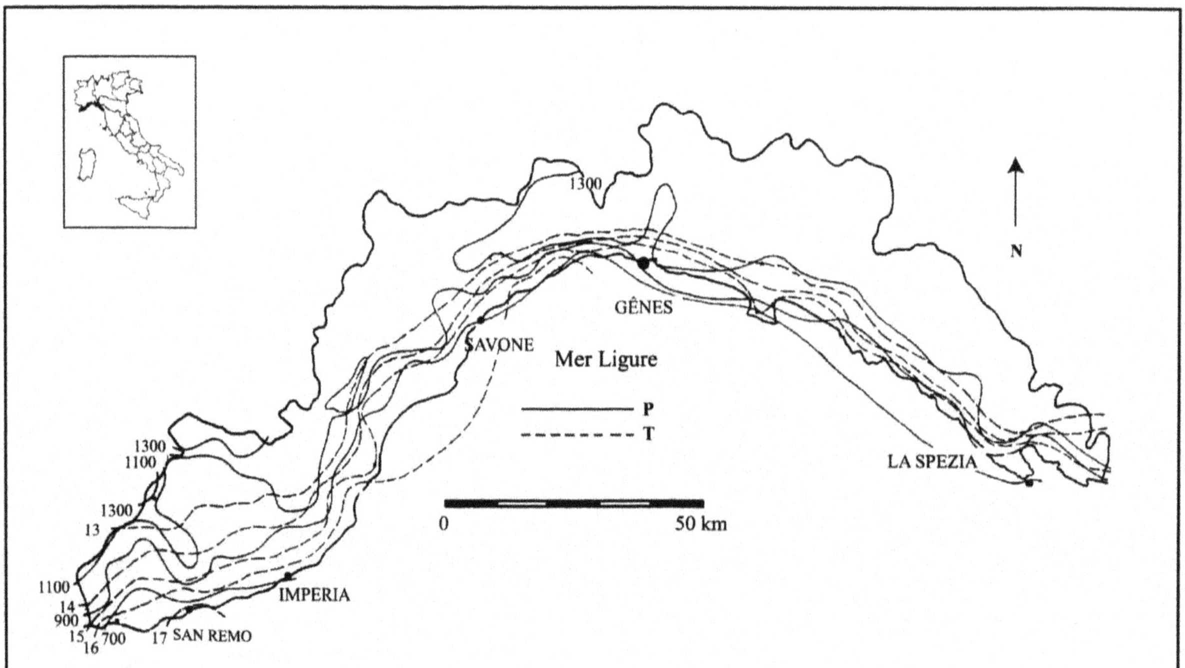


Figure 5 : Isothermes annuelles (T, degrés Celsius) et isohyètes annuelles (P, mm) (d'après Barberis *et al.*, 1992, modifiée).

## V. VEGETATION ACTUELLE

La végétation européenne se répartit habituellement en quatre zones thermiques latitudinales (arctique, boréale, némorale et méditerranéenne), et une cinquième partie, steppique. Selon une nouvelle approche de la cartographie écologique, cette végétation se subdivise en huit régions nommées « domaines » : boréal, atlantique, centro-européen, sarmatique, thermonémoral, alpin, steppique et méditerranéen (Ozenda et Borel, 2000).

Le domaine méditerranéen présente une certaine complexité concernant la zonation de sa végétation. Ceinturé de massifs montagneux et développant un contour côtier sinueux, le bassin méditerranéen rend cette zonation parfois difficile à distinguer. Bien que *a priori* ce domaine puisse être subdivisé en ceintures latitudinales, dans les reliefs, ces ceintures deviennent des étages altitudinaux de végétation. Ainsi, les étages suivants sont distingués : le Thermoméditerranéen, le Mésoméditerranéen et le Supraméditerranéen, selon la latitude l'Oroméditerranéen et l'Altiméditerranéen inférieur et supérieur, selon l'altitude. Les deux premiers correspondent à la végétation méditerranéenne au sens habituel. Les autres se rapportent respectivement aux étages collinéen, montagnard, subalpin et alpin.

L'Italie se subdivise en trois domaines. Au Nord, elle se rattache aux domaines alpin et thermonémoral, abstraction faite de la zone littorale, tandis que sa partie péninsulaire appartient au domaine méditerranéen. La Ligurie, couronnée par les Préalpes sud-occidentales qui jouxtent à l'Ouest l'Apennin ligure, se place entre les domaines méditerranéen et alpin. Cette disposition est à la base de l'originalité et de la complexité de ce secteur où la végétation alpine se trouve en contact avec la zone méditerranéenne (Ozenda, 1994).

Selon différentes études sur la phytogéographie de l'Italie (Ozenda, 1981 ; Ozenda, 1985 ; Noirfalise *et al.*, 1987 ; Ozenda, 1994 ; Ozenda et Borel, 2000) la végétation se repartit depuis le littoral vers les hautes altitudes, comme suit (Fig. 6) :

**Etage thermoméditerranéen :**
Il se situe, classiquement, au sud du 41ème parallèle mais il est aussi représenté à l'état fragmentaire en Corse, en Catalogne, au sud du Latium, sur le littoral méditerranéen entre Nice et Menton et sporadiquement en Ligurie. Dominé par une végétation thermophile, cet étage s'étend du bord de la mer jusqu'à 200 m d'altitude. C'est la série du Caroubier et de l'Olivier sauvage (*Oleo-Ceratonietalia*). D'autres espèces caractéristiques de cette ceinture sont le Myrte (*Myrtus communis*), le Laurier-rose (*Nerium oleander*) et le Lentisque (*Pistacia lentiscus*).

En Ligurie, quelques éléments isolés de cette série se retrouvent le long du littoral, constituant la série unique du Caroubier. Ainsi, dans les environs de Pietra di Ligure et de Loano se développe une garrigue haute (de 1 à 3 m) à Euphorbe (*Euphorbia dendroïdes*) qui constitue le groupement le mieux représenté et le faciès principal de cette série.

Dans cet étage les températures moyennes de janvier oscillent entre 9 et 12°C et celles de juillet entre 25 et 28°C. L'évapotranspiration potentielle atteint plus de 1300 mm. Enfin, cet étage constitue la zone traditionnelle de la culture de l'Olivier, du Caroubier, de la Vigne et des agrumes (Orange, Citronnier).

**Etage mésoméditerranéen :**
Un peu moins chaud que le précédent, il se développe de la bordure littorale jusqu'à 400-500 m d'altitude. Quand il se situe au dessus du Thermoméditerranéen, il apparaît alors entre 100-300 m et 600-800 m. Il s'agit de l'étage des chênaies sempervirentes, de l'ordre du Chêne vert (*Quercetalia ilicis*). Cette chênaie sclérophylle est caractérisée par un sous-bois d'espèces laurophylles, de lianes et d'une végétation herbacée avec orchidées.

Actuellement, les stades de dégradation de cette végétation sont plus répandus que son état climacique. Ce sont des groupements arbustifs appelés matorrals qui forment :

- des maquis de 1 à 3 m de hauteur, souvent denses, à Térébinthe (*Pistacia terebinthus*), Rhamnacées (divers *Rhamnus*), Rubiacées (*Rubia perigrina*) et Liliacées (*Ruscus aculeatus, Smilax asperga*) et sur des sols siliceux à Cistes et Ericacées,
- des garrigues, sur substratum calcaire, à Chêne-kermès (*Quercus coccifera*), Romarin (*Rosmarinus officinalis*), Genévriers (*Juniperus oxycedrus, Juniperus phoenicoides*), et Ononis épineux (*Ononis spinoza*), (*Ononido-Rosmarinetalia*),
- des landes, sur sols siliceux, à Ericacées (*Erica scoparia, Erica multiflora*) et à Cistes (*Cistus*) et Lavande sèches (*Cisto-Lavandulatalia*),
- des brousses à Cistes et Micromère (*Micromeria*), (*Cisto-Micromerietalia*),
- des pelouses à graminées riches en espèces annuelles, celles-ci formant les séries ultimes des stades de dégradation.

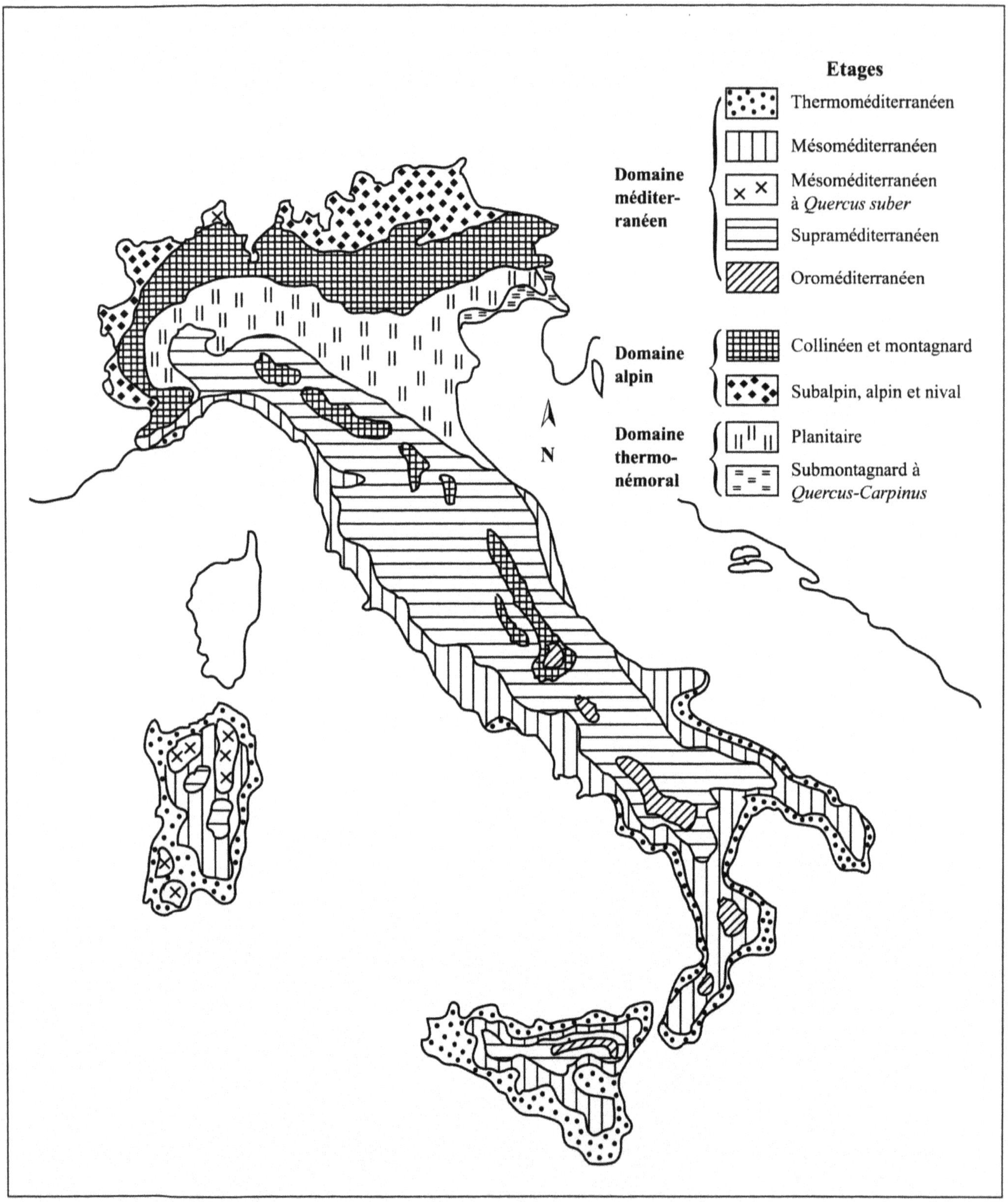


Figure 6 : Carte des étages de végétation de l'Italie (d'après Ozenda et Borel, 2000, modifiée).

En Ligurie, on retrouve des chênaies à *Quercus ilex*. Les faciès naturels sont rares et caractérisés par des orchidées. Souvent la chênaie est associée au Viorne tin (*Viburnum tinus)* et au Pistachier térébinthe (*Pistacia terebinthus*), (*Viburno-Quercetum ilicis*). Dans les Alpes maritimes se trouve localement le Frêne à fleurs (*Fraxinus ornus*).

En général, dans cet étage, les températures moyennes de janvier s'échelonnent de 6 à 9°C et celles de juillet de 20 à 25°C. L'évapotranspiration potentielle présente des fluctuations entre 1200 et 1300 mm. Cet étage constitue la zone où se cultivent la Vigne, l'Olivier, l'Abricotier, les primeurs et les fourrages.

**Etage supraméditerranéen :**
Son amplitude altitudinale atteint environ 600 m. Cet étage correspond à un climat plus humide et moins chaud que le mésoméditerranéen. Les températures moyennes de janvier oscillent entre 0 et 5°C et celles de juillet entre 17 et 20°C. La moyenne de précipitations varie de 800 mm à 1500 mm.

En Méditerranée occidentale, les végétations climaciques sont des chênaies caducifoliées ou semi-caducifoliées de l'ordre du Chêne pubescent (*Quercetalia pubescentis*). Des Sorbiers, des Erables à petites feuilles, des Rhamnus sont les espèces qui accompagnent cette végétation.

Dans les Apennins ligures et le piedmont des Alpes italiennes se trouvent des Chênaies à Ostrya à feuilles de Charme (*Ostrya carpinifolia*) et de Charme faux bouleau (*Carpinus betulus*). On distingue les étages suivants :
1. Un étage inférieur où le Chêne pubescent domine.
2. Un étage supérieur des Apennins dans lequel le Chêne pubescent est limité aux sols calcaires.

**Etage montagnard :**
En dehors des massifs montagneux de l'Europe moyenne, les hêtraies et les hêtraies-sapinières constituent cet étage aux apophyses méditerranéennes de la chaîne alpine. Ces forêts révèlent principalement une flore orophile (compagnes du sapin). La concurrence entre sapin et hêtre mène à des hêtraies aussi bien qu'à des sapinières pures ou quasi-pures.

Dans la façade méridionale des Alpes externes et la zone ligure, la hêtraie-sapinière occupe l'étage montagnard entre 800-900 et 1100-1200 m. Elle se subdivise en deux sous-étages. Le sous-étage inférieur est marqué par la présence des feuillus tempérés (*Quercus, Fraxinus, Carpinus, Tilia*). La partie supérieure comporte une flore orophyte caractérisée par la dominance du sapin (*Abies*).

**Etage subalpin :**
La définition des limites de cet étage est délicate car il se caractérise par une continuité des groupements végétaux avec l'étage montagnard sous-jacent et l'étage alpin sus-jacent. Les climax sont formés, ici, par les forêts naturelles de conifères.

Dans les Alpes externes, cet étage est formé uniquement par des pessières poussant au-dessus de l'étage montagnard des hêtraies sapinières. En revanche, dans les Alpes internes, les pinèdes, les sapinières et les pessières constituent les étages montagnard et subalpin.

Les forêts d'Epicéa succèdent aux forêts subalpines de Mélèze (*Larix*) et de Pin cembro (*Pinus cembro*).

**Etage alpin :**
Dans les Alpes externes, il commence vers 2000 m d'altitude tandis que dans les Alpes internes vers 2100 m. Cette limite est souvent abaissée à cause du pâturage pratiqué. La végétation diffère selon le substrat, calcaire ou siliceux, et se subdivise en trois horizons altitudinaux : inférieur, moyen et supérieur. Ceux-ci se composent respectivement de landes à Rhododendron, de pelouses à Carex et/ou petites légumineuses, et de combes à neiges et de pelouses instables sur gélisols.

La station de San Francesco, située dans la ville côtière de San Remo, à 18 m d'altitude absolue, voit le développement d'une végétation thermoméditerranéenne. L'action humaine est un facteur limitant du développement de la série climatique de l'étage thermoméditerranéen dans cette zone qui a fait l'objet d'une urbanisation intense. En conséquence, les groupements végétaux détruits ou ayant subi une altération, restent fragmentaires et ne développent que des stades de dégradation.

Les sites de Arma delle Manie et de Caverna delle Fate situés respectivement à 250 m et 280 m d'altitude absolue se trouvent dans l'étage mésoméditerranéenne. La série du Pin d'Alep (*Pinus halepensis*), qui correspond à la partie la plus chaude de cet étage, est quasi-absente sur les substrats gréseux de la Ligurie. Les autres groupements sont aussi fragmentaires mais reconnaissables par endroits.

La série du Chêne pubescent qui remplace les chênaies sur les sols profonds, et qui devait occuper une grande partie de cet étage en Ligurie occidentale, n'est pas suffisamment étudiée. Ceci est dû au degré important de dégradation de la végétation dans cette région.

Par ailleurs, tout ce secteur, modifié par l'intense activité humaine (agriculture pastoralisme), a subi une perturbation profonde de l'équilibre naturel (Quézel, 1999).

# CHAPITRE II

–

## Cadre chronostratigraphique du Pléistocène supérieur et de l'Holocène

### Essai d'une approche multidisciplinaire

# I. BREF HISTORIQUE DE LA DEFINITION DU CADRE CHRONOSTRATIGRAPHIQUE DU QUATERNAIRE

Historiquement la subdivision des séquences stratigraphiques terrestres du Quaternaire a été basée sur le climat. Pendant la plus grande partie du 20ème siècle, les quatre glaciations Günz, Mindel, Riss et Würm, identifiées dans les Alpes par A. Penck et E. Bruckner (1909), furent utilisées comme référence, devenant la base de toute corrélation. Les termes « glaciaire », « interglaciaire », « stadiaire » et « interstadiaire » ont été employés par la suite sur la base de ces définitions de glaciations alpines.

Dans les années 50, les études de longues et complexes séquences de référence, non corrélables avec le schéma des glaciations alpines, a souligné le besoin d'une approche plus rigoureuse. Elles ont conduit à définir des séquences locales à valeur chronostratigraphique.

Durant les deux dernières décennies, l'analyse de séquences océaniques à enregistrement continu, le développement et la précision croissante des techniques géochronologiques, ainsi que l'analyse de carottes de glace, ont abouti à l'utilisation d'une nouvelle subdivision chronostratigraphique.

Pour connaître l'histoire climatique du Quaternaire, les études dans tous les domaines situés ci-dessus sont nécessaires et peuvent être complémentaires. Les séquences terrestres sont des sources d'informations sur les conditions climatiques locales et régionales, tandis que les séquences océaniques traduisent des situations globales. Enfin, toutes les deux devraient être comparées à des séquences de carottes glaciaires à haute résolution (Gibbard et West, 2000).

Cependant, les corrélations entre les séquences continentales et marines s'avèrent complexes. La corrélation directe par les datations radiométriques, la téphrochronologie ou les assemblages fossiles (essentiellement polliniques), n'est pas réalisable pour la plupart des séquences. La corrélation entre les courbes obtenues peut s'effectuer quand de longues séquences terrestres continues sont disponibles, mais parfois, même dans ce cas, elle reste complexe (Tzedakis *et al.*, 1997 ; Allen et Huntley, 2000).

Au cours des dernières années, un grand intérêt a été porté sur les « évènements » de courte durée, enregistrés dans les séquences géologiques. Ces évènements, tels que les inversions magnétiques, les couches des tephras ou les variations climatiques s'avèrent d'un grand potentiel comme outils de corrélation entre différentes séquences. Pour la fin du Pléistocène supérieur, les « évènements de Heinrich », qui se présentent sous forme d'accumulations de matériel détritique grossier, et qui sont détectés dans l'océan atlantique nord, constituent un bon exemple de ce type de phénomène (Heinrich, 1988 ; Broecker *et al.*, 1992 ; Cortijo *et al.*, 1995 ; Grousset, 2001). L'impact des refroidissements qu'ils témoignent pourrait être reconnu dans des séquences terrestres (Watts *et al.*, 2000 ; Sánchez Goñi *et al.*, 2000). De même, les périodes de changements climatiques violents, appelées «Terminaisons», aperçues dans des profils isotopiques d'oxygène, peuvent être aussi détectées dans des séquences polliniques lacustres (Tzedakis *et al.*, 1997).

Ainsi, l'exploitation de divers domaines utilisant des échelles chronostratigraphiques différentes, permet une étude plus approfondie des variations climatiques quaternaires. L'objectif est d'élaborer un modèle, qui a pour but de corréler et compléter des données venant des diverses disciplines.

# II. LE QUATERNAIRE

Le Quaternaire est la subdivision supérieure de l'ère Cénozoïque qui fait suite au Tertiaire. Il engobe le Pléistocène et l'Holocène. Le Pléistocène succède au Pliocène et se subdivise en Pléistocène inférieur, moyen et supérieur. L'Holocène, appelé aussi Postglaciaire, se prolonge jusqu'à la période actuelle.

Le passage Plio-Pléistocène est fixé à la fin de l'épisode paléomagnétique positif d'Olduvai (1,77 Ma), à la base du stade isotopique 63. Le passage Pléistocène inférieur-Pléistocène moyen est défini par l'inversion Matuyama-Brunhes, corrélée avec le stade isotopique 19 (Funnel, 1995). Cette inversion a été datée de 0,78 Ma (Shackleton, 1995 ; Shackleton *et al.*, 1990). La limite Pléistocène moyen-Pléistocène supérieur est fixée au début du stade 5 e, équivalent au dernier interglaciaire, appelé Eémien.

Seuls le **Pléistocène supérieur** et l'**Holocène** seront détaillés dans la présente étude car nos sites se rapportent essentiellement à ces deux périodes.

# III. LE PLEISTOCENE SUPERIEUR

La variation isotopique de l'oxygène, obtenue par l'étude de carottes de sédiments marins, renseigne sur les variations du volume des glaces continentales. Le schéma répétitif constant des oscillations de ce volume, et par conséquent de la température, établit des cycles climatiques d'une durée moyenne de 100 000 ans pour les 900 000 dernières années. (Ruddiman *et al.*, 1989). Trois paramètres astronomiques (l'excentricité, l'obliquité et la précession des équinoxes), modifiant l'insolation reçue par la Terre, se trouvent à l'origine des cycles climatiques. La prédominance de l'un de ces paramètres sur les autres règle la périodicité de ces cycles. Les cycles d'une périodicité de 100 000 ans sont principalement forcés par les variations de l'excentricité de l'orbite terrestre. Chacun d'entre eux comprend un interglaciaire et un glaciaire.

Le Pléistocène supérieur délimite le dernier cycle climatique. Il débute il y a environ 130 000 ans B.P. et s'achève au début du Postglaciaire, il y a environ 11 000 ans B.P. (Martinson *et al.*, 1987). Cette période comprend le dernier interglaciaire, appelé Eémien, le « Préglaciaire », le Pléniglaciaire (inférieur, moyen et supérieur) et le Tardiglaciaire. Ces subdivisions prennent des noms différents selon les régions.

## 1. LA LIMITE PLEISTOCENE MOYEN-PLEISTOCENE SUPERIEUR

La limite Pléistocène moyen-Pléistocène supérieur est placée au début du stade 5e par la stratigraphie isotopique marine. Elle se situe dans la période paléomagnétique normale de Brunhes. Ce passage s'appelle aussi Terminaison II, qui correspond à la transition des stades isotopiques 6/5. Dans la stratigraphie climatique il coïncide avec la fin de la période glaciaire Rissien/Saalien et le début de l'interglaciaire Eémien.

## 2. L'INTERGLACIAIRE EEMIEN

Le stratotype de cette première période climatique du Pléistocène supérieur a été défini en Averbergen (Hambourg, Allemagne), à partir de sédiments déposés dans l'embouchure de la rivière Eem (Selle, 1957). L'Eémien s'étend approximativement entre 130 000 ans B.P. et 117 000 ans BP (Martinson *et al.*, 1987). Il correspond au stade isotopique 5e (Shackleton, 1969 ; Turon, 1984 ; Mangerud *et al.*, 1979 ; Mangerud, 1989).

Cet interglaciaire a été longtemps considéré comme une période chaude et stable. Cependant, des reconstitutions climatiques récentes, faites à partir de carottes glaciaires, de séquences marines et de séquences continentales, donnent des résultats contradictoires (Kukla, 2000).

Des analyses isotopiques et chimiques dans les carottes de glace au « Summit » au Groënland (GRIP) présentent le stade 5e comme une période de grande instabilité climatique (GRIP Members, 1993 ; Dansgaard *et al.*, 1993). En revanche, d'autres carottes glaciaires (Vostoc, GISP2,) n'ont pas enregistré de changements climatiques abrupts pour cette période (Jouzel *et al.*, 1987 ; Grootes *et al.*, 1993).

De même, certaines séquences marines ne mettent pas en évidence d'instabilités climatiques majeures durant cette période (McManus *et al.*, 1999, Cortijo *et al.*, 2000). Néanmoins, certaines de ces séquences montrent une transition abrupte entre la fin de l'Eémien et le début du dernier Glaciaire (Cortijo *et al.*, 2000).

Enfin, dans les dépôts continentaux, les résultats ne sont pas toujours en accord. Plusieurs séquences polliniques indiquent pour l'Eémien un interglaciaire uniformément chaud (Zagwin, 1992 ; 1996 ; Aalbrsberg et Litt, 1998). D'autres analyses, détectent une oscillation majeure dans la partie médiane de l'interglaciaire (Field *et al.*, 1994). Dernièrement, de nouvelles études, présentent l'Eémien comme une période climatique stable, divisée en une partie chaude suivie par un refroidissement, sans que ce dernier ne provoque de déséquilibre climatique (Frogley *et al.*, 1999 ; Rioual *et al.*, 2001).

## 3. LE « PREGLACIAIRE »

La période de transition avant le Pléniglaciaire, qualifié de Préglaciaire (Reille et de Beaulieu, 1990) est datée entre 117 000 et 74 000 ans B.P. (Martinson *et al.*, 1987). Elle correspond aux stades isotopiques 5d à 5a

(Mangerud, 1989). La plupart des séquences paléoclimatiques étudiées ont mis en évidence pour cette période post-éémienne, deux importantes améliorations climatiques, entrecoupées par deux phases froides.

Les séquences polliniques de l'Europe centrale et méridionale confirment aussi ces améliorations, attribuées à deux interstades forestiers (Wimjstra, 1969 ; Woillard, 1978; de Beaulieu et Reille 1984, 1989 ; Behre, 1989 ; Follieri *et al.*, 1988, 1993 ; Pons et Reille, 1988 ; Reille et de Beaulieu, 1990 ; Watts *et al.*, 1996a). Ceux-ci (nommés St Germain I et St Germain II, à la Grande Pile) sont facilement corrélables entre eux, en Europe moyenne et méridionale. Ces deux intervalles ont été corrélés avec les interstades Brörup et Odderade de l'Europe du Nord, dont la position chronostratigraphique a été longtemps confuse (Behre, 1989 ; Behre et Van der Plicht, 1992 ; Zagwijn, 1992).

## 4. Le Pleniglaciaire

Après le deuxième interstade du Préglaciaire débute le dernier Glaciaire. Cette période s'appelle aussi Pléniglaciaire et se subdivise en Pléniglaciaire inférieur, moyen et supérieur. Dans la stratigraphie isotopique marine, le Pléniglaciaire recouvre les stades 4, 3, et la plus grande partie du stade 2, et s'étend de 74 000 B.P. jusqu'à 15 000 B.P. (Martinson *et al.*, 1987).
Les analyses des séquences marines, glaciaires et continentales, ayant livré, pour la plupart, des résultats corrélables entre eux, révèlent une période climatique instable (Behre et Van der Plicht, 1992 ; Dansgaard *et al.*, 1993, Bond et Lotti, 1995 ; Watts *et al.*, 1996a).

Au regard de la Palynologie, les séquences de l'Europe septentrionale et centrale, sont discontinues ou mettent en évidence des variations climatiques peu marquées pour cette période (Behre et van der Plicht, 1992 ; Woillard, 1978 ; de Beaulieu et Reille, 1984). Par conséquent, elles se prêtent peu à une étude détaillée de cet intervalle et à des corrélations avec les résultats venant des autres disciplines. En revanche, en Méditerranée, des séquences continues révélant des interstades plus caractérisés, ont permis des études plus précises, qui complètent les données des autres disciplines (Follieri *et al.*, 1993 ; Watts *et al.*, 1996a ; Watts *et al.*, 2000).

### 4.1. Le Pléniglaciaire inférieur

Cette phase, qui couvre globalement le stade isotopique 4, s'étale entre 74 000 et 59 000 ans B.P. Un interstade a été mis en évidence, par la Palynologie, en Europe méridionale : Ognon I à La Grande Pile (Woillard, 1978), corrélé à la zone F7 des Echets (de Beaulieu et Reille, 1984), à la zone 21 du Lac du Bouchet (Reille et de Beaulieu, 1990) et à la zone 17a de Laco di Monticchio (Watts *et al.*, 2000). Ces interstades pourraient se corréler avec l'interstade 20, des carottes glaciaires du Groënland (Allen et Huntley, 2000).

### 4.2. Le Pléniglaciaire moyen

Cette période couvre l'intervalle de 59 000 à 24 000 ans B.P. Elle est équivalente au stade isotopique 3. Elle est marquée par des fluctuations rapides du climat décelées tant dans des carottes de glaces et d'autres marines que dans des séquences terrestres (Dansgaard *et al.*, 1993 ; Tzedakis *et al.*, 1997 ; Grousset, 2001). Les événements de Heinrich et les oscillations dites de « Dansgaard-Oeschger », reflétant, respectivement, des refroidissements et des réchauffements rapides, sont les témoins de la variabilité climatique de cet intervalle. Trois de cinq événements de Heinrich (H3-H5) et 14 de 20 oscillations de « Dansgaard-Oeschger» se rapportent à cette période.

La Palynologie a mis en évidence une série d'interstades qui laissent quelques possibilités de corrélation entre l'Europe méridionale et septentrionale. Ainsi, les interstades Pile, Charbon, Grand Bois, de l'Europe central pourraient se corréler avec Lazio II, III et V de l'Europe du Sud, et Moershoofd, Hengelo et Denekamp de l'Europe du Nord (Allen et Huntley, 2000).

Cependant, la corrélation des interstades Oerel et Glinde du nord de l'Europe centrale avec les interstades de l'Europe du sud, reste encore problématique. Quelques hypothèses ont pourtant été émises. Ainsi, ils pourraient être reliés aux interstades Goulotte et Pile de la Grande Pile (Behre et Van der Plicht, 1992). Une autre approche appelée « sequential matching », qui est soutenue par les données stratigraphiques les rapprocherait de Ognon, à la Grande Pile, ou la zone F7, des Echets (Allen et Huntley, 2000). Ces interstades ont aussi été enregistrés dans la carotte glaciaire GRIP. Ainsi, dans cette terminologie glaciaire, Oerel et Glinde se rapportent respectivement aux interstades 16 et 14.

Il faut enfin signaler, pour cette période, 3 interstades qui ont été enregistrés dans des sédiments archéologiques : il s'agit de l'interstade des Cottés (Bastin *et al.*, 1976) qui marquerait la transition Paléolithique moyen-Paléolithique supérieur, de l'interstade de Arcy (Leroi-Gourhan, 1964) qui serait contemporain de Denekamp et celui de Kesselt (Gullentops, 1954). Néanmoins, la validité des deux derniers interstades a été contestée (Turner et Hannon, 1988).

### 4.3. Le Pléniglaciaire supérieur

Il correspond globalement au stade isotopique 2, entre environ 25 000 et 15 000 B.P., et comprend le Dernier Maximum Glaciaire.

Pour cette période, les séquences polliniques de l'Europe septentrionale, centrale et méridionale, mettent en évidence une végétation steppique, reflet d'un climat froid. Aucune amélioration climatique n'a été repérée qui pourrait se rattacher à un interstade (Pons et Reille, 1988 ; Behre, 1989 ; Beaulieu et Reille, 1984 ; Reille et de Beaulieu, 1990 ; Watts *et al.*, 1996a, Allen *et al.*, 2000).

En revanche, ce sont les spectres polliniques provenant des sites archéologiques qui ont permis d'identifier localement 3 interstades nommés Tursac (Leroi-Gourhan, 1968), Laugerie (Paquereau, 1978, Leroi-Gourhan, 1980) et Lascaux (Leroi-Gourhan, 1960). La validité de ces interstades a été mise en question et ces enregistrements d'amélioration climatique ont fait l'objet des nombreuses critiques (de Beaulieu et Reille, 1984 ; Turner et Hannon, 1988 ; Sánchez-Goñi, 1991 ; Sánchez-Goñi, 1994).

Les carottes glaciaires GRIP du Groënland révèlent pour cet intervalle un interstade de courte durée appelé Greenland Interstadial 2 (Dansgaard *et al.*, 1993 ; Björck *et al.*, 1998).

## 5. Le Tardiglaciaire

C'est la dernière période avant l'Holocène qui s'étend approximativement entre 15 000 et 10 000 ans B.P. Il s'agit d'un intervalle climatique assez complexe dont l'étude à travers des diverses disciplines a révélé des résultats parfois contradictoires (Walker *et al.*, 1999).

En Europe du Nord deux interstades ont été reconnus, nommés respectivement Bölling et Alleröd encadrés par trois phases stadiaires, appelées Dryas I, II et III, ou Dryas ancien moyen et récent (Iversen, 1954 ; Nilsson, 1983). En Europe moyenne et méridionale, l'épisode stadiaire médian (Dryas moyen) n'a pas été détecté dans des séquences paléoclimatiques continues, continentales et marines, mettant en doute son existence (Ruddiman et McIntyre, 1981 ; Woillard et Mook, 1982 ; Reille, 1990). Toutefois, cette phase stadiaire du Dryas II a été montré par la palynologie dans certains sites archéologiques (Leroi-Gourhan, 1971).

Afin d'éviter cette confusion, une brève synthèse des grands traits climatiques de cette période sera exposée ici, basée sur des données multidisciplinaires. Les premiers signes d'une amélioration climatique après la fin de la dernière glaciation ont été détectés vers 15 000 B.P. dans certaines sites (de Beaulieu et Reille, 1984, Reille et de Beaulieu, 1988, de Beaulieu *et al.*, 1994). Cependant, la première amélioration majeure, attribuée à l'interstade du Tardiglaciaire, a été mise en évidence vers 13 000 B.P. (Alm, 1993 ; Beaulieu *et al.*, 1994 ; Walker *et al.*, 1999). Une péjoration climatique vers 12 000 B.P., corrélée avec l'épisode du Dryas moyen, a été détectée par plusieurs disciplines en Europe septentrionale. Cet épisode est rarement rencontré en Europe du Sud (Beaulieu *et al.*, 1994). En Europe moyenne, en plus de l'épisode du Dryas II, des détériorations climatiques ont été détectées à l'intérieur des épisodes de Bölling et de Alleröd (Richard et Begeot, 2000). Le refroidissement attribué au Dryas récent (11 000-10 000 B.P.) est un évènement climatique majeur qui a marqué l'Europe entière.

Les attributions chronologiques pour cette période reposent sur les datations C14. Les limites d'une telle classification chronostratigraphique (problèmes de décalage l'application du C14, problèmes de calibration) adoptée par J. Mangerud *et al.*, (1974) amènent quelquefois à une certaine ambiguïté et confusion entre les biozones et les chronozones (Walker *et al.*, 1999).

Dernièrement, l'équipe INTIMATE (programme de l'INQUA), dans le but d'éviter d'éventuelles équivoques, a proposé pour cette période une approche alternative. Elle consiste en l'utilisation d'une stratigraphie des «évènements», résultant du signal isotopique d'oxygène de la carotte glaciaire GRIP au Groënland. Désormais, toutes classification et corrélation pourraient être fondées sur ces évènements et non pas sur leurs limites utilisées actuellement et qui peuvent être diachrones.

L'intérêt premier de la carotte glaciaire GRIP, est de fournir un enregistrement continu à haute résolution des changements atmosphériques (Johnsen *et al.*, 1992), ainsi qu'une séquence complète des fluctuations climatiques (Björck *et al.*, 1998 ; Walker *et al*, 1999). Cette carotte pourrait constituer le stratotype pour la période Tardiglaciaire (Björck *et al.*, 1998). La terminologie préalablement usitée, serait désormais remplacée par une autre, applicable indifféremment à des séquences terrestres ou marines. Ainsi les termes Bölling-Alleröd, Dryas ancien et Dryas récent, qui correspondent à des phases mises aussi en évidence par cet enregistrement, s'appelleraient « Groënland Interstadiaire I » et « Groënland stadiaire I » en termes de classification GRIP.

### 6. CORRESPONDANCE AVEC LA NOMENCLATURE GLACIAIRE ALPINE ET NORD EUROPEENNE

En terminologie glaciaire, le dernier interglaciaire est nommé Riss-Würm dans les Alpes et Saal-Weichsel en Europe septentrionale. La dernière glaciation s'appelle Würm dans le domaine alpin et Weichsel en Europe du Nord.

Au regard de la nomenclature alpine, la période succédant à l'interglaciaire Eémien se repartit en Würm ancien et Würm récent. Le Würm ancien se subdivise en Würm I (comprenant le Préglaciaire et le Pléniglaciaire inférieur) et en Würm II (équivalent au Pléniglaciaire moyen). Le Würm récent est partagé en Würm III et Würm IV. Le Würm III correspond au Pléniglaciaire supérieur et le Würm IV au Tardiglaciaire.

Au regard de la terminologie utilisée en Europe du Nord, le Würm I correspond au Weichsel ancien, le Würm II au Weichsel moyen, le Würm III au Weichsel tardif et le Würm IV au Tardiweichsel (Labeyrie, 1984).

### 7. LA LIMITE PLEISTOCENE SUPERIEUR-HOLOCENE

La transition entre la dernière période glaciaire, qui s'achève avec la phase stadiaire du Dryas récent et l'Holocène, est marquée par un changement climatique abrupt. Ceci est enregistré dans les séquences continues de carottes glaciaires de l'Atlantique Nord (Alley *et al.*, 1993 ; Hughen et *al.*, 1996 ; Björck *et al.*, 1998). Cette limite s'appelle aussi « dernière Terminaison » ou Terminaison I, en terminologie isotopique. En chronologie absolue, la limite généralement acceptée se place vers 10 300 B.P. Elle varie, cependant d'une région à l'autre car les évènements climatiques sont diachrones.

## IV. L'HOLOCENE

Cette période s'appelle aussi Postglaciaire et correspond au stade isotopique 1. Selon les enregistrements isotopiques, il s'agit d'une période climatique relativement stable, à l'exception d'un évènement violent à 8 200 ans B.P. (Dansgaard *et al.*, 1993).

Dans les études polliniques, l'Holocène se subdivise en cinq phases bioclimatiques, définies préalablement en Europe du Nord (Iversen, 1954). Ces subdivisions, qui étaient à l'origine des biozones applicables uniquement en Europe septentrionale, sont devenues, dans la littérature, des chronozones pour toute l'Europe :

- Préboréal : (10300 à 9000 B.P.),
- Boréal : (9000 à 8000 B.P.),
- Atlantique : (8000 à 4700 B.P.),
- Subboréal : (4700 à 2600 B.P.),
- Subatlantique : (2600 B.P.)

Pour ces phases, la dynamique de végétation diffère selon les régions. En Italie centrale, dans plusieurs séquences continues, malgré des différences locales, les grands traits de la végétation se déroulent d'une manière similaire (Alessio *et al.*, 1986 ; Follieri *et al.*, 1993 ; Magri, 1999 ; Magri et Sadori, 1999).

- 10300- 8000 B.P. (Préboréal- Boréal) : expansion de *Quercus* caducifolié et *Corylus* suivis par *Ulmus* et *Tilia*
- 8000-6800 B.P. (Boréal-Atlantique) : essor de *Quercus* caducifolié, *Fagus* et *Quercus* sempervirent
- 6800-3900 B.P. (Atlantique-Subboréal) : forêt mixte à éléments caducifoliés et méditerranéens
- après 3900 B.P. (Subboréal-Subatlantique) : action humaine et développement de *Castanea*, *Juglans*, et des Céréales.

Le tableau 1 présente les subdivisions chronologiques du Pléistocène supérieur et de l'Holocène, sur la base des données chronostratigraphiques, paléomagnétiques et paléoclimatiques.

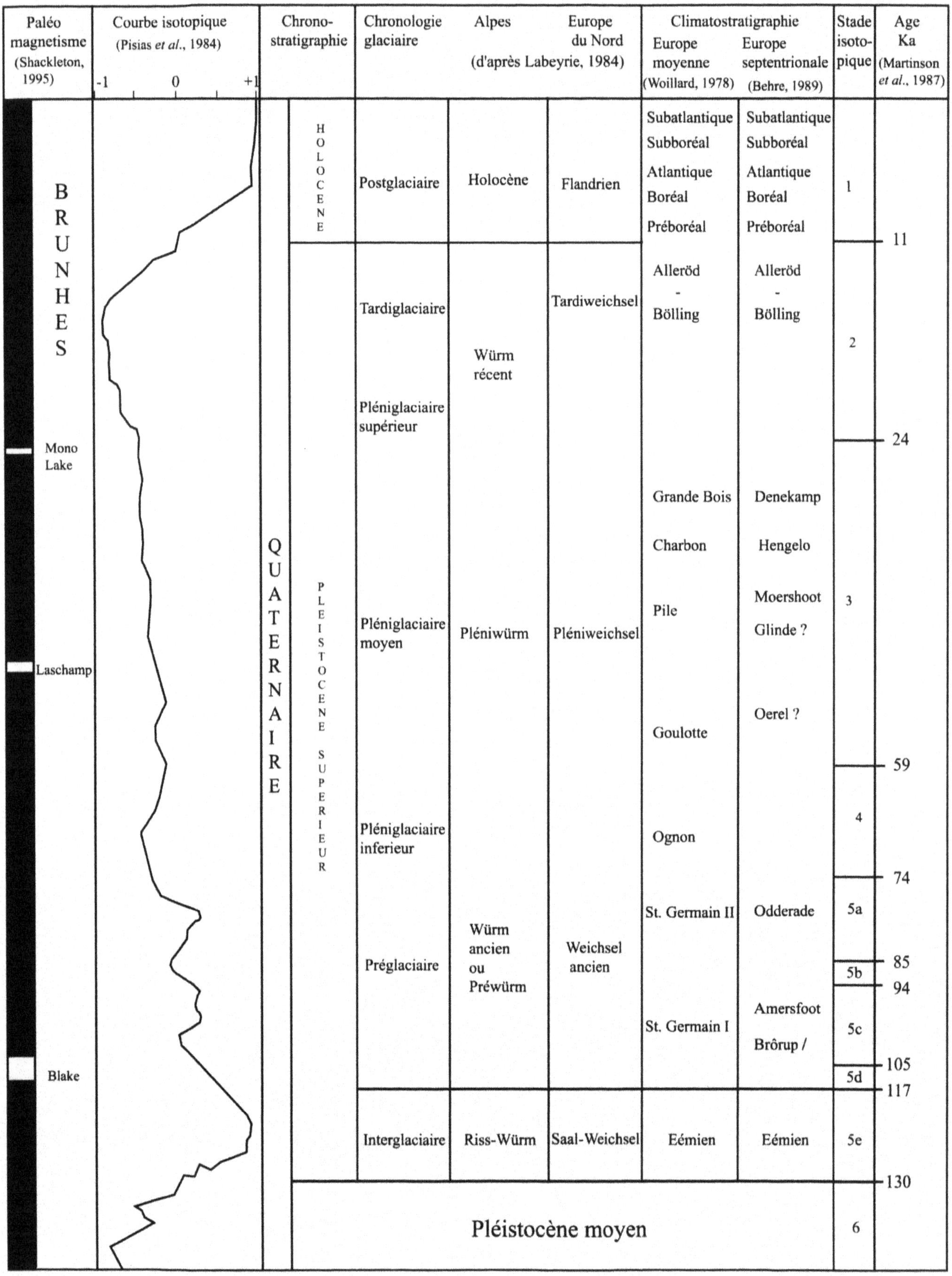


Tableau 1 : Synthèse chronostratigraphique du Pléistocène supérieur et de l'Holocène (d'après Woillard, 1978 ; Labeyrie, 1984 ; Pisias *et al.*,1984 ; Martinson *et al.*, 1987 ; Behre, 1989 ; Shackleton, 1995).

# CHAPITRE III
–
# Méthodologie palynologique

# I. INTRODUCTION A LA PALYNOLOGIE

## 1. DEFINITION

La Palynologie, étymologiquement venant du grec παλύνειν (palunein) signifiant répandre, saupoudrer, ou de παλή (pale) qui désigne la poussière, notamment pollinique, est la science qui étudie les spores et les pollens.*

Bien que le rôle des pollens soit connu depuis l'Antiquité, le terme Palynologie a été inventé en 1944 par Hyde et Williams, deux botanistes anglais.

## 2. POLLEN ET SPORES

Les grains de pollen et les spores, tous deux également appelés sporomorphes (Sauvage, 1968), sont des particules microscopiques contribuant à la reproduction des végétaux (Reille, 1990).

Chez les végétaux chlorophylliens, seuls les spermatophytes produisent des grains de pollen pour se féconder. En revanche, les spores assurent la reproduction d'une grande partie du règne végétal (Thallophytes, Bryophytes, Ptéridophytes).

Au sein de ce travail nous nous intéressons aux spores et pollens diffusés par quelques cryptogames vasculaires (Ptéridophytes) et les phanérogames (Angiospermes et Gymnospermes).

## 3. DISSEMINATION DES GRAINS

Chez les Phanérogames, en dehors des plantes autogames (vigne) ou cleïstogames (violette) qui s'autofécondent, les grains de pollen doivent être transportés au stigmate d'une fleur autre que leur fleur émettrice, afin d'assurer la reproduction. Les agents du transport des grains peuvent être : le vent (pollens anémogames), les animaux et les insectes (zoogames), ou l'eau (hydrogames).

Les spores des cryptogames vasculaires se propagent par l'eau et le vent. Les variations hydrométriques de l'atmosphère jouent également un rôle prépondérant à cette dispersion.

# II. MORPHOLOGIE SPOROPOLLINIQUE

## 1. STRATIFICATION ET COMPOSITION DU SPORODERME

La partie vivante du pollen (contenu cytoplasmique) est entourée d'une membrane, le sporoderme, celui-ci n'étant qu'un double système de parois protectrices.

Sa partie interne, ou **intine,** est constituée de cellulose, très similaire à la membrane squelettique de toutes les cellules végétales. Elle disparaît avec le cytoplasme durant la fossilisation par action bactérienne ou par oxydation.

La couche externe appelée **exine** est composée d'une substance de nature relativement inerte, la sporopollénine (une des substances connues les plus résistantes à la corrosion chimique, dégradable uniquement par oxydation) ainsi que de petites quantités de polysaccharides (connues sous le nom « glucocalyx »). L'exine se subdivise en deux couches superposées : l'**endexine** qui est la partie interne, continue, proche de l'intine et non structurée, et l'**ectexine,** la partie externe, qui peut être à la fois structurée et sculptée.

* Pour des raisons de commodité le mot « pollen » s'emploie au pluriel. Celui-ci désignant une substance est normalement invariable.

La structure des spores diffère de celle des pollens ; deux couches consécutives protégent le cytoplasme : une couche intérieure appelée *endosporium* et une couche extérieure, le *perisporium*.

## 2. Structure et sculpture

L'exine présente des caractères morphologiques le plus souvent complexes que l'on appelle **structure**. L'ectexine dans sa forme complète est une structure à trois strates :

- la « sole » ou « foot-layer »,
- les columelles,
- le tectum

La « **sole** » est une couche en contact avec l'endexine. Les **columelles** sont des éléments cylindriques, isodiamétriques qui, étant portés par la sole, supportent, elles même, un toit, le **tectum**. On appelle ces éléments **bacules** quand ils sont libres. Le tectum peut être continu (grains tectés), partiellement fragmentaire (grains semi-tectés, perforés) ou même absent (grains intectés) (Fig. 7).

Le mot **sculpture** désigne les éléments externes au tectum ou aux bacules libres (dans les cas intectés) sans référence à leur construction interne. Ces éléments sont à l'origine de divers types d'exine.

La forme la plus simple est l'**exine lisse,** qui n'est pas sculptée. Une exine pourvue de petits points inférieurs à 1 micron est dite **psilée**. Les éléments dont la taille est égale ou supérieure à un micron constituent une **exine scrabe**. Les caractères d'ornementation supérieurs à un micron et qui ne sont pas allongés forment des épines (**exine échinulée**), des gemmules (**exine gemmulée**), des verrues (**exine verruquée**), des clavules (**exine clavée**) (Fig. 7). En revanche, des caractères de taille toujours supérieure à 1 micron, mais qui sont allongés, forment une **exine** : a) **rugulée**, quand ils sont aménagés de façon asymétrique, b) **striée**, quand ils sont plus ou moins parallèles et c) **réticulée**, quand ils forment un réseau.

Certains caractères de sculpture et de structure peuvent être confondus entre eux, ce qui rend la détermination très compliquée. Dans ce cas, la différenciation de ces éléments demande un fort grossissement au microscope avec de très fines mises au point.

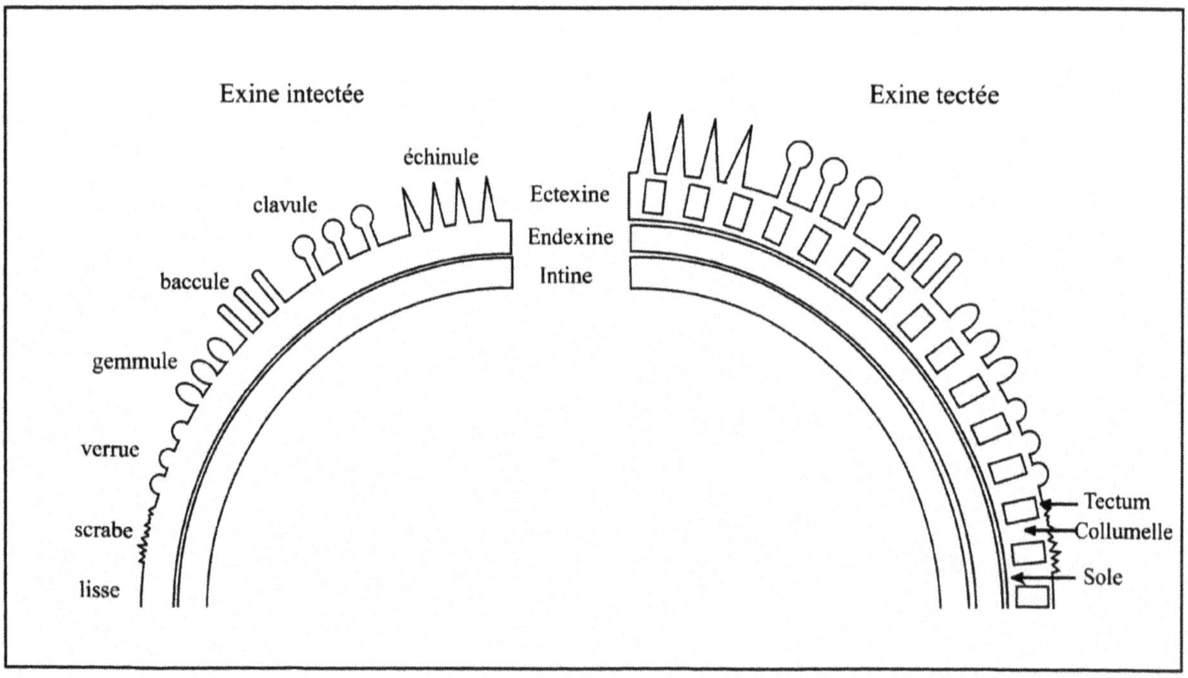


Figure 7 : Stratification du sporoderme et différents types d'ornementation de l'exine (d'après Bui-Thi-Mai, 1974, modifiée).

### 3. APERTURES

Les grains de pollen sont généralement munis d'apertures. Il s'agit d'ouvertures (Angiospermes) ou d'un amincissement de l'exine (Gymnospermes).

Concernant leur **forme**, il existe deux sortes d'apertures :

a) les **pores** (*pori*), généralement isodiamétriques, de forme ronde, et parfois elliptiques,
b) les **sillons** (*colpi*), considérés comme des formes plus primitives que les pores longs et souvent pointus à leurs extrémités.

Les grains possédant des pores sont dits -poré, les grains ayant des sillons sont dits -colpé et ceux avec une combinaison des deux -colporé.

Le **nombre** d'apertures, est indiqué en ajoutant les préfixes mono-, di-, tri-, stephano-, (pour un nombre supérieur à trois, distribuées de la même manière autour de l'équateur) devant les mots situés ci-dessus (exemple : tricolporé). Les grains munis d'apertures, qui sont irrégulièrement reparties sur la surface, sont dits périporés ou péricolpés. Les grains dépourvus d'apertures sont des grains inaperturés. L'emplacement d'une aperture sur l'endexine ou sur l'ectexine la distingue consécutivement en *endoporus* et *endocolpus* ou en *ectoporus* et *ectocolpus*.

Les spores possèdent une seule aperture ; quand celle-ci est allongée, elle s'appelle laesura et la spore monolète. En revanche, quand elle est triradiée la spore est dite trilète.

L'ensemble de tous les caractères de structure, de sculpture ainsi que les apertures, permettent l'identification des grains de pollen et des spores qui se trouve à la base de l'analyse palynologique.

### 4. FONCTION DE LA MORPHOLOGIE DU GRAIN

Selon différents auteurs, la complexité des caractères morphologiques de l'exine pourrait se rapporter à des fonctions spécifiques.

L'exine est responsable de la protection de la cellule vivante contre les tensions mécaniques qui se produisent durant son transport de l'anthère au stigmate, ainsi que sa protection contre la dessiccation. Une perte d'eau étant quand même inévitable, l'exine assure par sa flexibilité une atténuation des conséquences (contractions/expansions), dues aux changements hydrométriques.

De plus, les apertures, en transformant leur configuration, permettent des changements volumétriques du cytoplasme. Les apertures permettent aussi l'émission du tube pollinique, celui-ci jouant un rôle capital dans la fécondation de la plante, qui transforme la fleur en fruit. Enfin, c'est à travers celles-ci que se sont émises des substances de « reconnaissance » qui assurent que la germination du grain ne s'accomplira que sur un stigmate compatible ; dans le cas contraire, ces substances incitent une réaction qui arrête l'émergence du tube pollinique.

D'autres études tendent à montrer que les caractères de sculpture facilitent le transport du pollen par des insectes ou le vent mais ce domaine nécessite encore des recherches ponctuelles (Moore *et al.*, 1991).

## III. APPLICATIONS DE LA PALYNOLOGIE

L'étude de grains de pollen et de spores, actuels et fossiles, intéresse divers domaines scientifiques tels que :

### 1. LA BIOLOGIE

1. En Taxonomie :
L'étude des sporomorphes peut aider à l'établissement de relations évolutives entre plusieurs populations de plantes et à leur classification à des niveaux distincts d'organisation.

2. En Génétique et études évolutives :

Même si ces études sont étroitement liées à la taxonomie, il existe des applications de la Palynologie qui permettent d'élargir le champ d'un examen, strictement morphologique, des pollens et spores. Ainsi, la Palynologie permet de mettre en évidence la stabilité évolutive de la morphologie des spores ou leur divergence dans le temps.

## 2. L'ALLERGOLOGIE

Le taux important de pollens dans l'atmosphère provoque des réactions allergiques chez les personnes sensibles, appelées pollinoses. L'étude de la nature de cette sensibilité implique la compréhension de la nature chimique du pollen, sa périodicité dans l'atmosphère et son mode de dispersion. L'Aéropalynologie (étude du contenu sporopollinique de l'air) permet de détecter la cause directe de ces affections et se révèle indispensable pour un traitement efficace.

## 3. LA CRIMINOLOGIE

Les trois caractéristiques principales du pollen, à savoir son abondance dans la nature, sa spécificité morphologique qui le rend identifiable et sa résistance, permettent d'appliquer la Palynologie en Médecine légale. Les feuilles, les litières, la terre piégée sous les chaussures, les impuretés des ongles ou encore la poussière déposée sur les vêtements peuvent livrer des pollens dont l'analyse fournit des indices sur l'origine géographique d'un échantillon. Ceci pourrait, par exemple, aider à reconstituer les déplacements de personnes suspectes dans des actes criminels.

## 4. LA MELISSOPALYNOLOGIE

L'analyse microscopique du miel permet, dans certains cas, par l'inventaire des pollens qu'il contient, de vérifier et contrôler son origine botanique et géographique. Sa qualité est ainsi confirmée car toute altération ou modification antérieure peut être perçue. De plus, cette investigation nous renseigne sur le mode de vie des abeilles (comportement, maladies, etc.).

## 5. L'AGRONOMIE

Le contrôle journalier du contenu sporopollinique dans l'atmosphère permet de :

- prévenir par traitement chimique certaines maladies mycologiques, en cas de présence d'agents parasitiques dans l'air,
- pronostiquer la production en graines des espèces sylvatiques car il y a un rapport direct entre la production annuelle pollinique d'une espèce et son rendement en graines,
- connaître la pollinisation des arbres cultivés afin d'intervenir en la favorisant dans les cas problématiques.

## 6. LES ETUDES PETROLIERES

Les pollens et les spores donnent des indices précieux sur les couches géologiques et les climats anciens. La présence de certains types de sporomorphes sert comme détecteur de milieux propices à la formation de pétrole.

## 7. LA GEOLOGIE SEDIMENTAIRE

L'apparition des premiers sporomorphes, dès le Paléozoïque, relie la Palynologie directement à la Géologie sédimentaire. Partant du principe que la flore de chaque époque géologique est particulière, l'analyse palynologique d'un dépôt sédimentaire rend possible une estimation sur sa datation relative.

Pour les ères Primaire et Secondaire l'analyse des sporomorphes restera principalement descriptive. Elle permet pourtant l'établissement d'une liste des taxons qui ont marqué la succession des évènements géologiques.

La Palynologie du Tertiaire devient une enquête plus poussée. Désormais, elle sera l'étude de variations relatives des différents taxons en fonction de changements climatiques notamment vers la fin de cette ère (Renault-Miskovsky et Petzold, 1992).

Le Quaternaire est associé à l'apparition et l'évolution de l'Homme en Europe. L'étude de cette évolution ne pourrait pas s'effectuer en dehors du contexte environnemental dans lequel l'Homme a vécu. L'analyse du contenu sporopollinique de sédiments favorables à sa conservation, permet la reconstitution de l'environnement végétal du passé et, par déduction, du climat. L'analyse pollinique de séquences sédimentaires, continentales et océaniques, a contribué à la définition du cadre paléoclimatique du Quaternaire. Ceci est d'une importance primordiale car l'environnement végétal et le climat sont inséparables de la vie quotidienne de l'Homme et de ses activités culturelles. Un ensemble d'interactions s'exerce entre l'Homme et cet environnement et la connaissance de ce dernier permet de définir le cadre de l'évolution humaine.

## IV. PRINCIPE DE L'ANALYSE PALYNOLOGIQUE DANS DE DEPOTS SEDIMENTAIRES

L'analyse palynologique, étude de l'enveloppe inerte fossilisée (exine) des spores et des grains de pollen, se base sur les trois caractères principaux de ces particules microscopiques :

- leur unicité morphologique, qui permet d'identifier la plante productrice,
- la résistance de leur exine, qui contribue à leur conservation dans les dépôts sédimentaires et à leur extraction chimique de la gangue minérale sans les abîmer.
- leur abondance dans la nature, et par conséquent dans les sédiments qui favorise une étude statistique.

Grâce à cette étude il est possible de reconstituer la végétation du passé en sachant que la pluie pollinique, c'est à dire tous les sporomorphes déposés en un point donné, représente fidèlement la végétation et, que cette pluie est restituée par les grains de pollen et les spores comptés. Il ne s'agit pas de l'établissement d'un inventaire floristique mais d'une analyse de la « couverture complexe que forment des espèces en s'associant suivant leurs relations entre elles et les conditions de milieu » (Ozenda, 1994). La Palynologie vise à mettre en évidence l'évolution des associations végétales et à en déduire des hypothèses paléoclimatiques.

## V. PRELEVEMENTS

Le principe ainsi que la modalité d'échantillonnage en Palynologie seront exposés ci-dessous, selon la nature du sédiment -meuble ou compacte-, le but étant d'obtenir des échantillons non contaminés et représentatifs du dépôt que l'on étudie.

### 1. PRELEVEMENTS DE SEDIMENTS MEUBLES EN GROTTE

Les prélèvements de sédiments meubles ont été effectués en respectant les étapes suivantes :

- Bien rafraîchir la coupe afin de diminuer au maximum les risques d'une contamination par la pluie pollinique actuelle. Dans ce but, en plus de ce rafraîchissement, il est préférable de prélever derrière les colonnes destinées aux analyses sédimentologiques et micromorphologiques, car ces deux disciplines utilisent une quantité de sédiment considérable. Ces prélèvements servent de rafraîchissement supplémentaire à la coupe.

- Prélever du bas vers le haut pour éviter toute contamination de niveaux sus-jacents « sur une colonne verticale, continue si possible afin de diminuer les lacunes stratigraphiques » (Diot, 1991a).

- Prélever tous les 3 ou 5 cm selon la possibilité offerte par la nature et la granulométrie du sédiment, friable ou plus solide, à l'aide d'une cuillère. Les prélèvements doivent aussi être effectués « dans des bonnes conditions de rapidité afin d'éviter toute contamination par des pollens atmosphériques » (Diot, 1991a).

- Nettoyer soigneusement les outils des prélèvements après chaque utilisation.

- Prélever un minimum de 100 grammes par niveau, pour obtenir ainsi une quantité suffisante à traiter au laboratoire dans le cas de sédiments pauvres en pollen.

- Déposer le sédiment prélevé dans des sacs plastiques, hermétiquement fermés, numérotés et étiquetés de façon appropriée (gisement, coupe, n° de l'échantillon, altitude) (Ablin, 1985, Leroyer, 1989).

## 2. PRELEVEMENTS SUR STALAGMITE

A l'aide d'une disqueuse, une colonne verticale de stalagmite de Caverna delle Fate a été découpée, préalablement délimitée avec un feutre indélébile. La longueur de cette colonne atteint 48,5 cm, la largeur 7,5 cm et l'épaisseur varie de 4 à 7 cm. Ce bloc a été ensuite redécoupé au laboratoire en 9 échantillons en suivant le litage des couches de calcite (Bastin, 1978).

Les sédiments bréchifiés ont été également découpés à la disqueuse.

## 3. PRELEVEMENTS DE COUPE EN PLEIN AIR

Le principe et le mode de prélèvement sont similaires à ceux employés dans le cas des sédiments meubles de coupes en grotte. A San Francesco, dans les endroits où sont observés différents faciès, deux colonnes ont été réalisées en dehors de la colonne principale afin d'avoir l'échantillonnage de l'ensemble du remplissage. « La réalisation de ces séries en différents points du gisement permettrait également de mettre en évidence d'éventuelles anomalies » (Leroyer, 1989).

## 4. PRELEVEMENTS DE SURFACE

Afin de comparer les résultats de spectres fossiles et la végétation actuelle et à défaut de relevés systématiques autour des trois sites, une analyse des bryophytes a été effectuée. Des études statistiques ont démontré qu' « un spectre pollinique provenant d'un échantillon de mousses fournit une image pollinique fidèle et représentative du peuplement végétal » (Heim, 1971).

Les travaux comparatifs des spectres polliniques provenant des échantillons de mousses, et des échantillons de l'air ont montré qu'un pourcentage considérable (10-20%) de pollens ne se retrouve que dans les échantillons de mousses (Spiekma *et al.*, 1994).

Au moins deux prélèvements de mousses à des hauteurs différentes -surface du sol, paroi des roches- ont été effectués à proximité des sites de Arma delle Manie et de Caverna delle Fate. Selon W.E. Boyd (1986) les mousses se situant en hauteur par rapport à la surface du sol captent mieux la pluie pollinique. A San Francesco, en raison de l'absence de mousse, un échantillon de lichen a été collecté sur l'épaisse croûte remaniée qui recouvrait la coupe stratigraphique, avant rafraîchissement.

# VI. EXTRACTION DU MATERIEL SPOROPOLLINIQUE

Le travail au laboratoire de chimie doit être effectué méticuleusement et avec les plus grandes précautions, car les produits utilisés sont caustiques et corrosifs, donc très dangereux. Pour éviter tout risque d'accident, les préparations chimiques sont réalisées sous une hotte aspirante équipée d'un écran protecteur, la personne qui manipule étant obligatoirement munie d'une blouse, de gants en caoutchouc, d'un masque ainsi que de lunettes protectrices.

## 1. TRAITEMENT PHYSICO-CHIMIQUE DES ECHANTILLONS MEUBLES AU LABORATOIRE

La préparation des échantillons avant l'application des acides consiste à sécher les sédiments dans l'étuve, si nécessaire, et à retirer ensuite les cailloutis. La nature des sédiments traités n'étant pas identique, le poids initial de départ varie de 10 grammes pour les sédiments plus argileux à 20 grammes pour les échantillons plus limoneux ou sableux. Les manipulations exposées ci-dessous visent à éliminer la matière minérale et organique non-sporopollinique du sédiment. Ce protocole d'extraction chimique a été établi par C. Sittler (1955). Il a été ensuite amélioré par un procédé d'enrichissement du matériel sporopollinique par flottation (Funkhouser et Evitt, 1959).

### 1.1. Acide chlorhydrique (HCl) à froid

Seuls les échantillons carbonatés ont subi ce traitement chimique:

- Attaque à froid par l'acide chlorhydrique (HCl) à 50 % jusqu'à ce que la réaction à l'acide cesse.
- Centrifugation du surnageant pendant 5 minutes à 3000 tr/min.
- A partir de l'étape suivante le procédé est semblable pour tous les types de nos sédiments.

### 1.2. Acide fluorhydrique (HF)

- Attaque à froid par l'acide fluorhydrique (HF) à 70% pendant 24 heures et répétition de l'opération pour 12 heures afin d'éliminer la silice qui se transforme en composés solubles.

- Centrifugation du surnageant (5 minutes à 3000 tr/min). Pour cette étape l'utilisation de matériel en téflon (pots, tubes, agitateurs) s'impose car l'acide fluorhydrique est un produit très corrosif qui dissout le verre.

### 1.3. Acide chlorhydrique (HCl) à chaud

L'HF forme des fluorosilicates qui gêneraient l'observation des sporomorphes au microscope que l'on élimine donc ensuite par l'HCl à 50% à chaud. Cette opération demande de laisser les échantillons environ 10 minutes dans un bain-marie et de les centrifuger ensuite (5 minutes à 3000 tr/min) pour évacuer le surnageant jaunâtre obtenu. Ce processus est répété jusqu'à ce que ce dernier devienne limpide.

Après avoir éliminé les fluorosilicates, on rince à l'eau distillée, au moins trois fois, pour neutraliser le pH des échantillons. Ce rinçage constitue la première application d'eau sur les sédiments.

### 1.4. Hydroxyde de potassium (KOH)

L'élimination de la matière organique se fait par l'attaque à l'hydroxyde de potassium (KOH à 10%), à chaud.

Cette étape comprend un bain-marie pendant dix minutes et ensuite des centrifugations (5 minutes à 3000 t./min). Le surnageant obtenu cette fois est noirâtre et l'opération est répétée jusqu'à ce qu'il devienne clair. Le traitement chimique se termine par les démarches suivantes :

- Rinçage à l'eau distillée (au moins trois fois).
- Transvasement du culot dans des tubes en verre à fond conique et centrifugation.
- Séchage du culot pendant deux heures, les tubes étant mis à l'envers.

### 1.5. Concentration du contenu sporopollinique par application d'une liqueur dense ($ZnCl_2$)

Cette phase est la plus délicate. Elle nécessite une grande attention pour ne pas provoquer une perte important voire totale du matériel sporopollinique. Le chlorure de zinc utilisé dans nos analyses (Cour, 1974) est d'une densité égale à 2.

- Mélange du ZnCl2 avec le culot sec et homogénéisation;
- Centrifugation lente pendant 5 minutes à 1000 tr/ min ;
- Récupération du surnageant qui contient les sporomorphes d'une densité voisine de 1,55 et élimination ainsi des particules minérales ou organiques d'une densité >2 retenues au fond du tube. La baisse de la densité se fait par application du HCl à 25% sur le culot ;
- Centrifugation à 3000 tours pendant 5 minutes ;
- Rinçage à l'eau distillée (deux fois) et ensuite une fois à l'eau glycérinée à 10% ;
- Séchage du culot pendant une heure par égouttage sur du papier absorbant ;
- Ajout au culot d'une dose de glycérine pure. Le facteur qui détermine le degré de la dilution est la lisibilité des lames. D'habitude celle-ci est égale à 10 fois le volume du culot (dilution à 10%) ;
- Transfert par pipetage dans des piluliers fermés par bouchon et étiquetés, et mesure volumétrique du culot total, nécessaire pour le calcul de la richesse sporopollinique.

## 2. Traitement des stalagmites

Le bloc de calcite provenant de la grotte de Fate, dessiné et photographié avant toute préparation, a été traité selon les démarches suivantes :

- Nettoyage à l'eau distillée ;
- Découpage en 9 échantillons en suivant la stratigraphie. Le sciage vertical a mis en évidence les couches de calcite ainsi que ses discontinuités, ceci favorisant la délimitation des échantillons. Chaque prélèvement a été ensuite cassé au marteau en petits morceaux afin de faciliter l'attaque à l'acide ;
- Dissolution de la calcite par l'HCl concentré en agissant méthodiquement jusqu'à l'arrêt de la réaction. L'effervescence est maîtrisée par adjonction de l'alcool, si nécessaire.

Les étapes suivies à partir de l'attaque à l'HF sont semblables à celles utilisées pour les sédiments meubles et antérieurement exposées.

## 3. Montage de lames (par luttage)

Le montage des lames est effectué de manière à laisser un espace libre entre lame et lamelle. Ceci permet la mobilité des grains qui peuvent tourner, condition indispensable pour l'observation. Lors de la détermination, la position des grains est modifiée en touchant la lamelle avec l'extrémité d'une aiguille montée. Le liquide de luttage utilisé est l'histolaque L.R.M. Cette opération consiste à :

- tracer deux traits à l'histolaque, parallèles, rectilignes et continus sur les deux grands côtés de la lame et les laisser sécher au moins une heure ;
- déposer deux autres traits recouvrant les premiers avec un faible décalage vers l'intérieur de la lame ;
- prélever 50 µl du culot glycériné bien homogénéisé et les poser au centre de la lame ;
- déposer la lamelle sur l'endroit délimité par l'histolaque ;
- étaler le culot glycériné en appuyant à la fois délicatement sur la lamelle et en poussant vers les extrémités de la lame successivement. Quelquefois certains détritus non éliminés lors des préparations chimiques empêchent l'étalage homogène en provoquant des bulles d'air et risquent de casser la lamelle. Dans ce cas ces éléments ont été retirés en les poussant avec la micropipette vers les bords de la lame ;
- obturer toute la périphérie de la lame par un trait fin d'histolaque pour empêcher des fuites lors de l'observation ;
- étiqueter la lame.

# VII. MICROSCOPIE

## 1. Determination

La lecture des lames est réalisée sur un microscope optique (Zeiss, oculaires x 10) par balayage longitudinal. Le comptage des grains a été fait à l'objectif 16 ou 40 à immersion selon la lisibilité des lames et la détermination à l'objectif 100 à immersion. Le degré de détermination n'atteint généralement que deux unités systématiques : la famille et le genre. Ceci nous prive d'une reconstitution fidèle de la végétation, car deux espèces du même genre peuvent avoir des exigences écologiques différentes.

Pour les déterminations douteuses il est possible de consulter :

- la collection de lames de référence du laboratoire sur la flore européenne et méditerranéenne,
- un microscope à pont de comparaison permettant d'observer simultanément deux grains (actuel et fossile, deux grains actuels ou deux fossiles),
- les ouvrages de référence ainsi que des Atlas ( Erdman, 1969 ; Faegri et Iversen, 1989 ; Kuprianova et Alyoshina, 1972 ; Moore et al., 1991 ; Prokovskaia, 1958 ; Punt et Blackmore, 1991 ; Punt et Clarke, 1980, 1981,1984 ; Punt et al., 1976, 1988 ; Reille, 1992, 1995, 1998),
- les fichiers iconographiques du laboratoire ainsi que les dessins qui les accompagnent.

Les dénominations des taxons suivent le Code International de Nomenclature Botanique. Néanmoins, certains taxons déterminés au rang spécifique, mais précédés par la mention « type » n'obéissent pas à cette convention.

Ils désignent la morphologie pollinique plutôt que l'espèce indiquée par ce nom dans le Code International de Nomenclature Botanique.

## 2. La L.O. analyse

La Palynologie est une science qui se base avant tout sur l'observation, car elle vise à déterminer les grains de pollen et les spores. Les sporomorphes ayant des caractères spécifiques et distincts, l'application d'une méthode d'analyse ponctuelle et uniforme, facilite l'étude et rend la détermination plus fiable.

La L.O. analyse (du latin *lux-obscuritas* : lumière-obscurité) permet, grâce à la réalisation d'une série de coupes optiques, successives depuis le sommet d'un grain jusqu'à son endexine, de définir sa sculpture et sa structure. Ceci suppose que l'investigation commence par la surface du grain la plus proche de l'œil de l'observateur (Reille, 1990). Le principe de la méthode se base sur le fait qu'au microscope en observant un élément de relief par des mises au point successives, celui-ci apparaît d'abord lumineux puis obscur (Bertrand, 1961 *in* Reille, 1990)). En revanche, une cavité se présente d'abord sombre et ensuite brillante. Une fois la nature de l'ornementation d'un grain connue, on peut l'identifier plus facilement à l'aide des clés de détermination.

Pour que cette analyse soit efficace il est nécessaire de régler le microscope dans les conditions dites de « l'éclairage de Köhler » décrites en détail par M. Reille (1990).

## 3. Comptage

D'après des études spécifiques, il a été démontré qu'un spectre pollinique est statistiquement représentatif et significatif, lorsque les conditions suivantes sont retenues :

- il contient 300 sporomorphes. Au-delà de ce nombre l'information ne s'accroît que dans des proportions infimes (Reille, 1990),
- le pourcentage du culot observé atteint au moins 0,1% du volume total du culot (Cour, 1974),
- un nombre d'au moins 100 pollens est déterminé (en dehors d'un éventuel taxon prédominant), réparti sur 20 taxons (Mc Andrews et King, 1976).

Pour la validité de nos spectres tous ces critères ont été respectés lors des comptages. De plus, pour la détermination des grains nous avons toujours essayé d'obtenir un nombre proche de 150 grains en dehors du taxon prédominant, en plus des filicales et des indéterminables.

# VIII. SAISIE INFORMATIQUE DES RESULTATS

## 1. Principe de calcul de pourcentage

Dans le diagramme détaillé, le pourcentage des taxons polliniques est calculé à partir de la somme de base de chaque niveau. Cette somme représente le total des A.P. (*Arboreal Pollen*) et N.A.P. (*Non Arboreal Pollen*) déterminés. Par contre, le pourcentage des Filicales, ainsi que celui des Varia (pollens indéterminables et indéterminés) se base sur la somme totale qui réunit tous les grains comptés (A.P. + N.A.P. + Filicales + Varia).

Le mot Varia désigne tous les sporomorphes indéterminables et indéterminés :

- les indéterminables sont les grains dont la mauvaise conservation rend l'identification impossible, ou des grains immobilisés et ayant un aspect flou car piégés dans l'histolaque, ou étant dans une position qui en empêche l'observation,
- les indéterminés sont les grains ayant préservé tous les caractères rendant la détermination possible mais que nous n'avons pas pu identifier.

Le diagramme global, représentation graphique des pourcentages de tous les sporomorphes comptés (A.P., N.A.P., Filicales, Varia) est calculé à partir de la somme totale. En revanche, la représentation graphique du rapport A.P./N.A.P. est calculée sur la somme de base.

Pour le diagramme synthétique qui regroupe les taxons d'une écologie similaire, les calculs se font par rapport à la somme de base.

## 2. CALCUL DE LA RICHESSE DU SEDIMENT EN MATERIEL SPOROPOLLINIQUE

Le calcul de la richesse du sédiment ( **r** ), ou concentration sporopollinique, est le nombre des grains de pollen et des spores contenus par gramme de sédiment. La méthode a été établie par P.Cour (1974). Cette valeur s'obtient en appliquant deux formules consécutives :

**f = ( v/V* l/L) *100** où :

- f (%) est le pourcentage de la fraction du culot observé au microscope. Pour qu'une analyse soit représentative, ce pourcentage doit atteindre au moins 0,1%,
- v, le volume de culot mis entre lame et lamelle (50µl),
- V, le volume total du culot,
- L, la largeur moyenne utile de la lamelle (pour les lamelles de 22 mm de large celle-ci varie entre 17000 µm et 22000 µm) (Cour, 1974).

**r = (n / f*100) / m** où :

- n, est le nombre total des sporomorphes comptés,
- m, la masse de sédiment sec traité en grammes

La concentration sporopollinique est applicable à l'ensemble des taxons d'un échantillon ou à chacun d'entre eux. Quand le calcul de la richesse globale est employé à tous les échantillons d'une séquence, il permet d'évaluer les variations de la concentration sporopollinique. La richesse du sédiment est aussi un moyen de contrôler si une analyse est représentative. Une richesse très faible pourrait indiquer qu'un spectre n'est pas significatif. L'interprétation dans ce cas doit être effectuée avec grande prudence.

La valeur de la concentration d'un seul taxon est une fréquence absolue qui ne dépend pas de celle des autres taxons. Le calcul de ces fréquences permet d'observer l'évolution des taxons individuellement, sans l'influence des variations des autres taxons. Ce calcul s'effectue en appliquant la formule r décrite ci-dessus, le nombre total des sporomorphes comptés n, étant remplacée par le nombre de pollens du taxon examiné. Ceci permet de vérifier l'origine d'une variation pollinique en montrant si l'augmentation ou la diminution d'un ou plusieurs taxons est significative ou due à un effet statistique (Ablin, 1985 ; Gauthier, 1992).

La concentration peut aussi désigner la densité du couvert végétal (Van Campo, 1984) ou déterminer si la sur-représentation d'un taxon est due à un apport local, régional ou lointain (Reille et de Beaulieu, 1990).
La richesse sporopollinique est soumise à plusieurs facteurs tels que :

- la granulométrie du sédiment (Follieri *et al.*, 1988). Les expériences, montrent qu'un sédiment fin est plus susceptible de contenir des pollens qu'un sédiment grossier.
- la vitesse de sédimentation (Hall, 1981) ; une vitesse lente collabore à une concentration forte, et inversement.
- les variations climatiques (Alm, 1993) ; ainsi, une amélioration climatique serait reflétée dans les sédiments par un taux de concentration important, alors qu'une dégradation climatique provoquerait une diminution de cette concentration.

Les concentrations sporopolliniques des trois sites étudiés présentent des valeurs faibles. A Caverna delle Fate la richesse sporopollinique globale varie de 2,4 à 19,3 grains par gramme de sédiment. A Arma delle Manie, elle oscille de 18 à 2203 gr/g et à San Francesco entre 16 et 329 gr/g.

Selon S. Hall (1981), quand la concentration est inférieure à 1000 gr/g, elle indiquerait une altération pollinique significative. Cependant, la complexité du processus de la taphonomie, qui peut être spécifique à chaque site, rend difficile une telle délimitation stricte. En terme général, plus la concentration est élevée, plus les résultats sont fiables.

## 3. CONSTRUCTION DE DIAGRAMMES

Un spectre pollinique est la représentation graphique des résultats numériques d'un niveau donné. Le diagramme palynologique est constitué de tous les spectres polliniques étudiés dans une coupe ou une carotte.

### 3.1. Diagramme détaillé

Afin de présenter les résultats, les histogrammes ont été préférés aux polygones de fréquence pour diverses raisons :

- des phénomènes (arrêt de sédimentation, érosion) qui pourraient déranger la dynamique sédimentaire en grotte et par conséquent la continuité de l'enregistrement pollinique (Campy, 1985) ;
- l'espacement entre certains de nos échantillons.

De plus, seule une analyse de haute résolution justifierait l'utilisation de polygones car ceux-ci donnent une illusion de continuité même quand la distance entre les échantillons est assez importante (Ablin, 1985). Dans le diagramme détaillé de Arma delle Manie, le rapport A.P./N.A.P. a été représenté par une courbe continue afin de mieux pouvoir visualiser son évolution.

La maille d'échantillonnage entre nos prélèvements varie de 3 cm (Arma delle Manie), à 5 cm (San Francesco). A Arma delle Fate la distance entre les échantillons est irrégulière parce qu'elle a été déterminée par la stratigraphie des couches de la calcite.

Le diagramme détaillé se compose de gauche à droite, des colonnes successives :

- l'industrie lithique (sauf dans le cas des niveaux postglaciaires de San Francesco),
- la lithologie du gisement,
- la profondeur en cm (sous le plan 0),
- le numéro des échantillons,
- le pourcentage des taxons ligneux, avec les Gymnospermes puis les Angiospermes, classés par ordre alphabétique de famille, et au sein de celle-ci par ordre alphabétique de genre. Quand le pourcentage d'un taxon est inférieur à 1 il est représenté par une croix,
- le rapport A.P / N.A.P (calculé par rapport à la somme de base),
- le pourcentage des taxons herbacés. Le principe de leur disposition est identique à celui des ligneux (famille, genre),
- le nombre de taxons polliniques,
- la somme de base de chaque niveau, c'est à dire les A.P. et N.A.P. déterminés,
- les Filicales,
- les Varia (indéterminables + indéterminés),
- la somme totale de tous les sporomorphes comptés à savoir les A.P., les N.A.P., les Filicales et les Varia,
- le diagramme global, calculé à parti de la somme totale,
- la courbe des variations de la concentration sporopollinique,
- les zones polliniques.

L'échelle des pourcentages est constante pour tous les taxons. L'échelle du diagramme du rapport A.P/N.A.P, et du diagramme global est réduite de moitié.

### 3.2. Zones polliniques

Un diagramme pollinique recouvrant souvent un grand intervalle chronologique est généralement assez complexe. Afin d'étudier ses variations internes et rendre l'interprétation plus facile, il est nécessaire de procéder à sa subdivision en zones. Ces unités à caractère biostratigraphique sont appelées biozones en Palynologie. Les biozones regroupent des parties du diagramme ayant des propriétés communes. En tant qu'unités biostratigraphiques, elles montrent une composition commune, d'une part à travers la présence ou l'absence de certains éléments et d'autre part à travers leurs relations quantitatives. Enfin, comme outil de travail, elles ne doivent être définies que par les caractéristiques du diagramme sans faire référence à des arguments climatiques ou écologiques (Faegri et Iversen, 1989).

## 3.3. Diagramme synthétique

Le diagramme synthétique associe les taxons d'une écologie analogue (Suc, 1984 ; Ablin, 1985). Un groupe pollinique des gymnospermes à ballonnets a été créé exceptionnellement, rassemblant *Pinus* ainsi que les quelques grains de *Abies*, *Cedrus* et *Picea* rencontrés sporadiquement. Construit à partir du diagramme détaillé, ce diagramme permet, tout d'abord, d'apercevoir l'évolution des associations végétales au cours du temps, qui se trouve à l'origine des variations climatiques. Ce regroupement écologique facilite l'interprétation des données palynologiques. Enfin, ce type de diagramme est un moyen pour valider les zones polliniques faites sur le diagramme détaillé.

Les regroupements opérés sont les suivants :

- groupe 1 : les pollens de Gymnospermes à ballonnets :
  *Abies, Cedrus, Picea, Pinus* ;
- groupe 2 : les taxons ligneux d'Angiospermes méso-thermophiles :
  *Acer, Betula, Carpinus type betulus, Carpinus type orientalis/Ostrya type carpinifolia, Castanea, Celtis, Corylus, Fagus, Fraxinus, Hedera, Juglans, Quercus type pedunculata/pubescens, Platanus, Populus, Salix, Tilia, Ulmus, Vitis* ;
- groupe 3 : les taxons méditerranéens :
  *Quercus* type *ilex/coccifera, Cistus, Ligustrum, Olea, Phillyrea, Pistacia, Rhus, Carpinus* type *orientalis/Ostrya* type *angustifolia* ;
- groupe 4 : les taxons xériques et/ou steppiques herbacés et ligneux :
  Cupressaceae, Amaranthaceae/Chenopodiaceae, Asteroideae, Cichorioideae, *Artemisia, Centaurea*, type *Echinops*, Caryophyllaceae, Poaceae, type *Cerealia* ;
- groupe 5 : les taxons herbacés ubiquistes :
  Apiaceae, Boraginaceae, Brassicaceae, Campanulaceae, *Helianthemum*, Convolvulaceae, Cyperaceae, Dipsacaceae, type *Knautia*, type *Scabiosa*, Ericaceae, Euphorbiaceae, type *Mercurialis*, Fabaceae, Gentianaceae, *Geranium*, Lamiaceae, Liliaceae, Malvaceae, Onagraceae, *Plantago*, *Polygonum*, *Rumex*, Primulaceae, Ranunculaceae, *Thalictrum*, *Rhamnus*, Rosaseae, type *Filipendula*, type *Sanguisorba minor*, Rubiaceae, Saxifragaceae, Scrofulariaceae, type *Melampyrum*, Urticaceae, Valerianaceae, type *Centranthus* ;

Les pollens d'Ericaceae ont été classés parmi les taxons herbacés car la distinction des éventuels taxons ligneux appartenant à cette famille n'a pas été possible. Les Typhaceae, taxon aquatique, n'ont pas été pris en considération lors de la construction du diagramme synthétique en raison de leur très faible présence.

## 3.4. Diagramme des concentrations absolues

Le diagramme des concentrations absolues montre l'évolution de chaque taxon indépendamment des autres. Seuls les taxons (et groupes de taxons) du diagramme détaillé de Arma delle Manie sont représentés pour ce type de diagrammes en courbe continue car il n'existe pas d'échantillons stériles qui s'intercalent. Dans les cas de Caverna delle Fate et de San Francesco les histogrammes ont été préférés.

L'échelle choisie est identique pour les taxons isolés sauf dans certains cas de hautes valeurs où la diminution de celle-ci de moitié a été préférable pour une meilleure lisibilité du diagramme. Dans le même but l'échelle des courbes des A.P., N.A.P. et de la richesse sporopollinique a été diminuée.

De gauche à droite paraissent les colonnes de :

- la lithologie du gisement,
- la profondeur en cm (sous le plan 0),
- le numéro des échantillons,
- les concentrations de principaux taxons ligneux et herbacés suivant la disposition respectée dans le diagramme détaillé,
- les concentrations des A.P., des N.A.P. et de la concentration sporopollinique globale à une échelle réduite,
- les zones polliniques.

### 4. ANALYSE EN COMPOSANTES PRINCIPALES (ACP)

L'application de la statistique dans l'analyse des données s'avère utile et parfois indispensable à des sciences naturalistes, telles que la Palynologie. En effet, lors de la lecture d'un diagramme pollinique, l'approche inévitablement subjective du palynologue peut empêcher un traitement objectif des données. De plus, dans des diagrammes provenant d'analyse de sédiments en grotte, l'information obtenue est souvent délicate à déchiffrer du fait de la complexité de l'enregistrement pollinique dans ce milieu. Dans ces cas, une analyse statistique pourrait faciliter l'exploitation des résultats et apporter des indications supplémentaires.

L'analyse en composantes principales (ACP) est une méthode statistique d'analyse factorielle de données multidimensionnelles (Foucart, 1997). Le caractère fondamental de ces données est qu'elles doivent être numériques et quantitatives. Ainsi, l'ACP vise à établir des groupements homogènes d'unités statistiques, et à mettre en évidence les liens entre les variables initiales. Dans l'analyse palynologique, les unités statistiques sont les spectres polliniques et les variables sont les différents taxons. Les résultats de cette méthode sont plus crédibles lorsque le nombre d'unités statistiques est supérieur à 15 et le nombre de variables supérieur à 4.

Pour la présente étude, les analyses ont été effectuées à l'aide du logiciel Statistica sous Windows. Les données brutes sont présentées sous forme de tableau, appelé matrice de calcul, dont les abscisses sont les unités statistiques et les ordonnées les variables. Le traitement de ces données permet l'extraction d'une série de composantes principales (ou facteurs). La valeur propre de chacune de ces composantes, représente la somme des valeurs des variables considérées pour cette composante. Les composantes principales, définissant un plan factoriel des deux axes, sont classées par ordre décroissant d'importance, les deux premières participant le plus à la variation totale. Généralement, ce sont les plus utilisées, mais des combinaisons multiples avec les axes suivants sont possibles.

La représentation graphique de ces données fait apparaître un nuage de points sur le plan factoriel qui permet de distinguer des groupes d'individus (Escofier et Pagès, 1997). Le graphe met en évidence soit la contribution des variables sur ce plan factoriel, soit la répartition des unités statistiques, ce qui peut fournir des informations complémentaires pour l'interprétation.

Dans la présente étude, les ACP ont été effectuées uniquement à la séquence de Arma delle Manie. C'est la seule séquence ayant livré un nombre d'unités statistiques (spectres polliniques) satisfaisant, qui se prête à une telle analyse statistique.

## IX. INTERPRETATION DES DIAGRAMMES

Le diagramme pollinique est l'outil qui permet de visualiser la composition de la végétation et ses changements, sous forme de pourcentage. L'acquisition de ces donnés, ainsi que la connaissance des exigences écologiques des différents taxons permet d'analyser l'évolution des conditions climatiques et écologiques en vigueur lors du dépôt. En revanche, pour que la reconstitution de l'environnement végétal soit fidèle, il faut tenir compte des paramètres qui influencent l'enregistrement pollinique, tels que la production pollinique des différentes espèces, le mode de dispersion et la conservation des grains.

### 1. PRODUCTION POLLINIQUE

Le mécanisme de pollinisation d'une plante est en relation étroite avec sa production pollinique (Moore *et al.*, 1991). Ainsi, des plantes anémogames produisent de très grandes quantités de pollen. A l'inverse, chez les plantes autogames, la somme des grains libérés dans la nature est très petite, voire nulle. De même, les plantes zoogames sont en général des producteurs modestes et diffusent peu leurs grains dans l'air. Cette variabilité de la production pollinique entraîne parfois une sur-représentation (*Pinus*) ou sous-représentation (*Acer*) de grains de pollen (Schwartz, 1989). Ainsi, la non-représentation d'un taxon dans les sédiments n'indique pas obligatoirement son absence dans la nature.

La production varie aussi en fonction des changements climatiques ou de la localisation topographique de la plante émettrice. Par exemple, la floraison et la production pollinique se modifient selon qu'une plante est à l'intérieur ou à l'extérieur d'une forêt. Un arbre exposé dans un champ produira plus que s'il poussait dans un milieu dense, même s'il touche la canopée. Dans une forêt les individus de petite taille (jeunes ou appartenant à la flore herbacée) produisent très peu de pollen.

Au sein de la même région climatique, la production pollinique d'une aire est de même ampleur, qu'il s'agisse d'une forêt ou d'un couvert herbacé. La relation entre les pollens produits par les arbres et par les herbacées serait un indice de la densité de la forêt. (Faegri et Iversen, 1989).

## 2. Dispersion pollinique

Liée directement à la productivité des plantes et au mode de transport des grains, la dispersion pollinique dépend aussi d'autres facteurs qui en font un phénomène complexe.

D'une façon générale, la taille de la plante, sa saison de floraison, sa position par rapport aux autres plantes et par rapport au vent, ainsi que sa position topographique, déterminent l'ampleur géographique de cette dispersion (Andersen, 1974 ; Harvey, 1976, *in* Moore *et al.*, 1991). Ainsi, une plante émettrice de grande taille disperse ses grains plus loin qu'une autre plus petite. Les grains des plantes à floraison prévernale ou vernale circulent plus facilement dans l'air, car ils ne sont pas gênés par les feuilles des autres arbres. Dans une formation forestière, le vent emporte généralement le nuage pollinique déposé sur les sommets d'arbres tandis que les végétaux qui poussent en dessous émettent leurs grains aux alentours proches. Enfin, le relief joue un rôle fondamental dans la circulation de l'air et par conséquent des sporomorphes. Cette circulation diffère en plaine et en montagne : bien que dans les plaines et les petites collines elle soit cohérente, en montagne, en raison des ascendances d'air, se produit une homogénéisation du contenu pollinique dans l'atmosphère, qui peut causer des apports inattendus (Barthélemy, 1985).

La pluie pollinique pourtant est principalement stationelle, l'essentiel du pollen (99%) est déposé à proximité de la source émettrice (Barthélemy, 1985). La nature aérodynamique des grains ainsi que le microclimat du site d'où ils proviennent déterminent la distance de leur transport. Le vent, facteur prépondérant dans l'origine des grains, n'amène qu'une petite fraction loin du lieu de production. Une distance de 50-100 km forme la limite naturelle de la dispersion aérienne du pollen. La plus grande partie des sporomorphes se dépose à l'intérieur de cette limite. En général, seuls des grains qui restent plus d'une journée dans l'air (Raynor *et al.*, 1983 *in* Moore *et al.*, 1991) ou qui montent haut dans l'atmosphère (Mandrioli *et al.*, 1973) peuvent être transportés très loin. L'efficacité de la dispersion par le vent dépend de la vitesse et de la turbulence de ce dernier, surtout à l'endroit de l'émission. La vitesse de l'air à l'intérieur des couches de végétation est inférieure à 10m/s (Moore *et al.*, 1991).

La dispersion sur de longues distances est liée à des mouvements majeurs d'air dans l'atmosphère. Mc Andrews (1984) a enregistré des transports de grains sur une distance de plus de 1000 kilomètres. Ceci expliquerait le cas de sporomorphes inconnus dans la végétation locale. La proportion des apports lointains sera plus grande dans le cas de sites à faible production. J.C. Ritchie (1986), a observé des pollens d'arbres dans des analyses concernant des environnements désertiques.

Par ailleurs, des phénomènes météorologiques peuvent limiter la dispersion pollinique. La pluie, par exemple, « nettoie » l'air de ses micro-particules y compris les sporomorphes, et forme ainsi un facteur limitant pour le transport à longues distances.

## 3. Conservation sporopollinique

Des études spécialisées ont constaté une variation à la préservation des sporomorphes dans les sédiments (Havinga, 1967, 1984 ; Cushing, 1967 ; Hall, 1981). Les différents types de pollens n'ont pas la même résistance à la corrosion. Celle-ci s'avère un phénomène difficile à appréhender, dépendant de facteurs externes ou de causes inhérentes au matériel sporopollinique.

### 3.1. Les facteurs externes

Les facteurs externes peuvent être chimiques, mécaniques ou biologiques.

a) les facteurs chimiques : l'oxydation, qui agit directement sur les grains ou indirectement par infiltration de l'eau (King *et al.*, 1975), semble être le facteur principal de dégradation (Faegri et Iversen, 1989). Les sédiments oxydés peuvent affecter la conservation du matériel sporopollinique. Contrairement à ce que plusieurs auteurs pensent, la conservation des grains ne dépendrait pas du pH des sédiments (Turner, 1985). Elle serait plutôt liée à la nature de ces derniers (Havinga, 1971, 1974, 1984). Les sédiments plus ou moins grossiers favorisent l'infiltration d'eau (Bui-Thi-Mai et Girard *in* Fellag, 1998). La granulométrie du sédiment peut donc servir d'indice pour la conservation mais elle n'est dans aucun cas un facteur déterminant ; ainsi des sédiments de nature favorable à la conservation, mais ayant subi une inondation qui a provoqué l'oxydation des grains, peuvent s'avérés stériles (Fellag, 2000).

L'utilisation de certains mélanges chimiques lors des manipulations au laboratoire peuvent aussi se révéler dommageables pour les grains. Ainsi, l'utilisation de l'acétolyse et de l'acide fluorhydrique durant le même traitement nuit aux pollens (Hafsten, 1959). De même, une application prolongée de l'acétolyse altère les sporomorphes (Charman, 1992).

b) les causes mécaniques : les forces mécaniques qui s'exercent durant le transport, (Moore *et al.*, 1991), le frottement des sédiments soumis au phénomène gel-dégel (Diot, 1988) ou le piétinement (Diot, 1991b) endommagent l'état des sporomorphes.

c) les causes biologiques : l'attaque microbienne corrode aussi les grains et provoque des traces distinctes à savoir des perforations plus ou moins circulaires (Havinga, 1984) et/ou en rosettes (Elsik, 1971).

D'autres causes, comme les hautes températures, l'alternance humidité-sécheresse, des processus chimiques ou des processus post-dépositionels agissant sur les déchets animaliers qui piégent les pollens, pourrait entraîner aussi la dégradation des grains.

## 3.2. Les causes internes

Les causes internes sont liées à la structure même des grains de pollen, principalement la composition de l'exine :

Selon A.J. Havinga (1984) la conservation des grains de pollen dépend directement de la quantité de sporopollénine contenue dans l'exine. M.T. Morzadec-Kerfourn (1977) attribue une importance primordiale aux caractères de la structure du grain et conclut que les exines tectées sont les plus résistantes.

Afin de saisir ce mécanisme de dégradation, une série de classifications à été proposée par différents auteurs.

J.E. Cushing (1967) à procédé à une hiérarchisation des grains en 5 catégories selon le degré et le type de détérioration qu'ils avaient subi : corrodés, dégradés, froissés, cassés et bien préservés. Cette distribution est indépendante du classement taxonomique ordinaire en Palynologie qui fait appel à deux catégories :

- les grains identifiables et attribués à une unité taxonomique,
- les grains non définis ; cette catégorie se subdivisant en deux groupes : indéterminables et indéterminés.

A.J. Havinga (1984) distingue trois types de corrosion sur les grains : « cavitation » (creusement), amincissement et dégradation. Dans les profils de sol à activité biologique réduite, l'attaque est limitée à l'amincissement et la dégradation alors que dans les sols à activité biologique intense, toutes les classes de corrosion sont observées.

S.A. Hall (1981) définit quatre stades pour la préservation des sporomorphes (bien conservés, détérioration initiale, détérioration avancée et quasi ou entièrement endommagés). Il classe les causes de ces dégradations en quatre catégories :

a) la détérioration progressive du matériel sporopollinique sur une séquence stratigraphique. Celle-ci se manifeste par une augmentation progressive des fréquences des grains indéterminables, accompagnée d'une baisse de la concentration sporopollinique du sommet à la base de la séquence,
b) la conservation différentielle des grains, c'est à dire leur susceptibilité inégale au processus de détérioration,
c) la facilité de détermination de certains types polliniques même abîmés,
d) la détérioration différentielle selon le type de sédiment.

Les milieux les plus propices à la conservation des grains seraient les milieux réducteurs (tourbes acides, vases, dépôts lacustres). Les grottes, à cause de conditions de température et d'humidité constantes qui y existent, constituerait *a priori* des milieux qui favorisent la conservation (Leroi-Gourhan, 1965 ; Davis, 1990).

Au regard des trois sites de la présente étude à savoir Caverna delle Fate, Arma delle Manie et San Francesco la conservation des grains n'était pas toujours satisfaisante. Dans les sédiments minéraux de Arma delle Manie et de San Francesco, les taux des grains indéterminables atteignent 15 %. Dans les concrétions stalagmitiques de

Caverna delle Fate les grains, quoique bien conservés, étaient souvent froissés ou cassés ce qui gênait la détermination.

## 4. RECONSTITUTION DES PAYSAGES

Il a été montré que des taux de pollens arborés supérieurs à 75 % représentent un paysage forestier (milieux fermés). Une fréquence inférieure ou égale à 20 % indique des vastes étendues découvertes (milieux ouverts). Les valeurs entre ces deux taux évoquent de milieux « mixtes » sans pouvoir apporter plus de précisions (Barthélemy, 1985).

D'autre part, des études effectuées sur le rapport entre la pluie pollinique actuelle et la végétation environnante, sont également très importantes pour l'interprétation des diagrammes polliniques fossiles (Huntley et Birks, 1983). Le tableau 2, extrait de cette publication aide de visualiser la relation entre les pourcentages des différents taxons arboréens rencontrés et leur représentation dans la végétation.

Tous les phénomènes précités (production pollinique, dispersion, conservation) impliquent une certaine complexité de l'enregistrement pollinique dont il faudra tenir compte pendant l'interprétation des diagrammes. Ils peuvent en effet entraîner un aléa statistique dans les spectres polliniques qui n'est pas lié à la composition de la végétation.

De plus, les déterminations sont très rarement spécifiques et de ce fait la pluie pollinique n'est restituée qu'approximativement.

Enfin, l'interprétation se base avant tout sur le principe d'actualisme dont l'application nécessite aussi une certaine prudence car certains types de végétation actuelle (forêts européennes, prairies alpines, toundras) peuvent être influencés par l'action anthropique (Sánchez-Goñi, 1991).

Ces paramètres doivent être envisagés lors de chaque analyse palynologique afin de reconstituer l'image de végétation la plus proche de celle qui était contemporaine au dépôt. Pour les dépôts archéologiques, en plus de ces paramètres, il est primordial de connaître les facteurs particuliers agissant, dans le but de mieux saisir le phénomène de la taphonomie de ces milieux.

| Taxons arboréens | % Pollen | Représentation dans la végétation |
|---|---|---|
| *Acer* | < 1 % | présence et même abondance locale |
| | < 5 % | codominance locale |
| *Alnus* | > 2 % | présence locale dispersée |
| | > 10 % | dominance locale |
| | > 25 % | pousse dans le site |
| *Betula* | 10 % | présence locale |
| | > 25 % | dominance locale |
| | > 50 % | dominance régionale |
| *Carpinus betulus* | 1 % | présence locale dispersée |
| | > 5 % | important dans la forêt régionale |
| | > 10 % | dominance locale |
| *Corylus* | 2 % | présence locale |
| | 2-25 % | dans le sous-bois de la forêt mixte |
| | > 25 % | dominant dans la voûte |
| *Juniperus* (Cupressaceae) | < 1 % | présence locale |
| | > 5 % | abondant dans la végétation régionale |
| *Castanea sativa* | < 1 % | présence locale |
| | > 5 % | forêt près du site |
| *Fagus* | < 2 % | présence locale dispersée |
| | > 5 % | forêt régionale à dominace du hêtre |
| | > 25 % | forêt locale à dominace du hêtre |
| *Quercus* caducifolié | > 2 % | présence locale |
| | > 10 % | important dans la forêt |
| | > 25 % | ne signifie obligatoirement sa dominance |
| *Quercus* sempervirens | 1 % | présence locale en très petite quantité |
| | > 5 % | dominance dans la forêt régionale |
| | > 25 % | dominance locale |
| *Fraxinus* | > 1 % | présence locale |
| | > 3 % | bien représenté |
| *Phillyrea* | < 1 % | présence locale |
| | > 5 % | important dans la végétation locale |
| *Pinus* | > 25 % | bosquets dans un paysage forestier local |
| | > 50 % | dominance locale |
| *Salix* | > 2 % | abondant dans la toundra et la végétation arctique |
| *Tilia* | 1 % | présence locale dispersée |
| | > 5 % | présence locale abondante |
| | > 10 % | forêt à dominance du tilleul |
| *Ulmus* | > 2 % | présence locale |
| | > 10 % | important dans la forêt |

Tableau 2 : Rapport entre la pluie pollinique et la représentation de quelques taxons arboréens dans la végétation environnante (d'après Huntley et Birks, 1983).

# CHAPITRE IV

–

# Particularités de la Palynologie en dépôt archéologique

L'enregistrement pollinique dans les dépôts archéologiques est influencé par les phénomènes de remplissage, tels que la gélivation, le ruissellement, la solifluxion, les apports éoliens, hydriques, animaliers et humains. D'autres paramètres à savoir l'aire d'origine des sporomorphes mais également les mécanismes de transport et les processus post-dépositionnels, agissent sur cet enregistrement. La compréhension de ces paramètres est indispensable, afin d'estimer le potentiel à la reconstitution de l'environnement végétal de l'assemblage pollinique dérivant des grottes.

## I. ORIGINE DU MATERIEL SPOROPOLLINIQUE EN GROTTES

L'aire d'origine des sporomorphes déposés en grotte peut être divisée en une succession de zones végétales. G.M. Coles *et al.*, (1989) classent ces zones en 4 catégories :

**1. La zone hypogée**
Il s'agit de l'intérieur de la grotte, complètement sombre, humide et d'une température relativement constante. L'absence de lumière est le facteur limitant de la croissance de tout type de végétation, à l'exception des spores des champignons dont la signifiance paléoécologique est encore peu connue.

**2. La zone de seuil de la grotte ou zone de transition**
La composition de son couvert végétal résulte de l'existence de la grotte. Cette zone est marquée par une intensité de lumière réduite de l'extérieur vers l'entrée qui forme le facteur déterminant du développement des végétaux. D'autres facteurs secondaires contrôlent aussi ce développement, comme la nature du substrat, celui-ci étant le plus souvent alcalin, l'humidité qui est, en général, relativement constante, et la diminution de compétition avec d'autres espèces héliophiles.

**3. La zone locale**
Ce sont les alentours immédiats de la grotte dont la végétation est indépendante de la présence de la grotte ; elle peut refléter pourtant un microhabitat particulier comme dans le cas des talus des versants. M. Weinstein (1983) place les limites de la végétation locale entre 100 et 200 m. de l'entrée de la grotte.

**4. La zone régionale**
Elle est déterminée par la nature des sols et le climat. Elle dépend également des activités du biotope.

Chacune de ces zones succède naturellement à sa zone adjacente et fournit un composant à l'assemblage pollinique de la grotte qui reflète la composition de sa végétation. Ces assemblages proviennent essentiellement des trois dernières zones. D'une manière générale, ceux-ci, refléteraient tout d'abord la végétation locale (Van Campo et Leroi Gourhan, 1956 ; Weinstein, 1983 ; Coles, 1988 *in* Coles *et al.*, 1989). Néanmoins, la contribution des trois zones à la formation de ces ensembles sporopolliniques est surtout liée aux mécanismes de transport.

## II. MECANISMES DE TRANSPORT DU MATERIEL SPOROPOLLINIQUE EN GROTTE

Des études expérimentales ont constaté l'existence de trois modes essentiels de transport des pollens en grotte : le transport aérien, celui effectué par les animaux et/ou l'Homme et le transport par l'eau. L'existence d'autres mécanismes qui fonctionnent à l'intérieur des grottes, comme le remaniement des sédiments par les processus géomorphologiques ou la bioturbation, rend ce phénomène plus complexe (Coles *et al.*, 1989).

### 1. TRANSPORT PAR L'AIR

Le transport aérien des pollens et spores en grotte, dépend du microclimat local qui est_contrôlé à son tour par deux facteurs : le nombre d'entrées et l'existence de cours d'eau dans la grotte.

Dans les grottes à une seule entrée, la vitesse de l'air est faible, de l'ordre de 0,2 m/sec (Smithson, 1982 *in* Coles *et al*, 1989). Par ailleurs, des études ont montré que la vitesse de chute pour la plupart des sporomorphes varie de 0,01 à 0,1 m/sec. Par conséquent, même des vents d'une vitesse très modeste peuvent assurer le transport pollinique dans les grottes sans pour autant qu'un affaiblissement excessif de la densité sporopollinique se produisent.

La densité de pollens en un endroit donné de la grotte dépend de la distance de celui-ci par rapport à l'entrée. Cette concentration sporopollinique est constante et considérable jusqu'à une dizaine de mètres de l'entrée puis diminue progressivement vers le fond (Van Campo et Leroi Gourhan, 1956 ; Damblon, 1974 ; Farbos, 1985). Cependant, la composition des spectres polliniques reste dans la plupart des cas sensiblement identique (Navarro *et al.*, 2000).

Dans les cavernes à plusieurs entrées et/ou à cours d'eau actifs, la vitesse de l'air plus importante assure l'arrivée des pollens jusqu'à trente mètres, mais l'établissement d'un modèle précis de transport des pollens nécessite des études plus poussées au cas par cas.

Des mesures du flux sporopollinique via le transport aérien dans divers endroits d'une grotte indiquent un taux de 800 à 2500 grains/500 $mm^2$/an enregistré dans la zone d'accès, alors qu'entre 15 et 18 m dans la grotte, ce taux baissait de 500 à 1500 grains/500$mm^2$/an (Turner, 1964).

G.M. Coles (1988, *in* Coles *et al.*, 1989) a montré que 90 % de l'enregistrement pollinique dû à l'apport aérien venait de la végétation qui poussait dans un rayon de 500 m et que 40% de ce taux correspondait à une zone de 100m. Il pense toutefois, que les pollens amenés par l'air reflèteraient plutôt la végétation venant des zones locale et régionale par ordre décroissant d'importance.

## 2. Transport par l'eau

Il existe deux types de transport des pollens par l'eau (Coles, 1988 *in* Coles *et al.*, 1989) :

- par l'eau du système karstique,
- par percolation d'eau qui s'infiltre à travers les sédiments de la grotte.

Des pollens peuvent être transportés par des cours d'eau dans les grottes, sur une distance de 800 mètres, sans une diminution remarquable de leur concentration. L'ampleur géographique des plantes émettrices des sporomorphes déposés de cette manière, est analogue à l'aire géographique du réseau hydrologique. En conséquence, cet enregistrement sporopollinique est dominé par l'apport de la zone régionale et/ou locale.

Dans le deuxième cas, l'eau de percolation en provenance de l'aire, située au-dessus de la grotte, s'infiltre par des fissures de la roche et amène, à l'intérieur, des pollens antérieurement déposés sur la surface. De plus, cette eau redépose au sol tous les pollens amenés par l'air et déposés sur les parois. Cet apport ne représente, apparemment, que la végétation locale avec une petite contribution des pollens régionaux. Ce processus d'infiltration favorise des concentrations sporopolliniques élevées aux endroits où la roche est perméable, indépendantes de la distance de l'entrée. En revanche, la présence de végétation sur la surface de la roche calcaire qui forme la grotte, peut avoir un effet de filtration et empêcher l'introduction des pollens par l'eau.

## 3. Transport zoo-anthropogene

Le matériel sporopollinique peut être apporté en grotte par les animaux et/ou les insectes :

- accidentellement, par l'intermédiaire de leurs pattes, de leur fourrure, de la boue collée sur leur corps, ainsi que par leurs excréments (Van Campo et Leroi Gourhan, 1956),
- volontairement, comme matériel de litière ou nourriture.

L'importance de cet apport, dépend de plusieurs facteurs tels que l'occupation ou non de la grotte par des animaux, la durée de cette occupation (accidentelle ou saisonnière), ainsi que la composition de la faune -carnivores /herbivores, microfaune/macrofaune- (Coles *et al.*, 1989).

L'information fournie par ces sporomorphes, devrait être traitée avec prudence car cet apport pourrait représenter une image déformée de la végétation naturelle selon les endroits fréquentés par les animaux ou leurs habitudes alimentaires. Ceci est particulièrement vrai dans le cas de certains insectes, spécialement des abeilles. Leur apport pollinique en grotte est sélectif et reflète directement leurs sources alimentaires, celles-ci pouvant même appartenir à des plantes anémogames (Bottema, 1975). Les déjections ont été longtemps considérées comme sources d'information sur la diététique des animaux. Pourtant, R.S. Thomson *et al.*, (1980) pensent qu'elles reflètent la végétation régionale accidentellement digérée. G.M. Coles (1988 *in* Coles *et al.*, 1989) estime aussi que les pollens amenés par les animaux ou les insectes indiquent probablement la végétation locale liée à l'habitat du vecteur concerné.

L'Homme constitue aussi un facteur important du transport pollinique en grotte. Les spectres polliniques obtenus dans certains sites archéologiques et plus précisément dans les «endroits d'occupation humaine», présentent souvent une dominance des herbacées, des plantes aquatiques et des spores (Van Campo et Leroi Gourhan, 1956).

Les herbacées et les plantes aquatiques suggèrent une sélection de plantes émettrices et un transport volontaire destinés à des utilisations spécifiques (alimentation, fabrication des litières). La présence des spores est ambiguë. Leur apport pourrait être lié à la construction des litières, mais de hautes fréquences peuvent aussi indiquer le transport aérien des spores des filicales poussant à l'entrée des cavernes en raison des conditions particulières d'humidité prévalantes.

Une autre possibilité est l'apport accidentel. Ainsi les pollens peuvent être introduits en grotte par le piétinement, par la poussière collée sur les mains ou directement sur la proie amenée par l'Homme. En conséquence, le transport anthropogène reflèterait peu la végétation environnante spontanée.

Parmi tous ces agents de transport (air, eau, vecteurs biotiques) l'air constitue le facteur principal. L'eau et les agents biotiques seraient responsables des apports complémentaires souvent à des endroits spécifiques, liés à la géomorphologie de la grotte.

### 4. MECANISMES POST-DEPOSITIONELS

Des mécanismes post-dépositionels tels que la conservation du matériel sporopollinique et le remaniement des sédiments agissent sur l'assemblage pollinique. Le remaniement des sédiments peut être dû aux processus géomorphologiques, à la bioturbation par la flore de l'entrée de la grotte, à la faune ou à l'activité humaine.

Ces mécanismes post-dépositionels demandent des recherches spécialisées car ils pourraient éclairer les phénomènes de la taphonomie sporopollinique.

## III. PHENOMENES DE TAPHONOMIE SPOROPOLLINIQUE

La taphonomie sporopollinique est l'étude de la production des assemblages fossiles qui font référence aux processus de production pollinique, de dispersion, de transport, de déposition et des processus post-dépositionnels. Ce mécanisme s'avère très compliqué en milieu souterrain car il existe une distorsion de l'apport pollinique due aux différents modes de transport et aux conditions particulières y existantes.

Des expériences sur les échantillons de surface à l'intérieur de grottes, visant à mettre en évidence la relation entre la pluie pollinique actuelle et la végétation environnante, ont donné des résultats parfois contradictoires. Ces études essayent d'élucider le potentiel des sédiments de grottes pour la reconstitution des paléoenvironnements. Il est capital pour l'archéopalynologue de savoir dans quelle mesure les spectres polliniques provenant de grottes sont représentatives de la végétation externe. Les valeurs de la concentration sporopollinique, la diversité taxonomique ainsi que les fréquences des indéterminables sont de bons indicateurs de la validité d'un spectre pollinique et de sa représentativité statistique de la végétation ambiante (Hall, 1981 ; Sánchez Goñi, 1994 ; Navarro *et al.*, 2000, Navarro *et al.*, 2001).

La concentration pollinique est un phénomène complexe lié à plusieurs facteurs tels que :

- la densité de la végétation qui est en relation avec la densité de la production pollinique et la diversité taxonomique enregistrée,
- la vitesse de sédimentation ainsi que le type de sédiment formant le dépôt analysé,
- la conservation qui, si elle est mauvaise, conduira à une faible concentration,
- l'importance du flux pollinique qui entre dans la grotte et qui est contrôlé par la topographie du site (orientation et exposition aux vents) et sa morphologie (géométrie de la cavité, nombre d'entrées) (Fellag, 2000).

Cette morphologie de la grotte est l'un des facteurs primordiaux liés à la nature et la densité du flux pollinique déposé. En général, les cavités isodiamétriques et de petite longueur présentent des spectres polliniques homogènes tout au long de leur surface. En revanche, les grottes qui se développent en longueur à travers des diverticules étroits peuvent présenter des faibles concentrations sporopolliniques.

Dans les grottes où le principal mode de transport est le transport aérien, une opposition a été enregistrée entre les taux de concentration et la distance de l'entrée (Navarro *et al.*, 2000). Les pollens anémophiles sont plus abondants à l'entrée des grottes mais sous-représentés au fond (Van Campo et Leroi Gourhan, 1956 ; Bottema, 1975 ; Leroi Gourhan et Renault Miskovsky, 1977 ; Farbos, 1985).

Concernant la concentration sporopollinique, certaines études ont montré une relation analogue dans le rapport «indéterminables-distance de l'entrée» qui suggère que le processus de dégradation est plus opérant vers le fond des grottes (Navarro *et al.*, 2001). Cependant, dans certaines cavités, l'enregistrement pollinique est plus riche au fond, montrant que les mécanismes de dégradation ne sont pas accentués à cet endroit (Farbos, 1985). Ce phénomène s'observe quand le principal mode de transport est le transport zoogame car les taxons introduits par des facteurs biotiques sont mieux enregistrés, voire sur-représentés au fond de la cavité (Diot, 1991b ; Burney et Burney, 1993). Les échantillons venant du fond de la grotte peuvent donc être déformés par la forte présence des pollens entomophiles. Selon Arl. Leroi-Gourhan (1965), cette tendance pourrait corriger le biais de la grande production et la bonne dispersion des pollens anémophiles.

Il en résulte l'existence d'un gradient de modification d'enregistrement pollinique, de l'entrée vers le fond d'une grotte, qui est lié au mode principal de transport des pollens. Quand ce transport s'effectue par l'intermédiaire de l'air une diminution du flux pollinique se détecte et dans certains cas il y aurait même une accentuation du processus de dégradation (Navarro *et al.*, 2001). Quand le transport zoogame prédomine, la concentration augmente et la présence de spectres déformés par l'influence de ce transport peut être notée.

Malheureusement, un modèle universel fonctionnant dans tous les cas n'existe pas. Chaque grotte est un cas unique et les mécanismes responsables de la production des assemblages polliniques agissent de façons différentes.

Selon les modèles de représentativité des échantillons provenant de l'intérieur de la grotte en relation avec la pluie pollinique externe, les échantillons qui captent le mieux cette pluie, et donc les plus convenables pour l'analyse, se situeraient au centre de la cavité, loin des parois ou des endroits profonds (Bui-Thi-Mai, 1989 ; Davis, 1990 ; Navarro *et al.*, 2000).

## IV. LE CAS DES SITES DE PLEIN AIR

Le matériel sporopollinique enfoui dans les sédiments archéologiques de plein air est d'origine locale, régionale et/ou lointaine. L'aire de provenance des sporomorphes serait liée aux phénomènes de production et de dispersion, aux phénomènes météorologiques mais également à la localisation du site (bassin fermé, vaste prairie, montagne…).

Les modes de transport des sporomorphes sont identiques en grottes et dans les sites de plein air. Ce transport s'effectue par l'intermédiaire de l'air, des animaux et/ou de l'Homme et de l'eau. Néanmoins, le transport zoogame serait beaucoup moins significatif dans les sites de plein air comme suggère l'absence de zones abritées pouvant servir de refuge pour les animaux.

Les phénomènes de la taphonomie sporopollinique des grottes (conservation du matériel, remaniement de sédiments) peuvent également se retrouver dans les sites de plein air Toutefois, ils se manifestent de façon variée selon la nature du site.

## V. LIMITES DE L'ANALYSE PALYNOLOGIQUE EN DEPOT ARCHEOLOGIQUE

Comme il a été constaté, le palynologue est souvent confronté à diverses difficultés. Ce sont tout d'abord les particularités liées à l'enregistrement sporopollinique tels que la productivité, la dispersion, le mode de transport, la déposition, la conservation du matériel. Pour l'archéopalynologue, l'interprétation devient plus délicate car la taphonomie des pollens et des spores en milieu karstique et en général dans des séquences archéologiques, est un phénomène complexe à cause des conditions particulières existantes.

Plusieurs facteurs peuvent biaiser les assemblages sporopolliniques et minimiser la valeur des spectres obtenus en enlevant toute possibilité d'interprétation paléoclimatique. Ces facteurs sont :

- les risques de pollution par des pollens actuels, par infiltration de sédiments, par ruissellement, par des insectes/animaux (Leroi-Gourhan et Renault-Miskovsky, 1977 ; Couteaux, 1977),

- les perturbations de la dynamique sédimentaire du dépôt qui provoquent des hiatus par absence de sédimentation ou par érosion (Campy, 1985),
- les remaniements et les apports sédimentaires exogènes. (Leroi-Gourhan et Renault-Miskovsky, 1977),
- la mauvaise conservation ou la conservation différentielle (Couteaux, 1977) due aux mécanismes post-dépositionels et au différent degré de susceptibilité des grains aux phénomènes de corrosion (Morzadec-Kerfourn, 1977 ; Bui-Thi-Mai, 1985 ; Fellag, 1998).

L'analyse palynologique peut, toutefois, être tentée en grotte et plus généralement dans des séquences archéologiques en appliquant quelques paramètres de contrôle de la validité des spectres : le nombre de sporomorphes déterminés, la diversité taxonomique, la concentration sporopollinique, l'état de conservation, les fréquences des indéterminables ainsi que la cohérence écologique (Sánchez Goñi, 1991) permettent de détecter des anomalies et construire un modèle acceptable.

# DEUXIEME PARTIE

–

# ETUDE DES SITES

# CHAPITRE V

–

# Caverna delle Fate

# I. PRESENTATION DU SITE

## 1. LOCALISATION GEOGRAPHIQUE

La caverne de Fate (Caverna delle Fate) dont le nom signifie grotte des Fées, se situe dans le Finalese, à environ 4 km au nord-est de Finale Ligure, dans la province de Savone (Fig. 8).

Au cœur du massif de Pietra di Finale, cette cavité s'ouvre vers le sud-ouest, sous la crête rocheuse du Bricco di Peagna et sur le versant gauche de la vallée du Ponci. A 280 m d'altitude absolue, elle se positionne sur le haut plateau de Manie.

## 2. DESCRIPTION DU SITE

Le réseau karstique de Caverna delle Fate se développe sur environ 150 m selon un axe principal NW/SE (Fig. 9). Il comprend, tout d'abord, une grande salle d'entrée appelée « Sala d'ingresso », dont les dimensions atteignent 20 m de longueur, 6 m de largeur et 10 m de hauteur. Cette zone est orientée NE/SO.

A son extrémité se situe un étroit passage cylindrique à environ 2 m de hauteur. Ce boyau amène à une salle qui mesure 15 m de long, 6 m de large, mais seulement 2,5 m de haut, orientée NW/SE. Cette salle est appelée « Corridor 3 » et constitue la partie fouillée du gisement.

Au Corridor 3 succède la « salle du Chaos », dont la plus grande partie est envahie par un amas de pierres. L'accès à cette salle est possible par une entrée secondaire à travers son plafond. Au fond, elle se prolonge par une galerie qui s'ouvre vers les salles terminales (Bichet, 1987).

## 3. HISTORIQUE DES FOUILLES

Vers le milieu du 19eme siècle, le Capitaine E. d'Albertis est le premier à pressentir l'importance de cette grotte et y amène A. Issel et Pernando en 1876. Ces derniers réalisent un sondage qui révèle un remplissage riche en matériel lithique et en faune (Issel, 1878). En 1887, le Père Amerano entreprend des fouilles systématiques, qui mettront en évidence les véritables dimensions du gisement (Amerano, 1889). Il considère cette caverne comme « un très grand ossuaire d'ours » mais il constate également « la présence d'une station paléolithique associée à cet ossuaire ». Il attribue l'abondante industrie recueillie à la culture moustérienne.

Le Père Amerano fouille les trente premiers mètres du diverticule et il identifie quatre niveaux archéologiques de la base vers le sommet : un niveau moustérien, une couche d'argile stérile et deux niveaux néolithiques (ancien et moyen).

Le matériel découvert est déposé dans différents musées : Gênes, Finale Ligure et Turin. C'est en 1981, que G. Giacobini identifie parmi la faune, des restes humains provenant de Fate. Cette découverte conduit à engager une collaboration franco-italienne entre la Direction des Antiquités de Ligurie, le Musée de l'Homme à Paris, le Musée de Finale Ligure, le Laboratoire du Lazaret à Nice et l'Institut d'Anatomie Humaine à Turin. Ainsi, plusieurs campagnes de fouilles ont permis de récolter des données pour une étude pluridisciplinaire (Arobba *et al.*, 1983 ; Arobba *et al.*, 1985 ; Echassoux *et al.*, 1983 ; Echassoux *et al.*, 1989).

Ces fouilles, conduites par A. Echassoux et G. Vicino mettent en évidence de nouvelles pièces. Elles permettent d'établir la chronostratigraphie complète du gisement, et d'y replacer le matériel découvert. Des niveaux en place sont retrouvés sous les terres remaniées, celles-ci atteignant 1,50 m d'épaisseur par endroits. Ces niveaux ont été mis au jour sur une surface d' environ 40 m² dans le diverticule. Plusieurs foyers sont découverts. L'un de ces foyers comprenait un fragment de branche carbonisée (Perpère, 1985).

Ainsi, le matériel archéologique de cette caverne comprend :

- les collections rassemblées lors des anciennes fouilles,
- le matériel mis au jour lors du tamisage des terres remaniées de ces anciennes fouilles,
- le matériel provenant des couches en place, lors des nouvelles fouilles.

De plus, pendant les deux dernières campagnes de prélèvements réalisées en janvier 1999 et en mars 2000, sous la direction du Professeur Henry de Lumley, deux prélèvements de plancher stalagmitique ont été effectués. Notre étude porte sur l'un d'entre eux. L'autre prélèvement est destiné à des études de datations absolues, de micromorphologie et de susceptibilité magnétique.

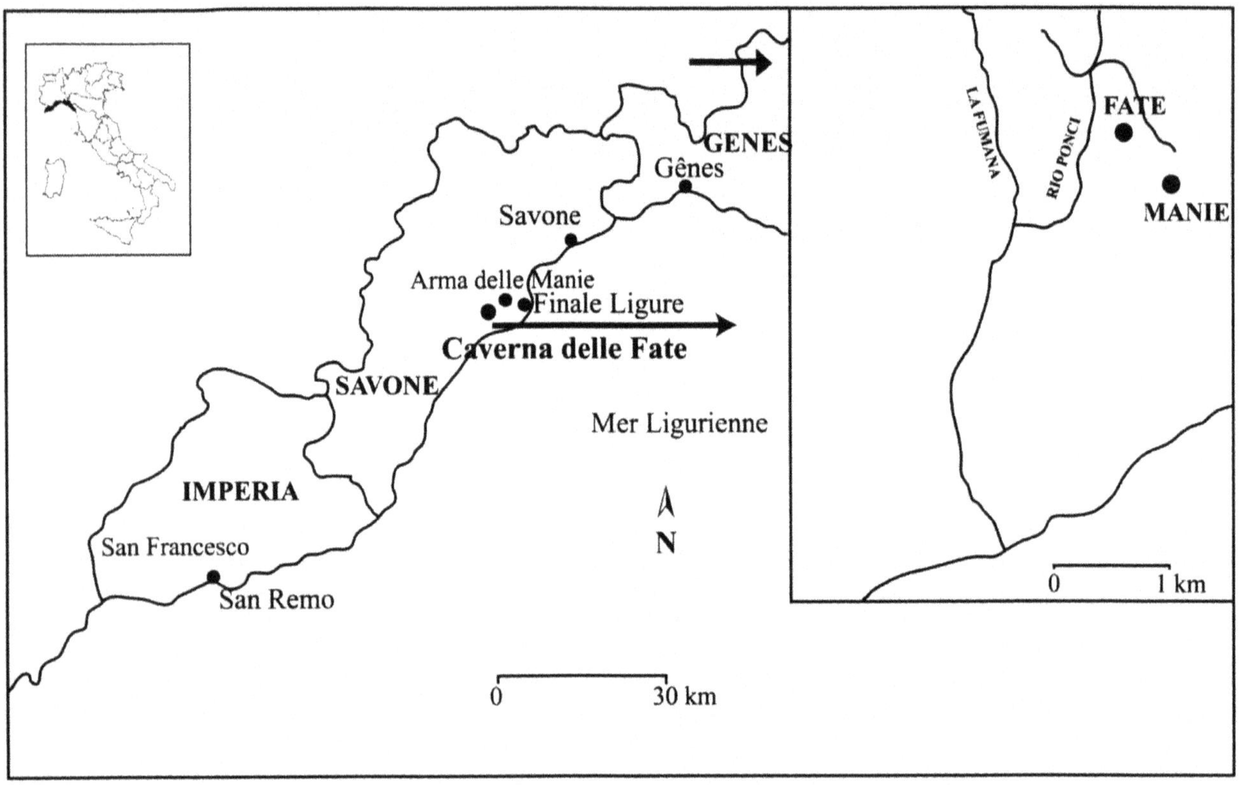


Figure 8 : Localisation géographique du gisement de Caverna delle Fate en Ligurie (d'après Bichet, 1987, modifiée).

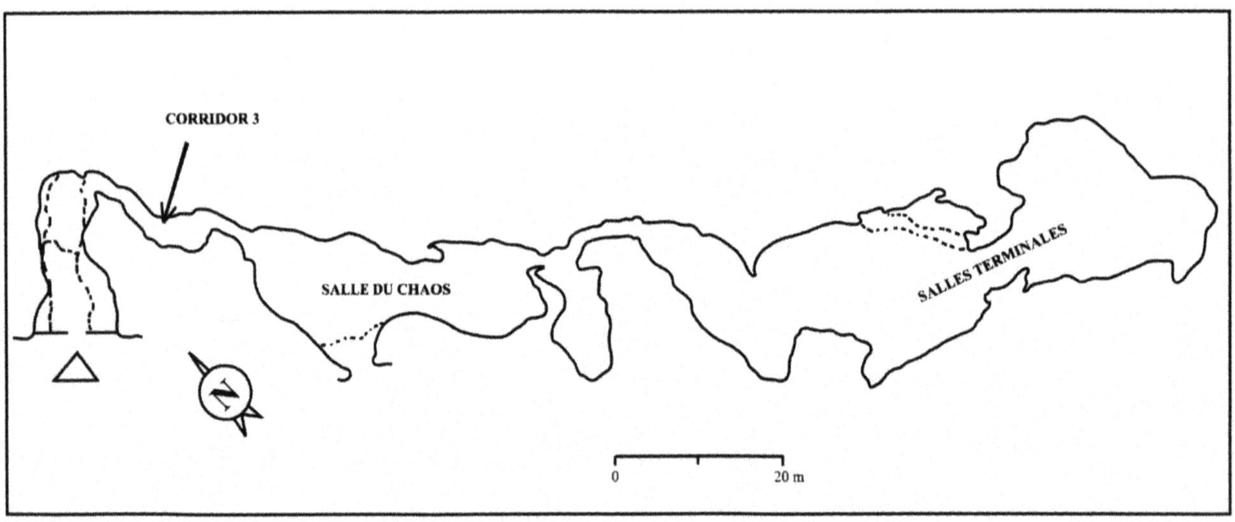


Figure 9 : Plan du réseau karstique de Caverna delle Fate (d'après Echassoux *et al.*, 1983).

## 4. LA STRATIGRAPHIE DU GISEMENT

La stratigraphie du site a été établie à partir : a) d'une coupe témoin concrétionnée, conservée contre la paroi sud, b) des couches restées en place et fouillées et c) d'un sondage effectué dans la partie terminale du corridor. Les corrélations stratigraphiques entre ces trois parties intactes du dépôt, permettent de reconstituer la succession et la continuité des couches, souvent difficiles à saisir, à cause de l'état fragmentaire du remplissage en place.

Une première étude approfondie de cette stratigraphie a été effectuée en 1987 par V. Bichet. La subdivision du remplissage, faite en fonction de la présence ou non de matériel archéologique, a permis de distinguer deux ensembles : un ensemble inférieur correspondant à des dépôts de karst actif, dépourvus de matériel archéologique, et un ensemble supérieur comprenant les dépôts archéologiques.

Toutefois, une révision de cette stratigraphie a été réalisée pendant les dernières campagnes en 1999 et 2000 par une équipe de sédimentologie de l'Institut de Paléontologie Humaine et du Laboratoire de Préhistoire de Lazaret. Trois grands ensembles majeurs ont été mis en évidence (Fig. 10). De la base vers le sommet la succession suivante a été définie :

- Ensemble inférieur I, comprenant sept niveaux sableux à petits galets karstiques
- Ensemble moyen II composé d'argiles jaunes et rouges
- Ensemble supérieur III (a+b) constitué d'argile brune et de limon argileux. Dans la partie supérieure de cet ensemble (IIIb) quatre planchers stalagmitiques ont été formés, qui font l'objet de la présente étude.

## 5. LA FAUNE

La faune mise au jour à Fate est très riche et diversifiée. Elle a été premièrement étudiée par A.Issel, G.B. Amerano, R. Vaufrey et G. Rovereto (1939). Une étude exhaustive de tout le matériel faunique découvert est en cours de réalisation (Psathi, en preparation.). Selon ces résultats, cette faune est dominée par *Ursus spelaeus*.

Elle est aussi représentée par : le Chevreuil (*Capreolus capreolus*), le Cerf élaphe (*Cervus elaphus*), le Dame (*Dama dama*), le Sanglier (*Sus scrofa*), le Bouquetin (*Capra ibex*), l'Aurochs (*Bos primigenius*), le Chamois (*Rupicapra rupicapra*), un genre de Rhinocéros (*Stephanorhinus sp.*), le Cheval (*Equus caballus*), l'Ours brun (*Ursus arctos*), l'Ours du Tibet (*Ursus thibetanus*), le Lion des cavernes (*Panthera* (*Leo*) *spelaea*), le Panthère (*Panthera pardus*), le Lynx des cavernes (*Lynx spelaea*), le Chat sauvage (*Felis sylvestris*), l'Hyène striée (*Hyaena prisca*) l'Hyène tachetée (*C. crocuta spelaea*), le Loup (*Canis lupus*), le Dhole (*Cuon priscus*), le Renard roux (*Vulpes vulpes*), le Blaireau (*Meles meles*) et la Martre (*Martes martes*).

Il faut souligner parmi la faune de l'ensemble stratigraphique IIIa, la présence de l'ours du Tibet, de l'hyène striée et de la martre. Les deux premières espèces ont disparu à la fin du Pléistocène moyen, tandis que la troisième n'est apparue qu'au stade isotopique 5 (Psathi, com. pers.)

## 6. L'HOMME

La présence de l'Homme de Néandertal en Ligurie est tout d'abord évoquée indirectement par la présence d'une industrie moustérienne dans les sites de la région. A Caverna delle Fate, cette présence a été confirmée par la découverte de restes humains identifiés comme appartenant aux Néandertaliens.

Treize restes humains ont été découverts jusqu'à aujourd'hui à Fate, malheureusement quasiment tous privés de leur contexte stratigraphique :

- deux fragments crâniens, l'un étant morcelé en quatre parties,
- deux fragments de mandibule,
- huit dents isolées,
- une phalangine de main, unique élément du squelette post-crânien (Giacobini et Lumley de, 1983 ; Giacobini et de Lumley 1984 ; Giacobini et al., 1984 ; Giacobini et al., 1985 ; Giacobini et de Lumley, 1988).

Trois de ces pièces, l'un des fragments du frontal appelé Fate Ia et les deux fragments de mandibules nommés Fate II et III, ont été identifiées par G.Giacobini en 1981, pendant la révision de la faune récoltée par le Père Amerano entre 1887 et 1888. Les trois restes développent des caractères néandertaliens.

**Caverna delle Fate**

Finale Ligure-Ligurie-Italie

Stratigraphie générale des coupes transversales 30-31 et 25-26

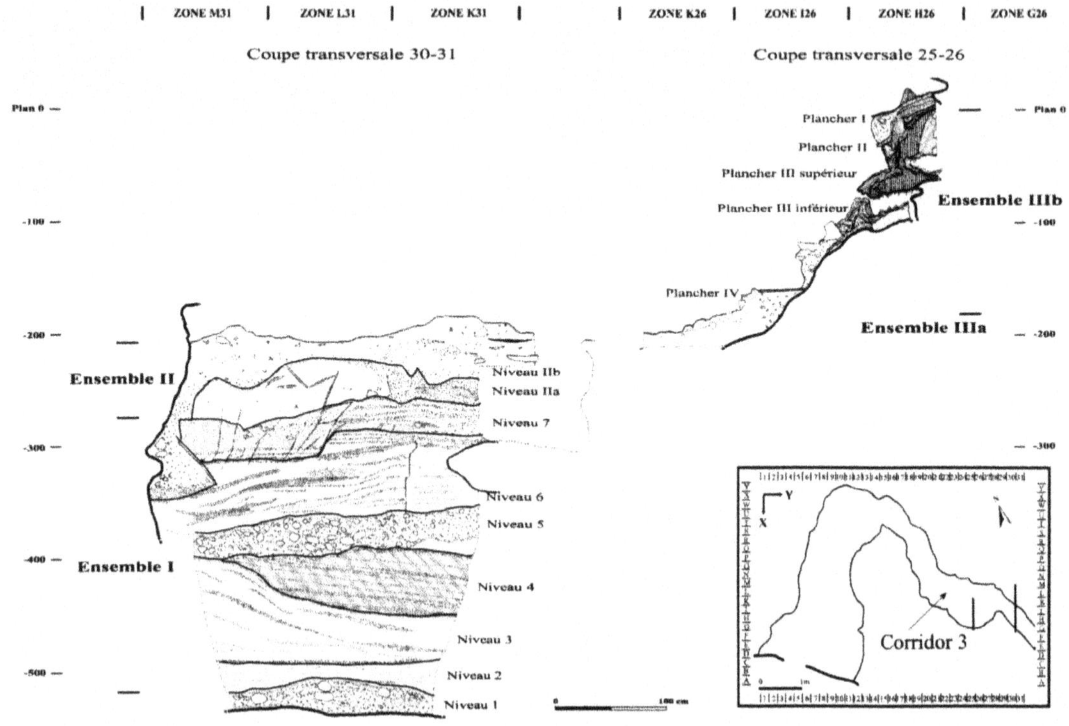


| Profondeur en cm (sous le plan 0) | Ensembles stratigraphiques | Niveaux stratigraphiques et localisation des planchers stalagmitiques | Description lithologique |
|---|---|---|---|
| | IIIb | Plancher I | plancher stalagmitique |
| | | | limon argileux |
| | | Plancher II | plancher stalagmitique |
| 100 | | Plancher III supérieur | plancher stalagmitique |
| | | Plancher III inférieur | plancher stalagmitique |
| | | | limon argileux |
| 200 | IIIa | Plancher IV | plancher stalagmitique |
| | | | argile brune |
| | II | niveau IIb | argile jaune |
| | | niveau IIa | argile rouge litée |
| | I | niveau 7 | sables grossiers |
| 300 | | niveau 6 | sables fins contenant des lits et des lentilles de sables grossiers, de granules et d'argile litée |
| | | niveau 5 | sables fins avec galets |
| 400 | | niveau 4 | argile limoneuse compacte |
| | | niveau 3 | sables fins |
| | | niveau 2 | sables fins orangées |
| 500 | | niveau 1 | sables fins avec galets |

Figure 10 : Stratigraphie du remplissage de Caverna delle Fate.

L'écaille frontale (Fate Ia), a été attribuée à un individu de 8 à 10 ans, de sexe masculin (Fig. 11). L'étude dentaire de l'hémimandibule d'enfant (Fate II), suggère un âge compris entre 9 et 10 ans (Fig. 12). Enfin, le fragment de mandibule d'adulte (Fate III), correspondant à un individu d'environ 40-50 ans, probablement de sexe masculin (Fig. 13).

Les autres pièces, nommées Fate Ib, Ic, Id, et IV à XIII, ont été découvertes pendant les nouvelles fouilles entreprises à partir de 1983.

Le fragment Ib est une écaille frontale d'un jeune individu, se raccordant bien avec le fragment Fate I, décrit ci-dessus. Les fragments Ic et Id appartiennent aussi à une écaille frontale d'enfant, vraisemblablement la même (Fig. 14). Le reste Fate IV est un fragment d'occipital (Fig. 15). La phalangine, appelée Fate X, appartient à un individu adulte (Fig. 16).

Sur un total de quatorze dents, dont cinq supérieures et neuf inférieures, six sont conservées en place sur les mandibules : cinq à Fate II et une à Fate III. Les huit dents isolées, nommées Fate V, VI, VII, VIII, IX, XI, XII et XIII correspondent à cinq dents supérieures et à trois inférieures. Elles sont morphologiquement très proches des Néandertaliens (Fig. 17).

La totalité des restes peuvent être attribués à un nombre minimal de trois individus (un adulte et deux enfants) et un nombre maximal de treize individus : (dix adultes et trois enfants) (Tableau 3).

Ces restes, bien que fragmentaires, mettent en évidence un mélange de caractères typiques et moins classiques, parmi lesquels des traits primitifs sont distinguables. De nombreux caractères rappellent les restes néandertaliens graciles de l'Hortus, malgré la différence d'ancienneté des deux gisements. Ceci pourrait suggérer qu'au début de la dernière glaciation, les caractères néandertaliens, incomplètement mis en place, présentaient une variabilité considérable (Giacobini et de Lumley, 1988).

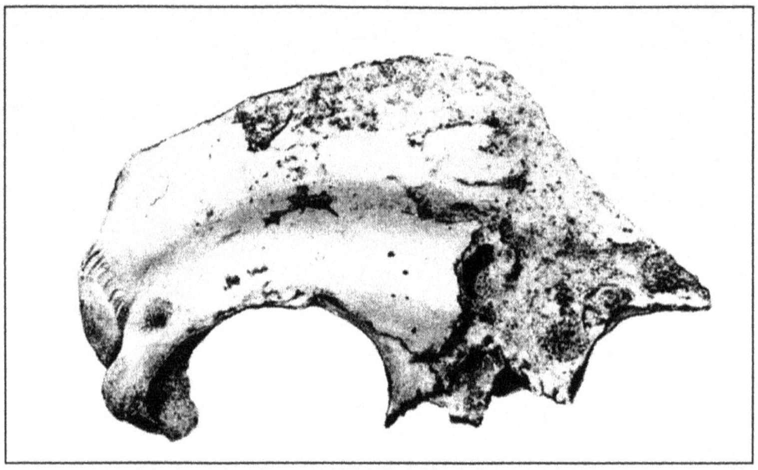

Figure 11 : Le Fate I . Frontal d'un enfant néandertalien (Del Lucchese *et al.*, 1985).

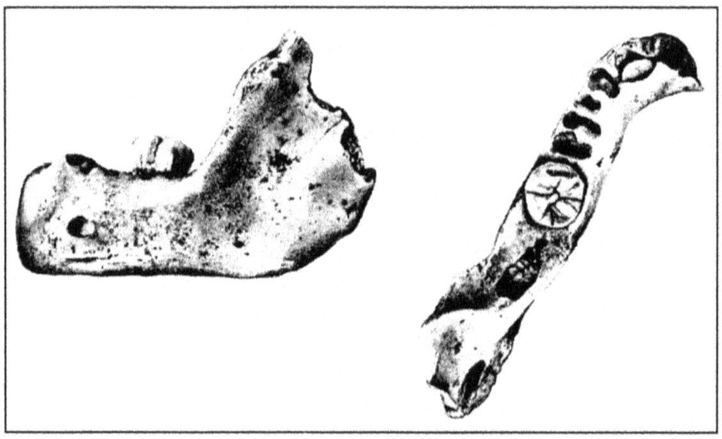

Figure 12 : Le Fate II. Hémimandibule gauche d'un enfant néandertalien (Del Lucchese *et al.*, 1985).

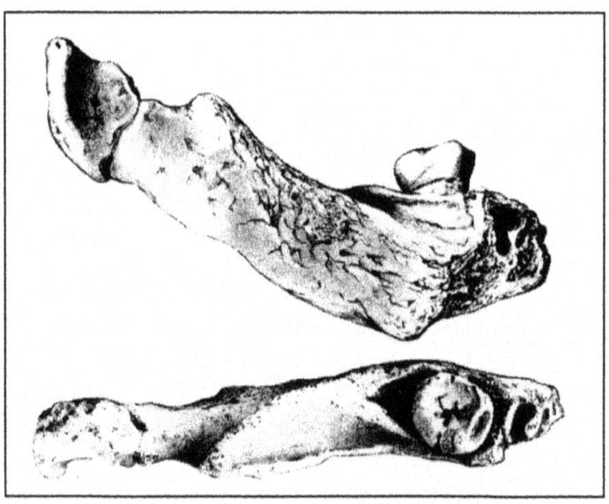

Figure 13 : Le Fate III. Fragment droit de mandibule d'un Néandertalien adulte (Del Lucchese *et al.*, 1985).

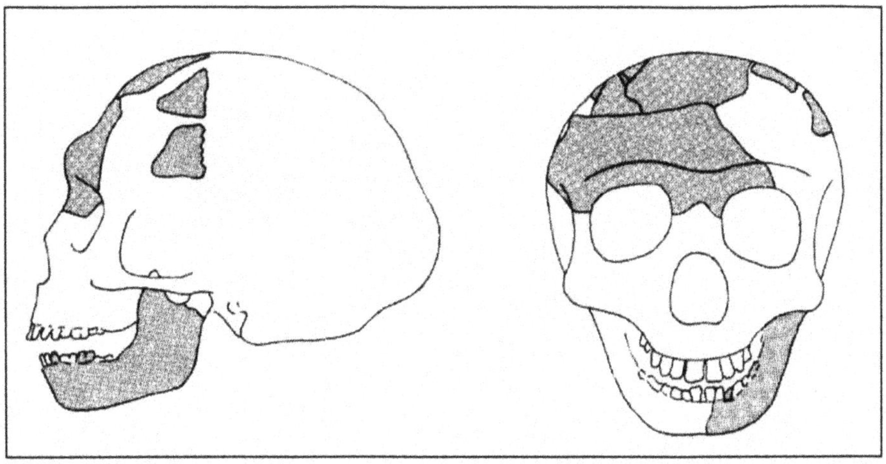

Figure 14 : Proposition de reconstitution du crâne d'un enfant néandertalien, basée sur les fragments Fate Ia, Ib, Ic, Id, et Fate II. (Del Lucchese *et al.*, 1985).

Figure 15 : Le Fate IV. Fragment d'occipital d'un Néandertalien adulte (Del Lucchese *et al.*, 1985).

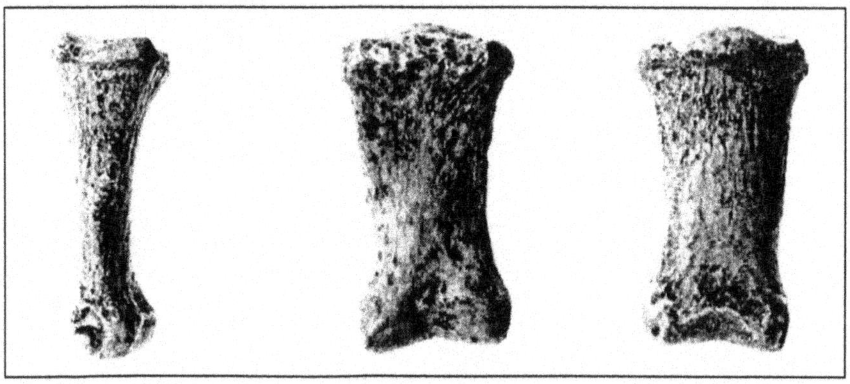

Figure 16 : Le Fate X. Phalangine de main d'un Néandertalien adulte (Del Lucchese *et al.*, 1985).

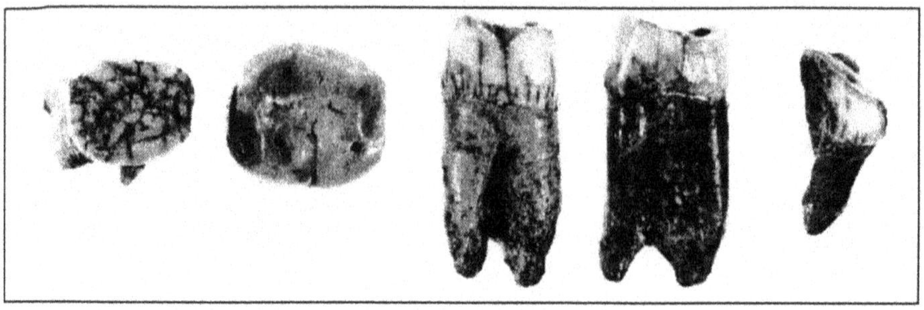

Figure 17 : Dents isolées (Del Lucchese *et al.*, 1985).

**RESTES HUMAINS NEANDERTALIENS**

ENFANTS

| | |
|---|---|
| Nombre minimum d'individus = 2 | - enfant de 3-5 ans (LF V) |
| | - enfant de 8-10 ans (LF Ia, Ib, Ic, Id, + LF II) |
| Nombre maximum d'individus = 3 | - enfant de 3-5 ans (LF V) |
| | - enfant de 8-10 ans (LF Ia, Ib, Ic, Id) |
| | - enfant de 9-10 ans (LF II) |

ADULTES

| | |
|---|---|
| Nombre minimum d'individus = 1 | (LF III + LF IV + LF VI + LF VII + LF VIII + LF IX + LF X + LF XI + LF XII + LF XIII) |
| Nombre maximum d'individus = 10 | LF III, LF IV, LF VI, LF VII, LF VIII,LF IX LF X, LF XI, LF XII, LF XIII) |

Tableau 3 : Nombre minimal et maximal d'individus néandertaliens représentés par les fossiles de Caverna delle Fate (d'après Giacobini et de Lumley, 1988).

## 7. Les datations absolues

Des datations absolues ont été effectuées sur une partie des restes humains ainsi que sur des échantillons de planchers stalagmitiques.

Trois restes humains (Fate I, II et III), ont été datés au Laboratoire de Gif-sur-Yvette. La méthode appliquée est la spectrométrie gamma, de haute résolution, non destructive. Les deux résultats obtenus par ces analyses donnent les dates suivantes (Giacobini *et al.*, 1984) :

- 231 Pa / 235 U : 75 000 +21 000 / -14 000 ans B.P.
- 230 Th / 234 U : 82 000 +36.000 / -25 000 ans B.P.

Trois autres échantillons datés par la méthode E.S.R. (Electron Spin Resonance), proviennent des deux planchers stalagmitiques (Falguères *et al.*, 1990). Ces planchers étaient intercalés entre les couches moustériennes dans le corridor (coupe 25/26) (Fig. 18). Les échantillons F-85-2, F-85-9 et F-85-10, provenant tous de l'ensemble stratigraphique IIIb, donnent les âges suivants :

- F-85-2 : 60 000 + /- 7 000 ans
- F-85-9 : 72 000 +/- 8 000 ans
- F-85-10 : 74 000 +/- 10 000 ans

Les échantillons F-85-9 et F-85-10, se rapporteraient au stade isotopique 5a ou au début du stade 4 et l'échantillon F-85-2 au stade isotopique 4 ou au début du stade 3. Ces dates sont compatibles avec les dates obtenues par l'analyse des restes humains. Cette concordance soutient l'hypothèse que les restes osseux néandertaliens proviennent vraisemblablement d'un dépôt moustérien dans le corridor, daté entre les stades 5a et 3 (Falguères *et al.*, 1990).

## 8. L'industrie lithique

L'ensemble de l'industrie de la grotte de Fate est représenté par la collection du Père Amerano, par des pièces retrouvées dans les sédiments remaniés, et par d'autres découvertes en stratigraphie lors des nouvelles fouilles (Echassoux *et al.*, 1989).

Sa première étude a permis d'attribuer l'industrie de Fate à un Moustérien typique riche en racloirs, de faciès non levalloisien (Isetti et Lumley de, 1962).

D'après H. de Lumley – Woodyear (1969), l'industrie de Fate se caractérise par l'abondance relative de racloirs et une bonne représentation de pointes moustériennes, souvent étroites et allongées, et de couteaux à dos (Fig. 19). En revanche, les grattoirs, burins et perçoirs sont rares ou même absents. En général, les outils à retouche écailleuse scalariforme sont, de même, rares ou absents. Des outils à retouches surélevées sont assez bien représentés et attestent de l'âge relativement ancien de l'industrie. Le Moustérien de Fate pourrait être considéré comme analogue aux industries de la grotte du Prince (couche E), de la grotte de Madonna dell'Arma (couche Q) de la grotte de Rigabe (couche G) et de la grotte du Bézal de Souvignargues.

Une nouvelle étude portant sur 3469 pièces qui proviennent des anciennes et des nouvelles fouilles (Kang, 1994) a fourni quelques données supplémentaires :

La matière première utilisée est essentiellement le quartzite, disponible dans les environs immédiats du site sous forme de galets. Après le quartzite, le silex est employé pour les petits outils. Viennent ensuite le quartz, le calcaire et diverses roches. Ce choix s'est fait principalement en fonction du type d'outil à tailler.

Par les caractères qu'elle présente, cette industrie peut être classée dans le Moustérien typique caractérisé par la rareté ou l'absence de bifaces et la présence de la pointe moustérienne. Enfin, la fréquence de certains types d'outils rapproche l'industrie de Fate de celle du Lazaret, cette dernière appartenant pourtant à un Moustérien ancien.

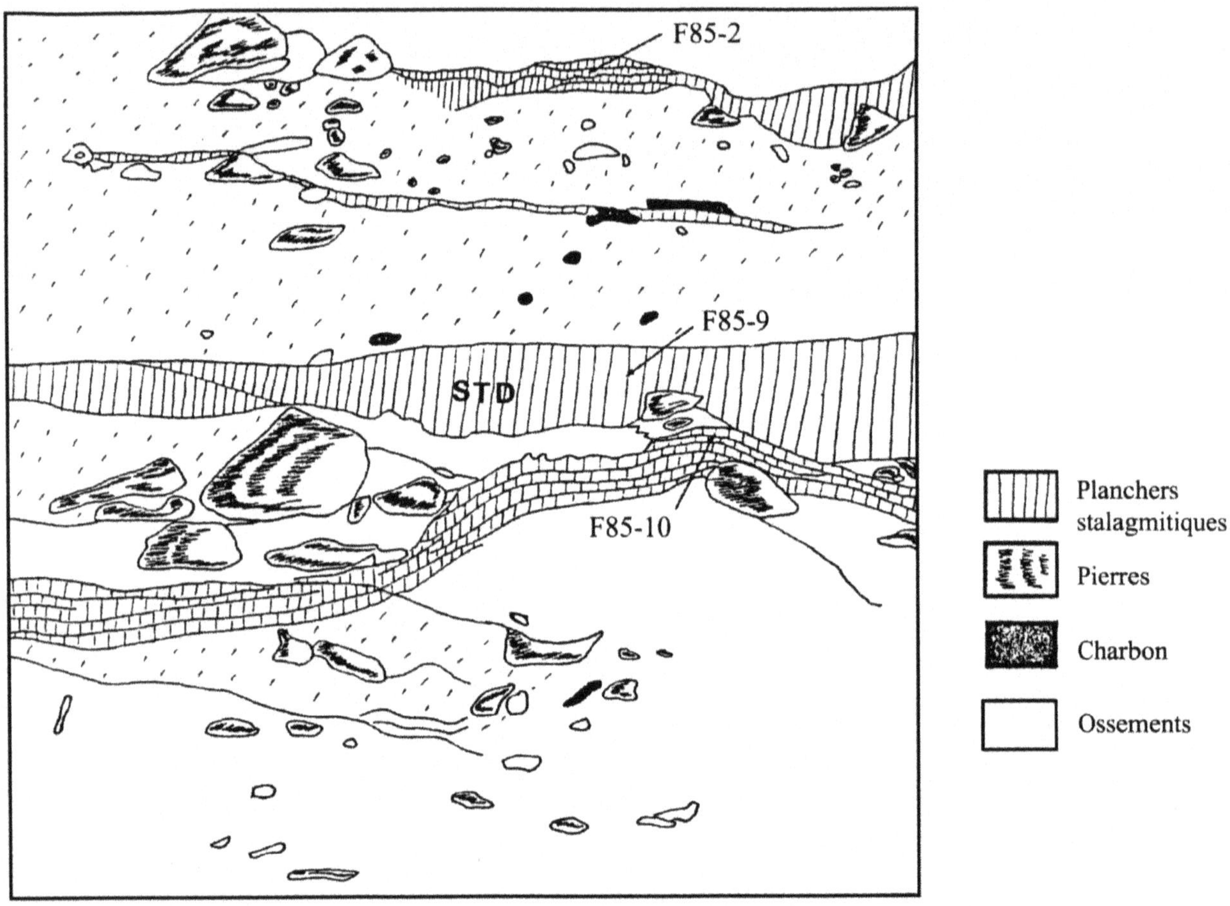


| Profondeur en cm (sous le plan 0) | Ensembles stratigraphiques | Subdivisions stratigraphiques | Description lithologique | Dates E.S.R. (Falguères *et al.*, 1990) |
|---|---|---|---|---|
| | | Plancher I | plancher stalagmitique | F85-2 → 60 ± 7 ka |
| | | | limon argileux | |
| | | Plancher II | plancher stalagmitique | |
| 100 | IIIb | Plancher III supérieur | plancher stalagmitique | F85-9 → 72 ± 8 ka |
| | | Plancher III inférieur | plancher stalagmitique | F85-10 → 74 ± 10 ka |
| | | | limon argileux | |
| 200 | IIIa | Plancher IV | plancher stalagmitique | |
| | | | argile brune | |

Figure 18 : Coupe schématique de la paroi sud du corridor et position stratigraphique des prélèvements des planchers stalagmitiques datés par E.S.R. (d'après Falguères *et al.*, 1990).

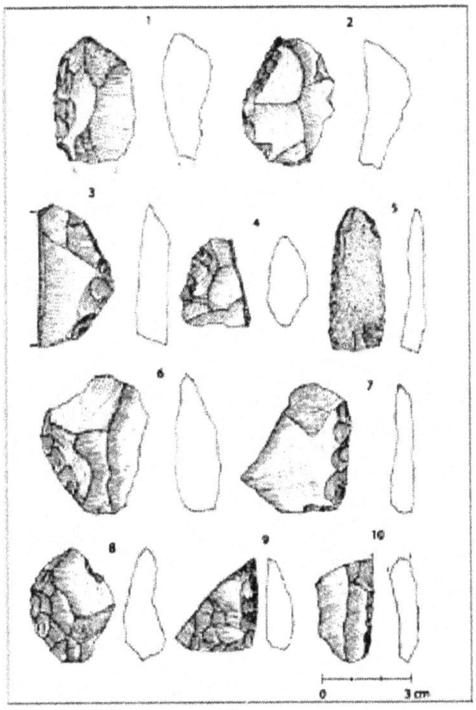

1 à 10 : Racloir latéral.

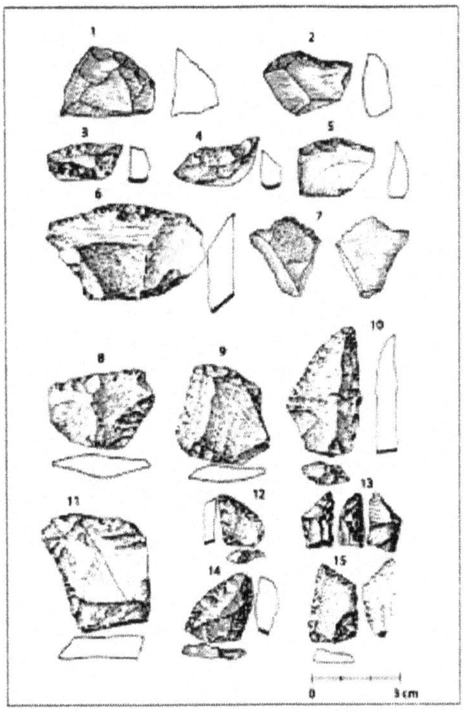

1 à 7 : Racloir transversal.
8 à 15 : Racloir déjeté.

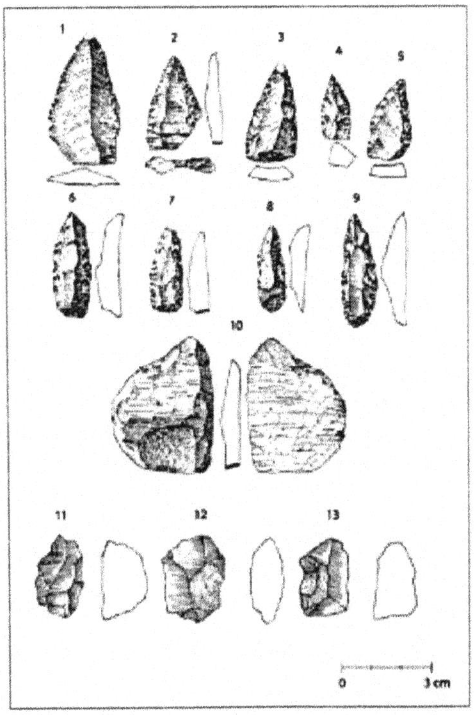

1 à 2 : Racloir convergent. 3 à 8 : Perçoir. 9 : Limace. 10 : Hachoir. 11 à 13 : Encoche.

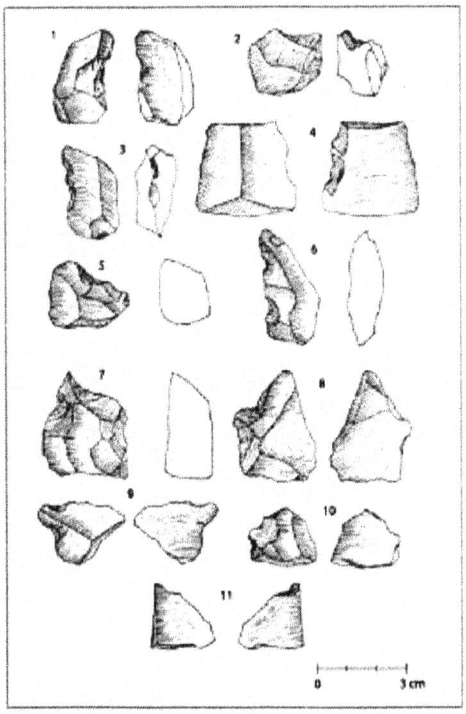

1 à 6 : Encoche. 7 à 11 : Bec.

Figure 19 : Industrie lithique de Caverna delle Fate (d'après Lumley-Woodyear de, 1969).

## II. ETUDE PALYNOLOGIQUE

L'analyse palynologique de Caverna delle Fate, qui s'insère dans l'étude multidisciplinaire du site, vise à connaître l'environnement végétal et climatique contemporain de l'Homme de Néandertal ayant occupé ce gisement. Cette étude pourrait éventuellement aider à préciser la position du site dans le cadre chronostratigraphique régional.

### 1. ECHANTILLONNAGE

Deux séries de prélèvements ont été réalisées dans la salle principale appelée « corridor 3 » (Fig. 20). La première série a été prélevée sur la coupe du sondage, dans la zone K 31, qui se rapporte à l'ensemble stratigraphique I et la plus grande partie de l'ensemble II. Les 48 prélèvements sont effectués avec une maille de 5 cm.

La deuxième série de prélèvements provient de l'ensemble III (a+b) où 5 planchers stalagmitiques ont été mis en évidence, alternant avec des couches argileuses. Neuf échantillons ont été prélevés, dans les zones I26 et H26, parmi lesquels six sont issus des planchers stalagmitiques et trois correspondent aux couches argileuses sous-jacentes. Les prélèvements des niveaux stalagmitiques ont été réalisés à la disqueuse sur le terrain. Le plancher III supérieur (Fig. 20) a été ensuite redécoupé au laboratoire en 9 morceaux, suivant la stratigraphie des couches de la calcite.

Les prélèvements provenant des ensembles I, II et IIIa se sont avérés stériles. En revanche, l'ensemble IIIb a livré des résultats satisfaisants. Ainsi, sur un total de 62 échantillons, seuls 12 ont répondu aux conditions statistiques requises pour établir un spectre valable (*cf.* p. 43).

### 2. LISTE FLORISTIQUE

A Caverna delle Fate pour les 12 échantillons ayant livré un spectre pollinique, 3146 sporomorphes ont été déterminés parmi les 3503 comptés. Ces spores et pollens se répartissent en 59 taxons polliniques et quatre types de spores de Filicales (Tab. 4).

### 3. PRECISIONS SUR QUELQUES DETERMINATIONS

*Carpinus* type *betulus* et *Carpinus* type *orientalis*/*Ostrya* type *carpinifolia*
Dans le genre de *Carpinus* deux types polliniques ont été distingués, d'après les travaux de P. Torri *et al.*, (1990). Les pollens attribués à *Carpinus* type *betulus* sont d'une taille supérieure ou égale de 27 µm et possèdent 4 ou 5 pores. *Carpinus* type *orientalis* est un pollen de plus petite taille, allant jusqu'à 27 µm. *Ostrya* t. *carpinifolia* a été regroupé avec *Carpinus* t. *orientalis* car les deux possèdent les mêmes caractères polliniques et se retrouvent à la même ligne dans les clés de détermination de P.D. Moore *et al.*, (1991) et de K. Faegri et J. Iversen (1989).

*Quercus* type *ilex*/*coccifera* et *Quercus* type *pedunculata*/*pubescens* (Planche IV)
L'attribution à ces deux types polliniques des pollens des chênes rencontrés se base sur les critères suivants : la taille du triangle polaire, la forme des sillons et l'épaisseur ainsi que l'ornementation de l'exine. Les grains attachés à *Quercus* type *ilex*/*coccifera* possèdent un triangle polaire petit, des sillons en accolade marquée et une exine relativement épaisse (2-2,5 µm) à granulation fine et serrée. En revanche, les pollens attribués à *Quercus* type *pedunculata*/*pubescens* ont un grand triangle polaire, des sillons droits et une exine moins épaisse avec de grosses granules irrégulièrement reparties (Van Campo et Elhaï, 1956 ; Planchais, 1962).

Amaranthaceae-Chenopodiaceae (Planche VI)
Ces deux familles ont été regroupées car elles appartiennent à la même catégorie dans les clés de déterminations et ne possèdent pas de critères de différenciation en microscopie optique.

Asteraceae (Planche VI)
Deux types ont été distingués au sein de cette famille. Les pollens rattachés aux Asteroideae regroupent les tubuliflores, (pollen échinulé), abstraction faite de *Artemisia* et *Centaurea* qui sont déterminés au genre. Les grains attribués aux Cichorioideae englobent les liguliflores (pollen fenestré).

Toutes les remarques faites ci-dessus sont également valables pour les deux autres sites.

## Caverna delle Fate

Finale Ligure, Italie

Stratigraphie générale des coupes transversales 30-31 et 25-26

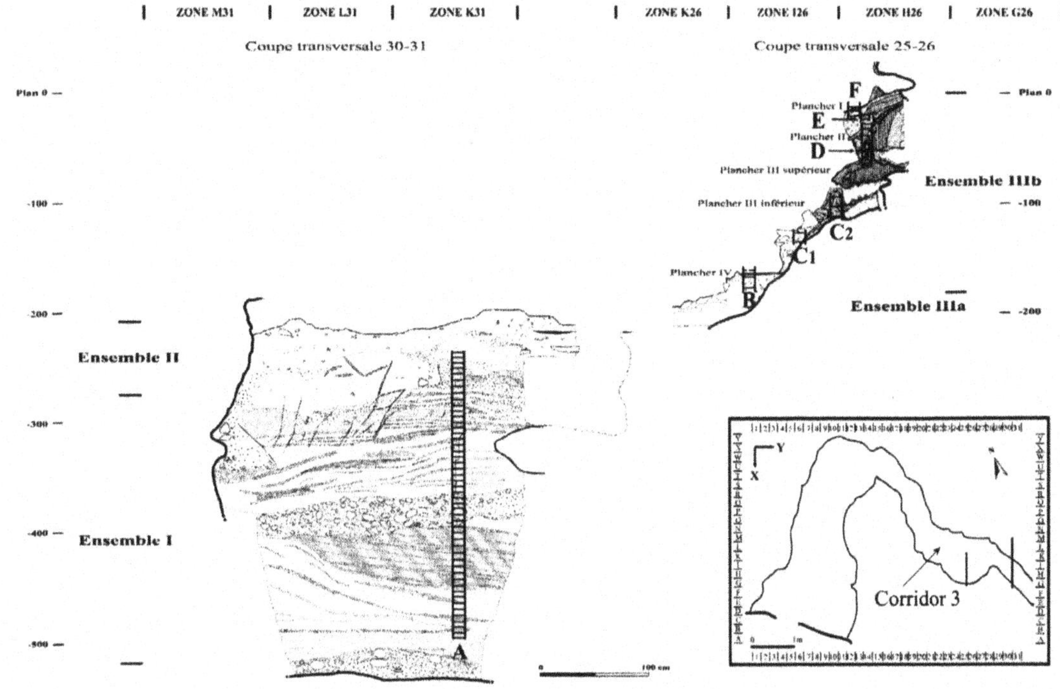


| Ensembles stratigraphiques | Echantillons | Colonnes des prélèvements | Profondeur en cm (sous le plan 0) | Niveaux stratigraphiques et localisation des planchers stalagmitiques | Description lithologique | Zones des prélèvements |
|---|---|---|---|---|---|---|
| IIIb | *62 | F | -10 à -15 | Plancher I | pl.stalagmitique | H26 |
| | *61 | | -15 à -20 | | limon argileux | |
| | *60 | E | -20 à -25 | Plancher II | pl.stalagmitique | |
| | *59 | D | -34 à -30 | Plancher III supérieur | plancher stalagmitique | |
| | *58 | | -34 à -36 | | | |
| | *57 | | -36 à -40 | | | |
| | *56 | | -40 à -48 | | | |
| | *55 | | -48 à -65 | | | |
| | *54 | | -65 à -60 | | | |
| | *53 | C2 | -116 à -90 | Plancher III inférieur | | |
| | *52 | | -120 à -116 | | | |
| | *51 | C1 | -130 à -120 | | limon argileux | |
| | 50 | B | -180 à -177 | Plancher IV | pl.stalagmitique | I26 |
| IIIa | 49 | | -200 à -180 | | argile brune | |
| II | 48 | A | -235 à -230 | Niveaux IIa et IIb | argile jaune et argile rouge | K31 |
| | 47 | | -240 à -235 | | | |
| | 46 | | -245 à -240 | | | |
| | 45 | | -250 à -245 | | | |
| | 44 | | -255 à -250 | | | |
| | 43 | | -260 à -255 | | | |
| | 42 | | -265 à -260 | | | |
| | 41 | | -270 à -265 | | | |
| | 40 | | -275 à -270 | | | |
| I | 39 | | -280 à -275 | Niveaux 7 | sables grossiers | |
| | 38 | | -285 à -280 | | | |
| | 37 | | -290 à -285 | | | |
| | 36 | | -295 à -290 | | | |
| | 35 | | -300 à -295 | Niveaux 6 | sables fins contenant des lits et des lentilles de sables grossiers, de granules et d'argile litée | |
| | 34 | | -305 à -300 | | | |
| | 33 | | -310 à -305 | | | |
| | 32 | | -315 à -310 | | | |
| | 31 | | -320 à -315 | | | |
| | 30 | | -325 à -320 | | | |
| | 29 | | -330 à -325 | | | |
| | 28 | | -335 à -330 | | | |
| | 27 | | -340 à -335 | | | |
| | 26 | | -345 à -340 | | | |
| | 25 | | -350 à -345 | | | |
| | 24 | | -355 à -350 | Niveaux 5 | sables fins avec galets | |
| | 23 | | -360 à -355 | | | |
| | 22 | | -365 à -360 | | | |
| | 21 | | -370 à -365 | | | |
| | 20 | | -375 à -370 | | | |
| | 19 | | -380 à -375 | | | |
| | 18 | | -385 à -380 | Niveaux 4 | argile limoneuse compacte | |
| | 17 | | -390 à -385 | | | |
| | 16 | | -395 à -390 | | | |
| | 15 | | -400 à -395 | | | |
| | 14 | | -405 à -400 | | | |
| | 13 | | -410 à -405 | | | |
| | 12 | | -415 à -410 | | | |
| | 11 | | -420 à -415 | | | |
| | 10 | | -425 à -420 | | | |
| | 9 | | -430 à -425 | | | |
| | 8 | | -435 à -430 | Niveaux 3 | sables fins | |
| | 7 | | -440 à -435 | | | |
| | 6 | | -445 à -440 | | | |
| | 5 | | -450 à -445 | | | |
| | 4 | | -455 à -450 | | | |
| | 3 | | -460 à -455 | | | |
| | 2 | | -465 à -460 | | | |
| | 1 | | -470 à -465 | Niveaux 2 | sables fins orangées | |

*Les spectres 51 à 62 correspondent aux spectres 1 à 12 des diagrammes polliniques

Figure 20 : Localisation des prélèvements palynologiques à Caverna delle Fate.

| | |
|---|---|
| **Gymnospermes** | |
| Cupressaceae | *sp.* |
| Pinaceae | *Abies* |
| | *Pinus* |
| **Angiospermes** | |
| 1. Taxons arboréens | |
| Aceraceae | *Acer* |
| Anacardiaceae | *Pistacia* |
| Araliaceae | *Hedera* |
| Betulaceae | *Alnus* |
| | *Betula* |
| | *Carpinus* type *betulus* |
| | *Carpinus* type *orientalis/* |
| | *Ostrya* type *carpinifolia* |
| | *Corylus* |
| Fagaceae | *Castanea* |
| | *Fagus* |
| | *Quercus* t. *ilex/coccifera* |
| | *Quercus* t. *pedunculata/pubescens* |
| Oleaceae | *Fraxinus* |
| | *Ligustrum* |
| | *Olea* |
| | *Phillyrea* |
| Myrtaceae | *Myrtus* |
| Platanaceae | *Platanus* |
| Salicaceae | *Salix* |
| Tiliaceae | *Tilia* |
| Ulmaceae | *Ulmus* |
| Vitaceae | *Vitis* |
| 2. Taxons herbacés | |
| Amaranthaceae/Chenopodiaceae | *sp.* |
| Apiaceae | *sp.* |
| Asteraceae | *Artemisia* |
| | Asteroideae |
| | Cichorioideae |
| | *Centaurea* |
| Boraginaceae | *sp.* |
| Brassicaceae | *sp.* |
| Campanulaceae | *sp.* |
| Caryophyllaceae | *sp.* |
| Cistaceae | *Cistus* |
| | *Helianthemum* |
| Cyperaceae | *sp.* |
| Ericaceae | *sp.* |
| Euphorbiaceae | *sp.* |
| | type *Mercurialis* |
| Fabaceae | *sp.* |
| Gentianaceae | *sp.* |
| Lamiaceae | *sp.* |
| Liliaceae | *sp.* |
| Plantaginaceae | *Plantago* |
| Poaceae | *sp.* |
| | type *Cerealia* |
| Polygonaceae | *Rumex* |
| Primulaceae | *sp.* |
| Ranunculaceae | *sp.* |
| Rhamnaceae | *Rhamnus* |
| Rosaseae | *sp.* |
| | type *Filipendula* |
| Rubiaceae | *sp.* |
| Saxifragaceae | *sp.* |
| Scrofulariaceae | *sp.* |
| | type *Melampyrum* |
| **Filicales** | |
| Spores monolètes lisses | *sp.* |
| Spores trilètes lisses | *sp.* |
| Spores trilètes ornées | *sp.* |

Tableau 4 : Liste floristique des taxons déterminés à Caverna delle Fate

## 4. Analyse floristique

Une remarque intéressante est que, malgré la faible concentration sporopollinique, les sporomorphes de la Caverna delle Fate sont bien préservés. Ils présentent le meilleur état de conservation parmi le matériel des trois sites étudiés.

La majorité des taxons, arborés et herbacés, montre des variations irrégulières de faible amplitude et un enregistrement discontinu. Les conifères sont essentiellement représentés par *Pinus*, accompagné sporadiquement de *Abies*. *Corylus*, *Fagus* et *Quercus* sont les seuls taxons présents constamment, suivis par les Cupressaceae, *Alnus*, *Hedera*, *Fraxinus* et *Tilia*. Les Betulaceae, les Fagaceae et les Oleaceae sont les familles comprenant la plus grande diversité taxonomique. Ceci constitue, par ailleurs, une caractéristique commune dans les trois sites.

Le cortège herbacé est assez varié. Il est surtout composé par les Poaceae, les Ranunculaceae, et les Apiaceae, ayant une présence continue dans toute la séquence. Parmi le reste des herbacées, les Asteraceae, *Artemisia*, les Lamiaceae, les Rosaceae et les Scrofulariaceae sont les plus communes.

Les spores de Filicales sont abondantes dans les échantillons de calcite. Leur présence est sans doute à relier avec le ruissellement qui est indispensable à la formation de concrétions stalagmitiques.

## 5. Description des diagrammes

### 5.1. Diagramme détaillé

Le diagramme détaillé représente les variations des pourcentages relatifs des grains de pollen et des spores. Sa description s'effectue de la base vers le sommet par zone pollinique, en respectant tout d'abord le rapport A.P./N.A.P. et par la suite l'ordre d'importance des différents taxons à l'intérieur de ces deux ensembles. Cette démarche sera employée pour les diagrammes des trois sites étudiés.

Quatre zones polliniques ont pu être établies, basées sur les variations les plus significatives des taxons, qui permettent de mieux visualiser l'évolution de la végétation (Fig. 21). La délimitation de ces zones, parfois sur la base d'un seul ou de deux spectres est liée à la nature du remplissage (alternance entre des échantillons de calcite et des échantillons argileux, discontinuités sédimentaires) qui indique une certaine distance chronologique entre les échantillons.

Le nombre de taxons est compris entre 20 et 35. La richesse sporopollinique est très faible, variant de 2,4 à 19,3 grains/gramme de sédiment. Les taux des taxons ligneux (A.P.) oscillent entre 37,5 % et 91,5 %. Un seul spectre, l'échantillon no 5, montre une dominance des herbacées (N.A.P) avec 91 %.

**Zone Fat 1 (échantillon 1)**
Cette zone est caractérisée par la dominance des pollens d'arbres (91,5 %) due principalement au taux élevé de *Pinus* (53,5 %). *Abies*, le seul autre gymnosperme qui l'accompagne, se limite à 4,5 %. *Quercus* type *ilex-coccifera* (13 %) et *Quercus* type *pedunculata/pubescens* (9 %) sont les deux autres taxons les mieux représentés. *Corylus* (3 %), *Fraxinus* (2,5 %) *Carpinus* type *orientalis/Ostrya* type *carpinifolia* (1,5 %) ainsi que les Cupressaceae (1,5 %) sont également présents. *Alnus*, *Olea* et *Tilia* sont faiblement représentés, avec des taux inférieurs à 1 %. Cette strate arborée est accompagnée de quelques Amaranthaceae/Chenopodiaceae, *Artemisia*, Brassicaceae, Ericaceae, Poaceae, *Rumex* Ranunculaceae et *Filipendula*.

Les Filicales, avec les spores monolètes (3,5 %) et les spores trilètes (1 %), sont faiblement représentées.

La diversité taxonomique atteint une valeur de 20. La richesse sporopollinique est de 19,3 grains/gramme de sédiment.

**Zone Fat 2 (échantillons 2 à 3)**
Cette zone est marquée par la régression des taxons arborés les plus significatifs. Le pourcentage des A.P. diminue de 61,5 % dans l'échantillon 2, à 41,5 % dans l'échantillon 3. *Pinus*, malgré la régression de ses valeurs (de 30,5 % à 17,5 %), reste le taxon dominant. La majorité des autres taxons, à savoir *Quercus* type *ilex-coccifera* (2-2,5 %), *Quercus* type *pedunculata/pubescens* (1,5-4,5 %), *Corylus* (1,5-4 %), *Tilia* (< 1-1,5 %), *Olea* (< 1-2,5 %), *Fraxinus* (2-3,5 %) et les Cupressaceae (< 1-1,5 %) reste sensiblement identique au sein de la zone. *Abies* n'est enregistré que dans le sommet de la zone et *Alnus* que dans la base, tous deux à un taux inférieur à 1 %. *Fagus* apparaît pour la première fois avec des fréquences inférieures à 1 %, tandis que *Hedera* manifeste des taux importants (8,5-14,5 %).

La régression des taux d'arbres s'accompagne d'un développement de la strate herbacée, celle-ci étant formée, essentiellement, par des Cichorioideae (6-21,5 %), des Apiaceae (1,5-3 %), *Artemisia* (1-1,5 %), des Poaceae (1,5-3 %) et des Ranunculaceae (3-4 %). Les Caryophyllaceae (2 %), les Gentianaceae (1 %) ainsi que les Amaranthaceae/ Chenopodiaceae, les Ericaceae et les Euphorbiaceae (<1 %), ne sont présentes que dans la partie inférieure de cette zone, alors que les Lamiaceae (6 %), les Boraginaceae, *Plantago* et *Filipendula* (<1 %) n'apparaissent qu'à la partie supérieure. *Cistus*, qui se manifeste pour la première fois, maintient ses valeurs relativement stables (environ 7 %).

Les spores monolètes progressent jusqu'à 12 % tandis que les spores trilètes sont peu représentées dans le spectre n° 2. Le nombre de taxons oscille entre 26 et 28 et la richesse sporopollinique entre 2,4 à 11,4 grains/gramme de sédiment.

**Zone Fat 3 (échantillons 4 à 10)**
La zone Fat 3 est caractérisée par un taux des A.P. qui varie entre 37,5 % et 68,5 % sauf dans l'échantillon n° 5 où ce taux n'est que 9 %. La chute brutale des A.P., qui atteignent, ici, leur valeur minimale de toute la séquence, est due à la sur-représentation de *Melampyrum*. Ce pic (62,5 %) serait probablement lié à la présence locale d'une étamine de ce taxon.

Parmi les taxons ligneux, *Pinus* est le plus fréquent et progresse vers le sommet, en présentant des oscillations de grande amplitude (1,5-40,5 %). Les Cupressaceae (< 1-4 %), *Quercus* type *ilex-coccifera* (1,5-6,5 %), *Quercus* type *pedunculata/pubescens* (1,5-8,5 %), *Fraxinus* et *Tilia* (< 1-4 %) sont assez bien représentés et montrent quelques fluctuations irrégulières. Les valeurs de *Corylus* déclinent de 8,5 % à 1,5 %. *Alnus* (< 1-1 %) reste constant ainsi qu'*Hedera*, enregistrant, pourtant, un pic (39 %) dans l'échantillon n° 5, qui montre l'abondance de cette plante à proximité du site. *Acer, Betula, Castanea et Fagus* n'apparaissent que sporadiquement. *Olea* dont la présence est irrégulière, augmente subitement dans l'échantillon n° 9 et atteint 11,5 %. Enfin, un seul grain de *Ulmus* a été enregistré, c'est le seul d'ailleurs dans toute la séquence.

Les taxons herbacés montrent quelques faibles variations. Ils sont essentiellement représentés par les Poaceae (2-9 %), les Ranunculaceae (2-9,5 %), les Apiaceae (1-5,5 %), les Cichorioideae (1-4 %), *Artemisia*, dont les taux atteignent 5,5 % dans l'échantillon n° 6, les Cyperaceae (2-4 %), les Lamiaceae (1-6 %), les Liliaceae (1-11 %) *Plantago* (< 1-7,5 %) et les Scrofulariaceae (1-11,5 %).

Les spores monolètes, étant toujours enregistrées de façon continue, augmentent jusqu'à 13,5 %. En revanche, les spores trilètes ne dépassent pas 1 %. Le nombre de taxons est compris entre 25 et 35. La richesse sporopollinique varie entre 1,2 et 9 grains/gramme de sédiment.

**Zone Fat 4 (échantillons 11 à 12)**
Cette dernière zone est marquée par le développement des taxons arborés. Le taux des A.P. varie de 81,5 % dans l'échantillon n° 11, à 65 % dans l'échantillon n° 12. A la base de la zone, *Quercus* type *ilex-coccifera* devient le taxon dominant (26,5 %) suivi par *Pinus* et *Quercus* type *pedunculata/pubescens* (15 %). En revanche, dans le dernier échantillon de cette zone, les pourcentages relatifs de la majorité des arbres diminuent au profit de *Pinus*, qui redevient le principal taxon. *Alnus*, *Betula*, et *Fraxinus* sont également présents. Il faut, enfin, noter la reprise de *Olea* (2,5 %), de *Carpinus* type *orientalis/Ostrya* type *carpinifolia* (entre 1 et 2,5 %) ainsi que l'apparition de *Pistacia* (< 1 %).

Pour les herbacées, la base de cette zone est caractérisée par la diminution des taux d'un certain nombre de taxons et la disparition d'autres. C'est le cas de *Artemisia*, des Brassicaceae, des Lamiaceae, des Liliaceae, de *Plantago*, des Rubiaceae, des Scrofulariaceae et des Saxifragaceae. Il faut, cependant, remarquer la réapparition des Ericaceae et un accroissement des taux des Rosaceae. Au sommet de la zone, les Cichorioideae, *Cistus*, les Fabaceae, les Poaceae et les Ranunculaceae se développent.

Les pourcentages des spores monolètes varient de < à 1 à 9,5 %, les spores trilètes restent constamment inférieures à 1%. Le nombre de taxons diminue et oscille entre 20 et 23 et la richesse sporopollinique est comprise entre 1,6 et 13,8 grains/gramme de sédiment.

Quelques pollinies ont été retrouvées dans les échantillons de calcite des zones Fat 2 et Fat 3, suggérant la présence locale des taxons correspondants (Tab. 5).

| Spectres | Pollinies | Zones |
|---|---|---|
| 12 | Cichorioideae | **Fat 4** |
| 7 | *Hedera* | **Fat 3** |
| 5 | *Pinus,* Primulaceae, t. *Melampyrum* | |

Tableau 5 : Inventaire des échantillons à pollinies de Caverna delle Fate.

**Caverna delle Fate - Finale Ligure - Italie**

**Altitude : + 280 m**

Diagramme pollinique détaillé (Ensemble stratigraphique III b)

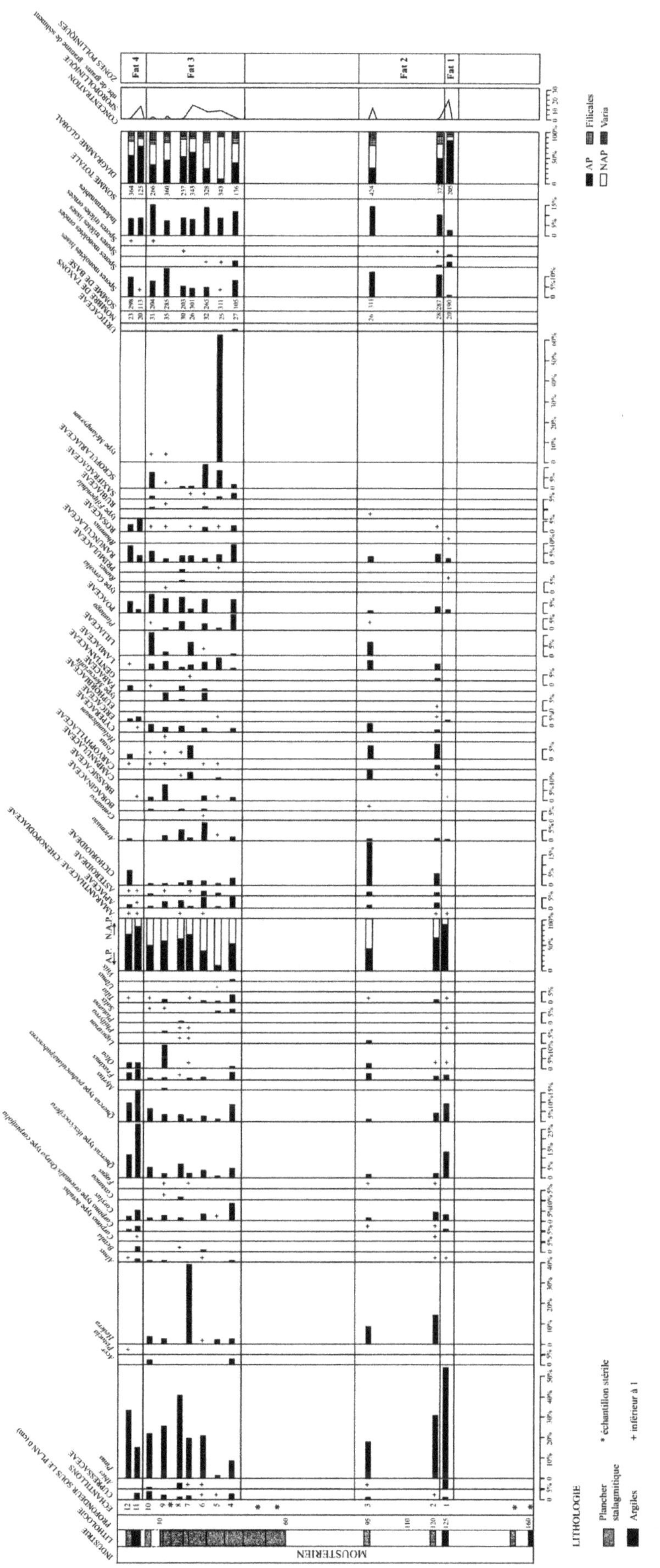


Figure 21 : Diagramme pollinique détaillé de Caverna delle Fate (Ensemble stratigraphique III b).



**Veuillez noter qu'une version grandeur nature de cette figure est disponible en téléchargement sur www.barpublishing.com/additional-downloads.html. Le dépliant d'origine a été réduit pour correspondre au format A4 de ce livre, l'image n'est donc pas aussi claire que celle le dépliant d'origine. Veuillez vous référer au dépliant original via le téléchargement pour le contenu original.**

## 5.2. Diagramme synthétique

Le diagramme synthétique représente les variations des groupes de taxons qui ont des affinités écologiques proches (Fig. 22). De ce fait, il permet de contrôler la validité des zones polliniques définies à partir du diagramme détaillé. Ces zones se distinguent, généralement, plus facilement sur le diagramme synthétique.

Une description complète étant déjà réalisée pour le diagramme détaillé, seuls les principaux traits des variations seront commentés ici, zone par zone, dans le but d'éviter les répétitions.

**Zone Fat 1**
La zone Fat I se caractérise par la dominance de gymnospermes à ballonnets avec principalement *Pinus* (58,5 %). Ils sont accompagnés par les méditerranéens (18,5 %) parmi lesquels *Quercus* t. *ilex/coccifera* domine, et les méso-thermophiles (13 %). Les groupes des xérophiles (6 %) et des ubiquistes (4 %) enregistrent de faibles taux.

**Zone Fat 2**
Cette zone est marquée par le retrait progressif des gymnospermes à ballonnets (18-30,5 %), qui est concomitant avec la progression des xérophiles (15,5-27,5 %) et des ubiquistes (14,5-26 %). Les méso-thermophiles, après avoir présenté un pic (26,5 %) dans l'échantillon n° 2, chutent à 12,5 %. Les méditerranéens (13-16 %) restent sensiblement identiques.

**Zone Fat 3**
Les herbacées ubiquistes forment, ici, le groupe principal (18,5–86 %). Viennent ensuite les gymnospermes à ballonnets parmi lesquels *Pinus* reste le taxon dominant. Ses pourcentages varient entre 1,5 % et 43,5 %. Les xérophiles, parmi lesquels *Artemisia* a une présence non négligeable (< 1-5,5 %), restent quasi-constants tout au long de la zone (8,5-22,5 %) à l'exception de l'échantillon n° 5 où ils diminuent à 5 % à cause du pic de pollens de type *Melampyrum*. Les feuillus méso-thermophiles (6-30,5 %) et les méditerranéens (1-17 %), progressent légèrement vers le sommet de la zone.

**Zone Fat 4**
Cette zone voit le retrait des ubiquistes (15-17,5 %) au profit des méditerranéens (21-37 %). Les gymnospermes à ballonnets progressent vers le sommet de la zone (15-33 %) en même temps que les xérophiles (7-15 %). Enfin, les mésophiles, après un léger développement à la base de la zone (26 %), essentiellement grâce à *Quercus* type *pedunculata/pubescens* (15 %), diminuent presque de moitié (12,5 %).

## 5.3. Diagramme de concentrations sporopolliniques

Le diagramme de concentrations sporopolliniques représente les fréquences absolues des taxons les plus significatifs et/ou des groupements choisis. Dans ce type de diagramme, l'évolution de chaque taxon ou groupe de taxons n'est pas influencée par les valeurs des autres, en évitant de cette manière les effets statistiques.

Deux diagrammes des concentrations ont été établis (Fig. 23). Le premier comprend les principaux taxons arborés et herbacés ainsi que les courbes des A.P., des N.A.P. et celle de la concentration sporopollinique. Pour le deuxième diagramme, les concentrations des différents groupes écologiques du diagramme synthétique ont été calculées.

Les concentrations et les variations de ces taxons ou groupes, excessivement faibles pour avoir une quelconque signification, seront pourtant examinées globalement. Seules ces variations seront comparées à celles des pourcentages relatifs, dans le but d'exploiter au maximum les données. La zonation définie pour le diagramme détaillé sera conservée pour ces diagrammes afin de faciliter leur comparaison.

Sur le premier diagramme, l'échelle des A.P., N.A.P. et de la concentration sporopollinique a été divisée par quatre afin de rendre le diagramme plus lisible.

## Caverna delle Fate - Finale Ligure - Italie

**Altitude : + 280 m**

Diagramme pollinique synthétique

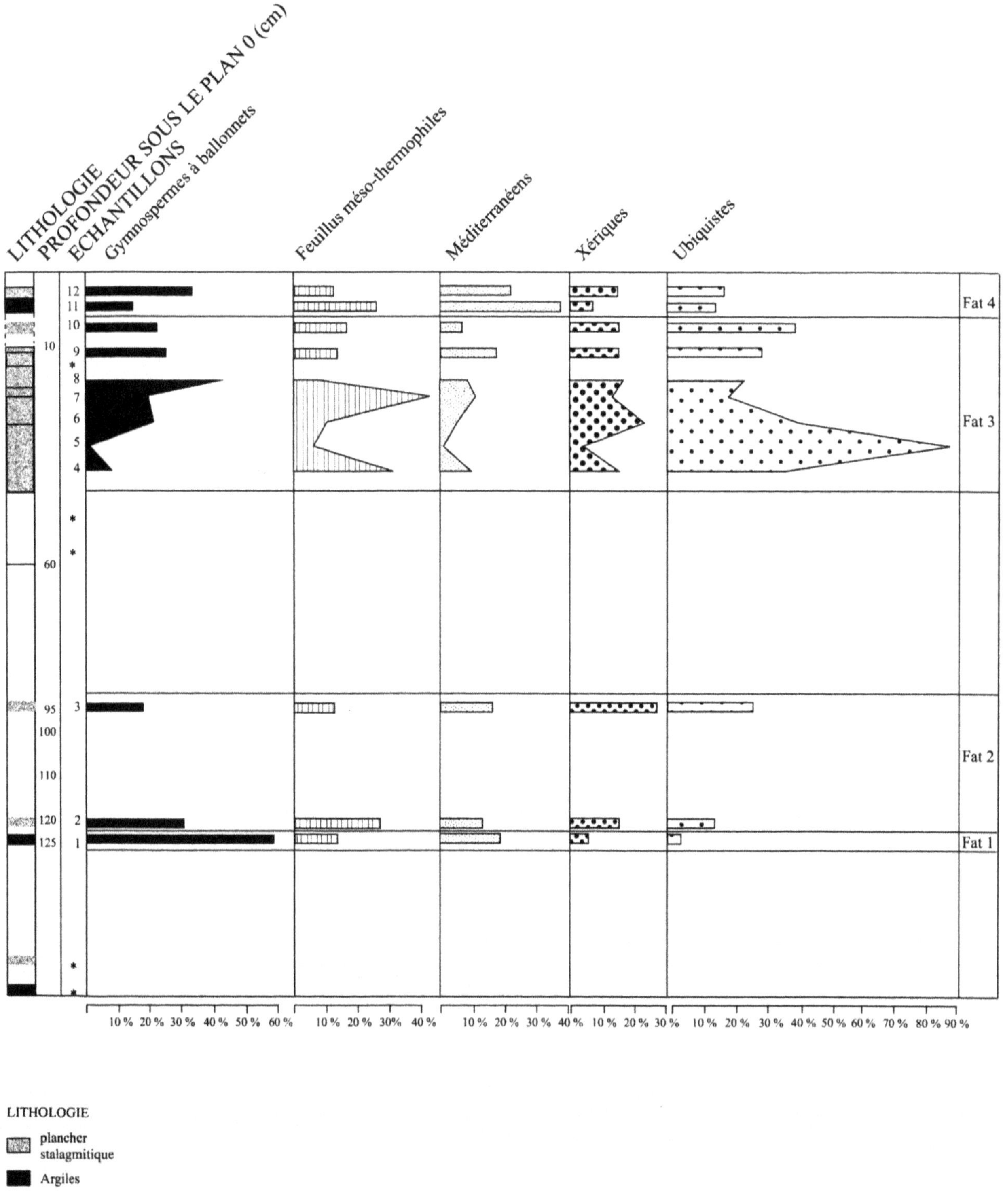


Figure 22 : Diagramme pollinique synthétique de Caverna delle Fate (Ensemble stratigraphique III b).

D'une manière générale, les principales variations de la concentration sporopollinique sont liées à des changements lithologiques. Ainsi, les échantillons argileux (n° 1 et n° 11), présentent deux « pics » de concentration sporopollinique. Ceux-ci reflètent des fréquences absolues « élevées » pour la quasi-totalité des taxons, principalement arborés et à un moindre degré des taxons herbacés. En revanche, les deux « pics » de la concentration globale dans les échantillons de calcite n° 3 et n° 7, sont principalement dus à l'accroissement des valeurs de un ou deux taxons, a savoir des Cichorioideae et de *Pinus* et *Hedera*, respectivement. Les concentrations plus élevées dans les argiles pourraient être liées à la nature du sédiment ou à une vitesse de sédimentation plus lente ou bien à un changement de la densité de la végétation entraînant un flux plus important. Le fait que cette augmentation affecte essentiellement les arbres favoriserait l'hypothèse d'un éventuel changement de la densité de la végétation (Follieri *et al.*, 1988).

La quantité de pollens d'arbres dépasse celle des herbacées, dans les deux échantillons d'argile. Pour les échantillons de calcite, ce rapport varie. Dans les spectres 3 à 6, les concentrations des N.A.P. sont supérieures à celles des A.P. En revanche, dans les autres spectres ces valeurs sont quasiment identiques avec une infime supériorité des A.P. Les variations et l'ordre d'importance des valeurs de différents taxons sont, généralement, enaccord avec celles des pourcentages relatifs. Certaines contradictions ont été, toutefois, repérées. Dans la zone Fat 2, *Pinus* et *Hedera* montrent une évolution inverse à celle de leurs fréquences relatives, ce qui pourrait indiquer que la baisse de pourcentages dans l'échantillon 3 du diagramme détaillé serait le résultat d'un effet statistique (Fig. 21). Le dernier échantillon de calcite, n° 12, montre une nouvelle régression de toutes les valeurs absolues.

Ceci est en contradiction avec l'augmentation des pourcentages de *Pinus* qui serait peut être également due à un aléa statistique.

Le deuxième diagramme (Fig. 23), montrant la concentration des différents groupes écologiques, présente une évolution similaire avec les courbes du diagramme synthétique. Néanmoins, dans la zone Fat 2 les variations de la concentration des gymnospermes à ballonnets et des feuillus méso-thermophiles sont inverses de celles de leurs fréquences relatives. Ceci pourrait signifier que la baisse de leurs pourcentages dans l'échantillon 3 n'est pas réelle mais plutôt liée à un effet statistique.

Toutefois, ces hypothèses ne peuvent être émises avec certitude en raison des richesses polliniques extrêmement faibles.

## 6. ANALYSE DES PRELEVEMENTS DE MOUSSES

Deux échantillons de mousses ont été analysés, afin d'étudier la pluie pollinique actuelle (Fig. 24). L'échantillon n° 1, a été prélevé à 20 m de l'entrée de la grotte au niveau du sol. L'échantillon n° 2 situé à 5 m du premier, se trouvait sur le tronc d'un arbre.

Les deux échantillons révèlent un paysage forestier (A.P. : 89,5-91,5 %). Ce paysage est constitué d'une chênaie à *Quercus* t. *ilex/coccifera* (45,5-49,9 %) et *Quercus* t. *pedunculata/pubescens* (23,5-24 %) auxquels se mêlent, principalement, *Pinus* (7,5-10 %), les Cupressaceae (3,5-4 %) et *Olea* (2,5 %). *Cedrus*, *Hedera*, *Pistacia*, *Carpinus* t. *orientalis/Ostrya* t. *carpinifolia*, et sporadiquement *Alnus*, *Corylus* et *Fagus* (< 1 %) font également partie de la végétation.

La strate herbacée, peu diversifiée, est essentiellement composée des Ranunculaceae (4,5-5,5 %), des Rosaceae (1-1,5 %) et des Caryophyllaceae (2,2 %). Quelques Asteraceae, Cyperaceae, Ericaceae et Poaceae (< 1 %) sont aussi présentes.

Cette végétation est différente de celle mise en évidence dans les spectres fossiles. Elle reflète la végétation naturelle environnante. L'impact anthropique ne se perçoit pas par cette analyse malgré l'importance de la pratique de l'agriculture dans la région.

**Arma delle Fate - Finale Ligure - Italie**

**Altitude : +280 m**

Diagramme des concentrations absolues (Ensemble stratigraphique III b)

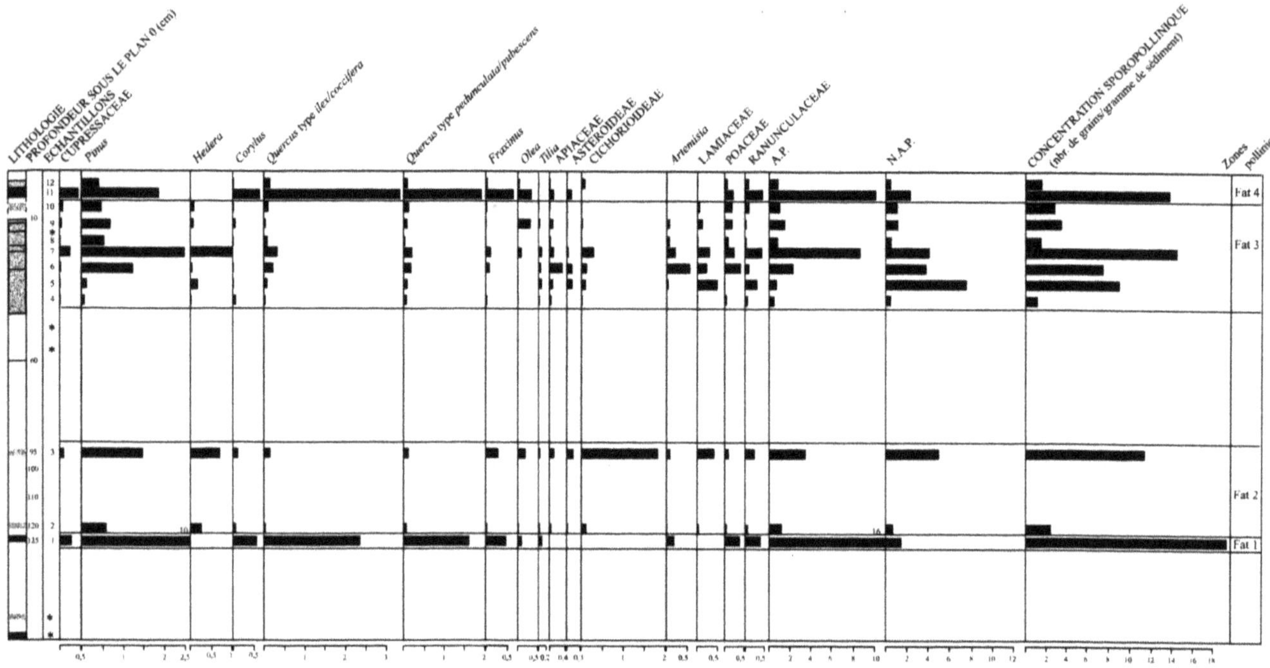


LITHOLOGIE
- plancher stalagmitique
- Argiles

Diagramme des concentrations absolues des principaux taxons

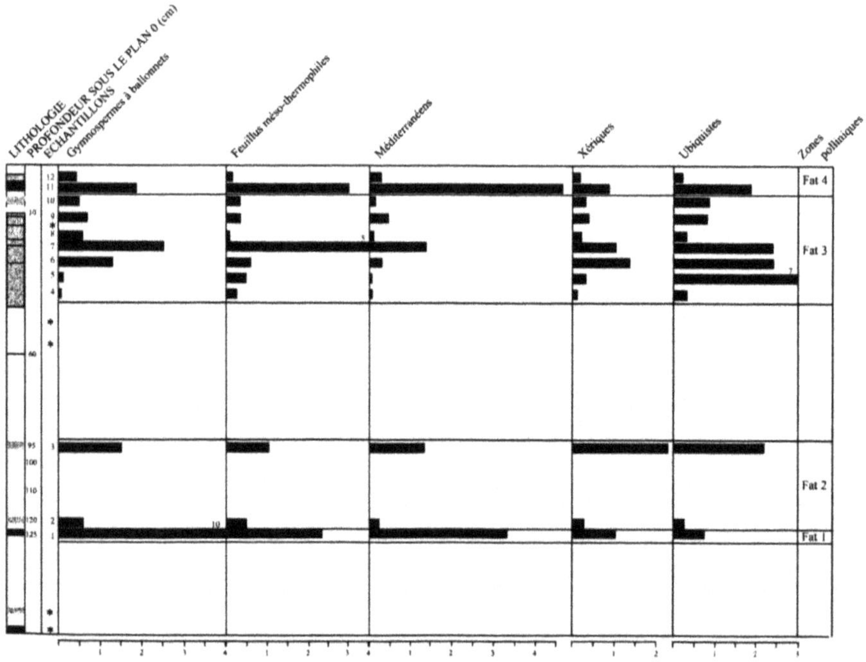


LITHOLOGIE
- plancher stalagmitique
- Argiles

Diagramme des concentrations absolues des différents groupes écologiques

Figure 23 : Diagramme des concentrations absolues des principaux taxons et diagramme des concentrations absolues des différents groupes écologiques de Caverna delle Fate (Ensemble stratigraphique III b).

**Caverna delle Fate - Finale Ligure - Italie**

**Altitude : + 280 m**

Spectres polliniques actuels

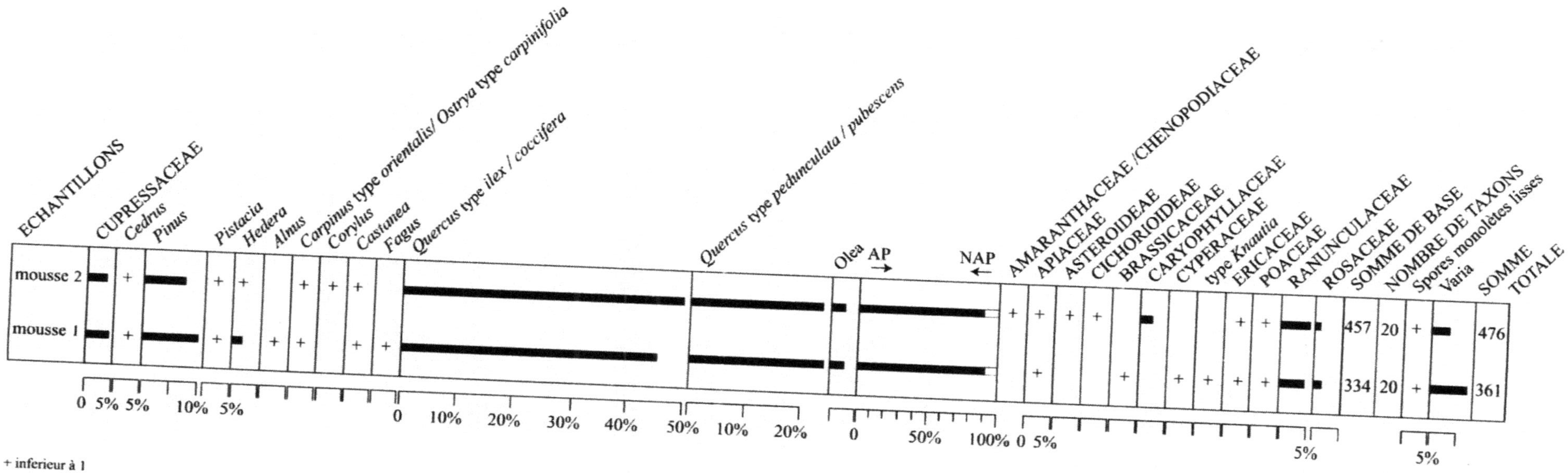


Figure 24 : Spectres polliniques actuels de Caverna delle Fate.

## 7. INTERPRETATION DES RESULTATS

Les diagrammes détaillé et synthétique servent de base à l'interprétation des données polliniques de Caverna delle Fate, visant à retracer l'histoire de la végétation et du climat.

Les zones polliniques établies sont constituées, pour la plupart d'entre elles, d'un nombre très limité d'échantillons. De ce fait, elles ne permettent pas de mettre en évidence une véritable dynamique de végétation pouvant être attribuée à des phases précises du Pléistocène supérieur.

### 7.1. Reconstitution de la végétation

Il a été montré que les assemblages polliniques enregistrés dans les stalagmites, reflétaient la végétation locale plutôt que les apports régionaux (Bastin, 1978). Les études de B. Huntley et H.J.B. Birks (1983), sur des dépôts principalement lacustres, montrent le rapport entre la pluie pollinique et la représentation des taxons arboréens dans la végétation environnante. D'après ces données, utilisées également en milieu archéologique (Sánchez Goñi, 1991), la majorité des taxons arborés enregistrés dans Caverna delle Fate aurait une présence locale (Tab. 2). Il faut, néanmoins, envisager quelques apports régionaux, concernant principalement des taxons montagnards tels que *Abies*, *Fagus* et probablement *Pinus*.

Ainsi, malgré la dominance de la végétation locale, une fraction du matériel sporopollinique serait liée à des apports régionaux. Au regard de la répartition de ces groupements végétaux, une mosaïque de végétation se serait installée aux environs du site et sur les pentes des reliefs proches.

**Zone Fat 1**
Elle met en évidence un paysage dominé par une formation forestière mixte. Cette végétation est surtout constituée par *Pinus* et *Quercus*, accompagnés par *Abies*, *Corylus*, *Carpinus* t. *orientalis/Ostrya* t. *carpinifolia* et *Tilia*. *Alnus* et *Fraxinus*, dont certaines espèces ont des affinités hygrophiles, sont également présents, probablement localisés dans des endroits humides. *Quercus* t. *ilex/coccifera*, présent en continu dans le diagramme, aurait profité des expositions chaudes ou du substratum calcaire local (Pietra di Finale). Quelques rares *Olea* et *Phillyrea* font également partie de ce paysage, auxquels s'ajoutent des Cupressaceae.

La strate herbacée est restreinte et peu diversifiée, comprenant quelques taxons xérophiles et ubiquistes, essentiellement des Poaceae, des Ranunculaceae et des Ericaceae.

**Zone Fat 2**
Cette zone indique une transformation du paysage visible aussi dans les diagrammes de concentration absolue (Fig. 23). La formation constituée de *Pinus* et *Quercus* recule, en favorisant le développement de la végétation herbacée. L'ouverture du paysage est aussi soutenue par l'apparition de *Hedera* qui ne fleurit que sous forme de liane dans les formations boisées peu denses (Iversen, *in* Birks et Birks, 1980). Malgré sa régression, la végétation ligneuse se diversifie quelque peu avec, en plus de *Hedera*, l'arrivé de *Fagus* et de *Carpinus* t. *betulus*. La végétation méditerranéenne est toujours présente avec *Quercus* t. *ilex/coccifera*, *Olea* et *Ligustrum*, auxquels s'ajoute *Cistus*.

Les espaces ouverts seraient occupés par les herbacées xérophiles avec les Asteraceae, les Poaceae, les Amaranthaceae/Chenopodiaceae, *Artemisia* et les Caryophyllaceae. Un cortège de taxons ubiquistes fait également partie de ce paysage avec des Apiaceae, des Cyperaceae et des Ranunculaceae, qui seraient liées à des endroits humides, ainsi qu'avec quelques Campanulaceae et Lamiaceae.

**Zone Fat 3**
La végétation est désormais marquée par des brèves oscillations irrégulières et un enregistrement discontinu pour la plupart des taxons. Plusieurs causes pourraient être à l'origine de ces phénomènes : le mode d'enregistrement spécifique dans les concrétions stalagmitiques, la distance chronologique séparant les échantillons, l'éventuelle présence de hiatus, liés aux arrêts de formation de la calcite, ou une instabilité climatique.

Dans cette zone, le couvert arboré se diversifie. La formation mixte de *Pinus* et *Quercus* de la zone précédente devient plus importante. A cette végétation se mêlent d'autres genres méso-thermophiles. L'ouverture du paysage dans l'échantillon n° 5 ne serait qu'un épiphénomène dû à la sur-représentation du pollen de type *Melampyrum*. Cette sur-représentation est vraisemblablement liée à la présence accidentelle d'une étamine de plante ne traduisant pas une dominance réelle de ce taxon dans la végétation.

Les taxons méditerranéens des basses altitudes autres que *Quercus* t. *ilex/coccifera*, à savoir *Olea*, *Ligustrum* et *Phillyrea* s'enregistrent vers le sommet de la zone. La strate arbustive comprend également des Cupressaceae.

La strate herbacée, bien développée, est dominée par des ubiquistes parmi lesquels les Ranunculaceae, les Scrofulariaceae, les Lamiaceae et les Cyperaceae sont les plus importants. Les espaces ouverts seraient également colonisés par des herbacées xérophiles et/ou steppiques avec principalement des Asteraceae et *Artemisia*.

**Zone Fat 4**
La dernière zone met en évidence un changement dans la composition et la structure de la végétation, qui devient plus importante mais moins variée. Il se développe à la base de la zone une chênaie accompagnée par *Pinus*, ce dernier devenant dominant, par la suite, au sein de la végétation. D'autres taxons méso-thermophiles font partie de ce paysage tels que *Corylus*, *Carpinus* type *orientalis/Ostrya* type *carpinifolia*, *Tilia*, *Alnus*, *Betula*, et *Fraxinus*. *Olea* s'affirme parmi les taxons méditerranéens et *Pistacia* apparaît pour la première fois.

La progression des taxons arborés s'accompagne de la diminution, voire de la disparition, de certains taxons ubiquistes. Dans les espaces ouverts, les xérophiles, plus ou moins constants, formeraient une pelouse.

## 7.2. Reconstitution du climat

**Zone Fat 1**
La base du diagramme, constituée d'une association végétale à conifères et feuillus méso-thermophiles reflète un climat tempéré chaud. Le développement de *Pinus* et la présence de *Quercus* type *ilex/coccifera*, *Olea* et *Phillyrea* donneraient au climat un caractère méditerranéen.

**Zone Fat 2**
La végétation de la zone Fat 2 se serait mise en place sous des conditions climatiques similaires à celles de la zone précédente. Toutefois, l'installation des taxons xérophiles indiquerait une sécheresse légèrement plus marquée.

**Zone Fat 3**
La composition pollinique de cette zone reflète un régime climatique tempéré relativement chaud, permettant la croissance des essences méso-thermophiles. Le développement de *Artemisia* et des Amaranthaceae/Chenopodiaceae évoque une certaine aridité, qui serait en accord avec le développement des taxons méditerranéens (Van Campo, 1984).

**Zone Fat 4**
Le climat méditerranéen s'affirme dans cette dernière zone comme le montre la progression des taxons méditerranéens, ce qui impliquerait une hausse des températures. Cependant, l'aridité n'est pas encore très importante et permet le maintient des genres méso-thermophiles.

Ces zones polliniques seraient attribuables à des périodes interstadiaires. La zone Fat 1 pourrait également être rapportée à une phase interglaciaire. Aucun spectre pollinique n'évoque une végétation qui pourrait correspondre à une phase stadiaire (glaciaire) : le taux de pollens d'arbres est élevé, les taxons steppiques ne sont ni très fréquents, ni régulièrement enregistrés, tandis que les feuillus méso-thermophiles et les taxons méditerranéens sont toujours bien représentés. L'absence dans cette séquence pollinique du schéma logique de succession interglaciaire/glaciaire, interstade/stade résulterait de l'existence de lacunes sédimentaires entre les zones polliniques.

Le tableau 6 présente les principaux caractères de la végétation et du climat du gisement de Caverna delle Fate.

| Zone | Végétation | Milieu | Climat |
|---|---|---|---|
| Fat 4 | Progression de la chênaie, accompagnée par des arbres méso-thermophiles<br>Présence de *Pistacia* et *Olea*<br>Recul des herbacées | Semi-fermé à fermé | Tempéré à caractère méditérranéen |
| Fat 3 | Nombreuses oscilations de faible amplitude de tous les taxons<br>Progression de *Quercus*, *Corylus*, *Tilia*, *Alnus* et des Cupressaceae<br>Occurences de *Acer*, *Betula*, *Castanea*, *Platanus* et *Vitis*<br>Présence des méditerranéens vers le sommet<br>Maximum de *Artemisia*, des Poaceae et des Ranunculaceae | Semi-fermé | Tempéré chaud |
| Fat 2 | Recul de la formation à *Pinus* et *Quercus* et de *Abies*<br>Installation de *Hedera* et *Fagus*<br>Présence de *Carpinus* t. *betulus*<br>Développement de la strate herbacée<br>Installation des Apiaceae, Asteraceae, *Cistus*, Ericaceae et Lamiaceae | Semi-fermé | Tempéré chaud<br>Sécheresse un peu plus marquée |
| Fat 1 | Végétation mixte à *Pinus* et *Quercus*<br>Présence de *Abies*, *Corylus*, *Fraxinus* et *Olea*<br>Strate herbacée appauvrie | Semi-fermé à fermé | Tempéré chaud<br>avec sécheresse au moins estivale |

Tableau 6 : Principaux caractères de la végétation et du climat de Caverna delle Fate.

## 8. COMPARAISON AVEC LES DONNEES DES AUTRES DISCIPLINES

Le caractère de la végétation déduite par cette analyse ne permet pas de situer chronologiquement les zones établies avec certitude. C'est pour cette raison que les résultats palynologiques de Caverna delle Fate seront tout d'abord comparés avec ceux des autres disciplines, obtenus sur le site (datations radiométriques, industrie lithique, faune). Cette comparaison pourrait permettre d'avancer quelques hypothèses quant à la position chronostratigraphique des niveaux polliniques. Par la suite, ils seront mis en parallèle avec des séquences polliniques de référence et des sites archéologiques. Cette démarche pourrait permettre de proposer des corrélations, afin de pouvoir intégrer nos données dans le cadre chronostratigraphique régional.

Il faut préciser, ici, que du fait de la localisation des trois sites de cette étude dans la même région géographique, la comparaison avec les séquences polliniques s'effectuera dans un chapitre à part, afin d'éviter les répétitions

A Caverna delle Fate, tout le matériel archéologique provient de l'Ensemble stratigraphique III. Cet ensemble, étant divisé en deux sous-ensembles IIIa et IIIb, les résultats des autres études seront présentés par sous-ensemble stratigraphique.

### 8.1. Sous-ensemble stratigraphique IIIa

Les premiers vestiges d'occupation humaine ont été mis au jour à la base du sous-ensemble III a. Celui-ci, d'une épaisseur approximative de 50 cm, a révélé plusieurs foyers. L'industrie, peu abondante, découverte dans ce niveau pourrait être rapprochée à un Acheuléen final ou à un prémoustérien. La faune du même niveau riche en carnivores et en herbivores montre un caractère très tempéré. La présence d'espèces comme l'Ours du Tibet, la Hyène striée et la Martre, suggèrent un âge situé vers la fin du Pléistocène moyen-début du Pléistocène supérieur (Psathi, com.pers.). Les échantillons palynologiques se rapportant à ce sous-ensemble se sont, malheureusement, avérés stériles.

## 8.2. Sous-ensemble stratigraphique IIIb

Le sous-ensemble III b a été presque entièrement fouillé au 19ème siècle. Aucune coupe stratigraphique n'étant relevée pendant ces anciennes fouilles, l'étude de ce sous-ensemble n'a été possible que sur les quelques témoins restant en place, essentiellement, des brèches collées aux parois. Il faut rappeler, ici, que seul ce sous-ensemble a livré des résultats polliniques statistiquement valables.

### 8.2.1. Sédimentologie

L'étude sédimentologique du remplissage est en cours. Ainsi des indications d'ordre climatique basées sur cette discipline ne sont pas encore disponibles.

Au regard de la corrélation entre les zones polliniques et les niveaux stratigraphiques de l'Ensemble III b, il s'avère que:

- la zone Fat 1 se rapporte à l'argile qui s'est déposée sous le plancher III inférieur,
- la zone Fat 2 se rapporte au plancher III inférieur,
- la zone Fat 3 correspond aux planchers III supérieur et II,
- la zone Fat 4 correspond au plancher I et aux argiles sous-jacentes.

Le tableau 7 permet de visualiser ces correspondances existant entre les subdivisions sédimentologiques de l'ensemble stratigraphique III b et les zones polliniques.

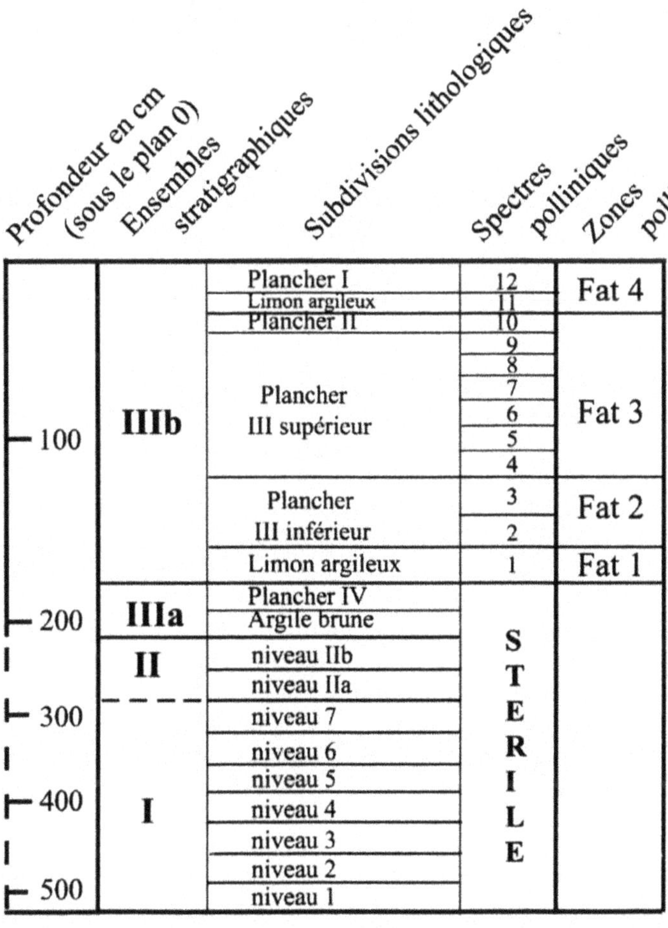


Tableau 7 : Corrélations entre les subdivisions sédimentologiques de l'Ensemble stratigraphique III b et les zones polliniques de Caverna delle Fate.

## 8.2.2. Datations absolues

Les quatre planchers stalagmitiques et les niveaux argileux intercalés, sur lesquels porte cette étude, sont restés intacts, permettant de reconstituer la stratigraphie. Trois échantillons des planchers stalagmitiques ont été datés par ESR. Ces échantillons proviennent des planchers nommés : III inférieur, III supérieur et I. Ils ont donné respectivement les âges de 74 000 ±10 000 B.P., de 72 000 ± 8 000 B.P. et de 60 000 ± 7 000 B.P., se rapportant aux stades isotopiques 5 a, 4 et peut être 3. L'ensemble des datations indique donc une durée de dépôt pour ces trois planchers d'environ 15.000 ans, comprise au maximum entre 84 000 et 52 000 B.P.

Le sous-ensemble III b a mis en évidence 13 restes humains fossiles attribués à l'Homme de Néandertal, dont trois ont été datés par spectrométrie gamma. Cette analyse a livré les deux dates suivantes : 75 000 + 21 000 /-14 000 BP et 82 000 + 36 000/ -21 000 B.P. qui placeraient ces restes entre les stades isotopiques 5d et 3.

## 8.2.3. Matériel lithique et faunique

Les pièces lithiques originaires de ce sous-ensemble ont été attribuées à une industrie moustérienne typique. Les restes fauniques sont dominés par l'Ours de caverne et des cervidés.

## 8.2.4. Discussion

La zone Fat 1 constitue la base de l'Ensemble stratigraphique IIIb (Tab. 7). Les données fauniques de l'Ensemble IIIa sous-jacent, ainsi que les datations absolues du plancher III inférieur sus-jacent, suggèrent que cette couche argileuse serait mise en place durant un épisode tempéré du stade isotopique 5.

Cette zone reflète une végétation forestière qui serait caractéristique d'un épisode interstadiaire ou interglaciaire. Cependant, son attribution à une phase précise du Pléistocène supérieur sur la base d'un seul échantillon serait hasardeuse. Cette zone pourrait être attribuée à une phase de l'interglaciaire Eémien ou de l'un des deux interstades du Préglaciaire. Par ailleurs, la différenciation des épisodes tempérés de l'Eémien et du Préglaciaire sur la base des séquences palynologiques courtes s'avère difficile (de Beaulieu, 1984).

La zone Fat 2 correspond au plancher III inférieur. Elle met en évidence un paysage boisé. La présence de *Abies* et *Hedera* suggère une phase interstadiaire ou interglaciaire tandis que la faible amplitude des autres taxons tempérés, opterait plus pour un épisode interstadiaire. Ainsi, cette zone pourrait être équivalente à une phase de l'un des deux interstades du Préglaciaire. Cette hypothèse serait en accord avec les résultats des datations radiométriques, qui placent le plancher III inférieur à 74 000 ± 10 000 B.P., intervalle qui couvre la période entre les stades isotopiques 5a et 4. Le stade isotopique 5a est équivalent du dernier interstade du Préglaciaire (St Germain II, au regard de la terminologie de la Grande Pile). Toutefois, la possibilité que la zone Fat 2 corresponde à une phase du premier interstade (St Germain I à la Grande Pile) ne peut pas être exclue à partir des données polliniques.

La zone Fat 3 présente une végétation développée sous des conditions climatiques plus sèches que celles prévalant dans la zone précédente, sous influence méditerranéenne, comme le suggèrent l'importance croissante des taxons méditerranéens et l'installation des xérophiles et/ou steppiques. Cette zone serait également le reflet d'une phase interstadiaire. La datation du plancher III supérieur correspondant à cette zone, à 72 000 ± 8 000 B.P., montre que celui-ci s'est déposé dans une période entre les stades isotopiques 5a et 4. Sur cette base, la zone Fat 3 pourrait être attribuée à une phase du deuxième interstade du Préglaciaire (stade isotopique 5a) ou à l'interstade du Pléniglaciaire inférieur (stade isotopique 4).

La zone Fat 4 révèle une végétation qui se serait développée sous un climat à caractère méditerranéen. Néanmoins, quelques taxons méso-thermophiles sont rencontrés, qui suggèrent que l'aridité n'est pas encore très marquée. Ce type de végétation serait propre à une phase interstadiaire. Les datations radiométriques ont attribué au plancher I, correspondant à la partie sommitale de cette zone, une date de 60 000 ± 7 000 B.P. qui pourrait être rapportée à un intervalle entre les stades isotopiques 4 et le début du stade 3. Selon ces dates, la zone Fat 4 pourrait correspondre à une amélioration climatique au sein d'un épisode interstadiaire du Pléniglaciaire moyen (stade isotopique 3).

Le tableau 8 resitue les résultats palynologiques dans l'ensemble du remplissage de Caverna delle Fate.

| Profondeur en cm (sous le plan 0) | Ensembles stratigraphiques | Subdivisions stratigraphiques | Description lithologique | Matériel archéologique | Dates E.S.R (Falguères *et al.*, 1990) | Spectres polliniques | Zones polliniques | Milieu | Climat |
|---|---|---|---|---|---|---|---|---|---|
| | IIIb | Plancher I | plancher stalagmitique | Industrie lithique moustérienne | F85-2 → 60 ± 7 ka | 12 | Fat 4 | Semi-fermé à ferme | Tempéré à caractère méditérranéen |
| | | | limon argileux | | | 11 | | | |
| | | Plancher II | plancher stalagmitique | | | 10 | Fat 3 | Semi-fermé | Tempéré chaud |
| 100 | | Plancher III supérieur | plancher stalagmitique | Restes humains néandertaliens | F85-9 → 72 ± 8 ka | 9, 8, 7, 6, 5, 4 | | | |
| | | Plancher III inférieur | plancher stalagmitique | Restes fauniques | F85-10 74 ± 10 ka | 3, 2 | Fat 2 | Semi-fermé | Tempéré chaud Sécheresse un peu plus marquée |
| | | | limon argileux | | | 1 | Fat 1 | Semi-fermé à ferme | Tempéré chaud / Sécheresse estivale |
| 200 | IIIa | Plancher IV | plancher stalagmitique | Indsutrie prémoustérienne | | | | | |
| | | | argile brune | | | | | | |
| | II | niveau IIb | argile jaune | | | | | | |
| | | niveau IIa | argile rouge litée | | | | | | |
| | I | niveau 7 | sables grossiers | STERILE | | STERILE | | | |
| 300 | | niveau 6 | sables fins contenant des lits et des lentilles de sables grossiers, de granules et d'argile litée | | | | | | |
| | | niveau 5 | sables fins avec galets | | | | | | |
| 400 | | niveau 4 | argile limoneuse compacte | | | | | | |
| | | niveau 3 | sables fins | | | | | | |
| | | niveau 2 | sables fins orangées | | | | | | |
| 500 | | niveau 1 | sables fins avec galets | | | | | | |

Tableau 8 : Synthèse des résultats palynologiques dans l'ensemble du remplissage de Caverna delle Fate.

## 9. Conclusions

L'analyse palynologique de 62 échantillons de Caverna delle Fate, a livré 12 spectres statistiquement valables. Ceux-ci provenant tous de l'ensemble stratigraphique III b dans lequel des restes humains néandertaliens ont été mis au jour, renseignent sur le milieu végétal de cette population.

Quatre zones polliniques ont été identifiées qui montrent l'évolution de la végétation et du climat. Cette végétation pourvue d'éléments méditerranéens peut s'attribuer à des formations semi-fermées à fermées, reflet d'un climat clément.

La zone Fat 1 évoque un paysage forestier mixte à conifères et ligneux méso-thermophiles. Une telle association végétale se serait développée à la faveur de conditions climatiques tempérées relativement chaudes, propres à un épisode interstadiaire ou interglaciaire, situé probablement au sein l'Eémien (stade isotopique 5e) ou de l'un des deux interstades du Préglaciaire (stades isotopiques 5c ou 5a).

La zone Fat 2 enregistre le léger recul des arbres au profit des herbacées. Toutefois, la persistance des essences arborées et l'installation de nouveaux taxons tempérés suggèrent que le climat serait similaire à celui prévalant dans la zone précédente, mais avec une sécheresse un peu plus marquée. La végétation semi-ouverte établie, pourrait être rattachée à une phase interstadiaire dans l'un des deux interstades du Préglaciaire.

Dans la zone Fat 3, les fluctuations irrégulières et l'enregistrement discontinu de la plupart des taxons entraînent l'instabilité des courbes A.P.-N.A.P. Le cachet tempéré du climat est toujours présent comme le témoignent les arbres méso-thermophiles mais l'assèchement ayant commencé dans la zone précédente est plus accentué. Cette zone pourrait être attribuée à un épisode interstadiaire et formerait peut être une phase du deuxième interstade du Préglaciaire (stade isotopique 5a) ou de l'interstade du Pléniglaciaire inférieur (stade isotopique 4).

La dernière zone Fat 4, présente un paysage semi-fermé à fermé, riche en taxons méso-thermophiles, et méditerranéens dont essentiellement *Quercus* type *ilex/coccifera*. Une telle végétation serait mise en place sous un climat à caractère méditerranéen pendant une période interstadiaire vraisemblablement dans le Pléniglaciaire moyen (stade isotopique 3).

L'étude palynologique a révélé uniquement des épisodes interstadiaires et/ou interglaciaires mettant ainsi en évidence des hiatus sédimentaires dans le remplissage.

Ces hypothèses chronostratigraphiques pour les quatre zones polliniques ont utilisé comme appui les données archéologiques (industrie lithique, restes humains, faune) et les résultats des datations radiométriques. La corrélation de ces zones avec les séquences polliniques lacustres et archéologiques pourrait contrôler la validité des hypothèses émises et apporter des informations supplémentaires afin de pouvoir placer cette séquence pollinique dans le cadre chronostratigraphique régional.

# CHAPITRE VI

–

# Arma delle Manie

# I. PRESENTATION DU SITE

## 1. LOCALISATION GEOGRAPHIQUE

La grotte de Manie (Arma delle Manie) se trouve dans la commune de Manie, à quelques kilomètres au nord-ouest de la ville de Finale Ligure, dans la province de Savone. Elle est située sur le haut plateau de Manie, à moins d'un kilomètre de la grotte de Fate (Fig. 25).

A environ 250 m d'altitude par rapport au niveau de la mer, cette grotte est orientée au sud. Elle se positionne entre deux courants d'eau, le Rian d'Anlafsa à environ 400 m au nord-ouest et le Rian de Manie à 300 m au sud de la grotte, tous deux se versant dans la rivière de Ponci. Arma delle Manie est considérée comme l'une des plus grandes grottes du territoire de Finale.

## 2. DESCRIPTION DU SITE

Cette cavité apparaît comme une vaste fenêtre, qui s'est formée entre deux formations géologiques bien distinctes : un schiste d'âge Permien à la base, surmonté d'une voûte constituée en calcaire, dit Calcaire de Finale (Pietra di Finale).

La grotte a été utilisée jusqu'à aujourd'hui comme dépôt et étable par les paysans de la région. Il existe d'ailleurs toujours à côté de la zone fouillée (Fig. 26) les murs des installations agricoles (granges à foin, meule et pressoir à olives).

## 3. HISTORIQUE DES FOUILLES

En 1962, la découverte fortuite à Arma delle Manie d'une industrie lithique moustérienne, par le Père franciscain Renato Burlando et le géomètre Ettore Ghianda, les conduit à réaliser quelques sondages dans la grotte. Ils récoltent ainsi une petite quantité de matériel archéologique : quelques industries lithiques associées à de la faune dont l'état était très fragmentaire.

Ce matériel a été tout d'abord étudié par les Professeurs G.Isetti et H. de Lumley en 1963 qui ont procédé également à une évaluation du gisement. Suite à cette étude préliminaire un examen approfondi du site est engagé.

En conséquence, des fouilles systématiques sont entreprises en 1964, avec l'ouverture des deux zones sous la direction du Professeur G. Isetti puis par O. Giuggiola (Fig. 25). Ces fouilles sont réalisées de 1966 à 1974 avec une interruption en 1972. A partir de 1983, une collaboration entre la Soprintendence des Antiquités de la Ligurie, le Musée archéologique de Finale, l'Institut de Paléontologie Humaine à Paris et le Laboratoire Départemental de Préhistoire du Lazaret à Nice a engagé une nouvelle étude pluridisciplinaire du site (industries lithiques, faune, palynologie, datations radiométriques). Les prélèvements palynologiques destinés à la présente étude, ont été réalisés pendant la campagne en janvier 1999.

## 4. STRATIGRAPHIE DU GISEMENT

Le remplissage du site atteignant plus de 2,50 m de hauteur est subdivisé en huit niveaux. Les niveaux supérieurs ne sont conservés que sous forme de lambeaux contre la paroi de la cavité, constituant une coupe diagonale dans les zones R.5, Q.5, P.5, et O.4. Le reste de la partie supérieure du dépôt a disparu depuis longtemps suite à la fréquentation humaine moderne et aux travaux agricoles. La partie inférieure du remplissage est subdivisée en 7 couches archéologiques (Fig. 27).

La partie supérieure du dépôt formant la coupe diagonale R.5, Q.5, P.5, O.4 est subdivisée de haut en bas en 5 niveaux.

- Le niveau 1, d'une épaisseur d'environ 40 cm est constitué d'un limon argileux traversé par un lit d'encroûtement épais de 3 cm. Ce niveau est marqué par la présence de nombreux fragments de charbon de bois, de quelques ossements et de fragments de poterie.

- Le niveau 2 est composé d'un voile stalagmitique qui recouvre la paroi de la grotte principalement au niveau de la zone O.4 et partiellement au niveaux de la zone P.4.

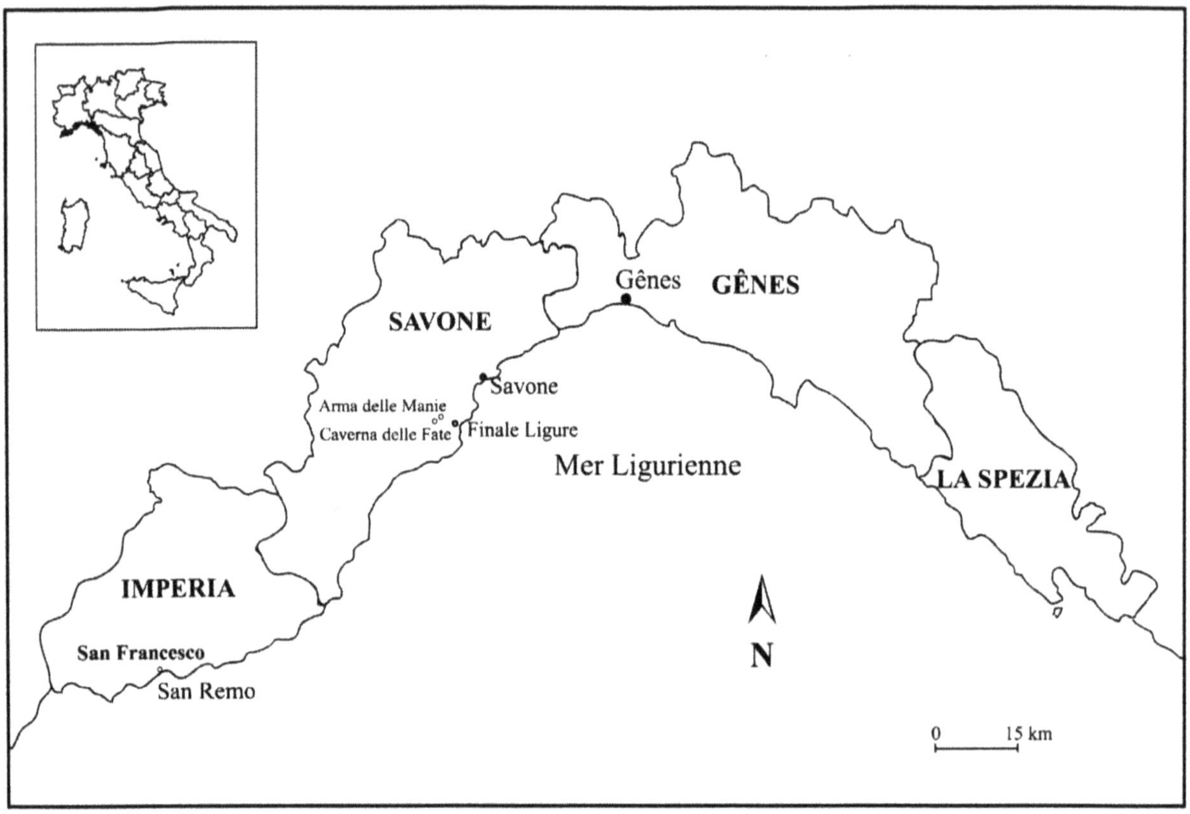


Figure 25 : Localisation géographique du gisement Arma delle Manie

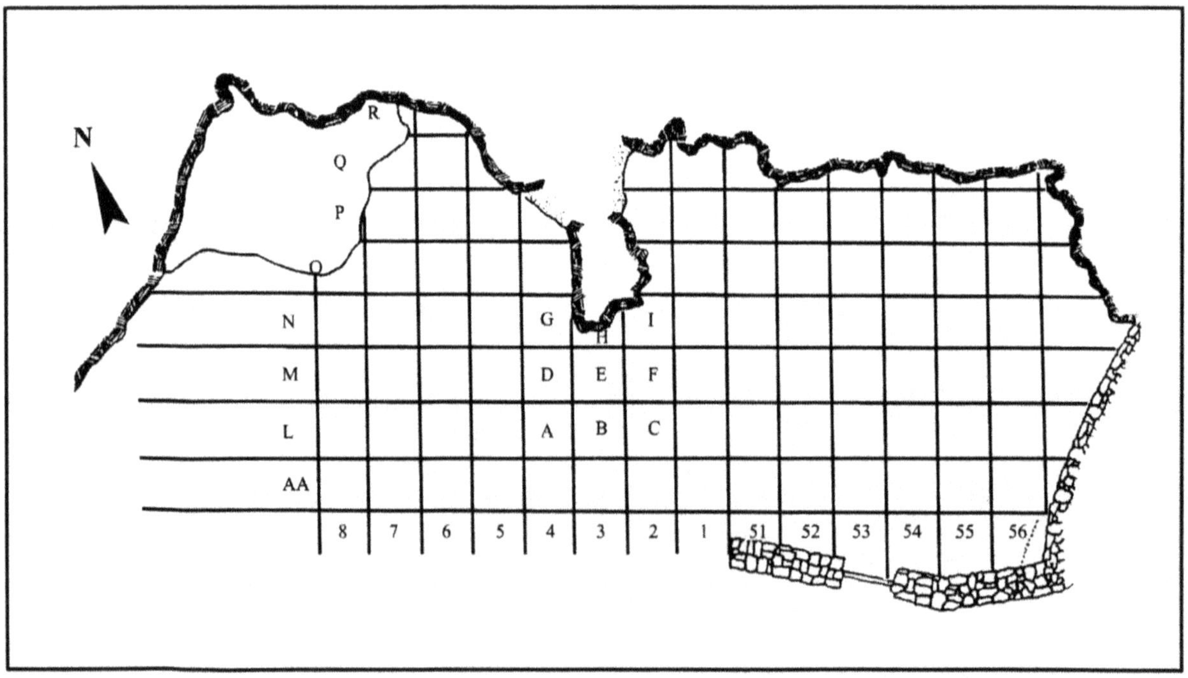


Figure 26 : Plan de la fouille de Arma delle Manie

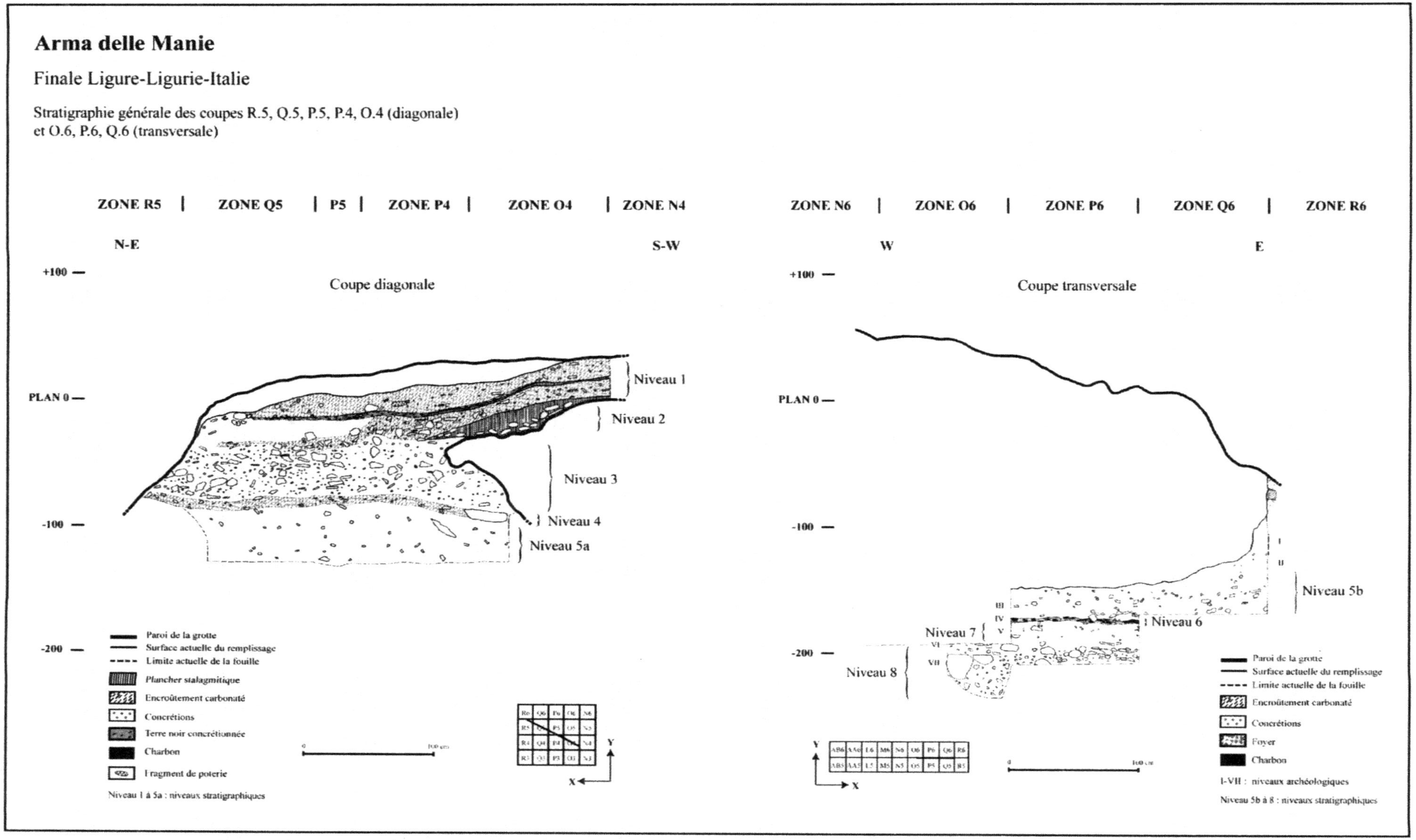


Figure 27 : Stratigraphie du remplissage de Arma delle Manie.

Le niveaux 3, d'une épaisseur de 50 cm, est formé par de l'argile en plaquettes, de couleur brun foncé, riche en matière organique, en charbon de bois et en restes archéologiques.

- Le niveau 4, d'une épaisseur de 5 cm environ, est constitué d'un lit d'encroûtement.

- Le niveaux 5 se retrouve à la fois dans les parties inférieure et supérieure du dépôt. Il est divisé ici en deux sous-niveaux nommées 5a et 5b. Le niveau 5a, dont l'épaisseur varie de 40 à 50 cm, se compose d'un limon argileux brun clair, contenant de nombreuses taches de manganèse. Ce niveau comprend la partie supérieure du niveau archéologique I.

La partie inférieure du dépôt, d'environ 1 m d'épaisseur, inclut les couches archéologiques I à VII qui ont livré une abondante industrie moustérienne associée à des nombreux restes fauniques du Pléistocène supérieur. Cette partie est subdivisée en 3 niveaux et comprend également la base du niveau 5 appelé ici 5b, dont l'épaisseur atteint environ 40 cm.

- Le niveau 6 d'une épaisseur de 3 à 4 cm se compose d'un foyer riche en charbon et en terre rubéfiée.

- Le niveau 7 est constitué d'argile limoneuse, de 15 à 30 cm d'épaisseur, de couleur brune.

- Le niveau 8 se compose de limon argileux de 50 cm d'épaisseur

## 5. ANALYSES PALYNOLOGIQUES ANTERIEURES

Une investigation palynologique préliminaire a été réalisée par D. Arobba (1976). Cette analyse porte sur des échantillons provenant de la zone G située dans la section stratigraphique orientale de la grotte. Un seul échantillon, le G VII/2 provenant du deuxième niveau de la couche VII, a livré des résultats, les autres se sont avérés stériles. Les principaux pollens arborés sont représentés par le Pin (27,2%), le Noisetier (11,4%), les Cupressacées (8%), le Chêne (4,6%) le Charme (2,3%) et le Tilleul (2,3%). Les pollens herbacés sont essentiellement représentés par les Composées (12,5%) et les Graminées (5,7%) (Fig. 28). Ainsi l'analyse palynologique met en évidence un milieu semi-fermé, le taux de pollens arborés étant de 55,8%. Ce type de végétation, révèle, d'après D. Arobba (1976), un climat plus ou moins frais et humide.

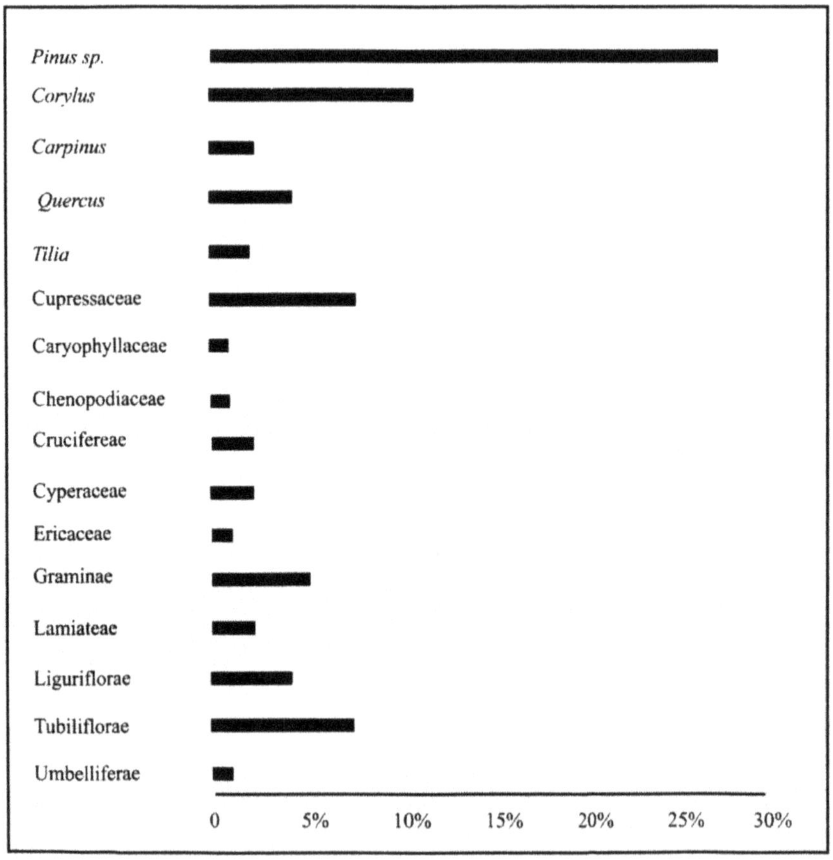


Figure 28 : Diagramme pollinique du niveau G VII/2 du gisement de Arma delle Manie (d'après Arobba *et al.*, 1976, modifiée).

## 6. LA FAUNE

### 6.1 La macrofaune

L'étude la plus récente de la macrofaune (Psathi, en cours de réalisation) met en évidence une association faunique dominée par les espèces carnivores et herbivores, parmi lesquelles le cerf élaphe (*Cervus elaphus*) est le mieux représenté.

Les carnivores sont représentés par l'Ours des cavernes (*Ursus spelaeus*), l'Ours brun (*Ursus arctos*) le Lion des cavernes (*Panthera* (Leo) *Spelaea*), la Hyène des cavernes (*Crocuta spelaea*), le Renard commun (*Vulpes vulpes*), le Loup (*Canis lupus*), le Blaireau (*Meles meles*), la Belette (*Mustela nivalis*) et la Martre (*Martes martes*).

Les herbivores identifiés sont le Cerf élaphe (*Cervus elaphus*), le Chevreuil (*Capreolus capreolus*), le Daim (*Dama dama*), l'Aurochs (*Bos primigenius*), le Bouquetin (*Capra ibex*), le Cheval (*Equus caballus*) ainsi que le Sanglier (*Sus scrofa*).

La dominance du cerf dans tous les niveaux stratigraphiques rend difficile l'attribution de cette faune à un intervalle distinct du Pléistocène supérieur. La présence du Bouquetin, traditionnellement espèce de milieux froids, au début de la séquence, l'augmentation de la fréquence de l'Aurochs à partir de la couche archéologique IV et l'apparition du Cheval, animal de prairie, dans la couche V, suggéreraient l'ouverture progressive de l'environnement. Cette ouverture s'effectuerait sous un climat plus aride que celui prévalant à la base de la séquence. Selon H. de Lumley (1969), l'association faunistique serait caractéristique du premier stade du Glaciaire (Würm).

L'analyse taphonomique de ces données indique que les hommes préhistoriques seraient les principaux agents d'accumulation des restes fauniques dans la grotte de Manie. D'après cette même étude, le site formerait, selon les couches stratigraphiques, soit un lieu d'occupation de relativement longue durée, soit un lieu d'occupation de durée courte, peut-être une halte de chasse (Psathi et Vicino, ss-presse).

### 6.2. La microfaune

Une autre étude portant sur les rongeurs de Arma delle Manie (Abassi, 1999) a identifié, dans les sept niveaux du remplissage, des espèces représentatives des différents groupes écologiques (Fig. 29).

Parmi ces groupes, sont bien représentés le Campagnol agreste (*Microtus agrestis*), le Mulot à collier jaune (*Apodemus flaviocollis*), le Muscardin (*Muscardinus avellanarus*), le Lérot (*Eliomys quercinus*), l'Ecureuil (*Sciurus sp.*), une espèce de bordure d'eau (*Arvicola sapidus*) (Abassi et Desclaux, 1996) et le campagnol des neiges (*Microtus nivalis*).

L'apparition de la Siciste (*Sicista sp.*), espèce forestière boréale est à noter dans le niveau archéologique III. Sa présence témoignerait d'un profond bouleversement climatique.

Une interprétation suivant cette répartition des espèces le long du remplissage, suggère un climat froid et humide pour les niveaux archéologiques VII, V et III. En revanche les niveaux VI, IV et II seraient marqués par un climat chaud et aride. Le niveau I présenterait un climat chaud et humide. L'attribution chronologique de ces données rapporterait la couche VII au stade isotopique 4, les couches VI à III au stade 3 et enfin les deux dernières couches au stade 2 (Abassi, 1999).

## 7. L'INDUSTRIE LITHIQUE

Le matériel lithique recueilli à Manie a tout d'abord été étudié par les Professeurs G. Isetti et H. de Lumley (1962). La quasi-totalité de ce matériel concerne un ancien niveau remanié. Seulement quelques pièces ont été récoltées *in situ* dans le dépôt.

D'après cette étude, l'industrie de Manie, taillée principalement sur quartzite, peut être considérée comme une industrie moustérienne typique, de débitage faiblement levallois, assez riche en éclats levallois non transformés en outils. Cette industrie est caractérisée par un assez faible pourcentage de racloirs, souvent irréguliers et de mauvaise facture. Il n'y a pas de racloirs à retouche biface ou à dos aminci. Les racloirs transversaux sont rares.

Le groupe paléolithique supérieur est bien représenté par des grattoirs et des burins, essentiellement de bonne facture. Il n'y a pas de couteaux à dos typiques ou atypiques. En revanche, les couteaux à dos naturel en cortex sont bien représentés ainsi que les denticulés. Ces caractéristiques distinguent ce Moustérien des Moustériens typiques de Fate, de Madonna dell'Arma ou de la grotte du Prince (Lumley-Woodyear de, 1969).

Un abondant matériel lithique a été découvert par la suite, pendant les fouilles réalisées par G. Isetti en 1964 et par O. Giuggola de 1966 jusqu'à 1974. Ces pièces furent étudiées par O. Giuggola et l'équipe du Laboratoire de Préhistoire et de Géologie du Quaternaire (Finale Ligure).

D'après cette étude, le matériel lithique récolté à Manie provient de différentes couches du remplissage. Les trois couches supérieures (III, II, I) ne sont présentes que dans la zone G. Les niveaux inférieurs (VII, VI, V) constituent un ensemble homogène révélant un Moustérien typique riche en denticulés et encoches. Les niveaux sus-jacents sont caractérisés par un changement dans la composition de l'outillage. Ils incluent un Moustérien avec des éléments plus évolués qui laisse sa place progressivement à une industrie de transition vers le Paléolithique supérieur. A ce complexe succède un ensemble présentant un faciès Aurignacien.

Les dernières études de cette industrie portent sur du matériel provenant de l'ensemble des sept couches archéologiques (Cauche, 1996 ; 2002) (Fig. 30). Ces analyses constatent la dominance des roches locales (calcaire, quartzite) dans la fabrication des outils. Le macro-outillage est absent de l'industrie lithique de Manie, tandis que le petit outillage est dominé par les racloirs. La taille des pièces est relativement petite en comparaison avec celle de Fate et des autres sites moustériens de Balzi Rossi. En revanche, le phénomène de la réduction des dimensions des pièces, vers les niveaux supérieurs, s'observe également dans les sites moustériens de Balzi-Rossi.

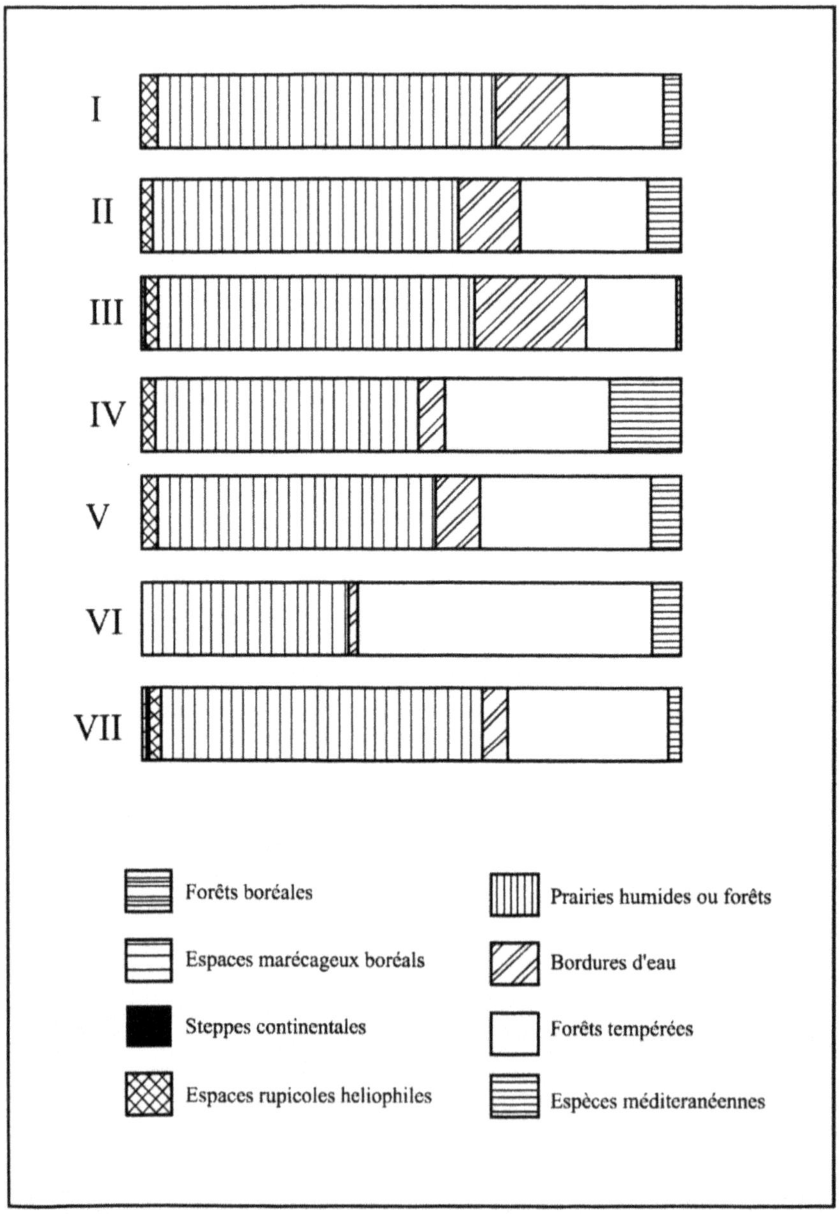


Figure 29 : Diagrammes des groupes écologiques des rongeurs de Arma delle Manie (d'après Abassi, 1999).

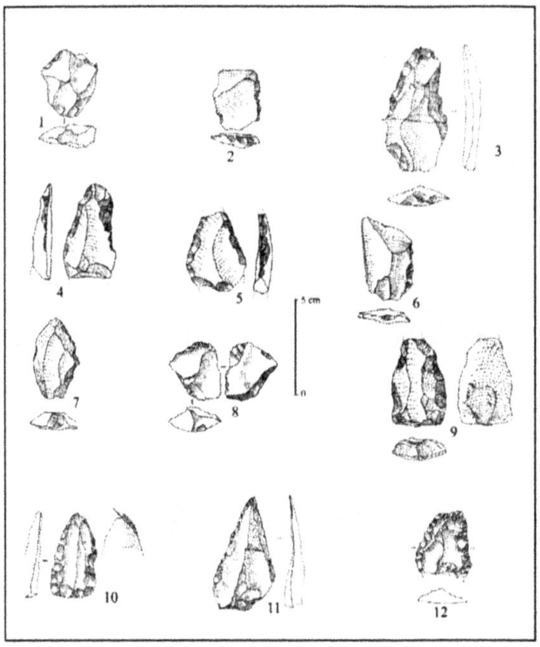

1. Racloir d'angle sur éclat ; 2. Racloir latéral ; 3. Racloir latéral sur éclat levallois ; 4-5. Racloir double latéral ; 6. Racloir denticulé latéral ; 7. Racloir latéral et bec ; 8. Racloir convergent déjeté ; 9-10. Pointe moustérienne ; 11. Pointe par retouches unilatérales ; 12. Racloir double latéral.

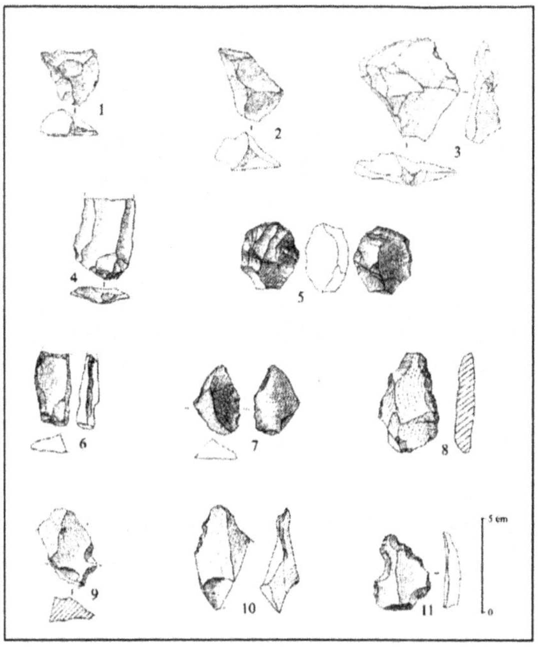

1. Pointe pseudo-levallois ; 2. Eclat débordant de discoïde ; 3. Eclat débordant levallois ; 4. Lame levallois ; 5. Nucléus globuleux ; 6. Racloir latéral ; 7. Racloir latéral 8. Racloir denticulé double latéral ; 9. Bec par deux encoches contiguës ; 10. Denticulé latéral ; 11. Racloir, encoche et denticulé.

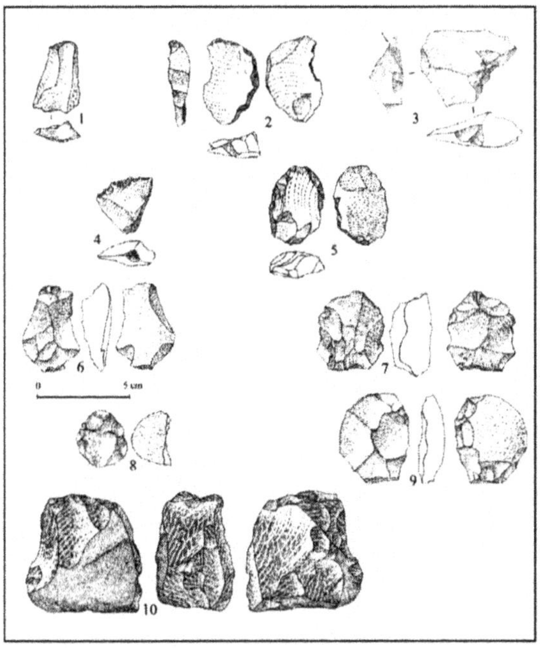

1. Eclat à enlèvements longitudinaux ; 2. Encoche retouchée sur éclat, 3. Burin sur pointe pseudo-levallois ; 4. Racloir denticulé transversal ; 5. Racloir latéral ; 6. Nucléus discoïde uniface ; 7. Nucléus discoïde bifacial ; 8. Nucléus levallois ; 9. Nucléus levallois 10. Nucléus à enlèvements orthogonaux.

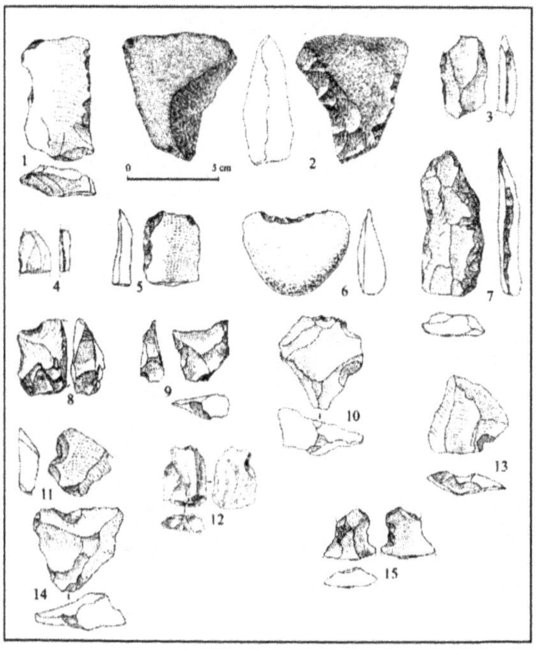

1. Racloir latéral ; 2. Racloir latéral, type Quina ; 3-5. Racloir latéral ; 6. Racloir denticulé ; 7. Racloir double latéral ; 8. Encoche sur éclat ; 9. Encoche sur pointe pseudo-levallois ; 10. Encoche sur éclat ; 11-12. Encoche inverse ; 13. Encoche sur éclat levallois ; 14. Encoche ; 15. Encoche retouchée inverse.

Figure 30 : Industrie lithique du site de Arma delle Manie (d'après Cauche, 2002).

# II. ETUDE PALYNOLOGIQUE

## 1. ECHANTILLONNAGE

Les 65 prélèvements ont été effectués à l'intérieur de la grotte sur différentes coupes. Celles–ci incluent : a) la partie inférieure du dépôt qui comprend les sept couches archéologiques, et b) les restes de la partie supérieure. La nature du sédiment, compacte ou bréchifiée par endroit, ainsi que l'absence de la partie supérieure du dépôt, celle-ci préservée uniquement sous forme de lambeaux, n'ont pas permis d'avoir une séquence sur une seule coupe.

Les prélèvements se repartissent en six colonnes (A, B, C, D, E et F). Huit échantillons (Colonne A) proviennent de la zone O.6 (coupe transversale O.6, P.6, Q.6), vingt-deux échantillons (Colonne B) proviennent de la zone P.6 (coupe transversale O.6, P.6, Q.6), trois échantillons (Colonne C) sont originaires de la zone Q.6 (coupe transversale O.6, P.6, Q.6), seize échantillons (Colonne D) sont originaires de la zone P.4 (coupe diagonale R.5, Q.5, P.5, P.4, O.4) et douze échantillons (Colonne E) proviennent de la zone Q.5 (coupe diagonale R.5, Q.5, P.5, P.4, O.4). En dehors de ces échantillons collectés dans du sédiment meuble, deux autres prélèvements ont été réalisés dans la brèche et l'argile compacte sus-jacente (Colonne D), existantes au niveau de la zone P.4 (coupe diagonale R.5, Q.5, P.5, P.4, O.4) et deux dans le plancher stalagmitique (Colonne F) en O.4 (coupe diagonale R.5, Q.5, P.5, P.4, O.4) (Fig. 31).

La maille pour tous les échantillons meubles est de 3 cm. En revanche, les deux prélèvements effectués dans la brèche et dans l'argile sus-jacente ont une maille de 10 et 15 cm respectivement et les deux prélèvements effectués dans le plancher stalagmitique ont une maille de 2 cm en raison de la nature du sédiment. Ces deux derniers en raison de leur poids peu important n'ont pas pu livrer une quantité de calcite suffisante pour effectuer une analyse.

## 2. LISTE FLORISTIQUE

La flore répertoriée à Arma delle Manie est riche et diversifiée (Tab. 9). Ainsi, 29 531 sporomorphes ont été déterminés, sur un total de 32 245 sporomorphes comptés, qui se répartissent en 67 taxons et quatre types de spores de Filicales.

## 3. ANALYSE FLORISTIQUE

La particularité de la flore inventoriée à Arma delle Manie est la dominance des Cichorioideae. Ce taxon, à la fois très résistant à la corrosion et reconnaissable même dans un état de dégradation avancée suggérerait une conservation différentielle (Bottema, 1975 ; Couteaux, 1977 ; Turner et Hannon, 1988 ; Sánchez-Goñi, 1991 ; Sánchez Goñi, 1994).

Néanmoins, la sur-représentation des Cichorioideae pourrait également être liée : à un paysage steppique (Leroi-Gourhan, 1980) ; à un faciès local (Sánchez-Goñi, 1994) ; à une pollution par les insectes (Bottema, 1975) ; ou à un transport animalier (Diot, 1991b).

Parmi les conifères, *Pinus* est le taxon dominant. *Abies* a une présence sporadique tout au long de la séquence pour mieux se développer vers le sommet. *Cedrus* est très rare. Les Cupressaceae, le seul autre gymnosperme, ne montrent une présence continue qu'au sommet de la séquence. Dans les angiospermes arborés, les Betulaceae, les Oleaceae et les Fagaceae sont les familles les plus diversifiées. *Pinus*, *Corylus*, et *Quercus* t. *ilex/coccifera* suivis par *Tilia*, sont les seuls taxons ligneux à avoir une présence continue. *Fagus* ne se développe qu'à la base de la séquence pour disparaître par la suite. Enfin, uniquement deux grains de *Castanea* et un seul grain de *Juglans* ont été enregistrés.

Au sein des herbacées, les Asteroideae, les Poaceae et les Ranunculaceae sont les familles les mieux représentées. Ces trois taxons ainsi que les Apiaceae, *Artemisia* et les Lamiaceae montrent un enregistrement quasi-continu. Les Cyperaceae et les Ericaceae ont une présence sporadique tout au long de la séquence mais se développent vers le sommet.

Les spores de Filicales sont diversifiées (monolètes lisses et ornées, trilètes lisses et ornées). Parmi elles, les spores monolètes sont bien représentées tout au long de la séquence alors que les spores trilètes ont une présence moins régulière. La représentation conséquente de ces spores de fougères pourrait être liée, à un apport immédiat local (Diot, 1991b).

Enfin, la présence de diverses pollinies dans des différents niveaux soulignerait la présence locale des taxons correspondants (Tab. 10).

## Arma delle Manie

Finale Ligure, Italie

Localisation des prélèvements palynologiques dans le remplissage de Arma delle Manie

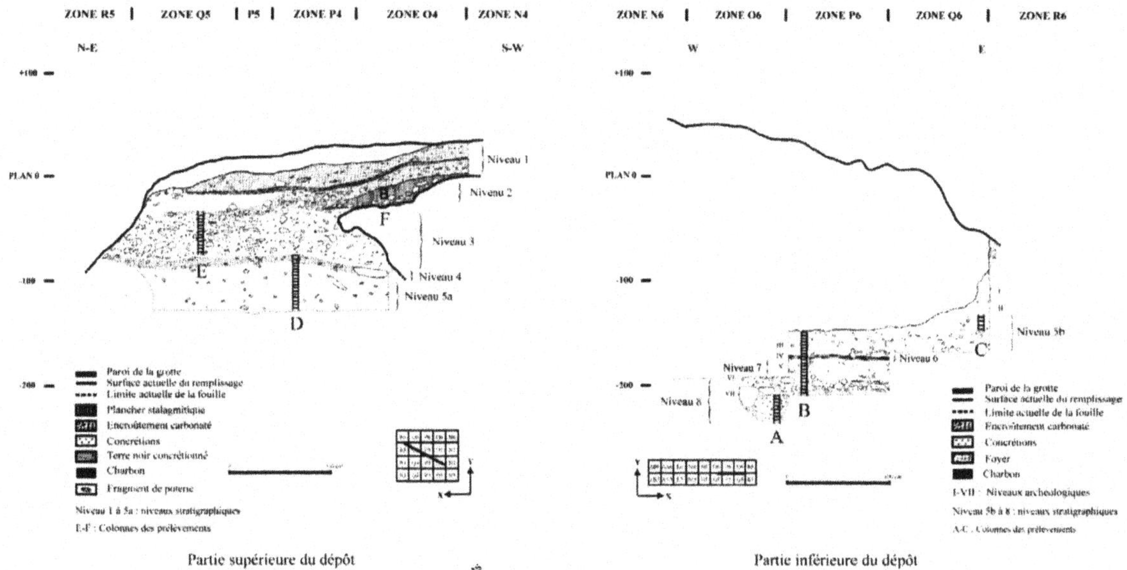


| Colonnes des prélèvements | Echantillons | Zones des prélèvements | Profondeur en cm | Niveaux stratigraphiques | Niveaux archéologiques |
|---|---|---|---|---|---|
| F | 65 | O.4 | 27-24 | 2 | |
| | 64 | | 30-27 | | |
| E | 63 | Q.5 | 34-31 | 3 | |
| | 62 | | 37-34 | | |
| | 61 | | 40-37 | | |
| | 60 | | 43-40 | | |
| | 59 | | 46-43 | | |
| | 58 | | 49-46 | | |
| | 57 | | 52-49 | | |
| | 56 | | 55-52 | | |
| | 55 | | 58-55 | | |
| | 54 | | 61-58 | | |
| | 53 | | 64-61 | | |
| | 52 | | 67-64 | | |
| D | 51 | P.4 | 82-67 | | |
| | 50 | | 92-82 | 4 | |
| | 49 | | 95-92 | 5a | |
| | 48 | | 98-95 | | |
| | 47 | | 101-98 | | |
| | 46 | | 104-101 | | |
| | 45 | | 107-104 | | |
| | 44 | | 110-107 | | |
| | 43 | | 113-110 | | I |
| | 42 | | 116-113 | | |
| | 41 | | 119-116 | | |
| | 40 | | 122-119 | | |
| | 39 | | 125-122 | | |
| | 38 | | 128-125 | | |
| | 37 | | 131-128 | | |
| | 36 | | 134-131 | | |
| | 35 | | 137-134 | | |
| | 34 | | 140-137 | | |
| C | 33 | Q.6 | 144-140 | 5b | |
| | 32 | | 147-144 | | |
| | 31 | | 150-147 | | |
| B | 30 | P.6 | 153-150 | | |
| | 29 | | 156-153 | | |
| | 28 | | 159-156 | | |
| | 27 | | 162-159 | | II+III |
| | 26 | | 165-162 | | |
| | 25 | | 168-165 | | |
| | 24 | | 171-168 | | |
| | 23 | | 174-171 | | |
| | 22 | | 177-174 | | |
| | 21 | | 180-177 | | |
| | 20 | | 183-180 | 6 | IV |
| | 19 | | 186-183 | 7 | VI+V |
| | 18 | | 189-186 | | |
| | 17 | | 192-189 | | |
| | 16 | | 195-192 | | |
| | 15 | | 198-195 | | |
| | 14 | | 201-198 | | |
| | 13 | | 204-201 | | |
| | 12 | | 207-204 | | |
| | 11 | | 210-207 | 8 | VII |
| | 10 | | 213-210 | | |
| | 9 | | 216-213 | | |
| A | 8 | O.6 | 219-216 | | |
| | 7 | | 222-219 | | |
| | 6 | | 225-222 | | |
| | 5 | | 228-225 | | |
| | 4 | | 231-228 | | |
| | 3 | | 234-231 | | |
| | 2 | | 237-234 | | |
| | 1 | | 240-237 | | |

Figure 31 : Localisation des prélèvements palynologiques à Arma delle Manie et correspondance avec les niveaux stratigraphiques et archéologiques.

**Gymnospermes**

| Famille | Taxon |
|---|---|
| Cupressaceae | *sp.* |
| Pinaceae | *Abies* |
| | *Cedrus* |
| | *Pinus* |

**Angiospermes**

1. Taxons arboréens

| Famille | Taxon |
|---|---|
| Aceraceae | *Acer* |
| Anacardiaceae | *Pistacia* |
| Araliaceae | *Hedera* |
| Betulaceae | *Alnus* |
| | *Betula* |
| | *Carpinus* t. *betulus* |
| | *Carpinus* t. *orientalis/ Ostrya* t. *carpinifolia* |
| | *Corylus* |
| Fagaceae | *Castanea* |
| | *Fagus* |
| | *Quercus* t. *ilex/coccifera* |
| | *Quercus* t. *pedunculata/pubescens* |
| Junglandaceae | *Junglans* |
| Oleaceae | *Fraxinus* |
| | *Olea* |
| | *Phillyrea* |
| Salicaceae | *Salix* |
| Tiliaceae | *Tilia* |
| Ulmaceae | *Celtis* |

2. Taxons herbacés

| Famille | Taxon |
|---|---|
| Amaranthaceae/ Chenopodiaceae | *sp.* |
| Apiaceae | *sp.* |
| Asteraceae | *Artemisia* |
| | Asteroideae |
| | Cichorioideae |
| | *Centaurea* |
| | type *Echinops* |
| Brassicaceae | *sp.* |
| Campanulaceae | *sp.* |
| Caryophyllaceae | *sp.* |
| Cistaceae | *Cistus* |
| Cyperaceae | *sp.* |
| Dipsacaceae | *sp.* |
| | type *Knautia* |
| | type *Scabiosa* |
| Ericaceae | *sp.* |
| Euphorbiaceae | *sp.* |
| | type *Mercurialis* |
| Fabaceae | *sp.* |
| Gentianaceae | *sp.* |
| Geraniaceae | *Geranium* |
| Lamiaceae | *sp.* |
| Liliaceae | *sp.* |
| Onagraceae | *sp.* |
| Poaceae | *sp.* |
| | type *Cerealia* |
| Polygonaceae | *Polygonum* |
| | *Rumex* |
| Plantaginaceae | *Plantago* |
| Primulaceae | *sp.* |
| Ranunculaceae | *sp.* |
| | *Thalictrum* |
| Rhamnaceae | *Rhamnus* |
| Rosaseae | *sp.* |
| | type *Filipendula* |
| | type *Sanguisorba minor* |
| Malvaceae | *sp.* |
| Rubiaceae | *sp.* |
| Saxifragaceae | *sp.* |
| Scrofulariaceae | *sp.* |
| Typhaceae | *sp.* |
| Valerianaceae | *sp.* |
| | type *Centranthus* |

**Filicales**

| Famille | Taxon |
|---|---|
| Spores monolètes lisses | *sp.* |
| Spores monolètes ornées | *sp.* |
| Spores trilètes lisses | *sp.* |
| Spores trilètes ornées | *sp.* |

Tableau 9 : Liste floristique des taxons déterminés à Arma delle Manie.

| Spectres | Pollinies | Zones |
|---|---|---|
| **58** | Cupressaceae, Ericaceae | **Man 8** |
| **57** | *Tilia* | |
| **55** | Cichorioideae, Lamiaceae, Ranunculaceae | |
| **54** | Cichorioideae | |
| **52** | Ranunculaceae | |
| **51** | Cichorioideae, *Corylus*, Poaceae, Ranunculaceae | |
| **51** | *Corylus*, Poacae, *Tilia* | **Man 7** |
| **49** | Poaceae | **Man 6** |
| **47** | Poaceae | |
| **45** | Poaceae | |
| **42** | Cichorioideae, Amaranthaceae/Chenopodiaceae | |
| **40** | Cichorioideae, Brassicaceae | **Man 5** |
| **28** | *Pinus* | **Man 4** |
| **27** | Poaceae | **Man 3** |
| **26** | *Betula*, Poaceae | |
| **25** | *Artemisia* | |
| **24** | *Betula* | |
| **23** | Poaceae | |
| **22** | *Betula* | |
| **20** | Asteroideae | |
| **19** | *Ulmus* | |
| **18** | Cichorioideae, Poaceae | |
| **17** | Poaceae | |
| **15** | *Tilia* | **Man 2** |
| **14** | *Fagus*, *Tilia* | |
| **13** | Poaceae, *Tilia* | |
| **12** | Apiaceae, *Fagus* | |
| **10** | *Tilia*, *Ulmus* | |
| **9** | *Corylus*, *Tilia* | **Man 1** |
| **8** | Poaceae | |
| **7** | Cichorioideae | |
| **6** | *Ulmus* | |
| **2** | *Pinus* | |

Tableau 10 : Inventaire des échantillons à pollinies de Arma delle Manie.

## 4. Description des diagrammes

### 4.1. Diagrammes détaillés

Le diagramme détaillé est constitué de 63 échantillons dont un seul est pauvre en pollen et n'a pas pu livrer de spectre pollinique valable (Fig. 32). Ce diagramme montre la prédominance des Cichorioideae le long de la séquence. Cette sur-représentation mettrait en cause la valeur de ce taxon comme indicateur de certains types de végétation tels que des steppes ou d'autres végétations de caractère ouvert (Bottema, 1975). Comme il a déjà été mentionné, une telle sur-représentation pourrait être liée à plusieurs facteurs (une conservation différentielle, un faciès local, une pollution par les insectes ou à un transport animalier). Sur cette base, les Cichorioideae pouvant masquer les variations des autres taxons, un deuxième diagramme a été construit, où elles sont exclues des calculs (Fig. 33). En effet, le diagramme sans les Cichorioideae facilite la lecture en permettant de mieux visualiser les variations des autres taxons, dont le pourcentage s'accentue. Il servira comme support à l'interprétation du diagramme détaillé complet.

L'analyse des courbes A.P. (*arboreal pollen*) et N.A.P. (*non arboreal pollen*) met en évidence la dominance des herbacées à l'exception des échantillons n° 2, n° 60 et n° 61. Le nombre de taxons varie entre 17 et 30. La concentration sporopollinique montre des valeurs allant de 11 jusqu'à 2203 grains/gramme de sédiment. Neuf zones polliniques ont été définies suivant les variations quantitatives et qualitatives des principaux taxons, qui se repartissent comme suit :

**Zone Man 1 (échantillons 1 à 8)**
Dans cette première zone le pourcentage des N.A.P. varie de 29 % (échantillon n° 2) à 64 % (échantillon no 7). Hormis ces deux échantillons, les valeurs des N.A.P. sont légèrement supérieures à celles des A.P.

La strate herbacée voit le développement des Cichorioideae qui enregistrent des taux allant de 19,5 % (échantillon n° 2) à 37,5 % (échantillon n° 7). Ils sont essentiellement accompagnés par des Poaceae dont le pourcentage reste sensiblement identique (environ 7 %) et des Ranunculaceae qui augmentent progressivement (de 1,5 % à 8 %). Les Apiaceae (< 1-1,5 %), les Asteroideae (environ 1,5 %) et *Plantago* (< 1-2,5 %) ont, également, une présence continue. Les autres taxons associés à ce cortège herbacé, à savoir *Artemisia* (< 1 %), les Caryophyllaceae (jusqu'à 1,5 %), *Helianthemum* (< 1 %), les Cyperaceae (< 1-2,5 %), les Lamiaceae, les Rosaceae (jusqu'à 1,5 %) et les Valerianaceae (< 1-2 %) montrent une présence plus ou moins sporadique.

Les variations du taux des A.P. suivent l'évolution de *Pinus*, qui est le taxon dominant, malgré son recul progressif de la base vers le sommet de la zone (18,5-63 %). Il est principalement accompagné par *Corylus*, qui inversement, montre une tendance à augmenter (de 3 % à 11 %). Viennent ensuite *Quercus* type *ilex/coccifera* (1-3 %) et *Tilia* (< 1 %-6,5 %) qui atteint aussi sa valeur maximale. *Betula*, *Carpinus* type *orientalis/Ostrya* type *carpinifolia* (jusqu'à 1,5 %), *Quercus* type *pedunculata/pubescens* (< 1-1,5 %), et *Ulmus* (< 1-2 %), n'enregistrent que des variations infimes. *Acer*, *Hedera*, *Alnus*, *Fagus* et *Olea*, pour la plupart inférieurs à 1 % n'apparaissent que de manière sporadique. Enfin, *Salix* (< 1 %) n'est enregistré qu'une seule fois au sommet de la zone.

Les spores monolètes enregistrent de hautes fréquences (24,5-33 %) tandis que les spores trilètes sont très peu représentées (< 1 %).

Le nombre de taxons oscille entre 17 et 28 et la richesse sporopollinique marque de très faibles taux compris entre 18 et 146 grains/gramme de sédiment.

**Zone Man 2 (échantillons 9 à 15)**
Le taux des N.A.P. varie entre 60 % et 82 %. Il est dominé par des Cichorioideae (37-57 %) qui augmentent conjointement avec les Asteroideae (3,5-5 %) et *Artemisia* (1-4,5 %). Les Rosaceae progressent également jusqu'à 2,5 %. Les Apiaceae (1,5-4 %), à l'inverse des Poaceae (4-10 %) montrent une tendance à augmenter vers le sommet. Les Ranunculaceae (1-4,5 %) diminuent progressivement. *Thalictrum* se manifeste pour la première fois avec de faibles valeurs, inférieures à 1 %. La présence de *Plantago* devient discontinue avec des taux bas (< 1 %). *Centaurea*, les Caryophyllaceae (<1 %) les Cyperaceae (<1 %), les Ericaceae (jusqu'à 1,5 %), les Euphorbiaceae, les Lamiaceae, les Liliaceae (< 1 %) et les Saxifragaceae (jusqu'à 1,5 %) constituent le reste du cortège herbacé.

Le couvert arboré voit l'accroissement de la plupart de ses taxons, en dehors de *Pinus* (8-18 %) et de *Corylus* (1,5-3,5 %) qui continuent à reculer. *Fagus* enregistre, ici, sa valeur maximale (3 %) et diminue légèrement vers le sommet en même temps que *Quercus* type *ilex/coccifera* (1-3 %). La chênaie mixte, qui ne sera présente désormais que dans des spectres isolés, est assez bien représentée, abstraction faite des spectres n° 10 et n° 13. Elle regroupe *Quercus* t. *pedunculata/pubescens* (< 1-5,5 %) qui recule vers le sommet, *Fraxinus* (< 1-2,5 %) *Tilia* (< 1-5,5 %), et *Ulmus* (jusqu'à 2 %). *Hedera* et *Olea* se maintiennent à des taux inférieurs à 1 %. Ce dernier disparaît à partir de l'échantillon no 13 pour réapparaître plus tard, dans la zone Man 5, de façon sporadique. *Salix* apparaît pour la première fois (< 1 %).

Les spores monolètes qui atteignent leur valeur maximale (34 % dans l'échantillon n° 8) diminuent ensuite jusqu'à 10 %. En revanche, les trilètes augmentent quelque peu, jusqu'à 2,5 %.

Au sein de cette zone le nombre de taxons oscille entre 24 et 27 et la richesse sporopollinique entre 60 et 146 gr/g de sédiment.

**Zone Man 3 (échantillons 16 à 26)**
Elle est marquée par la dominance des N.A.P., qui varient de 68,5 % (échantillon n° 21) à 86,5 % (échantillon n° 17). La valeur élevée des Cichorioideae (49-70,5 %) se trouve à l'origine de cette prépondérance et cela malgré la tendance qu'elles montrent à diminuer vers le sommet. *Artemisia* confirme son installation tout au long de cette zone, et se maintient à un taux moyen de 3 %. Lui sont principalement associés les Poaceae (5-8 %), les Asteroideae (2-4,5 %) et les Apiaceae (<1-3,5 %). Les Ranunculaceae (1-6 %) présentant de nombreuses oscillations modérées, augmentent régulièrement, tandis que les Rosaceae (jusqu'à 1,5 %) se raréfient. Les Lamiaceae progressent jusqu'à 1,5 % et montrent désormais une présence continue pour la quasi-totalité des spectres. Enfin, sont présents de façon discontinue *Centaurea* (< 1 %), les Brassicaceae (jusqu'à 1%), les Caryophyllaceae (< 1- 1,5 %), les Cyperaceae, les Ericaceae (< 1%), *Plantago* (jusqu'à 1 %) et les Saxifragaceae (< 1 %).

**Arma delle Manie - Finale Ligure - Italie**

**Altitude : + 250 m**

Diagramme pollinique détaillé

Coupes R.5, Q.5, P.5, P.4, O.4 (diagonale) et O.6, P.6, Q.6 (transversale)

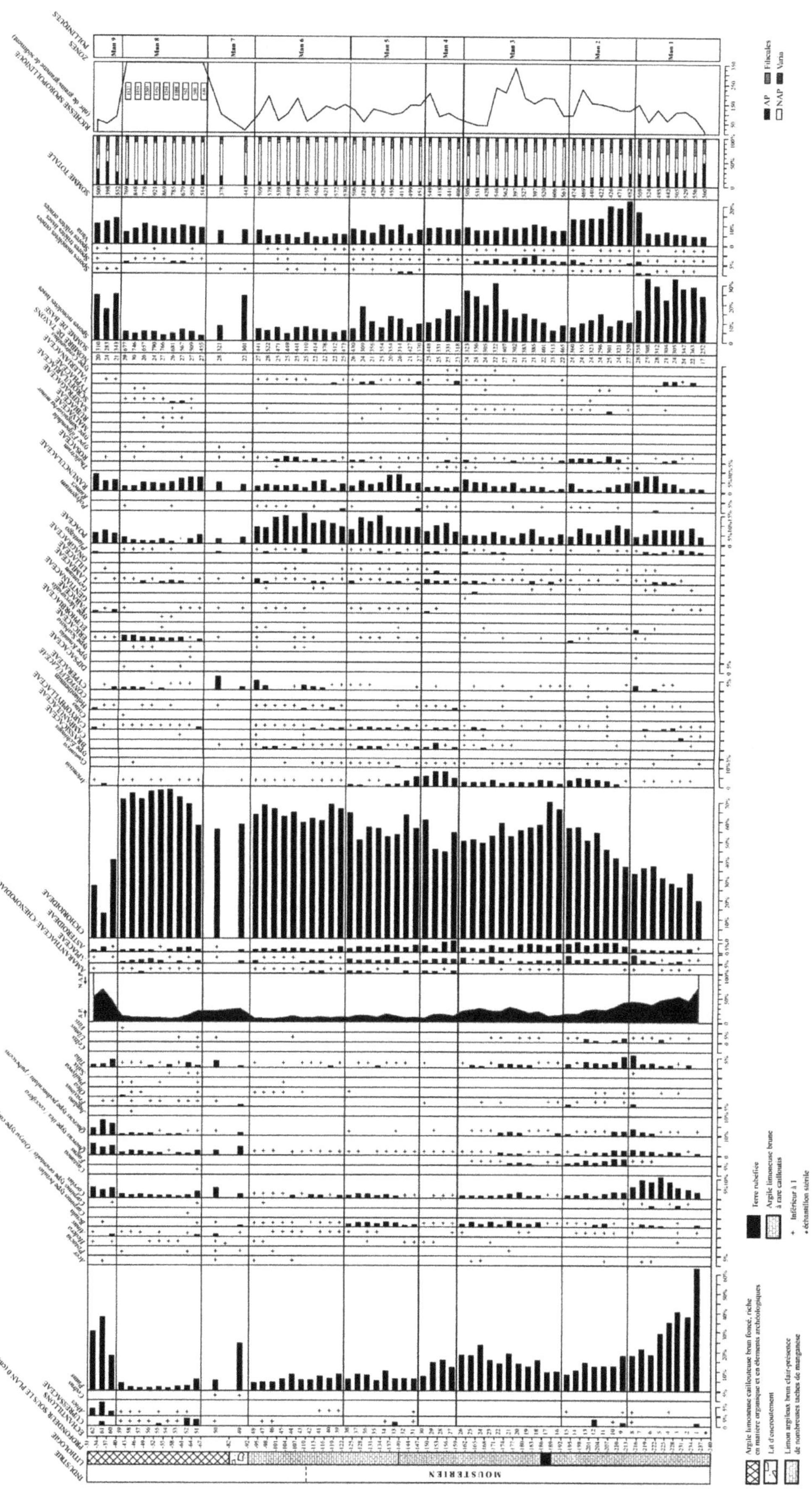

Figure 32 : Diagramme pollinique détaillé de Arma delle Manie (Coupes R.5, Q.5, P.5, P.4, O.4 et O.6, P.6, Q.6 ).



**Veuillez noter qu'une version grandeur nature de cette figure est disponible en téléchargement sur www.barpublishing.com/additional-downloads.html. Le dépliant d'origine a été réduit pour correspondre au format A4 de ce livre, l'image n'est donc pas aussi claire que celle le dépliant d'origine. Veuillez vous référer au dépliant original via le téléchargement pour le contenu original.**

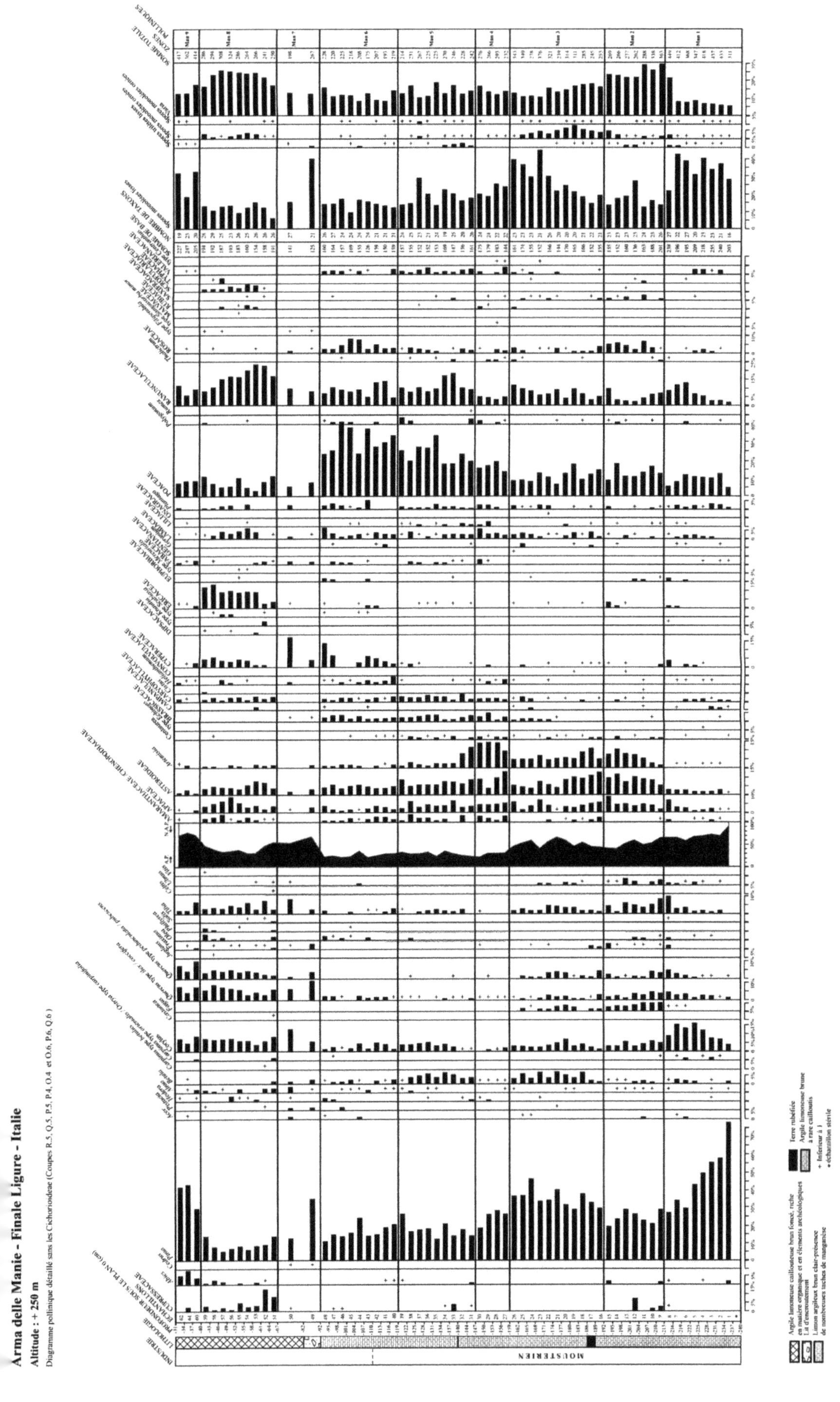


Figure 33 : Diagramme pollinique détaillé sans les Cichorioideae, de Arma delle Manie (Coupes R.5, Q.5, P.5, P.4, O.4 et O.6, P.6, Q.6 ).



**Veuillez noter qu'une version grandeur nature de cette figure est disponible en téléchargement sur www.barpublishing.com/additional-downloads.html. Le dépliant d'origine a été réduit pour correspondre au format A4 de ce livre, l'image n'est donc pas aussi claire que celle le dépliant d'origine. Veuillez vous référer au dépliant original via le téléchargement pour le contenu original.**

Parmi les A.P., *Pinus* (9,5-23,5 %) progresse vers le sommet de la zone. *Betula* s'installe nettement et enregistre de très faibles oscillations d'environ 1 % vers le sommet. *Corylus* recule légèrement par rapport à la base de la zone pour retrouver par la suite des taux autour de 1,5 %. *Fagus*, *Quercus* type *ilex/coccifera* et *Quercus* type *pedunculata/pubescens* (jusqu'à 1 %, 1,5 % et 2 % respectivement) montrent des petites variations irrégulières. La chênaie mixte n'est présente que dans l'échantillon n° 22 car *Fraxinus* ainsi que *Ulmus* sont enregistrés de manière sporadique. *Tilia* (< 1-2 %) augmente jusqu'à l'échantillon n° 22, pour reculer quelque peu par la suite.

Les spores monolètes (6-30,5 %) progressent depuis la zone précédente et les spores trilètes enregistrent leurs fréquences les plus élevées (< 1-4,5 %) de toute la séquence.

Le nombre de taxons varie entre 21 et 27 taxons. La concentration sporopollinique est peu élevée allant de 38 à 231 grains par gramme de sédiment.

**Zone Man 4 (échantillons 27 à 30)**
Les valeurs des N.A.P. se situent entre 83,5 % et 91,5 %, constituées essentiellement par des Cichorioideae (45-61 %). Cette zone est marquée par l'extension de *Artemisia* qui enregistre ses plus forts pourcentages (4,5-8 %). Elle est notamment accompagnée par les Poaceae qui progressent (6,5-11 %), les Asteroideae qui régressent quelque peu (2-6 %), les Apiaceae et les Ranunculaceae (2-2,5 %) dont les taux restent sensiblement identiques. Les Amaranthaceae/Chenopodiaceae (< 1-1,5 %) ainsi que les Brassicaceae (< 1-3,5 %) progressent légèrement par rapport à la zone précédente. La présence sporadique des Fabaceae est aussi à noter. *Centaurea*, les Caryophyllaceae, *Helianthemum*, les Lamiaceae, les Rosaceae et les Valerianaceae sont également présentes à de faibles valeurs.

Dans les A.P. tous les taxons s'amenuisent et certains disparaissent. *Pinus* varie de 7,5 % à 15,5 %. Les autres taxons enregistrent des taux inférieurs à 1 %. *Betula* et *Quercus* type *ilex/coccifera* sont les seuls constamment présents avec de faibles valeurs. *Quercus* type *pedunculata/pubescens* et *Fraxinus* (< 1 %) n'apparaissent qu'une seule fois, dans les échantillons n° 29 et n° 30 respectivement. *Hedera* et *Tilia* ont, de même, une présence sporadique. Enfin, *Fagus* et *Ulmus* sont complètement absents.

Les spores des Filicales régressent et offrent des valeurs allant de 8,5 à 17 % pour les monolètes et des taux peu importants (< 1 %) pour les trilètes.

Le nombre de taxons oscille entre 23 et 25 et la richesse sporopollinique de 74 à 198 gr./g. de sédiments.

**Zone Man 5 (échantillons 31 à 39)**
Le taux des N.A.P. est toujours supérieur à 83 % et atteint 90,5 % dans l'échantillon n° 32. Cette courbe se calque sur les variations du taux des Cichorioideae allant de 51 % à 67 %. *Artemisia* voit ses valeurs s'effondrer jusqu'à des taux inférieurs à 1 %. Les Poaceae (7-15 %) confirment leur développement déjà commencé dans la zone précédente. Les principaux taxons qui les accompagnent sont les Ranunculaceae (3-8,5 %) qui se développent légèrement, les Asteroideae (2-4 %) qui conservent les valeurs acquises au sommet de la zone Man 4, et les Apiaceae (1,5-3 %) qui restent sensiblement constantes. Le reste de ce cortège herbacé est composé par des Amaranthaceae/Chenopodiaceae, *Centaurea*, Brassicaceae, Caryophyllaceae, Lamiaceae, Rosaceae et Valerianaceae, dont les valeurs dépassent rarement 1,5 %. Le début du développement des Cyperaceae (< 1 %), vers le sommet de la zone est aussi à noter.

Parmi les taxons arboréens, *Pinus* affirme son retrait, variant entre 5,5 % et 10 %. *Betula* (< 1-3 %) et *Corylus* (< 1-2 %) montrent une légère croissance depuis la zone précédente. *Quercus* type *ilex/coccifera* (< 1 %), et *Tilia* (<1-1 %) ont une présence plus ou mois continue, leurs taux restant, pourtant, très bas. *Alnus* et *Hedera* (<1 %), ne se manifestent que très irrégulièrement. *Fraxinus* et *Ulmus* sont quasi-absents.

Les spores monolètes (4-18 %) reculent après un léger développement à la base de la zone. Les trilètes ont une présence sporadique (< 1-2 %).

La variété taxonomique est comprise entre 21 et 28 taxons. La richesse sporopollinique varie entre 56 et 181 gr./g. de sédiment.

**Zone Man 6 (échantillons 40 à 48)**
Le pourcentage des N.A.P. progresse légèrement et varie entre 88,5 et 93 %. Les Cichorioideae (60-69 %) restent toujours le taxon prédominant. Les Poaceae (8-15,5 %), enregistrant ici leurs plus fortes valeurs, constituent leurs principales compagnes. Les Ranunculaceae (1,5-5,5 %) dont les taux restent sensiblement identiques à ceux de la zone précédente, montrent quelques faibles variations. Les Asteroideae (<1-2 %) ainsi que *Artemisia* (<1 %) confirment leur recul. Les Cyperaceae présentent une légère hausse vers le sommet,

abstraction faite des échantillons n° 46 et n° 47 desquels elles disparaissent. Les Rosaceae (<1-3 %) s'installent nettement. Les Brassicaceae, les Caryophyllaceae et *Helianthemum* sont présents continuellement à de faibles taux. *Plantago* ne se manifeste qu'au sommet de la zone. Le reste du cortège herbacé à savoir le type *Knautia*, les Ericaceae, les Fabaceae, les Liliaceae et *Polygonum* (< 1 %) a une présence sporadique.

Parmi les arbres, *Pinus* (4-8,5 %) continue à régresser en même temps que *Betula* (< 1 %). Ils sont principalement accompagnés par *Corylus* (< 1-2 %), *Quercus* type *ilex/coccifera*, *Alnus* (< 1 %) et *Tilia* (< 1-1 %). *Olea* réapparaît au sommet de la zone (<1 %). *Quercus* type *pedunculata/pubescens* est absent, tandis que les Cupressaceae, *Abies*, *Pistacia*, *Hedera*, *Carpinus* type *orientalis*/*Ostrya* type *carpinifolia*, *Phillyrea* et *Ulmus* ont une présence sporadique (< 1 %). Enfin, il est intéressant de noter que le spectre n° 46 représente le minimum du couvert herbacé de toute la séquence (7 %).

Le nombre de taxons est compris entre 22 et 28 et la richesse sporopollinique varie de 60 à 181 gr./g. de sédiment.

**Zone Man 7 (échantillons 49 à 50)**

Le pourcentage des Cichorioideae diminue de 63,5 % à 58,5 %. Les Cyperaceae progressent au sommet (de 1,5 % à 7,5 %). Les Ranunculaceae (3,5-4,5 %), les Apiaceae (< 1-1,5 %), les Asteroideae (< 1-1,5 %), et les Rosaceae (<1 %) conservent, plus ou moins, les valeurs acquises au sommet de la zone précédente, tandis que les Poaceae diminuent à environ 3 %. Certains taxons, parmi lesquels *Centaurea*, les Caryophyllaceae, les Liliaceae et les Valerianaceae, disparaissent. *Filipendula* (<1 %) est signalée pour la première fois.

*Pinus* augment brusquement à 14 % dans l'échantillon n° 50 pour reculer de nouveau à 5,5 % dans l'échantillon n° 51. *Corylus* (2,5-5,5 %), *Quercus* type *ilex/coccifera* (3-4,5 %), *Quercus* t. *pedunculata/pubescens* (< 1-1,5 %), *Tilia* (1-3,5 %) et *Fraxinus* (< 1 %-1,5 % ) se réinstallent. *Acer*, *Alnus*, *Pistacia*, et *Betula* conservent leurs taux inférieurs à 1 %.

Les spores monolètes présentent un pic (24,6 %) dans l'échantillon n° 50, pour reculer par la suite à 8,2 % dans l'échantillon n° 51. Les spores trilètes sont absentes.

Le nombre de taxons varie de 22 à 28. La richesse sporopollinique enregistre la valeur minimale de toute la séquence (11 gr./g. de sédiment) dans l'échantillon n° 50 pour augmenter à 92 gr./g. de sédiment par la suite.

**Zone Man 8 (échantillons 51 à 59)**

Elle est marquée par l'explosion des Cichorioideae qui atteignent leurs plus fortes valeurs (jusqu'à 76,5 %). Les Ericaceae (< 1-3,5 %) s'étant manifestées assez discrètement jusqu'à présent, se développent et augmentent progressivement vers le sommet de la zone. Elles sont principalement associées à des Poaceae qui, poursuivant leur déclin, (< 1-5 %), atteignent, au contraire, leurs valeurs les plus basses, et à des Ranunculaceae (2,5-7 %). Ces dernières augmentent à la base de la zone pour diminuer progressivement vers son sommet. Les Scrofulariaceae (< 1-1 %) montrent pour la première fois une présence continue.

Parmi les arbres, *Pinus* continue sa chute jusqu'à 1,5 % pour ensuite remonter à 4 % au sommet de la zone (échantillon n° 60). *Corylus* (1-3,5 %), *Quercus* type *ilex/coccifera* (< 1-2,5 %), *Quercus* t. *pedunculata/pubescens* (<1-1,5 %) et *Tilia* (< 1-2,5 %) sont les principaux taxons qui le rejoignent. Les Cupressaceae progressent jusqu'à 4 % à la base de la zone pour retrouver des valeurs plus faibles par la suite. *Alnus* (< 1-1 %) et *Fraxinus* (< 1 %) s'enregistrent assez fréquemment. *Betula* fait défaut pratiquement dans toute la zone. Un seul grain de *Celtis* a été retrouvé dans l'échantillon no 51. Un grain de *Juglans* et un grain de *Vitis* ont été déterminés respectivement dans les échantillons n° 58 et n° 59.

Les spores monolètes (3-6 %) diminuent tandis que les spores trilètes reviennent à des valeurs basses (<1-1 %). La richesse sporopollinique varie entre 500 et 2203 gr./g. de sédiment.

**Zone Man 9 (échantillons 60 à 62)**

Dans cette dernière zone le taux des A.P. augmente (43-67 %) du fait de l'essor de *Pinus* qui atteint 38 % de l'échantillon n° 61, et du recul des Cichorioideae. *Abies* qui n'était retrouvé que sporadiquement jusqu'à présent, connaît une expansion notable allant de 2,5 % à 7 %. Les autres principaux taxons arboréens sont *Corylus* (4-5,5 %), *Quercus* type *ilex/coccifera* (3,9-5,8%), *Quercus* t. *pedunculata/pubescens* (4-8 %) et *Tilia* (de 4 % à 1,5 %) qui progressent également depuis la zone précédente.

Parmi les N.A.P., les Cichorioideae restent le taxon prépondérant, malgré leur chute considérable (de 40 % à 12,5 %). Les Poaceae (5-8 %) et les Ranunculaceae (5-8,5 %) progressent depuis la zone Man 8. En revanche, les Ericaceae s'amenuisent et enregistrent des valeurs inférieures à 1%. Le reste des taxons herbacés diminue ou disparaît.

Les spores monolètes oscillent entre 17 et 27 %. Les spores trilètes sont peu représentées (<1 %). Enfin, la diversité taxonomique varie de 20 à 24 taxons et la richesse sporopollinique oscille entre 60 et 106 gr./g. de sédiment.

### 4.2. Diagrammes synthétiques

Deux diagrammes synthétiques ont été construits (Fig. 34). Le premier comprend tous les groupements écologiques. En revanche, sur le deuxième, les Cichorioideae ont été retirées de la somme de base, avant d'effectuer les calculs, ceci afin de mieux visualiser les variations de différents groupes. Ces diagrammes mettent en évidence l'évolution de différents groupes écologiques dans les zones définies à partir du diagramme détaillé.

**Zone Man 1 (spectres 1 à 8)**
Dans cette zone les gymnospermes à ballonnets avec principalement *Pinus* est le groupe dominant (18-63 %). Il régresse toutefois progressivement vers le sommet de la zone. Les Cichorioideae sont également très importants avec les valeurs allant de 19,5 % à 37,5 %. Les feuillus méso-thermophiles (6,5-20,5 %), atteignant ici leur plus forte fréquence, progressent de la base vers le sommet en même temps que les herbacées ubiquistes (8-16 %). Les méditerranéens présentent des valeurs basses qui ne dépassent pas 3,5 %. La végétation xérophile montre une légère tendance à diminuer vers le sommet de 12,5 à 7,5 %.

**Zone Man 2 (spectres 9 à 15)**
Elle est marquée par le recul simultané des méso-thermophiles (5,5-16,5 %) et des méditerranéens (< 1-3 %). Les Cichorioideae (37-57 %) augmentent progressivement, tandis que les gymnospermes à ballonnets régressent de 18 à 8,5 %. Les xérophiles (11,5-18,5 %) progressent depuis la zone précédente, tandis que les ubiquistes (5-14 %) diminuent quelque peu, présentant des variations irrégulières.

**Zone Man 3 (spectres 16 à 26)**
Elle se caractérise par la dominance des Cichorioideae (49,5-70,5 %) qui montrent toutefois un léger recul vers le sommet. Les éléments méditerranéens (< 1-1 %) chutent et présentent désormais de très faibles valeurs tout au long de la zone. Les feuillus méso-thermophiles (3,5-11 %) progressent jusqu'au milieu de la zone, suite à l'augmentation simultanée de *Fagus*, *Quercus* et *Tilia* à cet endroit, pour retrouver les valeurs plus basses vers le sommet. *Pinus* (9,5-23,5 %), le seul gymnosperme à ballonnets présent, se développe en même temps que les ubiquistes (5-16 %). Les xérophiles (8-14 %) reculent légèrement depuis la zone précédente.

**Zone Man 4 (spectres 27 à 30)**
Cet ensemble se distingue par le déclin des essences méso-thermophiles (< 1-2 %) et la quasi-disparition des méditerranéens (< 1 %) au profit du groupe des xérophiles (18,5-28 %). *Pinus*, qui reste le seul gymnosperme à ballonnets, recule jusqu'à 7,2 % tandis que les Cichorioideae varient de 44,5 à 61 %. Enfin, les ubiquistes (10,5-14 %) conservent, plus ou moins, les valeurs acquises au sommet de la zone précédente.

**Zone Man 5 (spectres 31 à 39)**
Au sein de cette zone les gymnospermes à ballonnets (5,5-15,5 %) continuent à reculer à la faveur des méso-thermophiles (2,5-6 %). Les méditerranéens conservent leurs valeurs basses, inférieures à 1 %. Les Cichorioideae oscillent entre 44,5 et 67 %. Les xérophiles (13,5-21 %) et les ubiquistes (8,5-17 %) présentent également quelques variations irrégulières.

**Zone Man 6 (spectres 40 à 49)**
La zone Man 6 enregistre le retour progressif des méditerranéens (< 1-2 %) aux dépens des méso-thermophiles (< 1-3 %). Les gymnospermes à ballonnets baissent jusqu'à 4 %. Les Cichorioideae (59,5-69 %), les xérophiles (11,5-19,5 %) et les ubiquistes (6-11 %) présentent des taux analogues à ceux de la zone précédente.

**Zone Man 7 (spectres 50 à 51)**
Elle voit un nouveau développement des feuillus méso-thermophiles (de 7,5 % à 13,5 %) et des méditerranéens (3,5-5,5 %) accompagné par le recul des Cichorioideae jusqu'à 56 % et des xérophiles à 4,5 %. Les gymnospermes à ballonnets, avec essentiellement *Pinus* présentent un pic à la base de la zone (14,5 %) pour retrouver des taux plus faibles d'environ 5% au sommet. Enfin, les ubiquistes maintiennent leur pourcentage.

**Zone Man 8 (Spectres 52 à 59)**
Cette zone est marquée par l'explosion des Cichorioideae (58-76,5 %) couplée à une légère baisse des gymnospermes à ballonnets (1,5-6 %), des méso-thermophiles (3,5-8,5 %) et des méditerranéens (< 1-5 %). Les xérophiles et les herbacées ubiquistes restent sensiblement identiques.

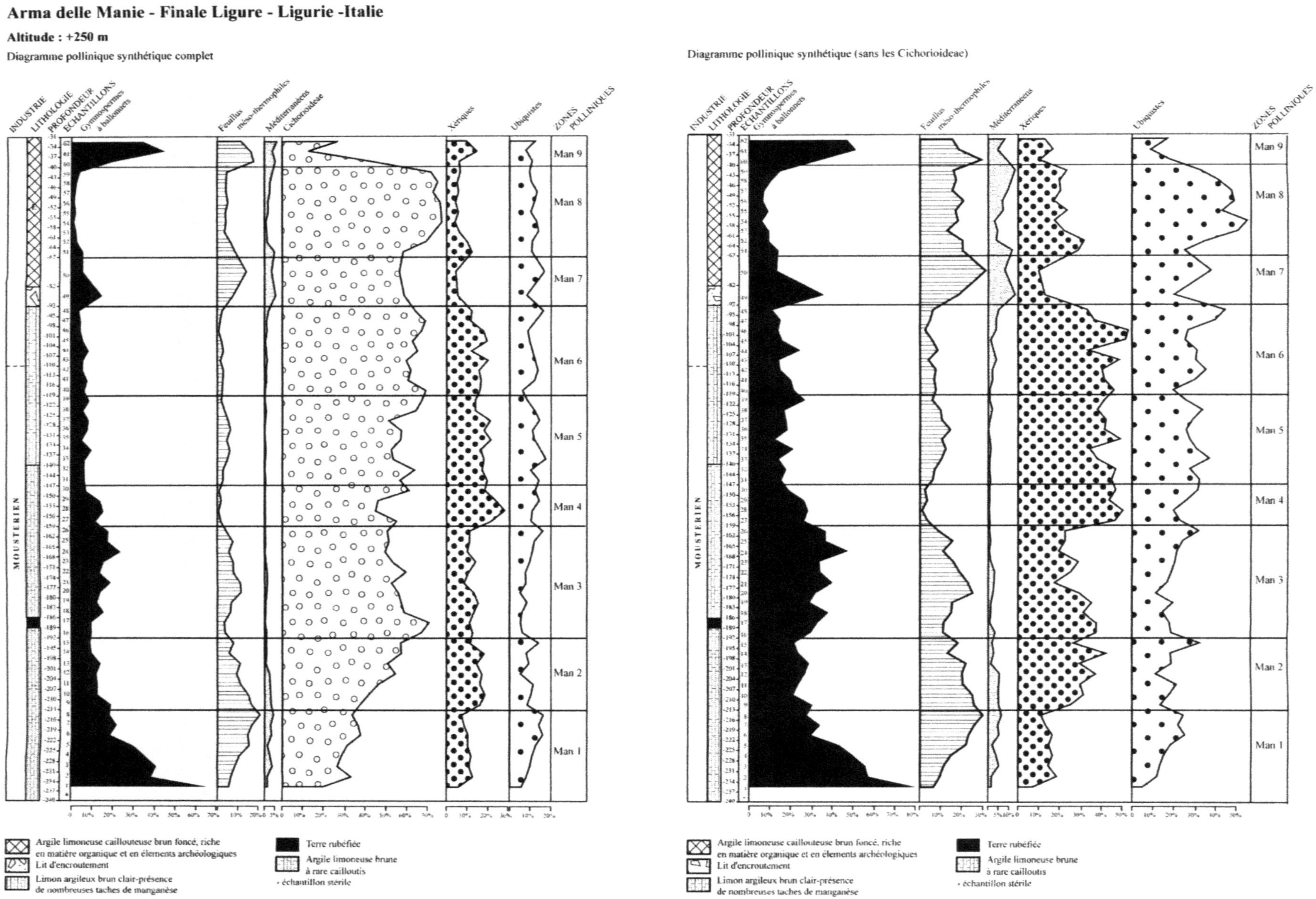


Figure 34 : Diagramme pollinique synthétique complet et diagramme pollinique synthétique sans les Cichorioideae de Arma delle Manie (Coupes R.5, Q.5, P.5, P.4, O.4 et O.6, P.6, Q.6).

Dans le diagramme synthétique sans Cichorioideae une augmentation a été notée des xérophiles et des ubiquistes qui n'est pas aperçue dans le diagramme complet. En effet, l'augmentation des Cichorioideae dans cette zone a masqué le développement des deux courbes.

**Zone Man 9 (spectres 60 à 62)**
Elle se distingue par la chute des Cichorioideae (12,5-40 %) et l'expansion de Gymnospermes à ballonnets (18-38 %). Les feuillus méso-thermophiles (11,5-17,5 %) et les xériques (6-14,5 %) se développent, tandis que les méditerranéens (4-6 %) et les ubiquistes (8-12 %) restent sensiblement identiques, présentant quelques faibles oscillations. Cependant, le diagramme synthétique sans Cichorioideae enregistre le recul des méditerranéens, des xérophiles et des ubiquistes.

Le fait d'ôter les Cichorioideae sur le deuxième diagramme ne modifie pas, en général, l'évolution ni le rapport entre les groupes écologiques sauf dans les cas soulignés dans les zones Man 8 et Man 9. De plus, dans le cas des ubiquistes, ce diagramme met en évidence une progression de la base vers le sommet de la séquence (à l'exception de la zone Man 9) qui n'est pas visible sur le diagramme complet.

## 4.3. Diagrammes de concentrations sporopolliniques

La concentration sporopollinique globale est très faible. Elle varie entre 11 gr/g de sédiment dans l'échantillon n° 2 et 2203 gr/g de sédiment dans l'échantillon n° 57. Ces concentrations sont beaucoup plus faibles que les normales statistiques de 12 000 gr/g de sédiment (Cour, 1974). Le fait qu'elles dépassent 1000gr/g de sédiment uniquement dans 6 échantillons pourrait être un indice que le reste de la séquence sédimentaire soit significativement altéré (Hall, 1981). Cependant, la concentration est aussi tributaire de nombreux facteurs tels que l'importance du flux pollinique, la topographie et la morphologie du site, les conditions taphonomiques locales et la vitesse de sédimentation qui pourraient être responsables de ces faibles fréquences absolues dans le sédiment non altéré.

Les valeurs des différents taxons et/ou groupements sont excessivement faibles, parfois inférieures à 1, et de ce fait non significatives. Les trois diagrammes de concentration ont été donc effectués dans le seul but de comparer l'évolution des valeurs absolues (concentrations) et relatives (pourcentages) des différents taxons ou groupes. La disposition des taxons ainsi que la zonation pollinique sont les mêmes que dans le diagramme détaillé.

Le premier diagramme simplifié (Fig. 35), représente les principaux taxons du diagramme détaillé ainsi que les courbes des A.P., des N.A.P. et de la concentration sporopollinique globale. Le deuxième (Fig. 36 ), montre uniquement les courbes des A.P., des N.A.P., des Filicales et de la concentration sporopollinique globale. L'échelle a été agrandie par rapport au premier diagramme pour accentuer les variations et mieux visualiser leur évolution. Le troisième diagramme (Fig. 37 ), présente les mêmes courbes que le deuxième, les Cichorioideae étant exclues des calculs.

La concentration absolue serait liée, à Arma delle Manie, à la lithologie et la granulométrie du sédiment : la concentration dans les argiles est plus élevée que dans les limons (argileux) laissant supposer que les sédiments fins sont plus susceptibles de contenir des pollens. Cependant, même dans les argiles, cette concentration est très variable. Le sédiment bréchifié contient la plus faible concentration.

Le diagramme de la figure 35 montre que, d'une façon générale, les courbes de concentration absolue des différents taxons suivent celles des pourcentages du diagramme détaillé, sauf dans quelques exceptions.

Dans la **zone Man 1**, *Pinus* et les Cichorioideae sont les taxons les mieux représentés. *Corylus* se développe de la base vers le sommet. Les autres taxons arboréens à savoir *Betula*, *Quercus* t. *ilex/coccifera*, *Quercus* t. *pedunculata/pubescens*, et *Tilia* sont présents à de faibles taux. Parmi les herbacées, en dehors des Cichorioideae, les Poaceae et les Ranunculaceae sont les mieux représentés.

La **zone Man 2** confirme le recul simultané des taxons méso-thermophiles et méditerranéens, aperçu dans le diagramme détaillé. Dans les N.A.P., les fréquences des Cichorioideae et des Poaceae restent constantes tandis que celles des Ranunculaceae reculent. Les Asteroideae et *Artemisia* commencent à se développer.

La **zone Man 3** est marquée par l'explosion des Cichorioideae dont les fréquences connaissent pourtant deux fortes chutes non visibles dans le diagramme détaillé. *Pinus* maintient les valeurs acquises au sommet de la zone Man 2. *Artemisia* se confirme et oscille légèrement le long de la zone. Les Poaceae, les Asteroideae et les Ranunculaceae progressent également. Enfin, les Apiaceae restent constantes.

Deux points à relever dans ce diagramme : le premier est le pic enregistré par la quasi-totalité des taxons dans l'échantillon n°22, le second est la baisse de concentration de tous les taxons dans les échantillons n° 25 et 26.

Ces phénomènes qui n'ont pas été repérés dans le diagramme détaillé pourraient être liés aux processus taphonomiques.

La **zone Man 4** met en évidence la quasi-disparition des taxons arboréens et l'augmentation de *Artemisia. Pinus* régresse depuis la zone précédente. Dans la strate herbacée les Apiaceae, les Asteroideae et les Poaceae restent relativement stables avec quelques oscillations de faible amplitude.

La **zone Man 5** montre le modeste retour de *Betula, Corylus, Quercus* t. *ilex/coccifera* et *Tilia.* Les valeurs de *Pinus* restent constantes. Les Cichorioideae oscillent fortement et présentent trois forts déclins, qui ne sont pas enregistrés dans le diagramme détaillé. *Artemisia* chute au profit des Poaceae. Les Ranunculaceae présentent des variations tout au long de la zone.

La **zone Man 6** enregistre le développement de *Quercus* t. *ilex/coccifera*, des Cyperaceae et des Rosaceae, ce qui est en accord avec leurs pourcentages.

Dans la **zone Man 7,** l'échantillon de base, n° 49, montre une baisse générale de la concentration de tous les taxons qui commencent pourtant à augmenter à partir de l'échantillon n° 50. Ce phénomène n'est pas évident dans le diagramme de pourcentages.

La **zone Man 8** présente les plus fortes valeurs pour la majorité des taxons à l'exception de *Betula, Artemisia* et des Rosaceae. Ce développement, masqué dans le diagramme détaillé par la sur-représentation des Cichorioideae, se visualise plus aisément dans le diagramme détaillé sans les Cichorioideae. Selon certains auteurs l'augmentation simultanée de la richesse sporopollinique pour les A.P. et les N.A.P., serait liée aux processus taphonomiques et non pas forcément à un changement de la densité de la végétation (Van Campo, 1984 ; Follieri *et al.*, 1988 ; Carrión et Dupré, 1996).

Dans la **zone Man 9**, la concentration sporopollinique baisse, affectant les courbes de tous les taxons. Ce phénomène est par ailleurs, en contradiction avec l'évolution des pourcentages de certains taxons, ce qui pourrait être lié à une vitesse de sédimentation plus rapide.

La figure 36 montre que les courbes générales des A.P. et N.A.P., comparées à celle de la concentration sporopollinique, soulignent la dominance des herbacées dans le couvert végétal. Les Filicales présentent une évolution similaire à celle des A.P. Enfin, les variations de la courbe de la richesse sporopollinique globale se calque sur les variations des fréquences absolues des N.A.P., et ceci même après avoir fait abstraction des Cichorioideae (Fig. 37).

**Arma delle Manie - Finale Ligure - Italie**

**Altitude : + 250 m**

Diagramme des concentrations absolues des principaux taxons (Coupes R.5, Q.5, P.5, P.4, O.4 et O.6, P.6, Q.6 ).

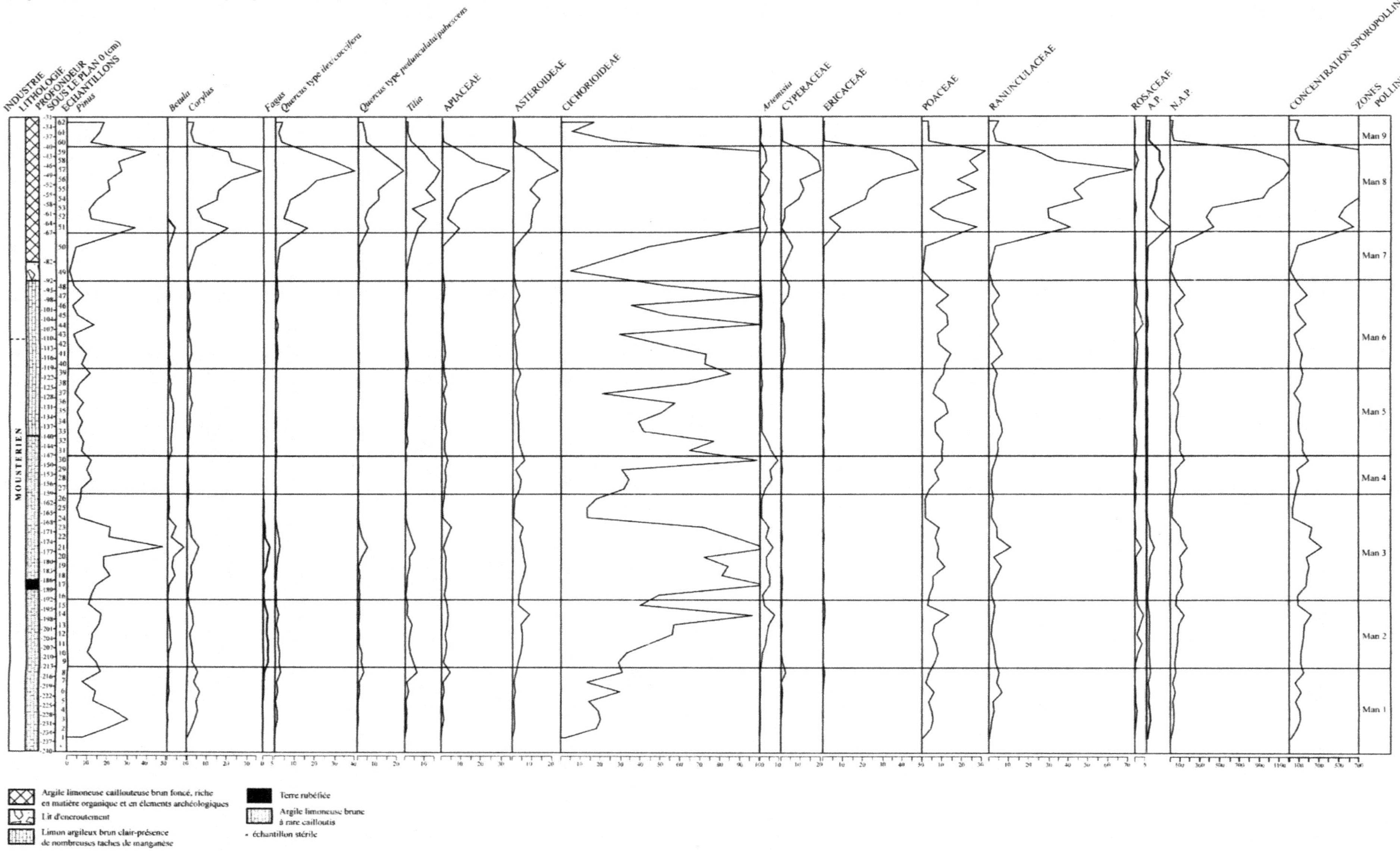


Figure 35 : Diagramme des concentrations absolues des principaux taxons de Arma delle Manie (Coupes R.5, Q.5, P.5, P.4, O.4 et O.6, P.6, Q.6 ).

**Arma delle Manie - Finale Ligure - Ligurie -Italie**

**Altitude : +250 m**

Diagramme des concentrations absolues des A.P., des N.A.P., des Filicales et de la concentration globale (Coupes R.5, Q.5, P.5, P.4, O.4 et O.6, P.6, Q.6 ).

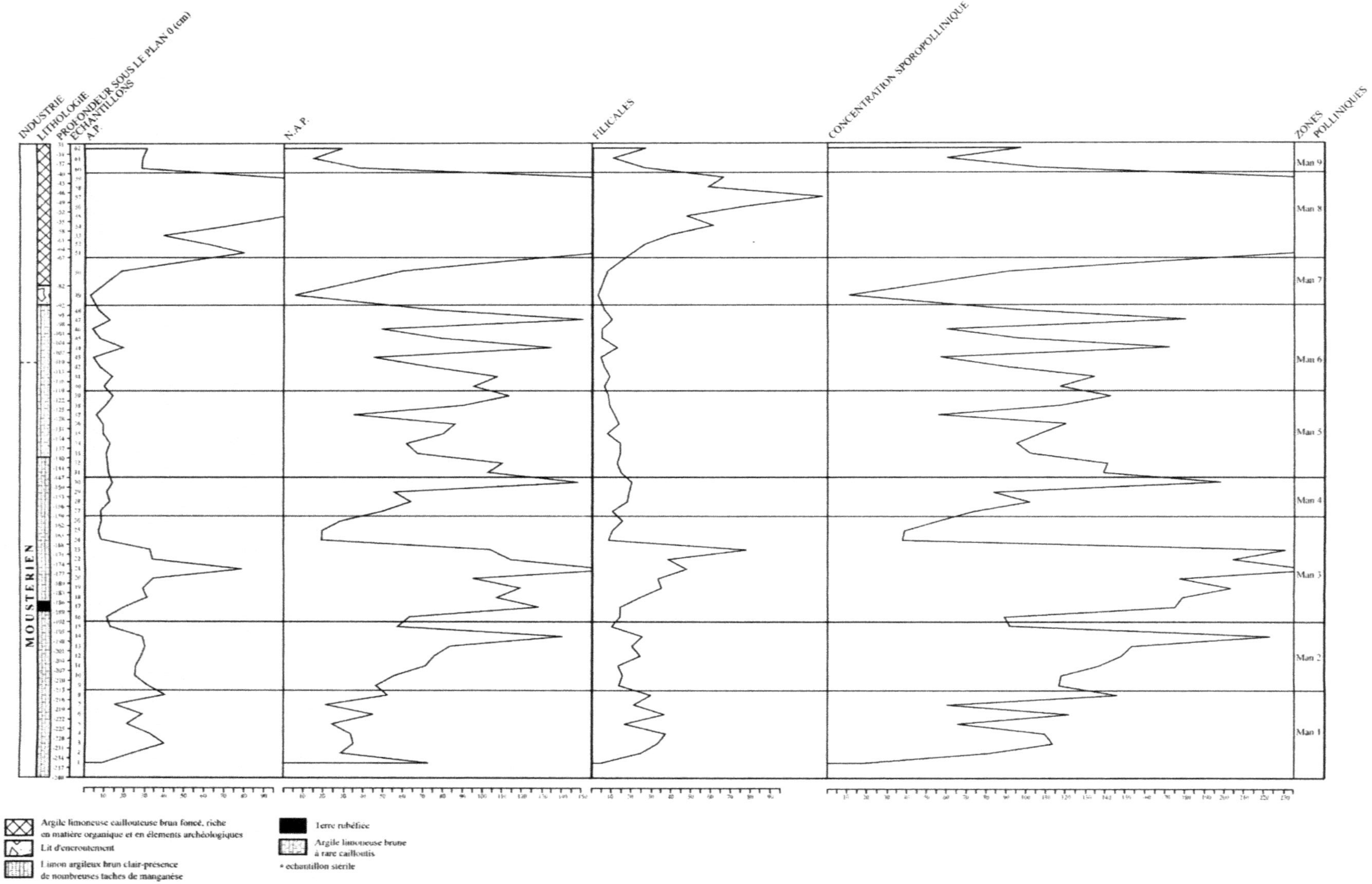


Figure 36 : Diagramme des concentrations absolues des A.P., des N.A.P., des Filicales et de la concentration globale de Arma delle Manie (Coupes R.5, Q.5, P.5, P.4, O.4 et O.6, P.6, Q.6 ).

**Arma delle Manie - Finale Ligure - Italie**

**Altitude : + 250 m**

Diagramme des concentrations absolues des A.P., des N.A.P. et de la concentration globale, sans les Cichorioideae (Coupes R.5, Q.5, P.5, P.4, O.4 et O.6, P.6, Q.6 ).

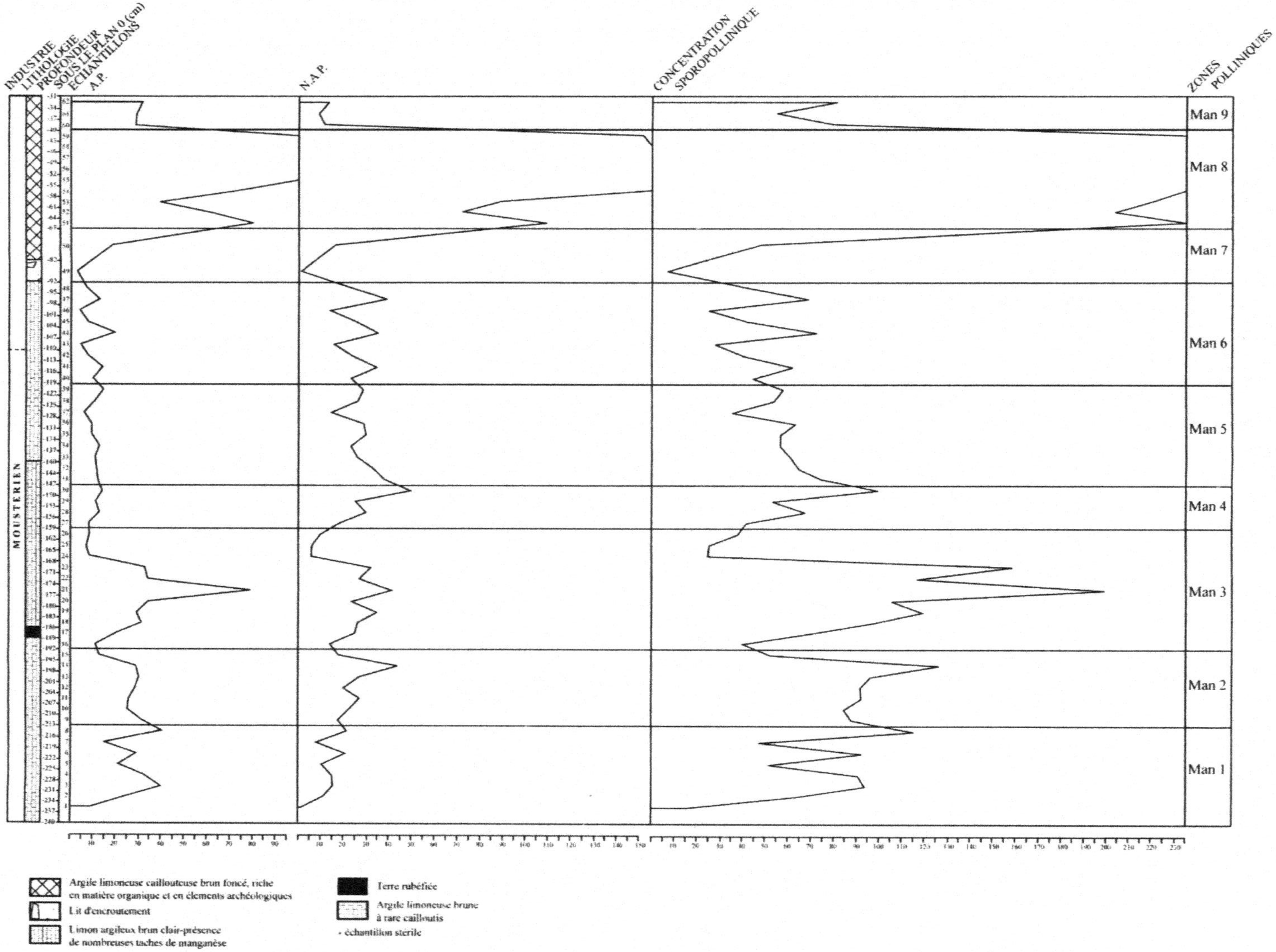


Figure 37 : Diagramme des concentrations absolues des A.P., des N.A.P. et de la concentration globale, sans les Cichorioideae, de Arma delle Manie (Coupes R.5, Q.5, P.5, P.4, O.4 et O.6, P.6, Q.6 ).

## 4.4. Analyse en composantes principales (ACP)

L'analyse en composantes principales (ACP) appliquée à la totalité des spectres de la séquence, présente la distribution des taxons et des spectres polliniques sur le plan factoriel, formé par les deux premiers axes (Fig. 38). De ce fait, elle permet de visualiser les relations entre les différentes variables et la répartition des unités statistiques. Les rapports entre les variables peuvent apporter des informations supplémentaires sur les exigences écologiques des taxons présents ou sur leur classification taxonomique. De telles précisions ne sont pas détectées lors de la lecture d'un diagramme à cause de limites de détermination qui rassemble souvent sous un même taxon des espèces ou des genres d'écologies différentes. Par ailleurs, la répartition des spectres pourrait constituer un moyen de contrôle de la zonation définie sur les diagrammes.

La matrice de calcul se compose des 19 taxons les plus importants ayant une présence, plus ou moins, continue tout au long du diagramme. Cependant, trois taxons parmi eux, à savoir *Fagus*, les Cyperaceae et les Ericaceae, échappent à ce critère. Ils ont été sélectionnés car ils présentent des pourcentages significatifs dans différentes zones du diagramme qui ne peuvent être négligés.

Ainsi, la matrice comprend les données brutes de la feuille des comptages des 19 variables considérées pour l'ensemble des spectres. Il s'agit des taxons suivants, suivis de leur abréviation sur les graphes : *Pinus* (PIN), *Betula* (BET), *Corylus* (COR), *Fagus* (FAG), *Quercus* type *ilex/coccifera*, (Qt.i/c), *Quercus* type *pedunculata/pubescens* (Qt.p/p), *Tilia* (TIL), Amaranthaceae/Chenopodiaceae (CHEN), Apiaceae (APIAC), Asteroideae (AST), Cichorioideae (CICH), *Artemisia* (ART), Caryophyllacae (CAR),Cyperaceae (CYP), Ericaceae (ERIC), Lamiaceae (LAM), Poaceae (POA), Ranunculaceae (RAN) et Rosaceae (ROS).

Le traitement par l'ACP indique six axes, de valeur propre supérieure à 1, représentant 75 % de la variance totale. Les deux premiers axes livrent plus de la moitié de l'information totale (43,5 %), avec 23,7 % pour l'axe 1 et 19,8 % pour l'axe 2. Leur signification sera définie à partir de la répartition des individus sur le plan factoriel. Toute interprétation doit être effectuée avec prudence à cause de leurs valeurs propres relativement faibles.

La répartition des taxons sur les deux premiers axes s'avère très intéressante car ceux-ci livrent une information multidimensionnelle. Trois groupes ont été dessinés, basés sur la double information semblant ressortie de l'axe 2.

La signification de l'axe 1 est la plus subtile à saisir, ce qui montre la complexité du message pollinique. Il semblerait que la répartition des différentes variables soit liée à leur adaptation face aux différentes conditions climatiques, plus ou moins sévères. Ainsi, les valeurs positives de cet axe seraient occupées par les espèces ligneuses, qui sont moins résistantes au froid et montrent une préférence aux conditions climatiques clémentes. En revanche, les valeurs négatives réunissaient des taxons qui peuvent supporter des conditions climatiques plus rigoureuses.

L'axe 2 semble séparer les arbres (valeurs positives) des herbacées (valeurs négatives). Il est intéressant de noter ici l'apparition des Rosaceae parmi les arbres. Cette famille incluant des espèces ligneuses et herbacées, une détermination spécifique n'a pas été possible. De ce fait, pour la construction des diagrammes et les interprétations, ce taxon a été classé parmi les herbacées. Cependant, la répartition des Rosaceae parmi les arbres ressort également par les autres axes, ce qui pourrait indiquer qu'il s'agit ici d'espèces ligneuses.

Cet axe pourrait aussi indiquer l'étagement de la végétation, des hautes altitudes (valeurs positives) vers les basses altitudes (valeurs négatives). Trois ensembles peuvent être ainsi distingués : le premier ne comprend que *Pinus*, conifère qui pourrait avoir occupé les hautes altitudes. Néanmoins, ce taxon à cause de son amplitude écologique pourrait se mêler à toutes les associations végétales depuis les basses altitudes jusqu'aux sommets. Le deuxième ensemble inclut globalement les arbres méso-thermophiles de moyennes altitudes et le troisième les herbacées xérophiles et ubiquistes de basses altitudes.

La distribution des spectres polliniques sur les deux axes fournit également des informations intéressantes. Cette distribution confirme, en général, la zonation du diagramme détaillé. Les différentes zones polliniques, mises en évidence sur ce diagramme, s'individualisent assez nettement. Néanmoins, les spectres des zones Man 2 et Man 3, ainsi que ceux des zones Man 5 et Man 6 ont été rassemblés sous les groupes n° 2 et n° 4, car parfois leurs valeurs se mélangeaient. En terme général, abstraction faite des spectres n° 49 et n° 50, les variations de la végétation suivent un parcours circulaire, elles partent et reviennent vers leur état d'origine.

Le groupe 1 inclut les spectres 1 à 8. Ceux-ci sont dispersés sur l'axe 1, mais occupent un intervalle réduit dans des valeurs positives de l'axe 2 à l'exception des trois premiers spectres qui se trouvent dans des valeurs négatives.

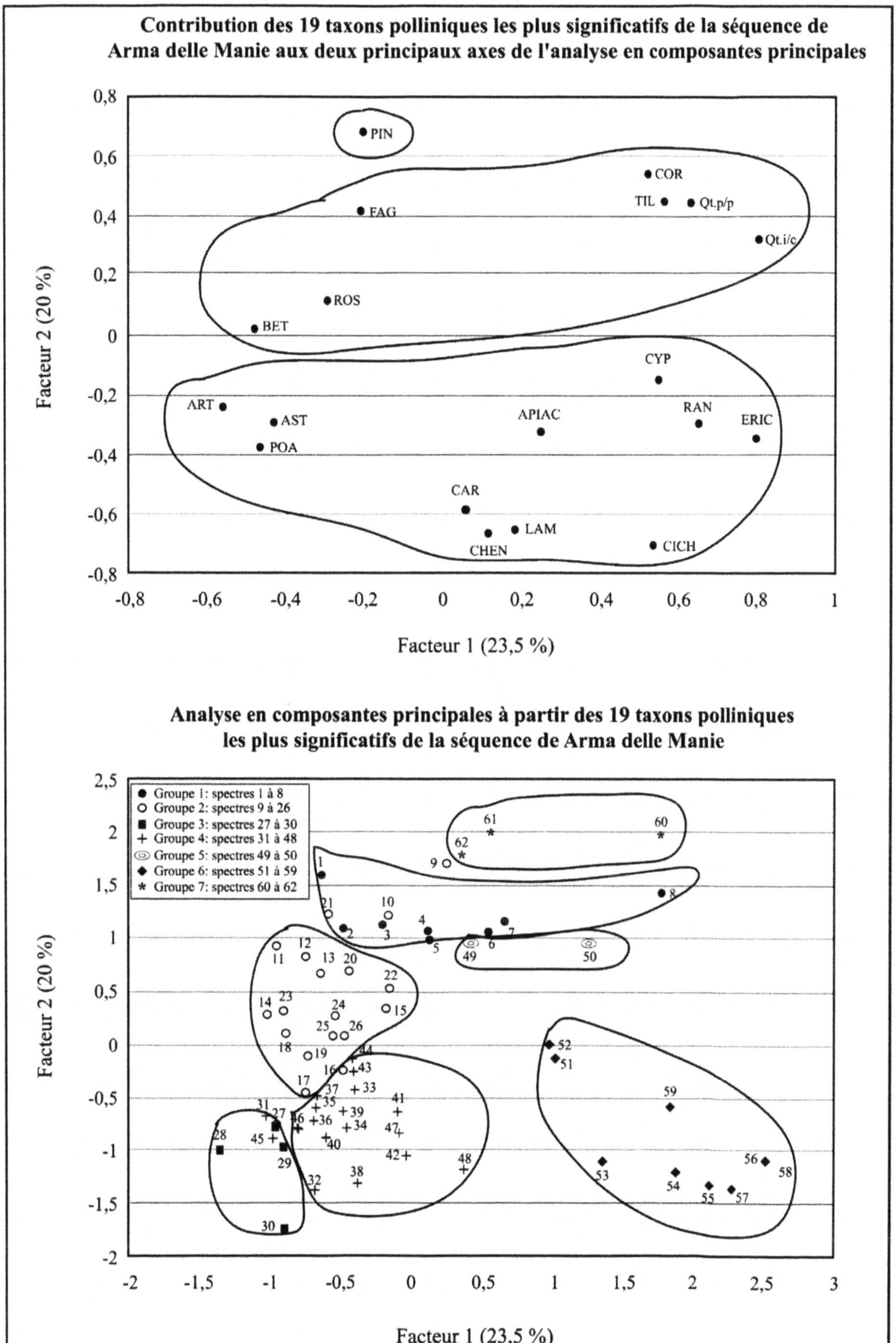


Figure 38 : Analyse en composantes principales de la séquence de Arma delle Manie.

Le groupe 2 comprenant les spectres 9 à 26 se positionne sur une zone relativement restreinte de l'axe 1 (valeurs négatives) et de l'axe 2 (valeurs positives), abstraction faite du spectre n° 9. Les spectres n° 9 et n° 10 se placent entre les groupes 1 et 6.

La succession linéaire des spectres 11, 12, 13 et 15 n'est pas sans signification dans le diagramme détaillé. Elle se manifeste par la baisse de *Quercus* et des Ranunculaceae au profit de *Artemisia* et des Asteraceae. Le spectre no 14 s'écarte des autres sur le graphe, du fait de l'augmentation des Poaceae interrompant leur léger retrait dans le diagramme détaillé. La zone Man 2 comprenant des spectres 9 à 15, occupe les valeurs les plus fortes de l'axe 2 tandis que la zone Man 3 se rencontre autour des valeurs nulles de l'axe 2.

Le groupe 3 rassemble les spectres 27 à 30 qui occupent des valeurs négatives les plus excentrées de l'axe 1. Ces spectres montrent dans le diagramme détaillé la quasi-disparition des arbres et l'installation des conditions climatiques très sévères. Par ailleurs, le spectre n° 28 possédant la valeur négative la plus excentrée de l'axe 1, présente le minimum des arbres dans le diagramme détaillé. Cet ensemble ressort à proximité des points de *Artemisia*, des Asteraceae et des Poaceae sur le graphe de contribution des variables. Au sein du diagramme détaillé ces trois taxons progressent simultanément aux dépens des arbres.

Le groupe 4, réunissant les spectres 31 à 48, occupe également des valeurs négatives des deux axes et se situe globalement à gauche du groupe 3. Les zones Man 5 et Man 6 du diagramme détaillé se distinguent assez clairement. La première (spectres 31 à 39) se trouve à droite du groupe 3. La deuxième (spectres 40 à 48), située autour des valeurs nulles de l'axe 1, montre une succession quasi-linéaire, abstraction faite des spectres 40, 45 et 46. Ces deux derniers spectres pourraient s'éloigner des autres à cause de la disparition des Cyperaceae au profit des Poaceae.

Les trois derniers groupes s'individualisent très nettement.
Le groupe 5 englobe les spectres 49 et 50 qui se trouvent dans les valeurs positives des deux axes. Le groupe 6, (spectres 51 à 59) se positionne dans les valeurs positives de l'axe 1 mais dans les valeurs négatives de l'axe 2. Sur le graphe de contribution des variables, ce groupe se place à coté des points des Cyperaceae, des Ericaceae et des Ranunculaceae. Sur le diagramme détaillé, les Cyperaceae après une baisse depuis la zone précédente augmentent progressivement, et les Ericaceae et Ranunculaceae manifestent leurs plus fortes valeurs.

Enfin, le groupe 7 ( spectres 60 à 62) dans les valeurs positives de l'axe 1, prend aussi les plus fortes valeurs positives de l'axe 2.

La signification des deux axes est délicate à préciser. L'axe 1 oppose les groupes 1, 5, 6 et 7 aux groupes 2, 3 et 4. Dans le diagramme détaillé les groupes 1, 5, 6 et 7 correspondant respectivement aux zones Man 1, Man 7, Man 8 et Man 9, voient le développement des arbres méso-thermophiles et méditerranéens aux dépens des herbacées xérophiles. A l'exception de la zone Man 7, il s'agit des zones qui pourraient être attribués à des phases interglaciaires. Les ensembles 2, 3 et 4 favorisent la progression des herbacées xérophiles et le recul des taxons arborés méso-thermophiles.

L'axe 2 sépare les groupes 1, 2, 5 et 7 des groupes 3, 4 et 6. Le diagramme détaillé montre que dans les ensembles 1, 2, 5 et 7, se rapportant aux zones Man 1, Man 2, Man 3, Man 7 et Man 9, la courbe des A.P. domine celle des N.A.P. En revanche, les ensembles 3, 4, et 6 qui correspondent aux zones Man 4, Man 5, Man 6 et Man 8, présentent dans le diagramme détaillé une prédominance des N.A.P. Les ensembles 1, 2, 5 et 7 se positionnent sur la partie réservée aux arbres tandis que les ensembles 3, 4, et 6 se placent à l'endroit des herbacées.

L'ACP s'avère utile à l'interprétation des données polliniques. Elle a permis d'envisager, en plus de la distribution A.P./N.A.P., l'étagement des associations végétales selon l'altitude. Enfin, elle a confirmé la zonation établie à partir du diagramme détaillé. Ainsi, l'interprétation des données polliniques est soutenue par un outil de travail objectif.

## 5. Analyse des prelevements des mousses

L'étude de la pluie pollinique actuelle a été effectuée à partir de trois prélèvements de coussinets de mousses (Fig. 39). Le premier échantillon (mousse 1) a été prélevé à l'extérieur de la grotte, à 4 m de l'entrée. Le deuxième (mousse 2) a été collectionné à 30 m de la grotte et le troisième (mousse 3) a été prélevé sur le plateau se situant au nord de la grotte à une distance de 200 m.

**Arma delle Manie - Finale Ligure - Ligurie -Italie**

**Altitude : +250 m**

Spectres polliniques actuels de Arma delle Manie

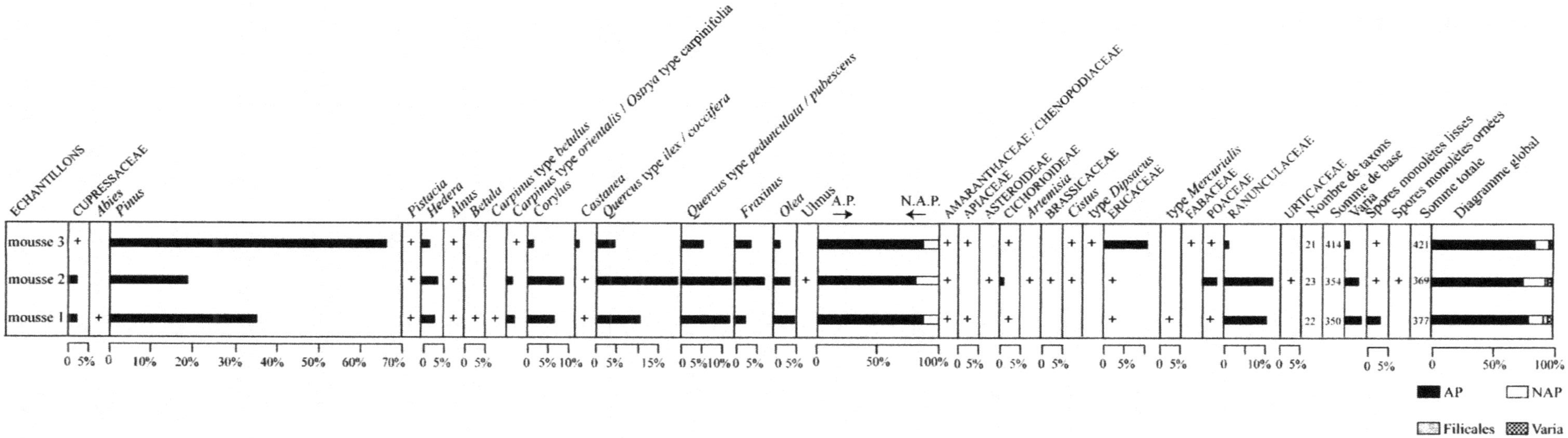


La mousse 1 a été prélevée à l'extérieur de la grotte
La mousse 2 a été prélevée à 30 mètres de la grotte
La mousse 3 a été prélevée sur le plateau nord à 200 mètres de la grotte

Figure 39 : Spectres polliniques actuels de Arma delle Manie.

Cette analyse a mis en évidence un paysage où dominent les arbres dont le taux oscille entre 80 % et 87 %. Ce couvert arboré est essentiellement représenté par *Pinus* (19-65 %), qui est accompagné par des genres méso-thermophiles et méditerranéens, tels que *Quercus* t. *ilex/coccifera* (4-19%) *Quercus* t. *pedunculata/pubescens* (5-12 %), *Corylus* (1-8 %), *Fraxinus* (3-7 %), *Olea* (2-5 %), Hedera (2-4 %), *Carpinus* t. *orientalis/ Ostrya* t. *carpinifolia* (< 1 % à 2 %) et des Cupressaceae (<1 % à 3 %). *Abies*, *Pistacia*, *Alnus*, *Betula*, *Carpinus* t. *betulus*, *Castanea* et *Ulmus* sont également présents à de faibles taux.

La strate herbacée est principalement représentée par des Ranunculaceae (1-12 %) suivis par des Ericaceae (< 1 % à 10 %) et des Poaceae (jusqu'à 3%). Le reste de ce cortège à savoir des Asteraceae, *Artemisia*, des Apiaceae, des Brassicaceae, *Cistus* et des Fabaceae n'a pas une présence stable.

Cette composition pollinique est différente de celle révélée par l'examen des spectres fossiles. Elle montre un contexte de végétation naturelle malgré l'ampleur des pratiques agricoles dans cette région. L'enregistrement pollinique n'a pas mis en évidence l'impact de l'Homme. Même l'exploitation de l'Olivier, d'une importance majeure en Ligurie, ne se distingue pas clairement.

## 6. INTERPRETATION DE RESULTATS

La position géographique de la grotte de Arma delle Manie, à proximité à la fois de la mer et de la montagne évoque une certaine complexité quant à l'origine du matériel sporopollinique enregistré dans les sédiments. Il pourrait en résulter un assemblage sporopollinique venant des différents secteurs altitudinaux. Néanmoins, comme il a été déjà mentionné, les grottes enregistrent majoritairement la végétation locale et dans un moindre degré les apports régionaux. Tous ces facteurs doivent être pris en considération lors de l'interprétation des diagrammes.

A Manie les associations végétales des différents milieux (forestiers, ouverts) sont présentes. Leur développement serait lié à des facteurs climatiques et pédologiques tels que les températures, les précipitations, les expositions des pentes et la nature du sol. Nonobstant le fait que, dans ce site le rapport entre les pollens d'arbres et ceux des herbacées permet rarement de trancher quant au type du paysage (*cf.* p. 50), la distribution de ces associations végétales peut s'envisager d'une façon générale :

Les taxons à affinités xérophiles (herbacés et méditerranéens) occuperaient les basses altitudes. Des genres à éventuelles affinités hygrophiles (*Alnus*, *Fraxinus*, *Salix*...) seraient localisés à des endroits plus humides, probablement à proximité des cours d'eau. Les épars éléments caducifoliés (*Quercus* type *pedunculata/pubescens*, *Tilia*, *Ulmus*...) auraient colonisé les premières pentes, relayés par des conifères d'altitude, tels que *Abies* et probablement *Pinus*. Ce dernier taxon, grâce à son amplitude écologique pourrait également être mêlé à toutes les autres associations décrites ci-dessus.

Une telle répartition des groupements végétaux est corroborée par les ACP. Cette végétation en mosaïque aurait occupé un secteur relativement restreint aux alentours de Arma delle Manie.

### 6.1. Reconstitution de la végétation

Les données polliniques seront utilisées comme base à l'interprétation des associations végétales mises en évidence à Manie, visant à déduire des indications d'ordre paléoenvironnementale et paléoclimatique qui serviront d'appui à l'attribution chronostratigraphique.

Cependant, l'absence de coupe stratigraphique continue et la présence de lacunes sédimentaires sont à l'origine de données fragmentaires. La végétation mise en évidence par l'analyse palynologique, ne révèle pas de dynamique complète et les reconstitutions paléovégétales et paléoclimatiques ont un caractère discontinu.

**Zone Man 1**

Dans cette première zone, *Pinus* est le taxon dominant malgré son recul progressif. La présence d'une pollinie dans l'échantillon n° 2, ainsi que ses pourcentages élevés qui évoluent dans le même sens que ses valeurs absolues, suggèrent sa présence au sein de la végétation locale.

Son retrait s'accompagne par le développement des feuillus méso-thermophiles probablement sur les premières pentes. Ce groupe, assez varié, est essentiellement représenté par *Corylus*, *Quercus* t. *pedunculata/pubescens*, *Tilia* et *Ulmus*. Selon Huntley B. et Birks H.J.B. (1983), les pourcentages de *Corylus* variant entre 4,5 % et 11 % signifieraient sa présence dans le sous-bois de la forêt mixte. H. Triat (1971) pense, en revanche, qu'en région méditerranéenne ce taxon héliophile, fleurit rarement quand il fait partie du sous-bois. Dans la séquence de Manie, ses fréquences dépassant celles des autres arbres thermophiles, pencheraient pour l'existence de taillis ou même d'une corylaie aux environs du site. *Alnus* et *Salix*, taxons de milieux humides, *Betula*, ainsi que *Carpinus* t. *orientalis/Ostrya* t. *carpinifolia* font sporadiquement partie de ce couvert arboré. Les méditerranéens à de plus basses altitudes sont représentés uniquement par *Quercus* t. *ilex/coccifera* et par quelques occurrences de *Olea*. Le développement de *Quercus* t. *ilex/ coccifera*, qui est présent en continu pendant tout le diagramme, serait lié à des expositions favorables ou au substratum calcaire du site (Pietra di Ligure).

La végétation herbacée xérophile de basses altitudes, formerait une pelouse. Ce cortège herbacé, assez varié, comprend également des ubiquistes.

**Zone Man 2**

Cette zone, enregistre une légère transformation du paysage suite à l'évolution de certains éléments de la végétation. *Fagus*, n'étant enregistré qu'au sommet de la zone précédente avec des taux inférieurs à 1 %, devient plus important au sein de la végétation. Apparaissant d'emblée à des taux de 5 %, il pourrait révéler la présence d'une lacune sédimentaire à la base de la zone. Cet arbre, qui fait habituellement partie de l'étage montagnard, montre, en même temps que *Pinus*, une tendance à diminuer vers le sommet de la zone.

La formation arborée de moyennes altitudes se dégrade aussi quelque peu, à cause de la diminution progressive de *Corylus* et *Quercus*, même si *Tilia* et *Ulmus* restent sensiblement constants. Par ailleurs, la présence de pollinies de *Tilia* et *Ulmus* dans cette zone confirme leur proximité aux environs du site. Les pourcentages de *Tilia* (1,5-10 %) indiqueraient son abondante présence locale (Huntley et Birks, 1983). Il est intéressant de noter que certains spectres voient le développement de la chênaie mixte. Quelques arbres à affinités hygrophiles (*Alnus*, *Fraxinus*...) seraient localisés à proximité de lieux plus humides. Les arbres méditerranéens, représentés par *Quercus* t. *ilex/coccifera* et *Olea*, auraient occupé les espaces de plus basse altitude.

Le retrait des arbres s'accompagne de l'essor des taxons xérophiles tels que *Artemisia*, qui évolue simultanément avec les Asteroideae. Ainsi, se développe une pelouse comprenant également des Poaceae, auxquels se joignent sporadiquement quelques Cupressaceae, des Amaranthaceae/Chenopodiaceae, *Centaurea*, Caryophyllaceae, *Helianthemum* et *Thalictrum*. L'évolution similaire de *Artemisia*, avec ces taxons xérophiles et/ ou steppiques, indiquerait qu'il s'agit ici d'un taxon à affinités également xériques et/ou steppiques. Cependant, l'évolution simultanée de ce taxon avec le groupe des méso-thermophiles pourrait signifier l'existence de *Artemisia* de différents milieux, pour lesquels aucune distinction pollinique n'a été possible. Dans ce paysage les taxons ubiquistes, essentiellement les Apiaceae, les Lamiaceae, les Ranunculaceae et les Rosaceae sont bien représentés. Des pollinies de taxons herbacés (Apiaceae, Asteraceae, *Artemisia* et Poaceae) confirmeraient leur présence locale.

**Zone Man 3**

La zone Man 3 s'individualise par le développement de *Betula* qui atteint ses valeurs optimales. Les pollinies de ce taxon, attesteraient sa présence dans le voisinage du site. La formation arborée mixte de hautes et moyennes altitudes est toujours présente et aussi diversifiée que dans la zone précédente mais moins importante. *Fagus* et *Quercus* montrent des variations irrégulières de faible amplitude. Les méditerranéens, en dehors de *Quercus* t. *ilex/coccifera* se raréfient.

Les plus basses altitudes seraient colonisées par une végétation herbacée xérophile composée essentiellement par *Artemisia*, les Asteroideae, les Poaceae ainsi que par quelques Amaranthaceae/Chenopodiaceae.

**Zone Man 4**

Cette zone est marquée par un changement profond dans la composition et la structure de la végétation, qui conduit à l'ouverture du paysage, devenant désormais steppique. L'amenuisement de tous les taxons arboréens, parmi lesquels certains disparaissent, est concomitant à la progression de *Artemisia* qui enregistre ses valeurs maximales. Ce phénomène est aussi visible dans le diagramme des concentrations absolues.

Ce paysage est constitué par des herbacées xérophiles de basses altitudes qui formeraient une steppe. Les ubiquistes sont également présents.

La strate arborée recule et s'appauvrit. Ce fait serait également soutenu par la présence de *Hedera* qui ne peut fleurir que dans des milieux peu denses à l'état de liane (Iversen *in* Birks et Birks, 1980). Selon S. Bottema (2001), ce taxon est sous-représenté dans la pluie pollinique actuelle et des pourcentages aux alentours de 1% indiqueraient qu'il était commun dans la forêt régionale. Même *Pinus*, le taxon dominant, régresse. Une pollinie de ce taxon repérée dans l'échantillon n° 28, suggèrerait sa présence dans les environs du site malgré sa faible représentation, probablement sous forme de bosquets ou d'individus isolés. *Quercus* t. *ilex/coccifera* reste le seul taxon méditerranéen. Le recul simultané de tous les arbres, qui évoluent dans le même sens que leurs fréquences absolues, traduirait leur absence locale ou une présence très limitée.

**Zone Man 5**
Pour la zone Man 5 tous les diagrammes montrent un début de recolonisation par les composants du couvert arboré malgré la persistance des herbacées.

Dans les basses altitudes, la pelouse formée par des herbacées xérophiles est toujours présente, cependant la composition de sa végétation aurait légèrement changé car *Artemisia* chute au profit des Poaceae, les autres taxons xérophiles restant globalement stables. Les Cyperaceae ne s'installent qu'au sommet de la zone. Les Ranunculaceae et les Rosaceae se développent également. Enfin, les pollinies des Amaranthaceae/Chenopodiaceae, Brassicaceae et Poaceae mises en évidence dans cette zone, corroboraient, à leur présence locale.

La strate arborée voit le développement de *Betula*, qui aurait colonisé des espaces découverts, de *Corylus* ainsi que de *Tilia* auxquels se mêlent sporadiquement quelques Cupressaceae, *Hedera* et *Alnus*. Parmi les méditerranéens seul *Quercus* type *ilex/coccifera* est toujours présent à de faibles taux.

**Zone Man 6**
Le paysage se transforme légèrement. Certaines espèces méso-thermophiles des moyennes altitudes reculent (*Corylus*, *Tilia*), à la faveur des méditerranéens auxquels se jouxte un cortège d'herbacées xérophiles assez diversifié. Dans cette formation herbacée, les Poaceae progressent aux dépens de *Artemisia*. Leur présence locale est confirmée par diverses pollinies repérées. Il faut également noter le développement progressif mais discontinu des Cyperaceae qui indiqueraient une certaine humidité locale. Leur disparition dans des spectres n° 47 et n° 48 et leur réapparition, dans le spectre n° 49, avec un pourcentage de 6 % pourrait évoquer une lacune sédimentaire à cet endroit.

**Zone Man 7**
Cette zone enregistre l'essor des feuillus méso-thermophiles et des méditerranéens, aux dépens de la strate herbacée.

Plus précisément, les essences méso-thermophiles caducifoliés de moyennes altitudes progressent et constituent des formations plus importantes comprenant *Quercus*, *Corylus* et *Tilia*, à coté desquels se manifestent quelques *Acer*, *Pistacia*, *Hedera* et *Alnus*. *Fraxinus*, qui s'établit et se développe de nouveau, serait localisé avec *Alnus* dans les endroits humides. *Cedrus* s'enregistre pour la première fois. Sa présence serait, vraisemblablement, due à un apport lointain (de Beaulieu & Reille, 1973). Parmi les méditerranéens de basses altitudes, l'apparition de *Pistacia* est à noter. Les pics de *Pinus* et de *Quercus* type *ilex/coccifera* dans l'échantillon n° 50 seraient le résultat d'un alea statistique car tous deux ne sont pas repérés dans le diagramme de concentrations absolues.

La végétation herbacée s'appauvrit. Les xérophiles diminuent en basse altitude et parmi les ubiquistes, seuls les Cyperaceae augmentent sensiblement au sommet de la zone.

**Zone Man 8**
Elle présente la plus grande diversité taxonomique de toute la séquence. La strate herbacée est marquée par une modification dans sa composition floristique. Parmi les ubiquistes, les Ericaceae, étant apparues jusqu'alors de façon sporadique, s'installent nettement et progressent constamment. Les Scrofulariaceae se développent également pour la première fois, auxquelles se jouxtent les Ranunculaceae ainsi que quelques Apiaceae, Cyperaceae, Lamiaceae et *Plantago*. Les herbacées xérophiles des basses altitudes diminuent malgré le développement des Cupressaceae. Par ailleurs, leur apparition subite avec un taux aux alentours de 6 % pourrait suggérer une lacune sédimentaire à cet endroit.

Dans le couvert arboré, *Pinus* régresse au profit des feuillus. *Abies* taxon montagnard, est présent le long de la zone de façon conséquente. Les méso-thermophiles composeraient des formations assez significatives sur les pentes de moyenne altitude. Les zones plus basses seraient colonisées par des méditerranéens à savoir *Quercus* t. *ilex/coccifera*, *Olea*, *Phillyrea* et de rares *Pistacia* et *Cistus*.

**Zone Man 9**
La zone Man 9 met en évidence une transformation dans la composition et la structure de la végétation qui devient désormais semi-forestière.

Le couvert arboré se densifie étant toutefois mois diversifié que celui de la zone précédente. *Pinus* (18-38 %) voit de nouveau ses valeurs s'amplifier. En altitude, *Abies* (2,5-7 %), taxon exigeant en humidité, est bien développé. Parmi la formation arborée caducifoliée de moyennes altitudes *Quercus* t. *pedunculata/pubescens* devient le taxon dominant. En basse altitude les méditerranéens sont désormais représentés que par *Quercus* t. *ilex/coccifera*. Quelques arbres hygrophiles tels que *Alnus*, *Betula* et *Fraxinus* occuperaient des endroits humides.

La strate herbacée s'appauvrit en régressant en nombre de taxons et en densité. Les Ericaceae chutent, les autres taxons herbacés ne se repèrent que sporadiquement. Certains d'entre eux s'effacent totalement. Seuls les Poaceae et les Ranunculaceae maintiennent leurs valeurs.

## 6.2. Reconstitution du climat

La végétation déduite de l'assemblage pollinique de Arma delle Manie est marquée par la présence quasi-continue des essences méso-thermophiles et méditerranéennes. Le développement des taxons méditerranéens impliquerait un contraste saisonnier marqué ou une sécheresse au moins estivale, qui ne serait pas en désaccord avec l'importance du groupe des xérophiles. Néanmoins, la particularité de la proximité dans ce secteur géographique, à la fois, de la mer et de la montagne pourrait être à l'origine d'une humidité continuellement opérante. Celle-ci aurait modéré l'impact de l'aridité régionale, permettant le développement de ces taxons méso-thermophiles. La présence constante des taxons arborés et la survie de certains d'entre eux pendant les périodes de dégradation climatique impliqueraient l'existence de zones abritées ayant servi de refuges (Renault-Miskovsky, 1972). L'existence de telles zones est sans doute à relier avec la variabilité topographique de la région.

Ainsi, comme il a été déjà montré dans certaines séquences polliniques méditerranéennes (Tzedakis *et al.*, 2002), les données polliniques de Arma delle Manie mettent en évidence l'existence à proximité du site d'un secteur relativement stable sur le plan écologique, où le microclimat aurait modéré les effets extrêmes de la variabilité climatique quaternaire. De ce fait, même pendant les périodes de dégradation climatique, malgré le repli du couvert arboré, ces zones abritées auraient empêché son élimination totale.

Dans la zone Man 1, le développement des feuillus méso-thermophiles et les taux bas des xérophiles, indiquerait un climat tempéré avec une certaine humidité. La présence modeste des taxons méditerranéens suggère que la moyenne des températures serait modérée.

La zone Man 2 montre le recul de *Pinus* et *Corylus* à la faveur de *Fagus* et du développement des herbacées xérophiles. Cela suggère une légère détérioration climatique qui devait correspondre à une baisse des températures. La persistance des méso-thermophiles indique, toutefois, le caractère assez tempéré du climat.

La zone Man 3 avec le développement de *Betula* indique des conditions climatiques encore moins clémentes que celles caractérisant la zone Man 2. L'abondance relative de ce taxon parmi le couvert arboré, rappelant certains interstades du Lago Grande di Monticchio (zones 11, 9 et 5a), indiquerait des étés relativement frais (Allen *et al*, 2000). Néanmoins, le régime climatique devait être suffisamment humide pour permettre le développement des taxons méso-thermophiles.

La zone Man 4, montre l'expansion des herbacées xérophiles et/ou steppiques, couplée à la quasi-disparition des arbres, ce qui impliquerait une aridité marquée. Cet intervalle présente des conditions climatiques sévères, les plus rudes de toute la séquence. Les températures seraient basses ainsi que les précipitations.

La zone Man 5 avec le développement des feuillus tels que *Betula*, *Corylus* et *Tilia* indique une amélioration climatique avec une augmentation des températures et des précipitations.

Dans la zone Man 6, le retour de *Quercus* t. *ilex/coccifera* et de *Olea* et l'apparition de *Pistacia* et *Phillyrea* donnent au climat un caractère méditerranéen. L'installation des Cyperaceae, impliquerait cependant une humidité locale opérante.

Au sein de la zone Man 7, la végétation méso-thermophile, constituée principalement par *Quercus*, *Corylus* et *Tilia* se serait développée sous un climat tempéré, plus chaud que celui de la zone précédente. L'augmentation simultanée des méditerranéens avec les feuillus caducifoliés suggère un contraste saisonnier.

En revanche, dans la zone Man 8 le développement des caducifoliés et des ubiquistes indiquerait un paysage semi-ouvert sous un régime tempéré. La progression des taxons méditerranéens, indique une sécheresse au moins estivale et probablement une hausse des températures.

La zone Man 9 avec le développement des essences méso-thermophiles, évoque un climat tempéré et humide. Ceci est en accord avec la disparition des taxons méditerranéens parmi lesquels seul *Quercus* t. *ilex/coccifera* subsiste et des taxons xérophiles. La progression de *Abies* plaiderait pour une augmentation des précipitations dans les altitudes plus élevées.

D'après ces résultats, les zones définies à Arma delle Manie possèdent pour la plupart d'entre elles un caractère interstadiaire et/ou interglaciaire. Seule la zone Man 4 serait attribuable à une phase stadiaire (glaciaire).

La formation végétale de la première zone (Man 1) pourrait correspondre à une partie d'un interglaciaire ou à un épisode interstadiaire et les deux zones suivantes (Man 2 et 3 ) à des épisodes interstadiaires. La zone Man 4, constituée seulement de quatre échantillons, peut être rattachée à une phase stadiaire (glaciaire). Les zones Man 5 et 6, plus complexes, peuvent s'attribuer à des épisodes interstadiaires. Leur succède un intervalle (zones Man 7, 8 et 9 ) attribuable à des périodes interstadiaires ou à une partie d'un interglaciaire. L'attribution de la quasi-majorité de ces zones uniquement à des périodes interstadiaires et ou interglaciaires est sans doute à relier avec l'existence de nombreuses lacunes sédimentaires.

L'attribution des zones polliniques par leurs caractéristiques à des intervalles distincts est délicate. En suivant la même démarche que celle adoptée à Caverna delle Fate, les résultats palynologiques seront d'abord mis en parallèle avec les données des autres disciplines qui ont étudié le site (datations, industrie lithique, macrofaune, microfaune). Ensuite, ils seront comparés avec les longues séquences de référence ainsi qu'avec des sites archéologiques afin de pouvoir les situer dans le cadre chronostratigraphique régionale.

Le tableau 11 présente les principaux caractères de la végétation et du climat du site de Arma delle Manie.

## 7. COMPARAISON AVEC LES DONNES DES AUTRES DISCIPLINES

La corrélation entre les résultats de la Palynologie et ceux des autres disciplines ne peut s'effectuer que partiellement et dans un contexte général. Les autres études réalisées se portent essentiellement sur la partie inférieure du remplissage, incluant les 7 couches archéologiques. La partie supérieure, préservée uniquement sous forme de lambeaux, n'a pas été étudiée de façon approfondie jusqu'alors. De plus, l'établissement des zones polliniques ne suit pas les limites altitudinales des 7 niveaux archéologiques ce qui rend impossible une comparaison par couche archéologique.

Il faut, signaler que les prélèvements palynologiques et sédimentologiques ont été réalisés sur les mêmes coupes. L'étude sédimentologique est en cours de réalisation.

### 7.1. Analyse palynologique antérieure

La comparaison de nos résultats avec ceux issus de la première analyse palynologique du site, effectuée par D. Arobba (1976), montre une concordance assez satisfaisante. La première étude, n'a livré des résultats valables que dans le deuxième niveau de la couche VII (G VII/2) qui correspondrait à la base de la zone Man 2, de la présente étude. Selon la première analyse, le couvert arboré est notamment constitué par *Pinus*, *Quercus*, *Corylus* et *Tilia*. La strate arbustive et herbacée xérophile est essentiellement représentée par des Cupressaceae, des Asteraceae et des Poaceae auxquels se joignent quelques ubiquistes à savoir des Apiaceae, Cyperaceae et Lamiaceae. Ce type de végétation serait, selon l'auteur, développé sous un climat frais relativement humide ce qui corrobore les résultats de la présente étude.

### 7.2. Datations

Les datations radiométriques sont en cours. Toutefois, l'analyse d'un plancher stalagmitique se situant à la base du niveau archéologique VII, par la méthode U/Th, a livré une date approximative de 90 000 ans B.P. (Mehidi, comm.pers.). Malheureusement, cette date nous a été transmise sans aucune fourchette d'âge et, par conséquent, toute proposition basée sur elle doit être émise avec grande prudence. Cet âge, positionnerait la formation de ce plancher stalagmitique dans le dernier stade ou le dernier interstade du Préglaciaire (Melisey II ou St Germain II de la Grande Pile). La zone pollinique Man 1 serait antérieure à ces épisodes et la zone pollinique Man 2, synchrone ou postérieure. Une remarque intéressante est que l'analyse palynologique a détecté une lacune sédimentaire vers la base de la couche 7, entre les zones polliniques Man 1 et Man 2, qui pourrait être liée à l'existence du plancher stalagmitique à ce niveau.

### 7.3. Faune

Parmi les restes de la grande faune, l'importance des cervidés, et essentiellement du Cerf élaphe dans les sept niveaux archéologiques, rend délicate l'attribution du site à une période précise du Pléistocène supérieur. Toutefois, l'apparition du Cheval dans la couche V et l'augmentation de la fréquence de l'Aurochs à partir de la couche IV plaident en faveur d'une ouverture du paysage (Psathi, en cours).

| Zone | Végétation | Milieu | Climat |
|---|---|---|---|
| Man 9 | Progression de *Abies* et *Pinus*<br>Léger développement de *Quercus*<br>Disparition de *Pistacia*, *Olea* et *Phillyrea* | **Milieu semi-fermé**<br>Formation dominée par *Pinus* et *Quercus*<br>Progression des méso-thermophiles en moyenne altitude<br>Strate herbacée reduite et peu diversifiée | Témperé humide |
| Man 8 | Maintient des méso-thermophiles<br>Développement des méditerranéens<br>Développement des Cupressaceae, *Abies*, Ericaeae, Amaranthaceae/ Chenopodiaceae et Ranunculaceae | **Milieu semi-ouvert**<br>Stabilité de la formation des méso-thermophiles sur les premières pentes<br>Strate méditerranéenne plus diversifiée<br>Recul des herbacées xérophiles des basses altitudes | Tempéré à caractère méditerranéen |
| Man 7 | Progression de *Pinus*, *Corylus*, *Quercus* t. *ilex/coccifera* et *Tilia*<br>Recul des Poaceae<br>Disparition des Amaranthaceae/ Chenopodiaceae | **Milieu semi-fermé**<br>Développement des feuillus méso-thermophiles de moyennes altitudes<br>Progression des méditerranéens en basse altitude<br>Régression de la végétation herbacée xérophile des basses altitudes | Tempéré chaud<br>Contrast saisonnier |
| Man 6 | Présence discontinue pour la plupart des arbres<br>Léger développement de *Quercus* t. *ilex/coccifera*<br>Présence de *Olea* au sommet de la zone<br>Maximun des Poaceae<br>Progression des Cyperaceae | **Milieu semi-ouvert**<br>Formation méso-thermophile des moyennes altitudes diversifiée mais peu importante<br>Léger développement des méditerrannéens en basse altitude<br>Herbacées xérophiles bien développées en basse altitude | Tempéré à caractère méditerranéen |
| Man 5 | Installation des Cupressaceae à la base de la zone<br>Développement de *Betula*, *Corylus* et *Tilia*<br>Réapparition de *Olea*<br>Régression de *Artemisia* au profit des Poaceae | **Milieu semi-ouvert**<br>Réinstallation de quelques feuillus méso-thermophiles en moyenne altitude<br>Pelouse à Poaceae en basse altitude | Amélioration climatique<br>Reprise de l'humidité |
| Man 4 | Quasi-disparition des ligneux<br>Progression des herbacés xérophiles<br>Maximum de *Artemisia* | **Milieu ouvert**<br>Paysage steppique à *Artemisia* et Poaceae<br>Rareté des feuillus | Froid et sec |
| Man 3 | Progression de *Betula*<br>Oscillations de faible amplitude de *Quercus*, *Fagus* et *Tilia*<br>Récul des méditerranéens<br>Stabilité de *Artemisia*<br>Installation des Amaranthaceae/ Chenopodiaceae | **Milieu semi-fermé**<br>Formation méso-thermophile clairsemée en moyenne altitude<br>Stabilité de la végétation herbacée xérophile en basse altitude | Frais mais assez humide |
| Man 2 | Recul de *Corylus*<br>Développement de *Fagus*<br>Disparition de *Olea* au sommet de la zone<br>Progression de *Artemisia* et des Asteroideae<br>Développement des Rosaceae | **Légère ouverture du paysage**<br>Stabilité de *Pinus*<br>Légère dégradation de la formation méso-thermophile<br>Progression des xérophiles en basse altitude | Légère détérioration climatique mais caractère toujours témperé |
| Man 1 | Végétation mixte à *Pinus* et *Corylus*<br>Développement de *Betula*, *Quercus*, *Tilia* et *Ulmus*<br>Présence de *Carpinus* t. *orientalis*/ *Ostrya* t. *carpinifolia*, *Hedera*, *Fagus* et *Olea*<br>Minimum de *Artemisia* | **Milieu semi-fermé**<br>Formation dominante de *Pinus*<br>Forêt clairsemée des méso-thermophiles sur les premières pentes<br>Présence des méditerranéens<br>Strate herbacée xérophile restreinte en basse altitude | Tempéré chaud relativement humide |

Tableau 11 : Principaux caractères de la végétation et du climat déduits de l'analyse pollinique de Arma delle Manie.

Ces couches se retrouvent à l'intérieur de la zone pollinique Man 2, qui met en évidence l'installation d'une pelouse à *Artemisia*, Asteraceae, Poaceae et Ranunculaceae, ce qui serait en accord avec les données de la faune.

## 7.4. Microfaune

L'étude des rongeurs (Abassi, 1999), concernant l'environnement proche du site, révèle deux points intéressants : la présence continue d'espèces méditerranéennes, ce qui confirme les résultats palynologiques et l'existence d'espèces des bordures d'eau, également en accord avec la présence des taxons polliniques se localisant à des endroits humides tels que *Alnus*, *Betula*, *Fraxinus* et *Salix*.

En revanche, la répartition des groupes écologiques de rongeurs dans les 7 niveaux archéologiques, suggère une alternance entre des conditions climatiques froides et humides et des conditions chaudes et arides (*cf.* p. 101). Ces constatations sont pour la plupart en contradiction avec les résultats palynologiques qui ne l'ont pas détecté dans cette séquence d'association végétale en déduisant de telles conditions climatiques.

Le tableau 12 constitue une synthèse des résultats palynologiques dans l'ensemble du remplissage de Arma delle Manie.

| Colonnes de prélèvements | Echantillons | Zones de prélèvements | Profondeur en cm (sous le plan 0) | Niveaux stratigraphiques | Niveaux archéologiques | Zones polliniques | Milieu | Climat |
|---|---|---|---|---|---|---|---|---|
| F | 65 | O.4 | 27-24 | 2 | | Non exploitable | | |
| | 64 | | 30-27 | | | | | |
| E | 63 | Q.5 | 34-31 | 3 | | Man 9 | Milieu semi-fermé | Tempéré humide |
| | 62 | | 37-34 | | | | | |
| | 61 | | 40-37 | | | | | |
| | 60 | | 43-40 | | | Man 8 | Milieu semi-ouvert | Tempéré à caractère méditerranéen |
| | 59 | | 46-43 | | | | | |
| | 58 | | 49-46 | | | | | |
| | 57 | | 52-49 | | | | | |
| | 56 | | 55-52 | | | | | |
| | 55 | | 58-55 | | | | | |
| | 54 | | 61-58 | | | | | |
| | 53 | | 64-61 | | | | | |
| | 52 | | 67-64 | | | | | |
| D | 51 | P.4 | 82-67 | | | Man 7 | Milieu semi-fermé | Tempéré chaud |
| | 50 | | 92-82 | 4 | | | | |
| | 49 | | 95-92 | 5a | | Man 6 | Milieu semi-ouvert | Tempéré à caractère méditerranéen |
| | 48 | | 98-95 | | | | | |
| | 47 | | 101-98 | | | | | |
| | 46 | | 104-101 | | | | | |
| | 45 | | 107-104 | | | | | |
| | 44 | | 110-107 | | | | | |
| | 43 | | 113-110 | | I | | | |
| | 42 | | 116-113 | | | | | |
| | 41 | | 119-116 | | | | | |
| | 40 | | 122-119 | | | Man 5 | Milieu semi-ouvert | Amélioration climatique<br>Reprise de l'humidité |
| | 39 | | 125-122 | | | | | |
| | 38 | | 128-125 | | | | | |
| | 37 | | 131-128 | | | | | |
| | 36 | | 134-131 | | | | | |
| | 35 | | 137-134 | | | | | |
| | 34 | | 140-137 | | | | | |
| C | 33 | Q.6 | 144-140 | 5b | | | | |
| | 32 | | 147-144 | | | | | |
| | 31 | | 150-147 | | | Man 4 | Milieu ouvert | Froid et sec |
| B | 30 | P.5/P.6 | 153-150 | | | | | |
| | 29 | | 156-153 | | | | | |
| | 28 | | 159-156 | | | | | |
| | 27 | | 162-159 | | II+III | Man 3 | Milieu semi-fermé | Frais mais assez humide |
| | 26 | | 165-162 | | | | | |
| | 25 | | 168-165 | | | | | |
| | 24 | | 171-168 | | | | | |
| | 23 | | 174-171 | | | | | |
| | 22 | | 177-174 | | | | | |
| | 21 | | 180-177 | | | | | |
| | 20 | | 183-180 | 6 | IV | | | |
| | 19 | | 186-183 | 7 | VI+V | | | |
| | 18 | | 189-186 | | | | | |
| | 17 | | 192-189 | | | Man 2 | Légère ouverture du paysage | Légère détérioration climatique |
| | 16 | | 195-192 | | | | | |
| | 15 | | 198-195 | | | | | |
| | 14 | | 201-198 | | | | | |
| | 13 | | 204-201 | | | | | |
| | 12 | | 207-204 | | | | | |
| | 11 | | 210-207 | 8 | VII | | | |
| | 10 | | 213-210 | | | | | |
| | 9 | | 216-213 | | | | | |
| A | 8 | O.5/O.6 | 219-216 | | | Man 1 | Milieu semi-fermé | Tempéré à chaud relativement humide |
| | 7 | | 222-219 | | | | | |
| | 6 | | 225-222 | | | | | |
| | 5 | | 228-225 | | | | | |
| | 4 | | 231-228 | | | | | |
| | 3 | | 234-231 | | | | | |
| | 2 | | 237-234 | | | | | |
| | 1 | | 240-237 | | | Stérile | | |

Tableau 12 : Synthèse des résultats palynologiques dans l'ensemble du remplissage de Arma delle Manie.

## 8. CONCLUSIONS

L'analyse palynologique de Arma delle Manie, effectuée sur la totalité du remplissage sédimentaire, livre des données inédites, sur le long intervalle chronologique se rapportant au dernier cycle climatique et au Postglaciaire.

Les ACP ont montré la distribution de la végétation en différentes altitudes. Les conifères, dont essentiellement *Pinus*, devraient occuper les hautes altitudes, mais ce taxon, grâce à son amplitude écologique, pourrait également se mélanger à toutes les autres associations. Les éléments de la forêt méso-thermophile auraient colonisé les moyennes altitudes et les taxons xérophiles et méditerranéens les endroits ouverts en basse altitude. Cette même analyse statistique a mis en évidence la distribution de Rosaceae, parmi les taxons arborés, suggérant qui il s'agisse, ici, d'espèces ligneuses.

Neuf zones polliniques ont été définies. Celles-ci présentent l'évolution de la végétation et du climat. Dans la zone Man 1, l'association végétale à éléments caducifoliés et méditerranéens reflète un climat de type interglaciaire ou interstadiaire. Après un éventuel hiatus détecté par l'analyse palynologique au sommet de cette zone, la progression des taxons xérophiles et/ou steppiques et le léger recul des arbres au sein des zones Man 2 et 3, indiquent des périodes climatiques moins clémentes que la précédente mais qui conservent un cachet tempéré. Ces deux zones pourraient également s'attribuer à des épisodes interstadiaires. La zone Man 4 enregistre la phase climatique la plus sévère de la séquence, avec le recul des ligneux méso-thermophiles et méditerranéens au profit des herbacées xérophiles et/ou steppiques, et peut correspondre à une phase stadiaire (glaciaire). L'amélioration climatique que la zone Man 5 exprime par la suite, pourrait indiquer une phase interstadiaire. Pareillement, la composition floristique de la zone Man 6, malgré le faible taux du couvert arboré, évoque un climat assez clément sous influence méditerranéenne, probablement au sein d'un épisode interstadiaire. Une deuxième lacune a été repérée par l'analyse palynologique au sein de cette zone. Une transformation de la végétation se repère dans la zone Man 7, avec le développement de taxons méso-thermophiles et méditerranéens au détriment des herbacées xérophiles. Cette végétation se serait développée sous un régime climatique tempéré sous influence méditerranéenne au sein d'un épisode interstadiaire. Le couvert arboré très diversifié, de la zone Man 8, qui associe des éléments méso-thermophiles et méditerranéens et qui s'est développé vraisemblablement sous un climat de type méditerranéen, serait propre à un épisode interglaciaire. Après un éventuel hiatus au sommet de cette zone, la dernière zone, Man 9, montre le recul de la strate herbacée au profit du couvert arboré sous des conditions climatiques tempérées et humides et reflète également un épisode interglaciaire.

La comparaison de cette séquence avec les séquences lacustres et les sites archéologiques, pourrait permettre d'attribuer les zones décrites ci-dessus à des épisodes distincts du Pléistocène supérieur et de l'Holocène et apporter ainsi plus de précisions quant à leur position chronostratigraphique.

# CHAPITRE VII

–

# San Francesco

# I. PRESENTATION DU SITE

## 1. LOCALISATION GEOGRAPHIQUE

La station moustérienne de San Francesco se situe à 18 m d'altitude absolue, en plein centre de la ville de San Remo (Imperia) (Fig. 40). Il se positionne près de la place Colombo sur les pentes sud-est de la colline « La Pigna », sur laquelle a été établie la « Citta de Vecchia », et sur la rive gauche du Vallon de San Francesco, qui est actuellement recouvert par la Via San Francesco.

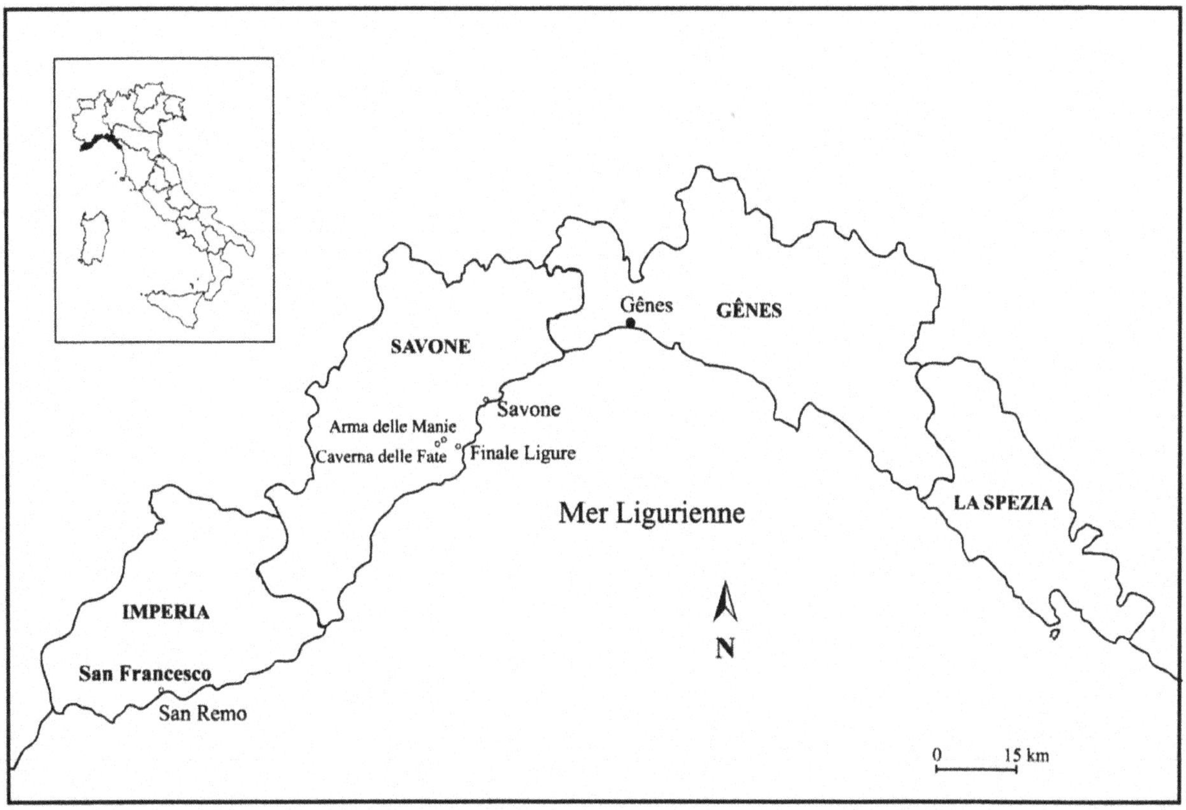


Figure 40 : Localisation géographique du site de San Francesco en Ligurie.

## 2. HISTORIQUE DES FOUILLES

Le site de San Francesco a été découvert le 26 février 1960 par de jeunes préhistoriens : Bruno Natta, Enro Bernandini, Massimo Ricci, Franco Ferdiani, Giordanno Ballardini, lors des travaux de fondation d'un immeuble moderne, qui ont presque détruit le gisement. La découverte a été signalée à l'Institut d'Etudes Ligures de Bordighera et à la Surintendance des Antiquités de la Ligurie qui ont mené une campagne de sauvetage.

La première véritable campagne de fouilles, réalisée par G.Isetti, met en évidence un petit lambeau en place, dans un dépôt colluvial sablo-argileux, riche en matériel archéologique. Ce matériel a permis l'attribution du gisement « à la fin du Würmien II ou à l'Interwürmien II-III » (Lumley de et Isetti, 1965).

En février 2001, une campagne de prélèvements a été effectuée en collaboration entre l'Institut de Paléontologie Humaine, le Laboratoire de Nice et le Musée de San Remo, sous la direction du Professeur Henry de Lumley et de Massimo Ricci. En dehors des prélèvements palynologiques qui font l'objet de la présente étude, d'autres séries de prélèvements ont été réalisées, destinées à des études de sédimentologie, de micromorphologie, de susceptibilité magnétique et de datations.

## 3. Stratigraphie du gisement

Deux coupes stratigraphiques peuvent être observées aujourd'hui. Celles-ci ont été protégées par les travaux immobiliers des années 60. La première coupe, appelée Orto del P.P. Gesuiti, est située à Via San Francesco. La deuxième coupe se trouve sur la Via Astraldi. Seule la première coupe sera décrite ici, l'analyse de la deuxième étant en cours de réalisation.

Cette coupe, orientée NW-SE, fait environ 19 m de long sur 3 m de haut (Fig. 41). Elle se subdivise en 7 niveaux stratigraphiques de la base vers le sommet :

- niveau 6 : terrasse fluviatile, à matrice sableuse de couleur jaune ocre et rouge constitué principalement de galets ;
- niveau 5 : argile sableuse allant du rouge au jaune ocre, contenant un lit de galets discontinu ;
- niveau 4 : poche d'argile rouge homogène renfermant à sa base de nodules de manganèse ;
- niveau 3a : sable limoneux de couleur brun-foncé. Cette nuance foncée est le seul critère de différenciation entre ce niveau et le niveau 3 sus-jacent ;
- niveau 3 : sable limoneux de couleur brun clair. A la base de ce niveau, uniquement du coté SE et entre 14,5 et 18 m., il existe une couche très litée de 15 cm d'épaisseur. Cette couche est composée de lits de graviers alternés avec des lits des sables grossiers ;
- niveau 2 : terre grisâtre, comprenant des racines végétales, qui se sont transformées en humus. Ce niveau qui n'existe que localement, est coupé à l'extrémité NW par une fosse ;
- niveau 1 : terre noire remaniée.

La dernière étude sédimentologique du remplissage qui porte sur les niveaux stratigraphiques 2 à 6, a permis de subdiviser la séquence en quatre ensembles.

L'ensemble de base correspond au niveau fluviatile et comprend une faible fraction sablo-argileuse, qui s'est déposée postérieurement, par infiltration. Les trois ensembles suivants de fraction sablo-argileuse se sont déposés par ruissellement et par l'action éolienne (Nadri, 2002).

Les niveaux stratigraphiques 6, 5 et 4 sont attribués à la période contemporaine de la culture moustérienne. Dans les couches 3 et 3a, de la céramique néolithique a été découverte tandis que le niveau 2 a livré des céramiques médiévales (Ricci, com.pers.), ce qui les rapporte à l'Holocène.

## 4. La faune

Le matériel faunique retrouvé, bien qu'assez riche, est très fragmentaire. Il se distingue par la prédominance du Cerf élaphe (*Cervus elaphus*), dont le pourcentage atteint 70%, accompagné d'une relative abondance de Cheval (*Equus caballus*) (30%). Le Rhinocéros (*Rhinoceros sp.*) est également présent et le Chevreuil (*Capreolus capreolus*) est très rare.

Le Cerf est principalement représenté par des bois tombés naturellement et ramassés ensuite par l'Homme. La remarquable proportion du Cheval, qui est quasi absent dans les sites voisins de Caverna delle Fate, Arma delle Manie et Madonna dell'Arma, est caractéristique de la deuxième phase du Würm (Würm récent) (Lumley-Woodyear de, 1969).

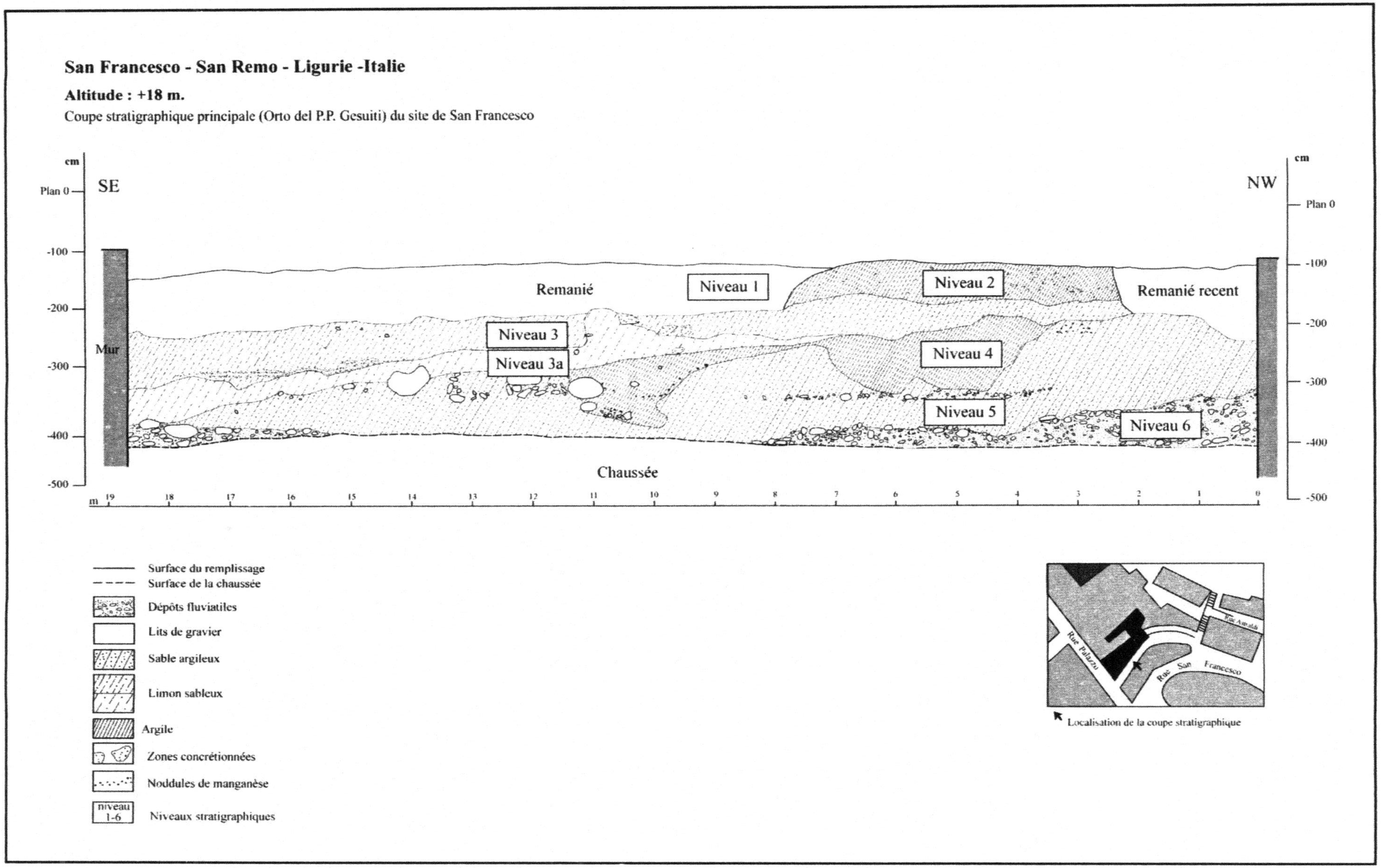


Figure 41 : Coupe stratigraphique principale (Orto del P.P. Gesuiti) du site de plein air de San Francesco.

## 5. L'INDUSTRIE LITHIQUE

Une abondante industrie a été découverte à San Francesco, étudiée dans un premier temps par les Professeurs G. Isetti et H. de Lumley (Isetti, 1961 ; Lumley de et Isetti, 1965 ; Lumley-Woodyear de, 1969) (Fig. 42).

Il s'agit de pièces principalement taillées sur quartzite et calcaire marneux et rarement en silex. L'indice laminaire très élevé est l'une des caractéristiques qui marquent cet outillage. Le groupe paléolithique supérieur (essentiellement des burins et des couteaux à dos) est bien représenté et surpasse le groupe moustérien. Ces deux groupes sont pourtant dominés par le groupe à denticulés. Ainsi, son examen techno-typologique classe cette industrie dans « un Moustérien à denticulés de débitage et de faciès levalloisiens, tardif et évolué, riche en couteaux à dos naturel » (Lumley de et Isetti, 1965).

Enfin, certains caractères de l'industrie de San Francesco s'avèrent similaires à l'industrie de la grotte Tournal (Bize).

Un nouvel examen, effectué sur l'outillage de San Francesco par A. Tavoso (1988), confirme ces données et apporte quelques informations supplémentaires.

Un total de 5479 pièces a été étudié, dont 2485 éclats et lames entiers, 2388 fragments et 380 petits éclats, qui mettent en évidence :
- un débitage principalement moustérien, à nucleus levallois, disques et discoïdes, mais adapté à la production des lames,
- un outillage sur éclat, marqué par les formes indifférenciées, dont principalement les encoches et les denticulés.
Dans cet ensemble, le groupe moustérien est réduit et de qualité moyenne tandis que le groupe paléolithique supérieur est abondant mais de composition originale avec de nombreux burins et outils à retouche abrupte.

Ces caractères différencient cette industrie de celles de la bordure méditerranéenne (Ligurie, Provence, Languedoc, Catalogne), de faciès principalement Charentien ou Moustérien typique riche en racloirs (Lumley-Woodyear de, 1969). De même, ils la distinguent des premières expressions régionales aurignaciennes du Paléolithique supérieur.

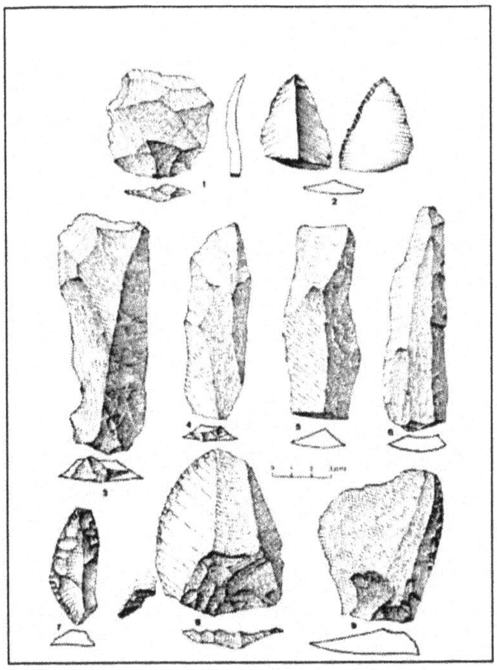

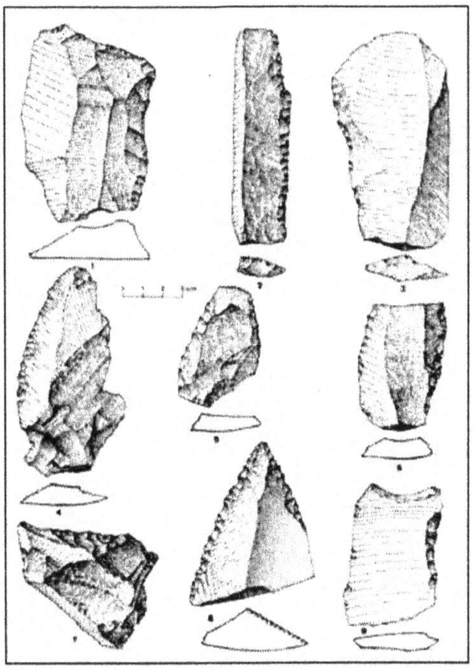

1. Eclat levallois typique arrondi. 2. Pointe de Soyons. 3 à 6. Lames levallois typiques allongées. 7. Pointe moustérienne. 8. Racloir simple convexe. 9. Racloir simple convexe par retouches minces.

1 à 4. Racloirs simples. 5,6. Racloirs doubles biconvexes. 7. Racloir transversal droit. 8. Racloir convergent convexe par retouches épaisses.9. Racloir sur face plane simple concave par retouches épaisses.

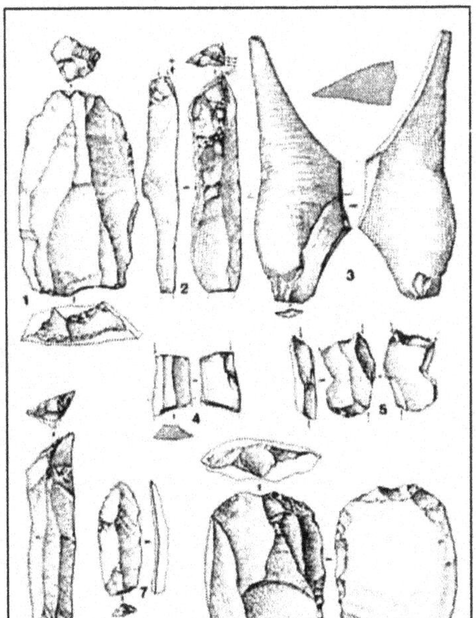

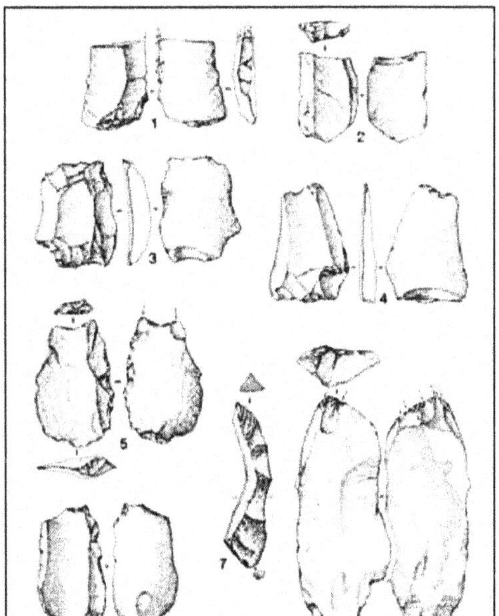

1,8. Nucléus Levallois à lames ; 2. Burin sur lame à crête. 3. Lame Kombewa ; 4. Burin plan inverse sur cassure. 5. Burin triple sur troncature. 6. Lame à résidu distal à crête 7. Racloir partiel.

1. Burin d'angle sur cassure. 2. Troncature. 3. Encoche. 4. Encoche. 5. Burin double sur troncature associé à un racloir denticulé biface. 6. Perçoir. 7. Lame à crête 8. Burin carènoïde sur lame corticale.

Figure 42 : Industrie lithique de la station de San Francesco (d'après Lumley-Woodyear de, 1969).

## II. ETUDE PALYNOLOGIQUE

L'analyse palynologique de San Francesco, faisant partie de l'étude pluridisciplinaire du site, concerne la totalité du remplissage sédimentaire. Ce dépôt parcourt un long intervalle depuis le Pléistocène supérieur jusqu'à la période actuelle. La problématique est double : mettre en évidence l'évolution paléoenvironnementale et paléoclimatique entre la fin du Pléistocène supérieur et l'Holocène et détecter les éventuelles transformations du paysage dues à l'intervention humaine pour les périodes postglaciaires.

Les sédiments quaternaires n'ont pas pu livrer des résultats statistiquement fiables. Seuls les sédiments holocènes ont fourni des résultats, parfois difficiles à interpréter à cause du caractère discontinu des spectres polliniques.

### 1. Echantillonnage

Les prélèvements palynologiques ont été réalisés sur les deux coupes stratigraphiques restées intactes lors des travaux de la construction immobilière dans les années 60.

Quatre séries de prélèvements ont été effectuées, après rafraîchissement. Les trois premières ont été réalisées sur la coupe stratigraphique située dans la rue appelée Via San Francesco, qui s'appèle Orto del P.P. Gesuiti et qui longe le jardin du couvent de San Stefano (Fig. 43). La quatrième série a été prélevée sur un lambeau, préservé sur la coupe située dans la rue Astraldi.

**Coupe de « Via San Francesco » (Orto del P.P. Gesuiti)**
La colonne principale de prélèvements appelée Ensemble A se situe à 3,60 m du mur droit, attenant le remplissage et étant considéré comme le point X0 de la coupe. Ce point est un repère de surface à partir duquel toutes les mesures ont été effectuées. Cinquante-trois prélèvements ont été réalisés. En dehors de cette colonne principale, deux autres séries ont été effectuées dans des endroits où différents faciès ont été constatés. La deuxième série nommée Ensemble B, est composée de 13 prélèvements situés à 10,10 m. du point X0. La troisième, appelée Ensemble C comprenant 6 échantillons, se localise à 14,90 m du point X0 (Fig. 43). La maille de tous les échantillons est de 5 cm.

**Coupe de « Via Astraldi »**
Une série de 10 prélèvements a été effectuée avec une maille de 10 cm, à cause de possibilités réduites (nature compacte du sédiment). Ces échantillons se situent à 55 cm du point X0, celui-ci étant également constitué du mur de droite adjacent au remplissage.

Sur un total de 82 échantillons, tous traités au laboratoire de chimie et observés au microscope, seuls 15 ont livré des spectres polliniques valables. Ces 15 spectres proviennent de la coupe de « Via San Francesco » et se repartissent comme suit : 7 proviennent de la première série de prélèvements (Ensemble A), 4 de la deuxième (Ensemble B) et enfin 4 de la troisième (Ensemble C).

Une tentative de corrélation stratigraphique entre les trois séries est représentée sur la Figure 43. L'emplacement de ces trois ensembles selon la stratigraphie montre que *a priori* les Ensembles B et C se superposent. Cependant, les échantillons 69 et 70 de l'Ensemble C se rapportent à un faciès qui n'est visible qu'à la base du niveau 3 entre environ 14 et 18 m, à l'endroit où cet ensemble a été prélevé.

La présentation de ces trois Ensembles (A, B et C) suivra cette correspondance entre les prélèvements palynologiques et les niveaux stratigraphiques. En revanche, la numérotation des spectres est identique à l'échantillonnage palynologique, qui fonctionne comme point de repère par rapport à la coupe schématique (Fig. 43).

### 2. Liste floristique

Pour les 15 spectres polliniques valables de San Francesco, 5283 sporomorphes ont été déterminés parmi 5553 sporomorphes comptés. Ils se repartissent en 48 taxons et quatre types de spores de Filicales (Tab. 13).

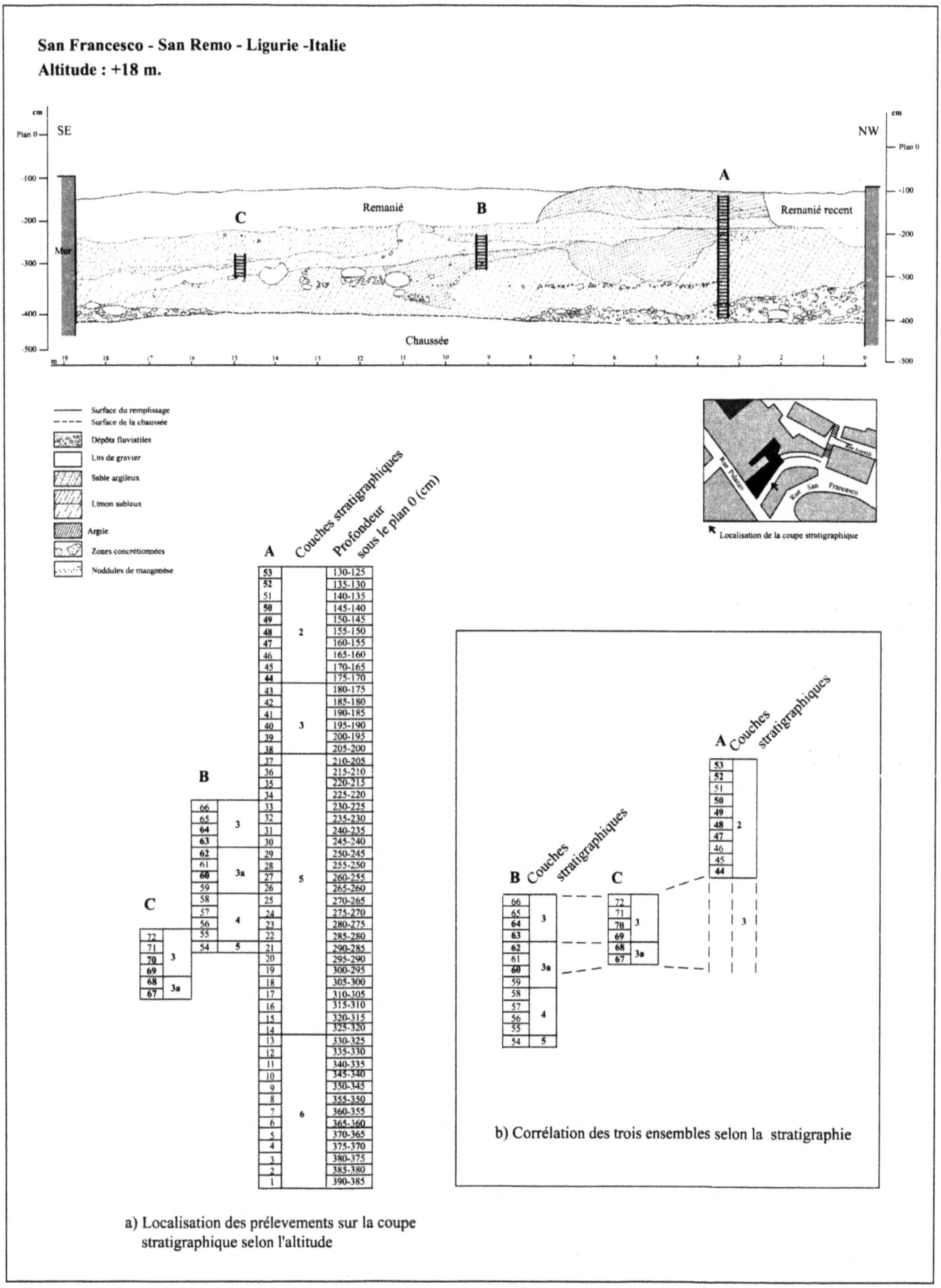


Figure 43 : Coupe stratigraphique principale (Orto del P.P. Gesuiti) du site de San Francesco, emplacement et corrélation stratigraphique des prélèvements palynologiques.

**Gymnospermes**

| | |
|---|---|
| Cupressaceae | *sp.* |
| Pinaceae | *Abies* |
| | *Cedrus* |
| | *Pinus* |
| | *Picea* |

**Angiospermes**

1. Taxons arboréens

| | |
|---|---|
| Aceraceae | *Acer* |
| Anacardiaceae | *Pistacia* |
| | *Rhus* |
| Araliaceae | *Hedera* |
| Betulaceae | *Alnus* |
| | *Betula* |
| | *Carpinus* t. *orientalis/* |
| | *Ostrya* t. *carpinifolia* |
| | *Corylus* |
| Fagaceae | *Castanea* |
| | *Quercus t. ilex/coccifera* |
| | *Quercus t. pedunculata/pubescens* |
| Oleaceae | *Fraxinus* |
| | *Olea* |
| | *Phillyrea* |
| Platanaceae | *Platanus* |
| Salicaceae | *Salix* |
| | *Populus* |
| Ulmaceae | *Ulmus* |
| Vitaceae | *Vitis* |

2. Taxons herbacés

| | |
|---|---|
| Amaranthaceae/Chenopodiaceae | *sp.* |
| Apiaceae | *sp.* |
| Asteraceae | *Artemisia* |
| | Asteroideae |
| | Cichorioideae |
| | *Centaurea* |
| Brassicaceae | *sp.* |
| Caryophyllaceae | *sp.* |
| Cistaceae | *Cistus* |
| Convolvulaceae | *sp.* |
| Cyperaceae | *sp.* |
| Dipsacaceae | *type Scabiosa* |
| Ericaceae | *sp.* |
| Euphorbiaceae | *sp.* |
| Fabaceae | *sp.* |
| Lamiaceae | *sp.* |
| Liliaceae | *sp.* |
| Poaceae | *sp.* |
| Plantaginaceae | *Plantago* |
| Ranunculaceae | *sp.* |
| | *Thalictrum* |
| Rosaseae | *sp.* |
| Urticaceae | *sp.* |

**Filicales**

| | |
|---|---|
| Spores monolètes lisses | *sp.* |
| Spores trilètes lisses | *sp.* |
| Spores trilètes ornées | *sp.* |

Tableau 13 : Liste floristique des taxons déterminés à San Francesco.

## 3. Analyse floristique

La caractéristique de la flore inventoriée à San Francesco est la sur-représentation des Cichorioideae. Plusieurs causes pouvant être à l'origine de ce phénomène (*cf.* p. 104), ce taxon n'a pas été pris en compte lors de l'interprétation.

*Pinus* est le seul conifère bien représenté en continu. En revanche, *Abies*, *Picea* et *Cedrus* n'apparaissent qu'une seule fois. Les Cupressaceae ont une présence constante. Parmi les angiospermes ligneuses, *Quercus* est le taxon le mieux représenté, suivi par *Fraxinus*, *Hedera* et *Salix*, selon l'ensemble concerné. Les Fagaceae et les Oleaceae sont les familles les plus diversifiées. Un seul grain de *Eucalyptus* a été repéré, vraisemblablement dû à une contamination accidentelle.

Les familles herbacées les plus fréquentes sont les Poaceae, les Asteroideae, les Ranunculaceae et les Chenopodiaceae. Viennent ensuite les Apiaceae et les Brassicaceae.

Cette végétation marquée par une stabilité, ne met pas en évidence une dynamique nette, probablement à cause du nombre restreint de spectres valables qui sont aussi discontinus. Il faut enfin signaler que les taux de taxons arboréens indiquent leur présence locale (*cf.* p. 51) ce qui a été pris en considération lors de l'interprétation.

## 4. DESCRIPTION DES DIAGRAMMES DE SAN FRANCESCO

Pour chacun des trois Ensembles (A, B et C) ayant livré des spectres polliniques valables, cinq diagrammes ont été construits : deux diagrammes détaillés, avec et sans Cichorioideae, deux diagrammes synthétiques, également avec et sans Cichorioideae, et un diagramme des concentrations absolues des principaux taxons. Cette démarche a été suivie pour deux raisons : d'une part, afin de mettre en évidence des éventuelles modifications dans l'évolution des taxons ou groupes de taxons, qui pourraient être masquées par la sur-représentation des Cichorioideae et, d'autre part, dans le but de mieux exploiter les données, celles-ci étant compliquées du fait des discontinuités liées aux échantillons stériles.

Les diagrammes complets seront décrits ci-dessous, tandis que les diagrammes sans Cichorioideae serviront comme appui à l'interprétation. Seuls les échantillons incluant des spectres valables seront représentés dans les diagrammes, à cause du grand nombre d'échantillons stériles en continuité qui gêneraient la représentation graphique.

### 4.1. Ensemble B

L'Ensemble B est composée de 13 niveaux dont uniquement 4 ont livré des résultats (Fig. 43).

#### 4.1.1. Diagrammes détaillés

Ce diagramme se compose de 4 spectres (Fig. 44). Le nombre de taxons oscille entre 14 (spectre n° 60) et 24 (spectre n° 62). L'échantillon n° 60 a été considéré comme valable même s'il ne respecte pas certaines des conditions statistiques requises (20 taxons, 300 grains), car il présente une image de végétation cohérente, comparée aux autres spectres. La richesse sporopollinique est très faible entre 16 et 69 grains par gramme de sédiment.

Les N.A.P. prédominent avec un taux allant de 76,5 % à 92 %. Ces variations suivent celles des Cichorioideae qui augmentent progressivement de 66,5 % à 77%. Les Asteroideae (3-6,5 %), les Poaceae (5-6,5 %) et *Plantago* (< 1-1,5 %) constituent les principaux taxons qui les accompagnent. Le reste du cortège herbacé composé des Amaranthaceae/ Chenopodiaceae, Apiaceae, *Artemisia*, Brassicaceae, Caryophyllaceae, *Cistus*, Cyperaceae, Ericaceae et Lamiaceae présente de faibles valeurs, inférieures, pour la plupart, à 1%. Enfin, quelques occurrences de Convolvulaceae, Fabaceae, Rosaceae et Urticaceae ont été notées.

Les arbres sont principalement représentés par *Pinus* qui décline progressivement de 15,5 % à 4 %. Parmi les taxons qui l'accompagnent, uniquement les Cupressaceae, *Quercus* type *ilex/coccifera* (< 1-1,5 % à), et *Fraxinus* (< 1-1% ) ont une présence constante. En revanche, *Pistacia*, *Hedera*, *Alnus*, *Quercus* type *pedunculata/pubescens*, *Olea*, *Phillyrea*, *Salix*, et *Vitis* apparaissent sporadiquement. Un seul grain de *Platanus* a été repéré dans l'échantillon n° 60.

Le diagramme détaillé sans Cichorioideae confirme les tendances des taxons observées dans le diagramme détaillé complet. Le fait d'enlever ce taxon ne fait qu'accentuer les pourcentages.

#### 4.1.2. Diagrammes synthétiques

La séquence est marquée par la dominance des Cichorioideae dont le pourcentage progresse de 66,5 % à 77 %. Le groupe des xérophiles augmente également avec des valeurs situées entre 9,5 % et 14 %. *Pinus*, parmi les gymnospermes à ballonnets, recule de 15,5 % à 4 % en même temps que les méditerranéens (1,5-4 %) tandis que les feuillus méso-thermophiles restent constants, autour de 1,5 %. Enfin, les ubiquistes après une hausse de leur valeur dans l'échantillon n° 62 (6 %) commencent à diminuer progressivement jusqu'à 3 %.

Le diagramme synthétique sans Cichorioideae modifie légèrement le développement des xériques et des méso-thermophiles, les traits d'évolution restant les mêmes pour tous les autres groupes (Fig. 45).

#### 4.1.3. Diagramme des concentrations absolues

Dans le diagramme des concentrations absolues (Fig. 46), l'échelle des Cichorioideae ainsi que les courbes des A.P., N.A.P. et de la concentration sporopollinique a été divisée par dix, afin de faciliter sa lisibilité.

## San Francesco - San Remo - Ligurie -Italie

**Altitude : +18 m.**

**Ensemble pollinique B**

Diagramme pollinique détaillé complet

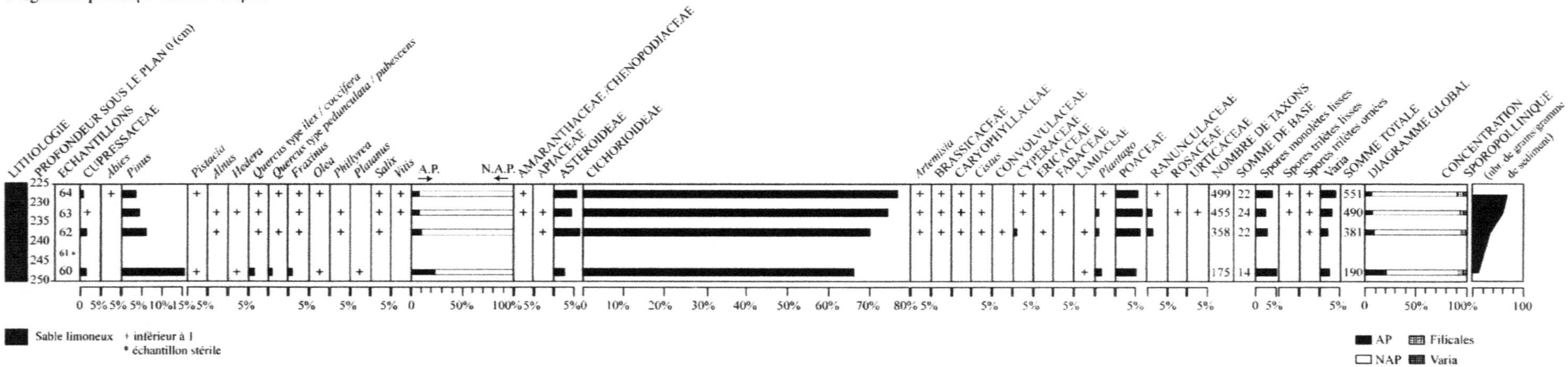


**Ensemble pollinique B**

Diagramme pollinique détaillé (sans les Cichorioideae)

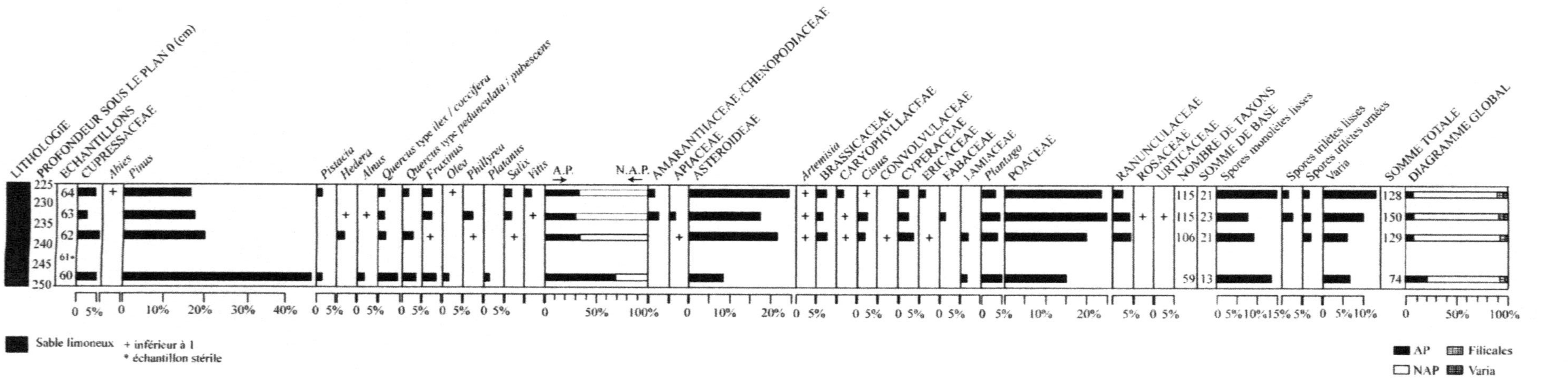


Figure 44 : Diagramme pollinique détaillé complet et diagramme pollinique détaillé sans les Cichorioideae de l'Ensemble B du site de San Francesco.

## San Francesco - San Remo - Ligurie -Italie

**Altitude : +18 m.**

**Ensemble pollinique B**

Diagramme pollinique synthétique complet

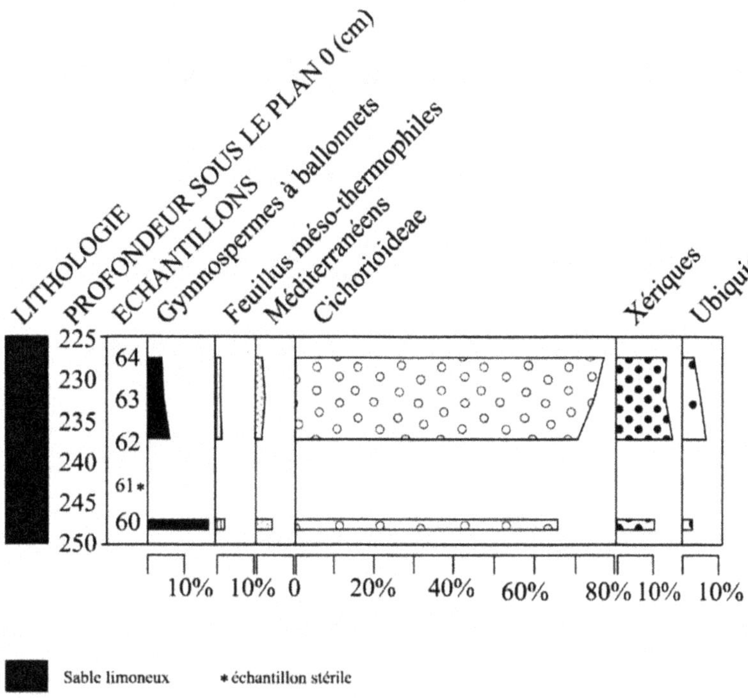


**Ensemble pollinique B**

Diagramme pollinique synthétique (sans les Cichorioideae)

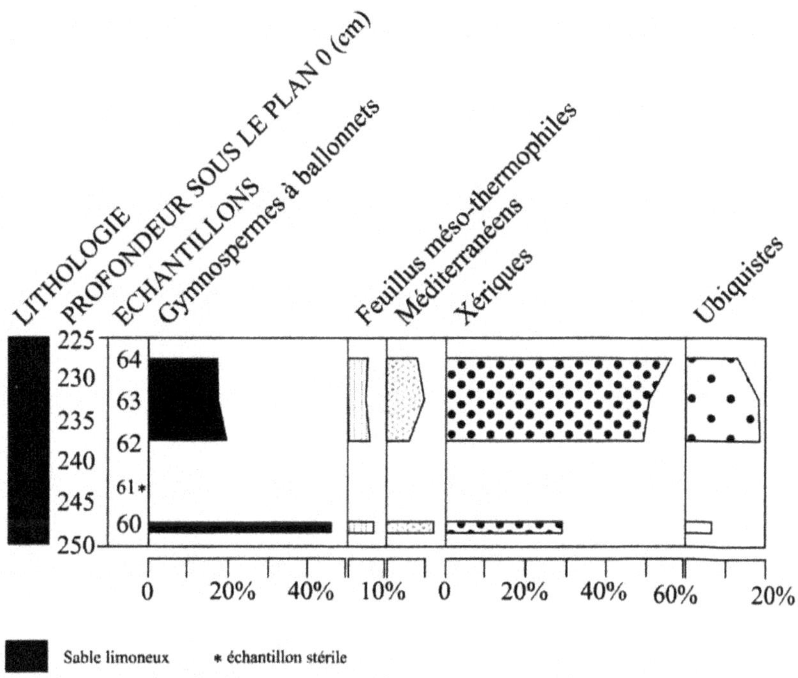


Figure 45 : Diagramme pollinique synthétique complet et diagramme pollinique synthétique sans les Cichorioideae de l'Ensemble B du site de San Francesco.

**San Francesco - San Remo - Ligurie -Italie**

**Altitude : +18 m.**

**Ensemble pollinique B**

Diagramme des concentrations absolues des principaux taxons

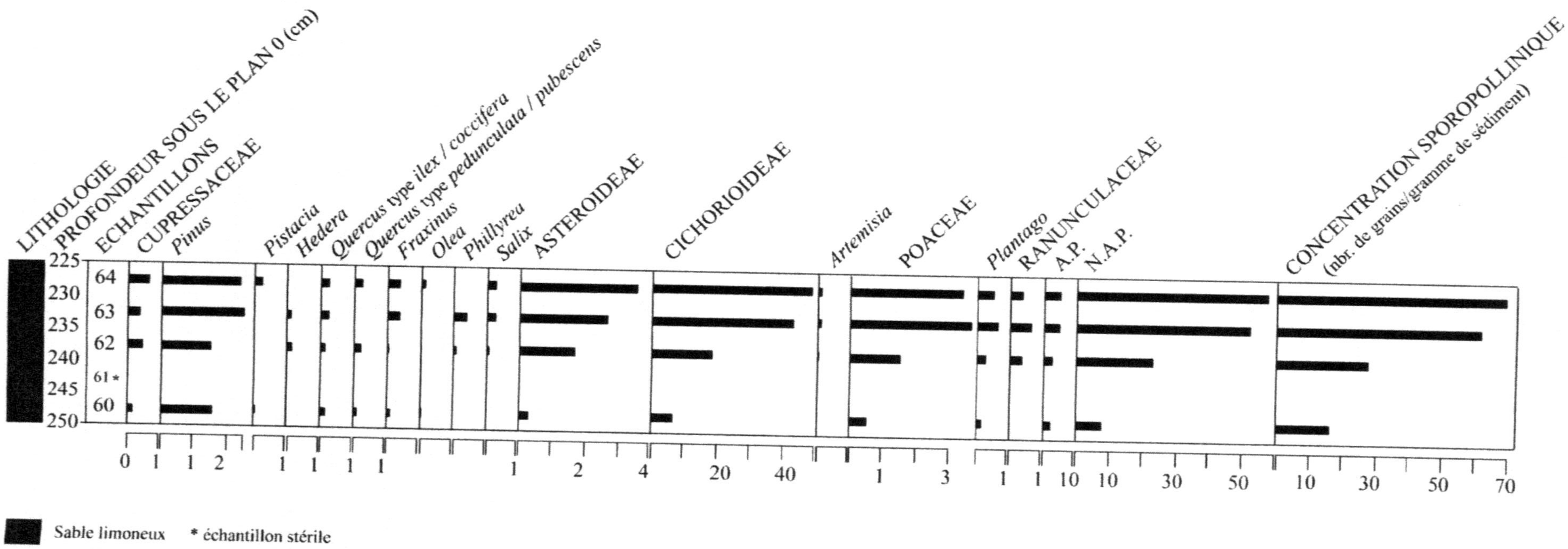


Figure 46 : Diagramme des concentrations absolues des principaux taxons de l'Ensemble B du site de San Francesco.

Ce diagramme montre une augmentation progressive des valeurs de la base vers le sommet de la séquence. Cette progression est aussi visible sur la courbe de la richesse sporopollinique globale, qui double dans les deux derniers échantillons. La comparaison entre les courbes des A.P. et N.A.P. soulignent la prépondérance des herbacées.

Pour la comparaison entre les fréquences absolues et relatives, le diagramme détaillé sans Cichorioideae a été choisi, sauf dans le cas de ce dernier taxon. L'évolution des taxons se visualise mieux quand les Cichorioideae sont retirés car les pourcentages s'accentuent.

D'une façon générale, l'évolution des fréquences absolues de la plupart des taxons est similaire à celle de leurs pourcentages relatifs. Toutefois, dans l'échantillon n° 60 du diagramme détaillé, les plus importants parmi les taxons arborés à savoir *Quercus* type *ilex/coccifera*, *Quercus* type *pedunculata/pubescens* et *Fraxinus* enregistrent leurs plus fortes valeurs, ce qui est en contradiction avec leurs valeurs absolues. Ce phénomène pourrait être lié au nombre restreint de pollens déterminés dans ce spectre et la quasi-absence des taxons herbacés.

## 4.1.4. Interprétations

### 4.1.4.1. Reconstitution de la végétation

Les quatre spectres de cet ensemble évoquent un couvert végétal assez homogène dans sa composition et sa structure. Le paysage déduit est semi-ouvert, probablement une prairie, où dominent les Poaceae et les Asteroideae, associées à des taxons ubiquistes tels que les Ranunculaceae, les Brassicaceae, *Plantago* et les Cyperaceae.

Le couvert arboré est faible. Il est essentiellement représenté par *Pinus* et par les Cupressaceae qui formeraient des îlots épars. La diminution des pourcentages de *Pinus* n'est pas en accord avec les variations de ses valeurs absolues, ce qui pourrait signifier qu'un effet statistique serait à l'origine de cette baisse. Le reste du couvert arboré serait représenté par des individus isolés.

Le cortège des méditerranéens est assez diversifié et comprend surtout *Quercus* t. *ilex/coccifera* et sporadiquement *Pistacia*, *Olea*, *Phillyrea* et *Cistus*. Les méso-thermophiles avec *Alnus*, *Hedera*, *Fraxinus*, *Quercus* t. *pedunculata/pubescens*, *Salix* et *Vitis* ont une présence sporadique. Les valeurs basses des arbres suggèrent un apport lointain ou une présence locale très limitée.

### 4.1.4.2. Reconstitution du climat

La dominance des taxons xérophiles et la présence des méditerranéens impliqueraient une sécheresse au moins estivale. Néanmoins, ce régime montre une tendance tempérée comme le suggère la présence des arbres méso-thermophiles.

Cependant, l'Ensemble B correspondant aux niveaux néolithiques du remplissage, une éventuelle intervention humaine sur la végétation ne peut pas *a priori* être exclue. Dans ce cas toute interprétation paléoclimatique perdrait sa valeur et la végétation nous renseignerait plutôt sur les relations que l'Homme entretenait avec son environnement. Cette hypothèse sera examinée ultérieurement.

Le tableau 14 montre les principaux caractéristiques de l'Ensemble B.

| ENSEMBLE **B** | Végétation | Milieu | Climat |
|---|---|---|---|
| | Dominance des Cichorioideae<br>Progression des herbacées xérophiles<br>Couvert arboré faible à *Pinus*, *Quercus*, *Alnus*, *Fraxinus* et *Salix*<br>Présence de méditerranéens | semi-ouvert à ouvert | assèchement ou intervention humaine ? |

Tableau 14 : Principaux caractères de la végétation et du climat de l'Ensemble B de San Francesco.

## 4.2. Ensemble C

Cet ensemble se compose de 6 niveaux dont 4 ont livré des spectres polliniques valables (Fig. 43).

### 4.2.1. Diagrammes détaillés

Le taux des N.A.P., toujours dominant, oscille entre 84 % et 90,5 %. Les Cichorioideae constituent le taxon principal dont le taux oscille entre 42,5 % et 64,5 % en diminuant vers le sommet. Elles sont principalement accompagnées par des Poaceae (entre 7 % et 13,5 %), des Amaranthaceae/Chenopodiaceae (de 2,5 % à 12 %), des Apiaceae (entre 1,5 % et 4,5 %), des Brassicaceae (1,5-4 %), des Ranunculaceae (< 1-3 %) qui progressent vers le sommet de l'ensemble, ainsi que des Asteroideae (4,5-6,5 %) et des Cyperaceae (2-2,5 %), qui restent sensiblement identiques. Sont également présents constamment, mais à de faibles taux, les Caryophyllaceae (< 1 %) ainsi que *Cistus*, (jusqu'à 1 %). Les Ericaceae, les Fabaceae, les Lamiaceae, les Liliaceae, *Plantago* et les Rosaceae n'ont qu'une présence sporadique et discrète (jusqu'à 1 %). Enfin, *Artemisia* (1 %) apparaît uniquement dans le dernier échantillon.

Parmi les A.P., *Pinus* est le taxon le plus fréquent (entre 4 % et 7,5 %), associé essentiellement à des Cupressaceae (< 1-2 %), *Quercus* type *pedunculata/pubescens* et *Salix* (< 1-1,5 %). Quelques autres taxons n'apparaissent qu'irrégulièrement à savoir *Hedera*, *Corylus*, *Quercus* type *ilex/coccifera*, et *Populus*. *Rhus*, *Alnus*, *Ulmus et Vitis* ont été enregistrés une seule fois. De même, un seul grain de *Eucalyptus* a été repéré dans l'échantillon n° 67. Le diagramme détaillé sans Cichorioideae modifie très légèrement l'évolution des Asteroideae ainsi que des Poaceae qui montrent tous deux une tendance à diminuer vers le sommet.

Le nombre de taxons reste quasi-constant entre 23 et 24. La richesse sporopollinique est très faible et varie entre 158 et 329 grains par gramme de sédiment (Fig. 47).

### 4.2.2. Diagrammes synthétiques

Le diagramme synthétique complet révèle l'importance des Cichorioideae qui reste le « groupe » prédominant, nonobstant son recul vers le sommet (42,5-64,5 %). Elles sont accompagnées, essentiellement, par les xériques qui montrent, cependant, une évolution inverse et augmentent progressivement de 18 % à 31 %. Les ubiquistes évoluent dans le même sens que les xériques (7-17 %). Enfin, les gymnospermes à ballonnets représentés uniquement par *Pinus* (4-7,5 %) et les méditerranéens (< 1-3,5%) montrent aussi une tendance à l'augmentation tandis que les méso-thermophiles diminuent de 4,5 % à 1,5 %.

Le diagramme synthétique sans Cichorioideae, modifie légèrement l'évolution des groupements écologiques à l'exception des méditerranéens. Ainsi, les xériques restent relativement constants (50,5-54 %). *Pinus*, à l'inverse des ubiquistes, diminue vers le sommet. Enfin, pour les méso-thermophiles, le fait de retirer les Asteraceae, permet de mieux illustrer leur retrait progressif (Fig. 48).

### 4.2.3. Diagrammes de concentrations absolues

L'échelle des Cichorioideae, ainsi que les courbes des A.P., N.A.P. et de la concentration sporopollinique globale ont été divisées par 10 pour rendre la lecture du diagramme plus facile (Fig. 49). La comparaison entre les fréquences absolues et relatives, se base sur le diagramme détaillé sans Cichorioideae, sauf dans le cas de ces dernières. La concentration sporopollinique des principaux taxons confirme les données des diagrammes relatifs.

Les variations, ainsi que l'ordre d'importance des fréquences absolues des différents taxons rappellent ceux des pourcentages relatifs. Les courbes des A.P. et des N.A.P. soulignent la supériorité des herbacées qui est pourtant tributaire des hautes fréquences des Cichorioideae. Ainsi, la courbe de la richesse globale est quasiment identique à celle des N.A.P.

Ce diagramme repère une faible diminution progressive des valeurs de certains taxons arborés et herbacés à savoir *Quercus*, *Salix* et des Asteraceae. Cette régression, qui est aussi visible sur la courbe de la richesse sporopollinique globale, se repère également sur les courbes de leurs fréquences relatives.

**San Francesco - San Remo - Ligurie -Italie**

**Altitude : +18 m.**

**Ensemble pollinique C**

Diagramme pollinique détaillé complet

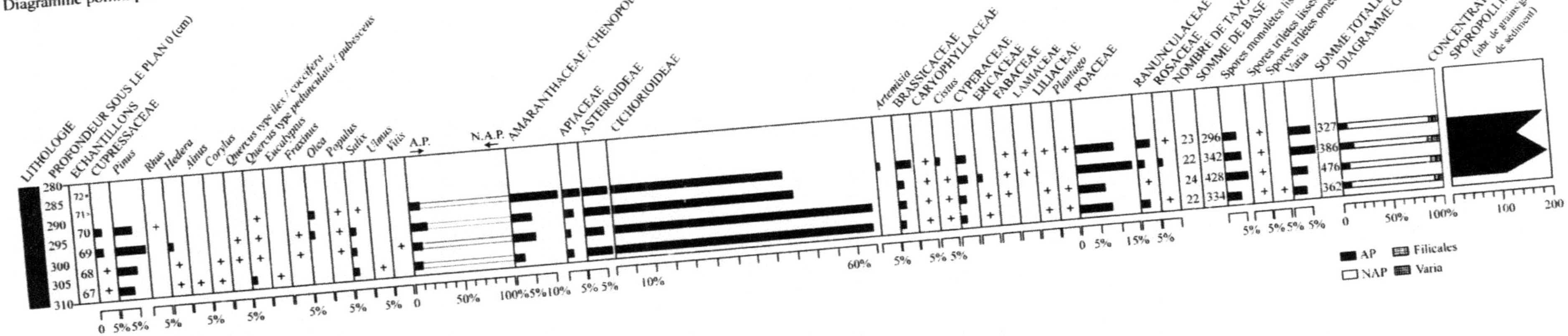


Sable limoneux + inférieur à 1
* échantillon stérile

**Ensemble pollinique C**

Diagramme pollinique détaillé (sans les Cichorioideae)

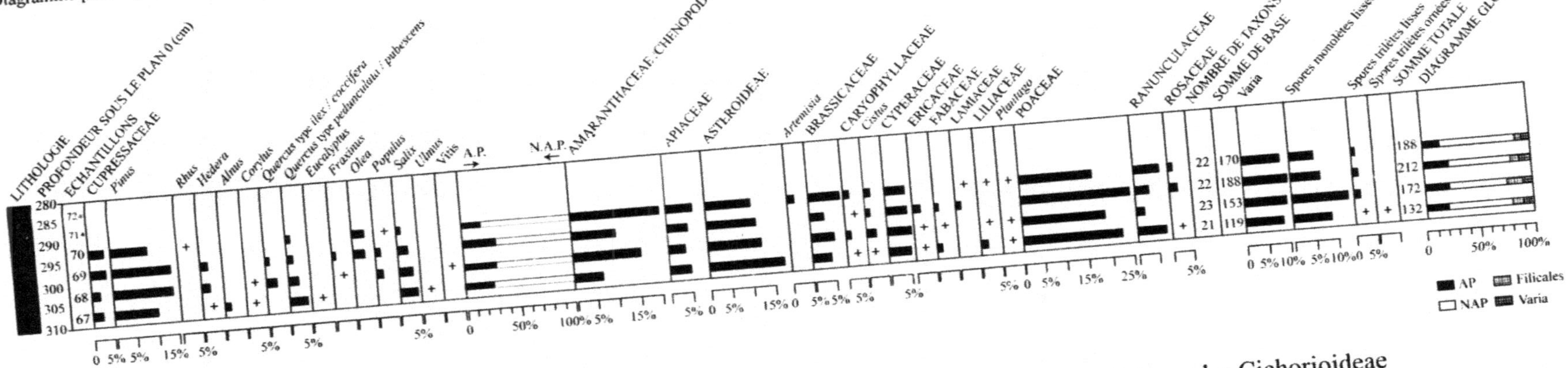


Sable limoneux + inférieur à 1
* échantillon stérile

Figure 47 : Diagramme pollinique détaillé complet et diagramme pollinique détaillé sans les Cichorioideae de l'Ensemble C du site de San Francesco.

## San Francesco - San Remo - Ligurie -Italie

**Altitude : +18 m.**

**Ensemble pollinique C**

Diagramme pollinique synthétique complet

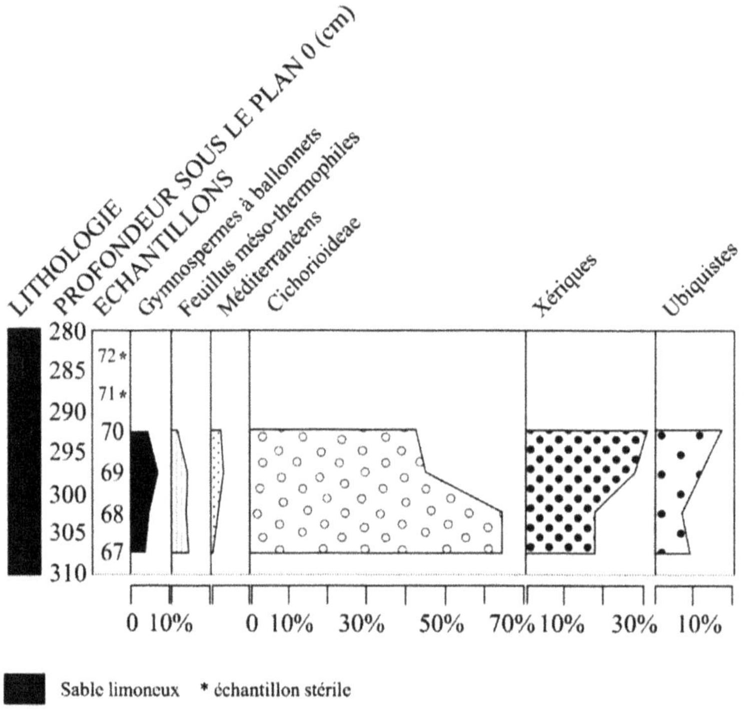


**Ensemble pollinique C**

Diagramme pollinique synthétique (sans les Cichorioideae)

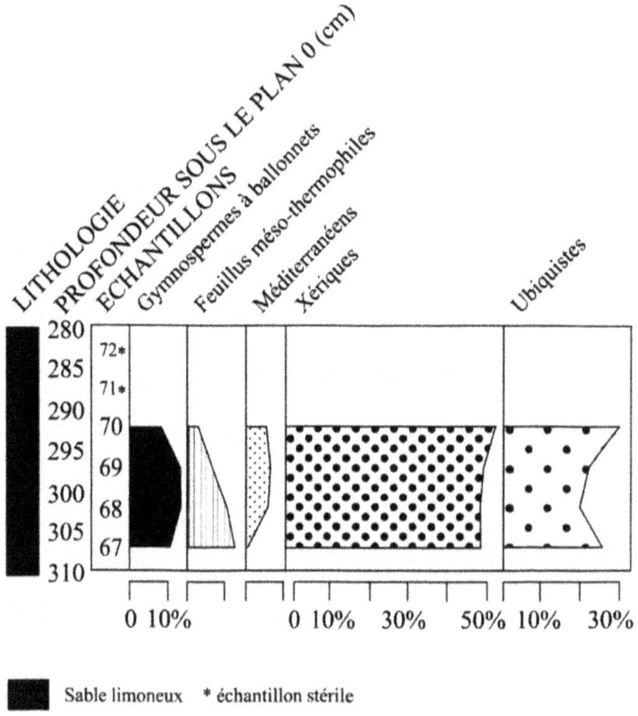


Figure 48 : Diagramme synthétique complet et diagramme synthétique sans les Cichorioideae de l'Ensemble C de San Francesco

**San Francesco - San Remo - Ligurie -Italie**

**Altitude : +18 m.**

**Ensemble pollinique C**

Diagramme des concentrations absolues des principaux taxons

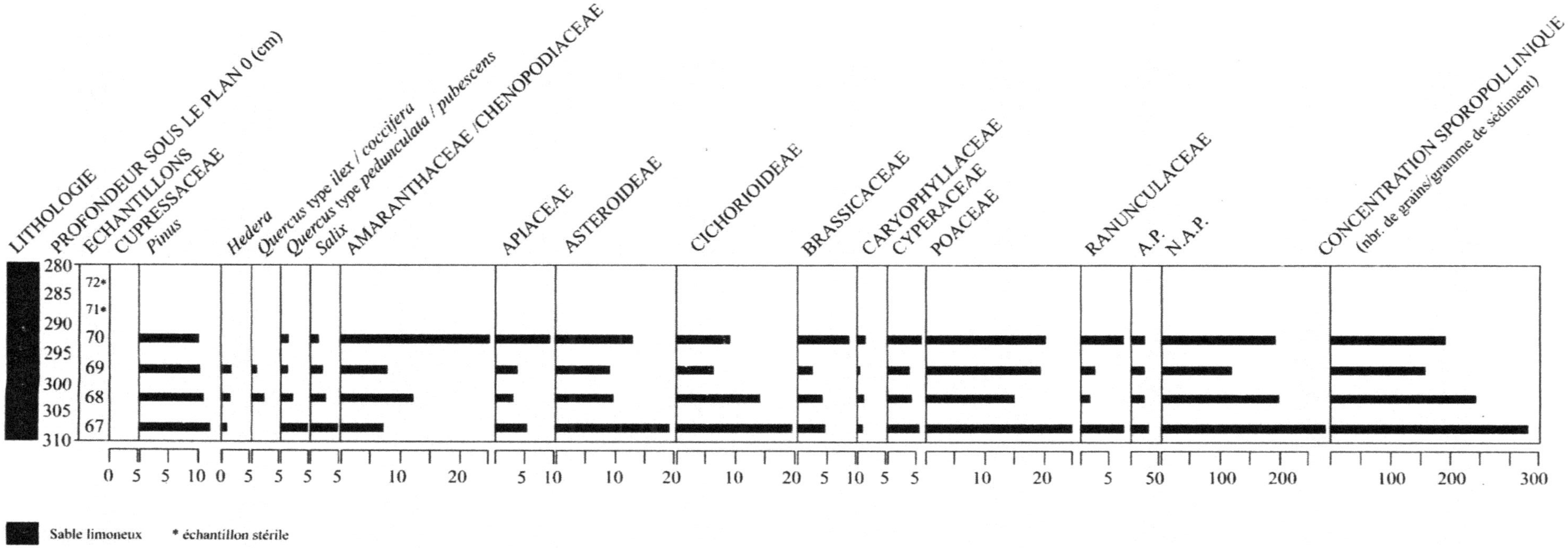


Figure 49 : Diagramme des concentrations absolues des principaux taxons de l'Ensemble C du site de San Francesco.

### 4.2.4. Interprétations

#### 4.2.4.1. Reconstitution de la végétation

La composition floristique assez homogène de cet ensemble ne permet pas de mettre en évidence une évolution de la végétation. La courbe A.P./N.A.P. indique un paysage ouvert (N.A.P. : 84-90,5 %). Ainsi, se développe une pelouse où les Poaceae dominent, associées à un ensemble d'herbacées xérophiles. *Artemisia* n'apparaît qu'une seule fois dans cette strate, dans l'échantillon du sommet. A ce cortège s'ajoutent quelques ubiquistes, principalement des Apiaceae, Brassicaceae, Cyperaceae et Ranunculaceae.

Le couvert arboré est surtout constitué de *Pinus* et des Cupressaceae. Quelques taxons méso-thermophiles font également partie de ce paysage. Parmi eux, *Fraxinus*, *Populus* et *Salix*, seraient localisés à des endroits plus humides. Dans les méditerranéens, *Olea* se développe vers le sommet de la zone, tandis que *Quercus* type *ilex/coccifera* n'est enregistré que d'une façon discontinue.

#### 4.2.4.2. Reconstitution du climat

La dominance des taxons xérophiles au sein de ce couvert végétal reflète le caractère relativement sec du climat qui serait en accord avec la présence des méditerranéens. Cependant, la sécheresse ne serait pas très marquée comme l'indique la présence de taxons à affinités tempérées.

Cet ensemble, pareillement à l'Ensemble B, se rapporte aux niveaux néolithiques. Ainsi, la valeur d'une telle reconstitution paléoclimatique est dépendante du degré de l'intervention de l'Homme sur l'environnement qui sera discutée ultérieurement.

Le tableau 15 présente une synthèse des principaux traits de la végétation et du climat de l'Ensemble C.

| ENSEMBLE C | Végétation | Milieu | Climat |
|---|---|---|---|
| | Dominance des Cichorioideae<br>Progression des Amaranthaceae/ Chenopodiaceae<br>Couvert arboré faible à *Pinus*, *Quercus*, *Fraxinus*, *Populus* et *Salix*<br>Présence de *Olea* | semi-ouvert à ouvert | assèchement ou intervention humaine ? |

Tableau 15 : Principaux caractères de la végétation et du climat de l'Ensemble C de San Francesco.

## 4.3. Ensemble A

Il s'agit de l'ensemble le plus important constitué de 53 niveaux, parmi lesquels seuls 7 ont fourni des spectres polliniques valables (Fig. 43).

### 4.3.1. Diagrammes détaillés (échantillons 44-53)

Le diagramme détaillé complet comporte 7 spectres polliniques. Comme il a déjà été mentionné (*cf.* p. 145) seul le sommet de cet ensemble, comprenant les spectres polliniques valables, sera inclut dans les diagrammes, les autres échantillons s'étant avérés stériles (Fig. 50).

La courbe A.P./ N.A.P. (N.A.P. : 34,5-80,5 %) révèle la quasi-constante supériorité des pollens des herbacées à l'exception du dernier échantillon. Dans la strate herbacée les Cichorioideae dominent, représentant plus de 69 % de l'échantillon n° 44. Cependant, elles reculent vers le sommet pour atteindre 15,5 % dans l'échantillon n° 53. En dehors de ce taxon, la formation herbacée est essentiellement composée des Amaranthaceae/ Chenopodiaceae (1,5-6,5 %), des Asteroideae (< 1-5,5 %), des Brassicaceae < 1-2 %), de *Cistus* (< 1-1,5 %), des Cyperaceae (1,5-6 %), des Ericaceae (<1-1,5 %), des Poaceae (3,5-10 %), des Ranunculaceae (< 1-7,5 %) et des Rosaceae (< 1-2,5 %).

D'autres taxons apparaissent sporadiquement, à savoir *Centaurea*, des Caryophyllaceae, des Convolvulaceae, le type *Scabiosa*, des Euphorbiaceae, des Fabaceae, des Lamiaceae, des Liliaceae, *Plantago*, *Thalictrum* et des Urticaceae, enregistrant de faibles valeurs quasiment toutes inférieures à 1 %.

Parmi les A.P., *Pinus* (9,5-50,5 %), est le taxon le mieux représenté. Les Cupressaceae (< 1-2,5 %), *Hedera* (< 1-2,5 %), *Quercus* type *ilex/coccifera* (1-3,5 %), *Quercus* type *pedunculata/pubescens* (2-6,5 %), *Fraxinus* et *Salix* (jusqu'à 1 %), constituent les principaux taxons présents d'une façon régulière. *Acer*, *Alnus*, *Betula* (< 1 %), *Corylus* (jusqu'à 1%), *Castanea* (< 1 %), *Olea*, *Phillyrea* (jusqu'à 1 %), *Platanus*, *Populus* et *Ulmus* (< 1 %) enregistrent de faibles taux et de façon discontinue.

Les spores de Filicales, représentées essentiellement par des monolètes, montrent des valeurs basses (< 1-5 %). Le nombre de taxons varie de 19 à 27 et la richesse sporopollinique est comprise entre 51 et 217 grains par gramme de sédiments.

### 4.3.2. Diagrammes synthétiques

Le diagramme synthétique met en évidence la prépondérance des Cichorioideae (15,5-69 %) qui décroissent vers le sommet. Elles sont principalement associées à des xérophiles (9,5-20 %), ceux-ci montrant une légère tendance à augmenter, et aux gymnospermes à ballonnets parmi lesquels *Pinus* (9,5-52 %) est le taxon principal. Ce dernier reste sensiblement constant, à l'exception du dernier échantillon où il présente un pic notable. Viennent ensuite, par ordre d'importance, les ubiquistes (3-17,5 %) montrant quelques variations infimes, les feuillus méso-thermophiles (7-10,5 %) et les méditerranéens (2,5-4,5 %) ; les deux derniers groupes restent quasi-constants dans toute la séquence (Fig. 51).

### 4.3.3. Diagramme des concentrations absolues

Dans ce diagramme, où seuls les principaux taxons sont représentés, l'échelle des A.P., des N.A.P. et de la concentration sporopollinique globale a été divisée par deux, afin de rendre sa lecture plus aisée (Fig. 52).

Les variations des valeurs absolues de différents taxons sont concomitantes à celles de leurs pourcentages relatifs pour la quasi-totalité des cas.

L'évolution de la courbe des A.P. se calque sur celle de *Pinus* et la courbe des N.A.P. sur celle des Cichorioideae, et reflète la dominance de ces deux taxons. Enfin, les concentrations de la courbe des N.A.P sont toujours supérieures à celle des A.P. sauf dans le dernier échantillon où les A.P. dominent grâce au développement de *Pinus*.

### 4.3.4. Interprétations

#### 4.3.4.1. Reconstitution de la végétation

La composition pollinique de ces spectres met en évidence une végétation assez uniforme qui n'enregistre pas de variation majeure. Le paysage serait constitué d'une formation mixte à *Pinus* et *Quercus* accompagnés par quelques *Hedera* et *Corylus*, auxquels viennent se mêler sporadiquement *Acer*, *Betula*, *Castanea*, *Platanus* et *Ulmus*. L'apparition sporadique de *Abies*, *Cedrus* et *Picea*, serait due à des apports lointains. *Alnus*, *Fraxinus* et *Salix* auraient probablement occupé les endroits plus humides.

Vers le sommet de la séquence, la chênaie subit une légère dégradation. *Pinus* domine désormais le paysage, tandis que des genres méditerranéens, à savoir *Olea* et *Phillyrea*, ainsi que *Castanea*, taxon méso-thermophile, apparaissent.

La végétation xérophile, herbacée et arborée, est constituée par les Cupressaceae, les Amaranthaceae/Chenopodiaceae, les Asteraceae, les Poaceae et les Caryophyllaceae auxquelles se joigne un cortège de taxons ubiquistes avec essentiellement des Apiaceae, Cyperaceae, Ericaceae, Poaceae, Ranunculaceae et Rosaceae.

## San Francesco - San Remo - Ligurie -Italie

**Altitude : +18 m.**

**Ensemble pollinique A**

Diagramme pollinique détaillé complet

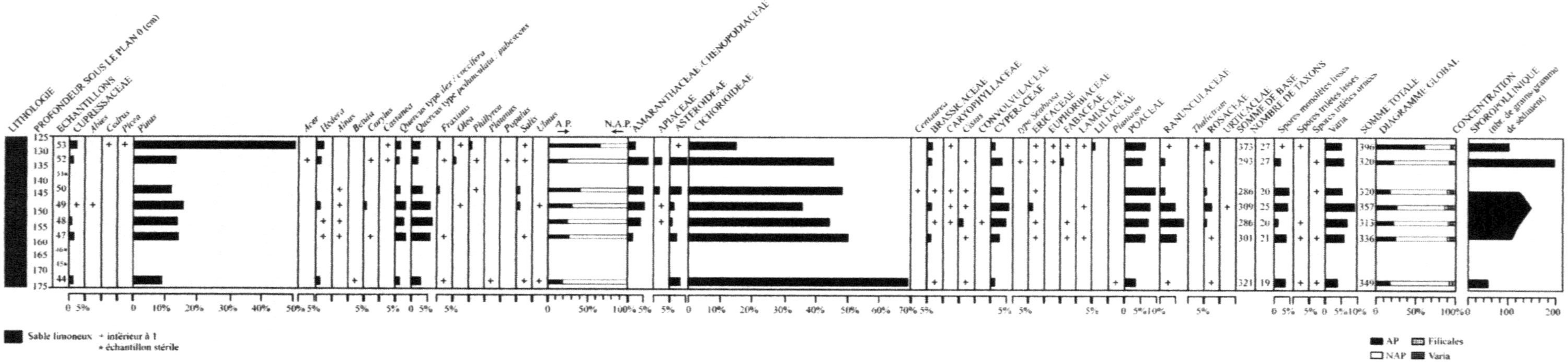


**Ensemble pollinique A**

Diagramme pollinique détaillé (sans les Cichorioideae)

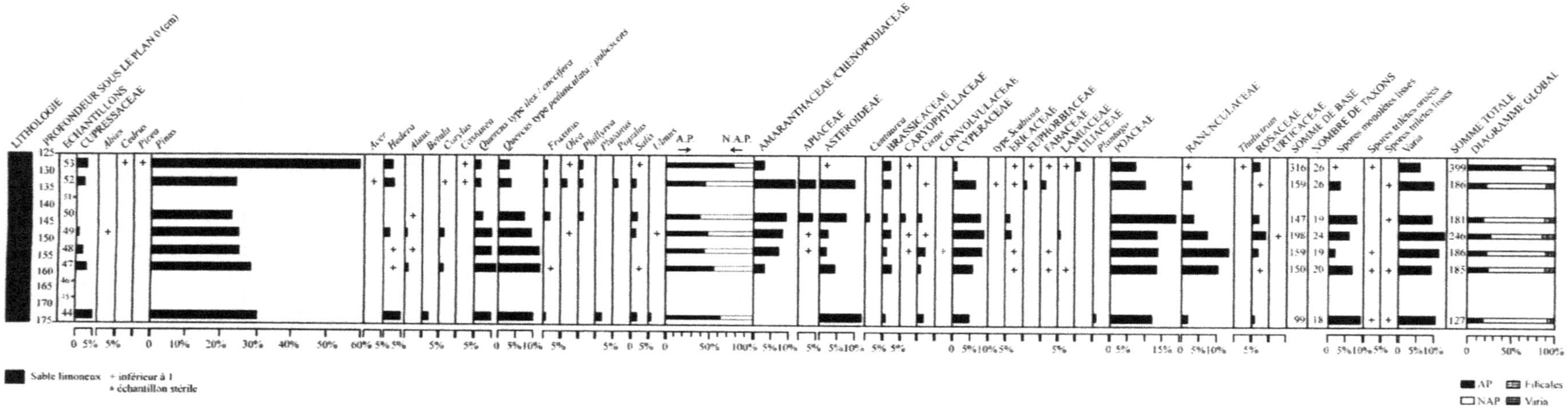


Figure 50 : Diagramme pollinique détaillé complet et diagramme pollinique détaillé sans les Cichorioideae de l'Ensemble A du site de San Francesco.

**San Francesco - San Remo - Ligurie -Italie**

**Altitude : + 18 m.**

**Ensemble pollinique A**

Diagramme pollinique synthétique complet

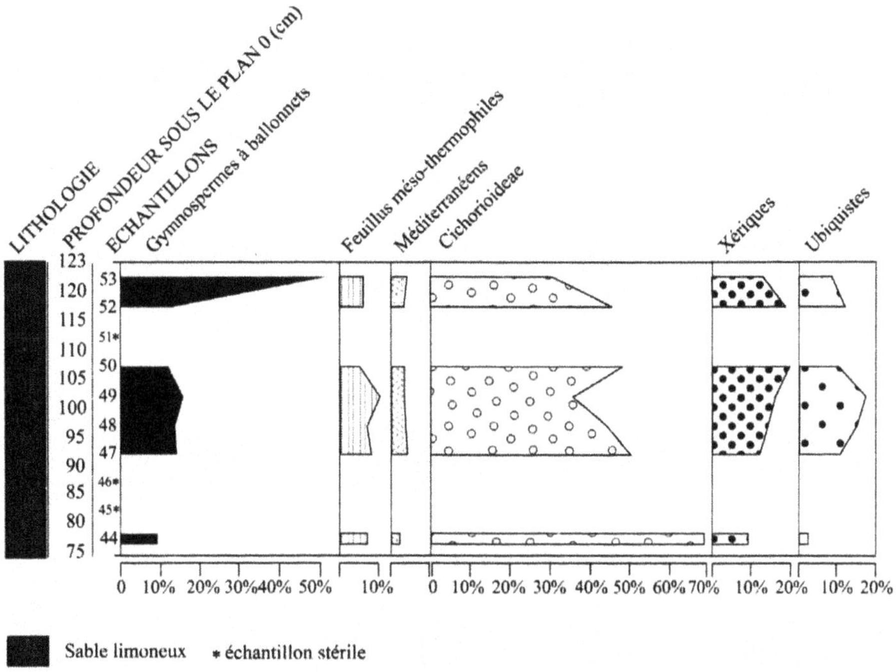


**Ensemble pollinique A**

Diagramme pollinique synthétique (sans les Cichorioideae)

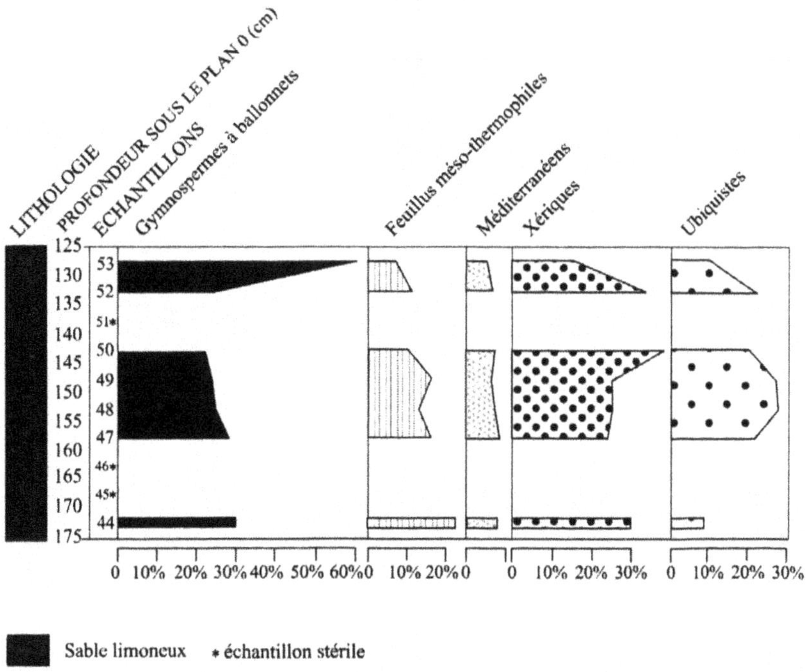


Figure 51 : Diagramme synthétique complet et diagramme synthétique sans les Cichorioideae de l'Ensemble A du site de San Francesco

**San Francesco-San Remo-Ligurie Italie**
**Altitude: + 18 m.**
**Ensemble pollinique A**
Diagramme des concentrations absolues des principaux taxons

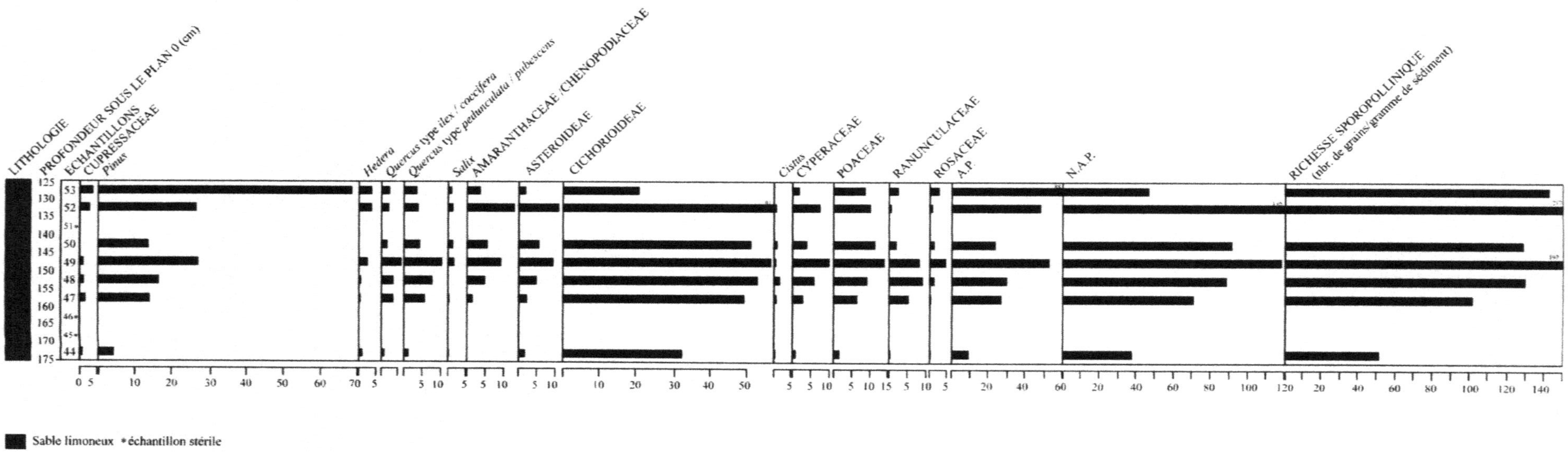


Figure 52 : Diagramme des concentrations absolues des principaux taxons de l'Ensemble pollinique A du site de San Francesco.

4.3.4.2. Reconstitution du climat

Ce type de végétation serait développé sous des conditions climatiques assez favorables pour permettre l'installation des taxons méso-thermophiles et méditerranéens.

L'importance du groupe des xérophiles indique une certaine sécheresse qui est corroborée par la présence des méditerranéens. Cette sécheresse ne serait pas très marquée comme indique le développement de la chênaie. Les essences arborées hygrophiles suggèrent une humidité édaphique opérante, ce qui serait en accord avec le développement des Cyperaceae. Ce régime serait tempéré, relativement sec.

La séquence A se localise dans les niveaux sédimentaires qui se rapportent au Moyen- Age. De ce fait, une telle interprétation paléoclimatique doit être prise en considération avec une grande réserve, à cause de l'éventuel impact de l'Homme sur l'environnement naturel.

Le tableau 16 rappelle les principaux caractères de la végétation et du climat de l'Ensemble A.

| | Végétation | Milieu | Climat |
|---|---|---|---|
| ENSEMBLE A | Dominance des Cichorioideae<br>Strate herbacée à Amaranthaceae/ Chenopodiaceae, Asteroideae, Poaceae, Cyperaceae et Ranunculaceae<br>Formation forestière à *Pinus* et *Quercus*<br>Léger développement de *Hedera*, *Fraxinus* et *Salix*<br>Présence de *Olea* et *Phillyrea* | semi-ouvert | Tempéré légèrement sec ou intervention humaine ? |

Tableau 16 : Principaux caractères de la végétation et du climat de l'Ensemble A de San Francesco.

## 5. SPECTRES POLLINIQUES ACTUELS

L'étude de la pluie pollinique actuelle est basée sur un échantillon de lichen, collecté sur l'épaisse croûte remaniée, qui recouvrait la coupe stratigraphique, avant rafraîchissement (Fig. 53).

Le spectre correspondant est dominé par *Pinus* (60,5 %) qui est accompagné par *Cedrus* (4,5 %) et *Abies* (<1%). Le reste du couvert arboré est principalement représenté par des taxons méso-thermophiles tels que *Quercus* t. *pedunculata/pubescens* (3,5 %), *Corylus* (2 %), et *Castanea* (1,5 %), suivis par quelques *Hedera*, *Alnus*, *Carpinus* t. *orientalis*/*Ostrya* t. *carpinifolia* et *Fraxinus* (< 1 %). Les méditerranéens sont représentés par *Quercus* t. *ilex/coccifera*, *Olea*, *Phillyrea* (2 %) ainsi que *Pistacia* (< 1%).

La strate herbacée est surtout composée par des Apiaceae (5,5 %), des Poaceae (2 %) des Asteroideae, des Cichorioideae et des Ranunculaceae (1 %). Ce cortège comprend également des Brassicaceae, des Cyperaceae, des Ericaceae et le type *Cerealia* (< 1 %).

Malgré le fait que le spectre fossile fasse intervenir les mêmes taxons, la composition et la structure de la végétation diffèrent de celle mise en évidence par l'analyse de l'échantillon de surface. L'importante action anthropique, liée principalement au déboisement dans le cadre de l'urbanisation du secteur, n'est pas visible. Ce spectre traduit un contexte de végétation semi-naturelle. L'activité humaine se détecte uniquement par de faibles indices de cultures céréalières et de taxons introduits (*Eucalyptus*). L'exploitation de l'Olivier est également peu perceptible.

## San Francesco-San Remo- Ligurie-Italie

### Altitude : + 18 m

Spectre pollinique actuel complet

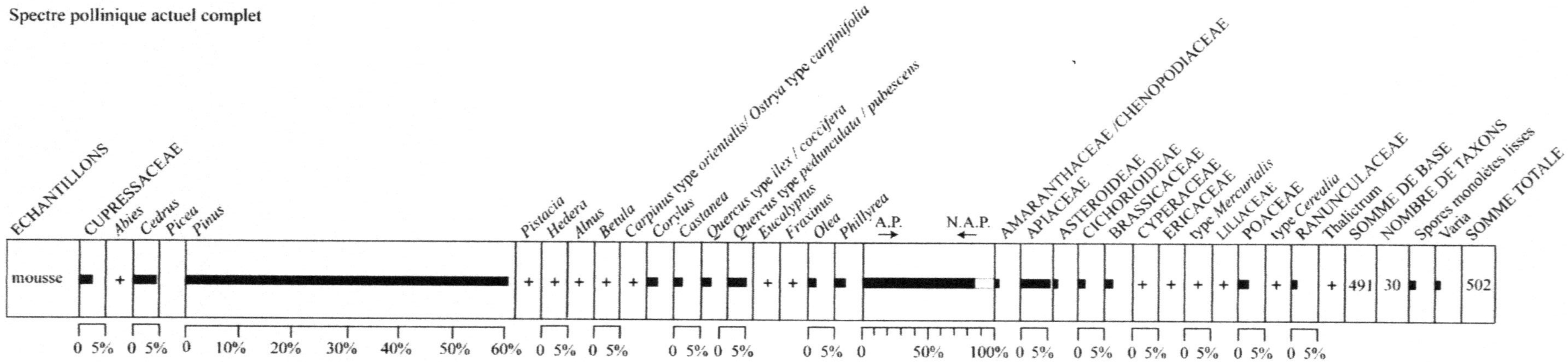


+ inférieur à 1

Spectre pollinique actuel (sans *Pinus*)

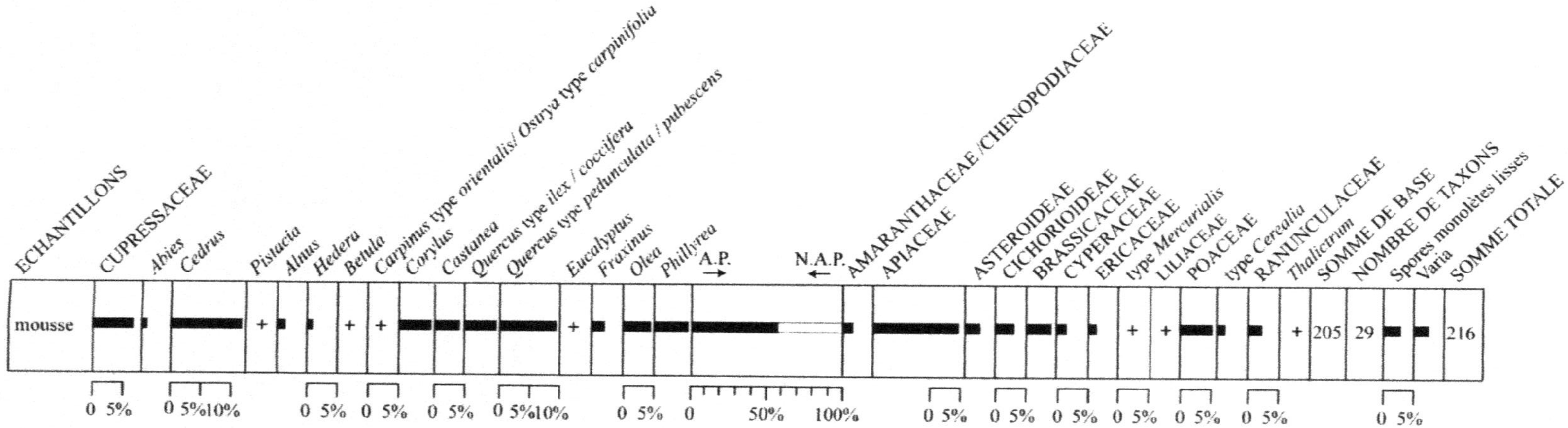


+ inférieur à 1

Figure 53 : Spectre pollinique actuel complet et spectre pollinique actuel sans Pinus du site de San Francesco.

## 6. COMPARAISON AVEC LES DONNES DES ATRES DISCIPLINES

La nature discontinue des échantillons valables et leur nombre restreint dans les trois ensembles, ne permettent pas de mettre en évidence une nette dynamique de végétation. Il s'avère donc difficile d'attribuer ces spectres à des périodes distinctes du Postglaciaire, uniquement sur la base de la Palynologie.

Une tentative de corrélation entre les données polliniques et celles venant des autres disciplines n'est guère réalisable car la majorité des études sont en cours. Néanmoins, l'ensemble des données disponibles montre que :

Les niveaux stratigraphiques 6, 5 et 4, où un abondant matériel moustérien a été découvert, se sont malheureusement avérés pauvres en pollens. Seuls les niveaux supérieurs 3, 3a et 2, attribués à l'Holocène, ont pu livrer des spectres polliniques valables. Dans ce site l'étude la plus récente (Nadri, 2002) ne concerne pas les niveaux 3 et 3a. Le niveau stratigraphique 2, qui correspond à l'Ensemble pollinique A (Fig. 43), fait partie, selon cette même étude, de l'ensemble stratigraphique I, dont le dépôt est dû principalement au ruissellement et probablement aux apports éoliens.

D'autres analyses entreprises apporteront des renseignements supplémentaires sur les différents modes de mise en place de ce niveau et sur son évolution post-dépositionnelle, indications importantes pour l'interprétation de l'assemblage pollinique.

Pour les niveaux ayant livré des spectres valables, l'absence, à ce jour, de datations absolues et de vestiges archéologiques en place, rend difficile leur attribution à des phases précises du Postglaciaire.

Les analyses en cours (datations physiques, susceptibilité magnétique, micromorphologie) dans le cadre de l'étude multidisciplinaire du site, apporteront des informations d'ordre chronostratigraphique et environnemental.

## 7. DISCUSSION

L'analyse pollinique des niveaux postglaciaires a envisagé la possibilité d'une éventuelle intervention humaine sur la végétation. En effet, la présence dans les trois ensembles des certains taxons polliniques, qui sont de potentiels indicateurs anthropiques, nécessite de l'attention, car ils pourraient signifier que l'ouverture du paysage dans ces ensembles est due à l'action de l'Homme. Dans ce cas, la végétation ne pourrait pas être interprétée en terme de climat, mais elle fournirait plutôt des informations concernant l'impact de l'Homme sur l'environnement. Ces indicateurs anthropiques sont *a priori* des taxons herbacés. L'évolution de la courbe des A.P. ne constitue pas elle-même un indice d'anthropisation, malgré son importance pour l'interprétation des processus de l'occupation humaine (Behre, 1981). L'affaiblissement de cette courbe qui indique théoriquement une ouverture du paysage pourrait être liée à des phénomènes locaux naturels (Richard, 1997).

La mise en évidence de ces indices polliniques d'anthropisation est limitée par le fait que la détermination des grains se borne, dans la majorité des cas, à la famille ou au genre. Quelques constatations peuvent, cependant, être formulées.

Les Ensembles B et C seront présentées ensemble, car elles se rapportent aux même niveaux stratigraphiques. L'Ensemble A, appartenant à l'époque historique (Moyen-Age indéterminé), sera étudiée en dernier.

**Ensembles B et C**

Les deux Ensembles B et C montrent une végétation assez similaire. Celle-ci est caractérisée par la dominance des Cichorioideae. La courbe A.P./N.A.P., qui montre la prépondérance des herbacées, même après avoir fait abstraction des Cichorioideae, indique un paysage semi-ouvert. La strate herbacée est essentiellement représentée par des Poaceae et des Asteraceae, alors que le faible couvert arboré est dominé par *Pinus* et la chênaie. La strate arbustive marque la présence des Cupressaceae et des méditerranéens. Une telle végétation serait attribuable à une quelconque phase chaude et sèche de l'Holocène.

L'analyse des ensembles B et C n'a pas fourni de véritables preuves de l'empreinte des communautés néolithiques sur la végétation. Aucun pollen de céréale n'a été mis en évidence, bien que la possibilité de culture de céréales ne peut être exclue uniquement sur cette base. De même, aucun pollen de *Plantago lanceolata*, qui est considéré comme l'indicateur classique de pâturage et parfois du labourage, n'a été identifié. Néanmoins, d'autres taxons susceptibles d'indiquer une activité humaine sont présents dans les deux ensembles, tels que les Asteraceae, les Amaranthaceae/ Chenopodiaceae, les Brassicaceae, les Cyperaceae, les Ranunculaceae, les Fabaceae et *Centaurea*, parmi lesquels certaines familles forment des plantes alimentaires, mais leurs taux relativement bas incitent à une certaine prudence. Ces taxons sont d'une amplitude écologique large et peuvent appartenir également à des communautés végétales naturelles. Sur cette base, l'hypothèse qu'ils pourraient constituer des indices d'anthropisation devient vulnérable et ne peut être soutenue avec certitude.

**Ensemble A**

L'ensemble A correspond au niveau stratigraphique 2 qui se rapporte, par la présence de céramiques médiévales, à l'époque historique, correspondant au Subatlantique. Cet ensemble, représenté majoritairement par des herbacées, reflète un paysage semi-ouvert. L'analyse pollinique a mis en évidence certains taxons herbacés pouvant inclure des espèces qui indiquent une activité humaine, tels que les Poaceae, *Centaurea*, les Cyperaceae, les Ranunculaceae et les Urticaceae. Se rencontrent également des pollens de plantes pouvant servir à l'alimentation tels que les Brassicaceae, les Amaranthaceae/Chenopodiaceae et les Fabaceae (Diot et Fayolle-Lussac, 1983). Ces taxons enregistrent, cependant, des valeurs assez basses ce qui opterait pour leur présence naturelle.

Le taux bas du couvert arboré, celui-ci étant dominé par *Pinus* et *Quercus*, auxquels se joignent des genres méditerranéens, pourrait être lié à l'assèchement du climat ou bien au déboisement (Renault-Miskovsky, 1972 ; Diot et Fayolle-Lussac, 1983).

L'interprétation de tous ces phénomènes cités ci-dessus, doit s'effectuer avec réserve, car il s'agit d'indices faiblement marqués et l'impact de l'Homme sur la végétation ne peut être attesté que par la convergence de plusieurs traces (Richard, 1997). Ce couvert végétal pourrait refléter des communautés végétales naturelles et dans le cas inverse le degré de l'intervention humaine ne peut pas être évalué.

La figure 54 constitue une synthèse des résultats palynologiques dans l'ensemble du remplissage.

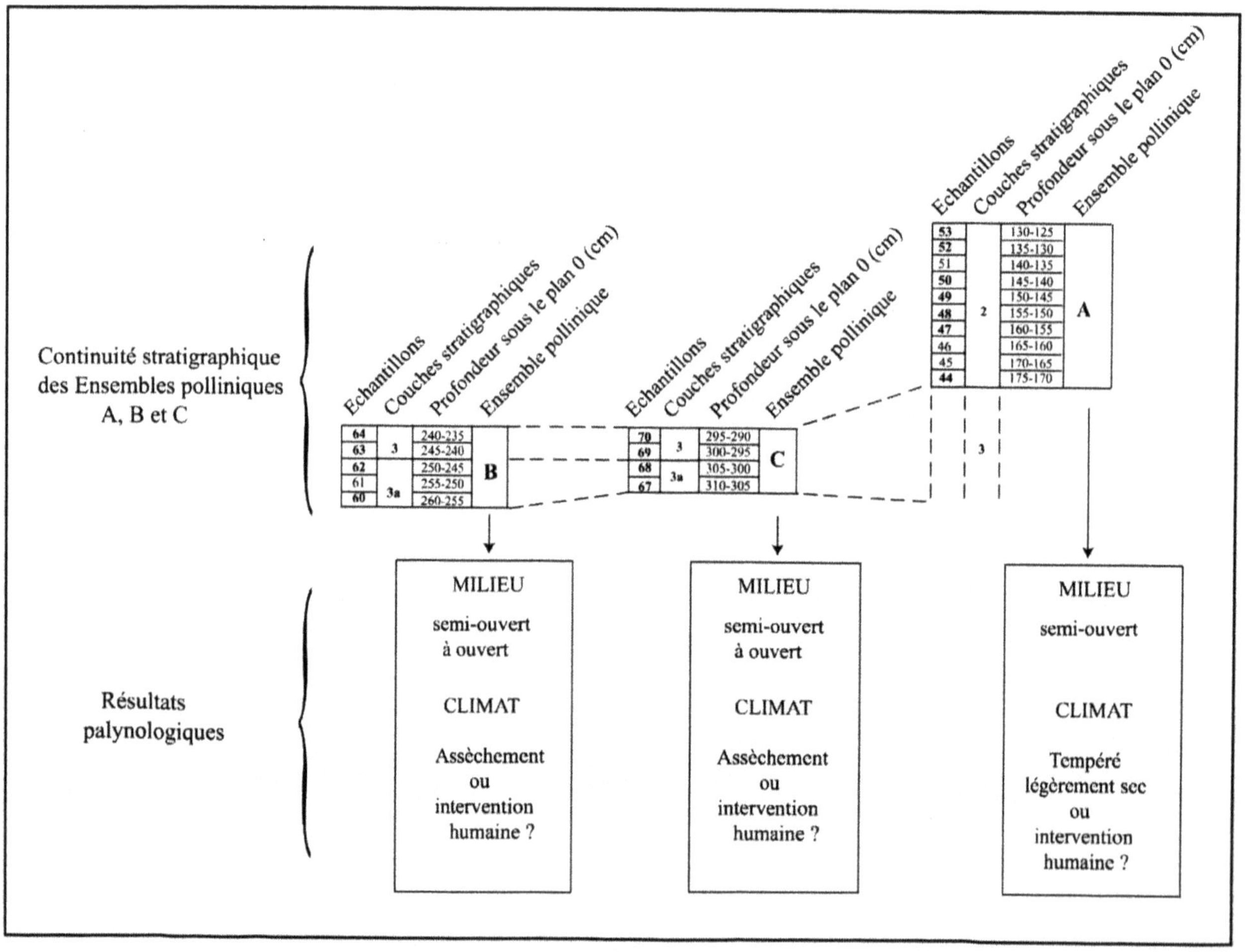


Figure 54: Synthèse des résultats palynologiques de San Francesco.

## 8. CONCLUSIONS

L'étude palynologique du site de plein air de San Francesco n'a livré des spectres polliniques valables que dans des sédiments postglaciaires. Les ensembles B et C se superposent stratigraphiquement. L'ensemble A, qui leur succède, se rapporte aux niveaux les plus récents.

Les Ensembles B et C, d'une composition floristique très proche, mettent en évidence un paysage découvert où dominent les herbacées xérophiles suivies par les ubiquistes. A ce cortège, s'associe une strate arbustive avec des Cupressaceae et quelques méditerranéens.
Des épars méso-thermophiles sont localement présents ainsi que quelques taxons à affinités hygrophiles qui seraient localisés à des endroits plus humides. *Pinus* est le seul conifère présent dans ce paysage, *Abies* n'étant enregistré qu'une seule fois.

L'ensemble A présente une végétation semi-ouverte où les taxons de la strate herbacée et arbustive à affinités xérophiles se développent à coté d'un cortège d'ubiquistes.
Le couvert arboré est composé d'une formation mixte à *Pinus* et *Quercus*, auxquels_s'ajoutent sporadiquement des arbres méso-thermophiles et méditerranéens. A coté de ces associations quelques taxons hygrophiles sont également présents.

L'interprétation de cette végétation en termes climatiques est délicate et nécessite une certaine prudence. Malgré l'absence de pollens de céréales, la présence de taxons tels que les Asteraceae, les Brassicaceae, *Centaurea*, les Cyperaceae, les Urticaceae... dont certaines espèces sont des indicateurs anthropogéniques, ne permet pas d'éliminer la possibilité d'une intervention humaine sur la végétation. Les pourcentages relativement bas de ces taxons plaideraient pour leur attribution à des communautés végétales naturelles.

Ainsi, l'ouverture du paysage pourrait être liée : a) à des facteurs climatiques comme l'assèchement, ce qui ne permettrait pas le développement de la forêt en dehors de quelques formations clairsemées où b) à l'intervention humaine ce qui empêcherait une interprétation climatique mais apporterait des renseignements sur les relations qu'entretenait l'Homme avec l'environnement.

Cette analyse a apporté des indications d'ordre paléoenvironnementale et paléoclimatique concernant les niveaux postglaciaires du remplissage. Le caractère fragmentaire des résultats n'a pas permis l'émission d'hypothèses chronostratigraphiques concrètes. Les résultats des autres analyses en cours (susceptibilité magnétique, datations) pourraient permettre de situer les niveaux palynologiques dans un cadre chronostratigraphique précis.

# CHAPITRE VIII

–

# Corrélations des résultats avec des séquences polliniques du Pléistocène supérieur et de l'Holocène

L'étude de Caverna delle Fate, Arma delle Manie et San Francesco a mis en évidence des oscillations de la végétation et du climat, pouvant être attribuées à différentes phases du Pléistocène supérieur et de l'Holocène. Ces résultats seront comparés à des séquences continues lacustres ainsi qu'à des sites archéologiques (Fig. 55). Une telle démarche vise à obtenir des corrélations biostratigraphiques et placer les trois sites dans le cadre chronostratigraphique du Quaternaire régional.

En absence de séquences de référence à proximité de trois sites, les essais de corrélation seront effectués avec des séquences lacustres d'Italie centrale et méridionale ainsi que de France et d'Espagne. Les dynamiques de végétation de ces séquences lacustres ne sont pas identiques mais la structure de leur végétation permet de distinguer des phases comparables.

Il faut toutefois souligner que cet essai de corrélation entre ces enregistrements plus ou moins continus et les trois sites est, *a priori*, confronté à certaines difficultés, résultant de la différence du milieu sédimentaire. Les sédiments de grottes (milieu fermé) enregistrent la pluie pollinique locale et à un moindre degré les apports régionaux. Par conséquent, ils reflètent majoritairement la végétation locale qui est, tout d'abord, tributaire des conditions climatiques et édaphiques locales. En revanche, les séquences lacustres (milieu ouvert) enregistrent des variations climatiques à une échelle régionale. Les hypothèses de corrélation ont été, donc, émises avec prudence.

# I. SEQUENCES LACUSTRES DU PLEISTOCENE SUPERIEUR ET DE L'HOLOCENE

Une brève description des dynamiques de végétation des séquences de référence considérées sera présenté ci-dessous. Un tableau de corrélation entre ces séquences a été réalisé, afin de faciliter par la suite les comparaisons avec Caverna delle Fate, Arma delle Manie et San Francesco. Ce tableau comprend également comme point de repère la nomenclature nord européenne, celle de la séquence de la Grande Pile (France), ainsi que les stades isotopiques (Tab. 17). La séquence du Lac du Bouchet a été également inclue dans ce tableau à titre indicatif et ceci malgré le fait qu'elle représente un secteur phytogéographique (Massif Central) différent des trois sites étudiés, car certaines similitudes ont été repérées avec Arma delle Manie au niveau de la végétation.

## 1. EUROPE MERIDIONALE

Il a été considéré ici, comme Europe méridionale, la partie de l'Europe qui se localise au sud du 45° N.

### 1.1. Italie centrale (Latium)

L'activité volcanique quaternaire dans la région de Latium est à l'origine de la formation d'un complexe de lacs volcaniques. Les sédiments lacustres ont livré des séquences continues se prêtant à différentes études paléoenvironnementales. Cinq séquences seront examinées ici, appartenant du nord au sud, à quatre régions volcaniques différentes : Lagaccione (Vulsini), Lago di Vico (Vico), Stracciacappa, Martigano (Sabatini) et Valle di Castiglione (Colli Albani) (Fig. 55).

Une corrélation biostratigraphique et chronologique entre ces séquences a été tentée, basée sur leur composition pollinique et les datations radiométriques (Kelly et Huntley, 1991 ; Follieri *et al.*, 1998). Ces résultats seront placés dans le cadre chronostratigraphique du Pléistocène supérieur européen, afin de faciliter leur comparaison avec les sites de Caverna delle Fate, Arma delle Manie et San Francesco. Les cinq séquences sont classées par ordre chronostratigraphique, de la plus ancienne à la plus récente.

Figure 55 : Localisation des séquences de référence et des sites archéologiques considérés.

### 1.1.1. Présentation des sites

Valle di Castiglione

La Valle di Castiglione (+ 44 m d'altitude absolue) est le lit d'un ancien lac, drainé artificiellement, situé à 20 km à l'est de Rome. Ce site a livré une séquence de 88 m. qui comprend deux cycles climatiques complets, recouvrant les 250 000 dernières années. La séquence se subdivise en 18 zones (VdC-1 à VdC-18), dont la deuxième moitié se rapporte au dernier cycle climatique et à l'Holocène (Alessio *et al.*, 1986 ; Follieri *et al.*, 1988, 1989 ; Magri & Follieri, 1992, Follieri *et al.*, 1998).

Lagaccione

Le Lagaccione (+ 355 m d'altitude absolue) est un lac volcanique drainé artificiellement, situé à 35 km à l'est de la mer tyrrhénienne. Les sédiments lacustres ont donné une séquence de 42 m, qui traverse approximativement 100 000 ans (Follieri *et al.*, 1993, 1998 ; Magri, 1999).

Lago di Vico

Le Lago di Vico (+ 510 m d'altitude absolue) est un lac localisé à 55 km au nord-ouest de Rome. Le site a délivré une séquence de 15 m recouvrant environ 90 000 ans (Francus *et al.*, 1993 ; Frank, 1969 ; Leroy, 1992, 1994 ; Leroy *et al.*, 1996 ; Magri et Sadori, 1999).

Stracciacappa

Le Stracciacappa (+ 220 m d'altitude absolue) est un lac volcanique drainé, ayant donné une séquence de 32 m qui couvre 60 000 ans. Ce site, distant de 29 km de la mer tyrrhénienne, se trouve à 35 km au nord de Rome (Giardini, 1993 ; Follieri *et al.*, 1998 ).

Lago di Martigano

Le Lago di Martigano (+ 200 m d'altitude absolue) est un petit lac volcanique situé à environ 30 km au nord-ouest de Rome. Ce site a fourni une séquence de 6,5 m qui recouvre les 11 000 dernières années (Kelly et Huntley, 1991).

### 1.1.2. Corrélations bio-chronostratigraphiques entre les cinq séquences

L'Eémien

Cette période à été identifiée, uniquement, à Valle di Castiglione. La zone correspondante (VdC-10) présente une composition floristique thermophile. Le paysage est progressivement dominé par une végétation méditerranéenne à *Quercus* type *ilex* et *Olea*, auxquels se joignent des taxons thermophiles. Cette végétation est remplacée, au sommet de la zone, par une autre plus mésophile, à *Quercus* type *ilex*, *Zelkova* et *Carpinus*. La zone se termine avec une modeste augmentation de *Fagus*, *Abies* et *Pinus*.

Le Préglaciaire

St Germain I (nomenclature de la Grande Pile)

Le premier interstade du Préglaciaire est scindé en deux par un bref épisode froid. La première phase arborée n'est enregistrée qu'à Valle di Castiglione ; elle voit le recul des éléments méditerranéens au profit de la végétation montagnarde, représentée par *Fagus* et *Abies*. Le groupe des taxons submontagnards (*Tilia*, *Ulmus*, *Zelkova*, *Acer*, *Corylus* et *Carpinus* ) reste généralement stable à l'exception de *Quercus* caducifolié qui progresse. Pendant la deuxième phase forestière, enregistrée à Valle di Castiglione et à Lagaccione, une importante expansion de *Fagus* a été notée ; celui-ci devient l'élément principal de la végétation. Ce taxon est associé à *Abies*, *Quercus* caducifolié, *Carpinus betulus*, *Acer Betula*, *Corylus*, *Hedera*, *Tilia* et *Ulmus*.

St Germain II (nomenclature de la Grande Pile)

Une nouvelle période forestière a été enregistrée entièrement à Lagaccione et à Lago di Vico tandis qu'à Valle di Castiglione il en manque la phase finale. Elle est marquée par deux principales expansions d'arbres et une troisième oscillation mineure. Dans les trois sites, *Abies*, *Ulmus* et *Carpinus betulus* sont les taxons les plus importants. Les méditerranéens sont rares. A Lagaccione et à Lago di Vico où ces trois épisodes sont bien individualisés, ils ont été nommés respectivement Etruria I, Etruria II et Etruria III. Dans l'état actuel des recherches, il n'est pas possible de définir lesquels de ces trois épisodes correspondent exactement à ce dernier interstade du Préglaciaire (Magri, 1999).

Le Pléniglaciaire

Le Pléniglaciaire inférieur est marqué par des valeurs fortes de *Pinus* qui est accompagné par *Artemisia*, des Poaceae, des Chenopodiaceae et *Juniperus*.

Durant le Pléniglaciaire moyen, une série de sept oscillations a été mise en évidence. Chacune de ces fluctuations a été enregistrée au moins dans trois parmi les quatre séquences précitées. L'ensemble de ces variations a été nommé « complexe Lazio ». Le fait que ces épisodes soient corrélés entre eux, montre que leur caractère n'est pas occasionnel, mais ils reflètent des changements climatiques régionaux. Durant ces oscillations, relativement riches d'un point de vue floristique, plusieurs expansions d'arbres ont été enregistrées. *Quercus* et *Corylus* sont les taxons les plus importants, accompagnés par *Tilia*, *Ulmus*, *Carpinus betulus* et *Picea*.

A la dernière oscillation de ce « complexe », succède le Pléniglaciaire supérieur, une période caractérisée par la rareté des arbres. Même *Pinus* et *Juniperus*, les plus significatifs parmi les taxons arborés, auraient une origine lointaine.

### Le Tardiglaciaire

La transition du Pléniglaciaire à l'interstade du Tardiglaciaire, marquée par un développement des arbres (*Betula*, *Quercus*...), n'est pas synchrone dans les différents sites. Elle est précédée par la progression de *Artemisia*, des Poaceae et des Amaranthaceae/Chenopodiaceae. Pendant cette période, le degré de la reconquête de la forêt était différent dans les séquences, ce qui a conduit à des paysages semi-ouverts pour certaines d'entre elles (Valle di Castiglione, Lago di Vico) et à des paysages forestiers pour d'autres (Lagaccione). Malgré cela, la végétation tardiglaciaire est caractérisée dans tous les sites par la dominance de *Quercus* caducifolié et par des taux importants de *Tilia* à coté d'autres taxons méso-thermophiles. Il faut enfin noter que la différenciation des différents épisodes du Tardiglaciaire n'a pas été possible, dans la majorité de ces séquences.

### L'Holocène

Malgré certaines différences au niveau de la composition de la végétation, l'évolution de cette dernière est, plus ou moins, uniforme à Valle di Castiglione, Lago di Vico, Lagaccione et Stracciacappa, alors que Lago di Martigano se distingue par une compétition continue entre des communautés mésophiles et sclérophylles.
Dans les 4 premiers sites, au début du Postglaciaire, *Quercus* caducifolié est le taxon prépondérant suivi de *Corylus*, *Tilia* et *Ulmus*. Le paysage voit progressivement le développement de *Fagus* et des taxons méditerranéens alors que *Quercus* caducifolié reste dominant dans certains sites. Vers 7000 ans B.P., l'ouverture de la forêt enregistrée dans les sédiments, semble être régionale. Une forêt mixte s'établit par la suite, comprenant des éléments caducifoliés et méditerranéens. Les dernières phases se marquent par la présence de *Castanea*, *Juglans* et des céréales, qui suggèrent une activité humaine.

L'enregistrement pollinique de ces séquences n'a pas permis de distinguer les différentes phases biostratigraphiques.

## 1.2. Italie méridionale (Lago Grande di Monticchio)

Le Grand Lac de Monticchio (+ 656 m d'altitude absolue) est un lac volcanique situé sur le flanc ouest du Monte Vulture, dans la province de Basilicate. Les sédiments lacustres ont fait l'objet d'une série de carottages entre 1984 et 1994. Une partie de ces prélèvements a été destinée à l'étude palynologique (Watts, 1985 ; Watts *et al.*, 1996a ; 1996b ; Allen *et al.*, 2000 ; Watts *et al.*, 2000 ). La corrélation entre les différentes carottes a été possible grâce à l'existence des couches de cendres volcaniques dans les sédiments, datées par une série des datations absolues et relatives. La séquence entière, dépassant 71 m, recouvre approximativement les 100 000 dernières années (Allen *et al.*, 2000).

### Le Préglaciaire

Pareillement aux séquences lacustres de la région de Latium, Monticchio a enregistré deux phases forestières post-éémiennes, qui peuvent être corrélées avec les deux interstades du Préglaciaire, St Germain I et St Germain II.

Le premier interstade (zone PAZ 19), est marqué par une forêt mixte caducifoliée où *Quercus* domine accompagné par *Fagus*, *Abies*, *Alnus*, *Carpinus* et *Ulmus*. Progressivement *Quercus* décline, *Abies* et *Fagus* devenant co-dominants, tandis que les autres taxons arboréens restent stables.

Le deuxième interstade (zones PAZ 17 e, c) est interrompu par un bref épisode steppique (zone PAZ 17 d). La première sous-zone arboréenne (17 e) met en évidence une forêt de *Quercus* et *Fagus*, accompagnés principalement par *Alnus*. *Ulmus* et *Carpinus betulus* sont également présents tandis que *Abies* progresse vers le sommet. La sous-zone qui succède à l'épisode steppique (17 c) voit le rétablissement de la forêt qui devient plus diversifiée. *Acer*, *Fraxinus* et *Tilia* sont plus abondants que dans la zone forestière précédente.

Le Pléniglaciaire

La végétation du Pléniglaciaire varie entre deux états principaux : une steppe ouverte à Poaceae, *Artemisia* et Chenopodiaceae durant des phases stadiaires et une steppe boisée avec une expansion modeste de taxons surtout caducifoliés (essentiellement *Quercus*, *Fagus*, *Alnus*, *Acer*, *Carpinus betulus*, *Tilia*, *Ulmus*, *Fraxinus* et *Corylus)* durant des périodes interstadiaires. Cependant, une végétation exclusivement forestière n'a jamais été établie pendant cette période.

Durant le Pléniglaciaire inférieur, deux interstades ont été enregistrés (zones PAZ 17a et 15), alors que pendant le Pléniglaciaire moyen quatre autres interstades ont été mis en évidence (zones PAZ 13, 11, 9 et 5b). Le Pléniglaciaire supérieur se caractérise par une végétation steppique à *Artemisia*, Poaceae et Chenopodiaceae où *Pinus* et *Juniperus* sont les seuls arbres signalés constamment. Cette végétation reflète un climat froid. Quelques faibles pics de feuillus devraient indiquer de brefs épisodes où des conditions moins sévères prévalaient.

Le Tardiglaciaire

A Lago di Monticchio, la transition entre le Pléniglaciaire et le Tardiglaciaire est ambiguë car l'épisode du Dryas ancien n'a pas pu être délimité séparément. L'interstade du Tardiglaciaire est divisé en deux phases indissociables : la première amélioration climatique est marquée par la progression de *Betula* et des Poaceae, suivie par une extension remarquable de *Tilia* à coté des éléments méso-thermophiles. L'épisode du Dryas récent, marque par la suite, la transition vers l'Holocène.

L'Holocène

Le Postglaciaire peut se diviser en quatre phases forestières : la première est caractérisée par la dominance de *Quercus*, accompagné par d'autres genres caducifoliés, et est suivie par une phase d'une composition très similaire mais qui enregistre l'expansion de *Ostrya/Carpinus* t. *orientalis*. La troisième phase met en évidence l'arrivée de *Abies*, *Carpinus betulus*, *Taxus* et *Alnus* alors que durant la dernière période *Abies* et *Taxus* reculent à la faveur des éléments méditerranéens.

L'examen de ces séquences continues montre que l'Italie centrale et méridionale, région très sensible aux changements climatiques, a connu plus de fluctuations climatiques que les régions plus septentrionales.

## 1.3. Espagne (Padul)

La tourbière de Padul (Granada, Espagne) d'une altitude absolue de + 785 m, a récemment livré deux séquences, respectivement de 14,8 m et 8 m, qui recouvrent la période allant du Préglaciaire jusqu'à l'Holocène (Pons et Reille, 1988).

Le Préglaciaire

La partie inférieure du dépôt (zones 2a à 2j) comprend deux interstades attribués au St Germain I et St Germain II et séparés par une phase steppique (zone h). Le premier interstade (zones 2a à 2g), tripartite, est marqué par une végétation thermophile à *Quercus*, *Erica arborea*, *Olea* et *Pistacia*. Après un épisode qui manifeste une végétation plus aride (zones c à e) où *Quercus* t. *ilex* progresse aux dépens de *Erica arborea* reflétant un léger refroidissement, la végétation devient un peu plus mésohygrophile qu'au début de l'interstade. Le deuxième interstade (zones 2i à 2j) montre une dynamique de végétation avec *Juniperus* et *Quercus* caducifolié au début, suivis par *Quercus ilex* et *Erica arborea*.

Le Pléniglaciaire

La deuxième partie de la séquence (zones 2k à 3f) représente le dernier glaciaire. Elle débute par une phase équivalente au Pléniglaciaire inférieur (zone 2k). Cette phase est marquée par une végétation très aride durant laquelle les genres thermophiles, telles que *Olea* et *Pistacia*, disparaissent pour réapparaître plus tard au Postglaciaire. La période correspondant au Pléniglaciaire moyen (zones 2l à 2o et 3a à 3c) s'avère, à Padul, un intervalle sans amélioration climatique évidente, mais avec des oscillations de faible amplitude. Il s'agit d'une période qui révèle une végétation assez aride, avec une présence d'arbres modérée mais constante. Le Pléniglaciaire supérieur (zones 3d à 3f) témoigne de très basses fréquences d'arbres, indiquant un transport lointain et des individus isolés. *Pinus* est le seul arbre à présenter de hautes valeurs avec les espèces steppiques.

Le Tardiglaciaire

L'interstade du Tardiglaciaire (zones 3i à 3k) est bien individualisé parmi deux phases stadiaires attribuées respectivement au Dryas ancien (zones 3g à3h) et au Dryas récent (zone l). Ainsi, après une phase à caractère steppique (Dryas ancien), une végétation pionnière s'installe suivie par l'explosion de *Quercus* qui est accompagné par *Juniperus*. A cette phase succède une autre, caractérisée par une végétation stadiaire à *Artemisia*, Chenopodiaceae et *Ephedra* qui remplace *Quercus ilex* et serait attribuable au Dryas récent.

L'Holocène
Le Postglaciaire commence avec le remplacement progressif de la végétation ouverte persistante, par une autre thermophile à *Quercus ilex* et *Pistacia*. En même temps, la végétation régionale voit le développement d'une forêt à *Quercus* caducifolié et *Quercus suber*. Les phases suivantes sont marquées par une succession des formations ouvertes et d'autres plus arborées avec *Quercus ilex*, *Quercus suber*, *Pistacia* et *Olea*.

## 2. EUROPE CENTRALE

Comme Europe centrale, a été définie ici, la ceinture latitudinale entre 45° et 50° N.

### 2.1. France (Les Echets)

Le marais des Echets, situé sur le plateau des Dombes, à 15 km au nord-ouest de Lyon, a livré une longue séquence de 39 m. Il s'agit d'une dépression comblée, qui recouvre la quasi-totalité du dernier cycle climatique. Seize zones polliniques ont été mises en évidence révélant ainsi l'histoire climatique de cette période.

L'Eémien
Postérieurement à une phase à caractère steppique (zone A) qui se rapporte au Riss final, débute l'interglaciaire Eémien (zone B) mettant en évidence une succession d'épisodes forestiers. Cet intervalle commence avec l'expansion de *Pinus* et *Betula*, suivie par le développement des feuillus mésophiles qui se remplacent vers la fin par *Abies*, *Picea*, et de nouveau *Pinus* et *Betula*. Une telle dynamique de végétation témoigne d'un climat tempéré chaud et humide, marqué vers la fin par une détérioration climatique.

Le Préglaciaire
Après un épisode stadiaire (zone C), un premier interstade se manifeste (zone D), coupé en deux par un bref épisode froid. Le recul des éléments thermophiles tels que *Hedera*, *Buxus* et *Viscum* indiquent des conditions climatiques moins clémentes que celles prévalant durant l'Eémien. *Fraxinus*, *Tilia* et *Fagus* faiblement représentés pendant l'Eémien se développent nettement. A cette période succède un autre épisode stadiaire (zone E), suivi par un deuxième interstade (zone F). Celui-ci présente une dynamique de végétation dont les principaux traits sont équivalents à ceux de l'interstade précédant. Cependant, le processus de dégradation climatique paraît, ici, plus précoce.

Le Pléniglaciaire
L'intervalle suivant (zones G à O) est attribué au Pléniglaciaire. Durant cette phase froide, caractérisée par une végétation éparse, trois interstades ont été mis en évidence (zones H, J, L). Ils sont marqués par les valeurs fortes de *Pinus*, celui-ci étant accompagné par quelques *Betula*, *Picea*, *Abies*, *Alnus* et sporadiquement *Quercus et Ulmus*. Après ces trois brefs épisodes, aucun signe d'amélioration climatique n'a été détecté dans cet ensemble. Enfin, la progression soudaine de *Artemisia*, des Chenopodiaceae et des Caryophyllaceae provoquant la chute de *Pinus* dans la dernière zone (P), marquerait le passage du Pléniglaciaire supérieur au Tardiglaciaire (Dryas ancien).

## 3. EUROPE SEPTENTRIONALE

Ce terme a été attribué, pour la présente étude, à la région qui se positionne au nord du 50° N.

Deux interstades post-éemiens ont été détectés, nommés Amersfoort/Brörup et Odderade. Ces interstades, qui voient le développement d'une forêt boréale, peuvent se corréler avec les deux interstades du Préglaciaire de l'Europe centrale et méridionale.

Pour le Pléniglaciaire, cinq autres interstades ont été mis en évidence, appelés Oerel, Glinde, Moershoofd, Hengelo et Denekamp, dont la corrélation stratigraphique a été confirmée par des marqueurs biostratigraphiques et par quelques datations C14 (Behre, 1989 ; Behre & van der Plicht, 1992).

Pendant le Tardiglaciaire une végétation de toundra s'est installée qui s'est remplacée à l'Holocène par des forêts décidues et/ou boréales.

En résumé, l'examen des séquences européennes montre que les deux interstades du Préglaciaire sont caractérisés, en Europe centrale et méridionale, par une forêt tempérée caducifoliée qui se remplace en Europe centrale par une forêt boréale durant les phases terminales de ces deux interstades. En Europe du Nord, ceux-ci voient le développement des forêts de conifères.

Pendant le Pléniglaciaire inférieur, au moins un interstade a été détecté dans toutes les séquences de l'Europe centrale et méridionale. En Italie du Sud (Monticchio) un deuxième interstade a été enregistré. Ainsi, la période (stade isotopique 4) qui inclut ces interstades, longtemps considérée comme uniformément froide, révèle une diversité climatique. En Europe centrale et méridionale, la végétation interstadiaire évolue, allant des plus basses aux plus hautes latitudes, d'une steppe boisée à une steppe-toundra. L'Europe du Nord se situant dans la zone périglaciaire a livré pour cette période des assemblages polliniques principalement remaniés. Durant les interstades du Pléniglaciaire moyen des conditions climatiques plus favorables que celles prévalant durant le Pléniglaciaire inférieur ont favorisé le développement des arbres méso-thermophiles en Europe du Sud. En Europe centrale et septentrionale, ces intervalles se distinguent surtout par la progression de *Pinus* et *Betula*. Le dernier interstade de cette période précédant le Pléniglaciaire supérieur ne s'est bien développé qu'en Italie. Dans le reste de l'Europe méridionale, il est détectable essentiellement par la progression de *Pinus* au sein d'une végétation pionnière. Le Pléniglaciaire supérieur s'avère une période en général froide en Europe, bien qu'en Italie méridionale des brefs épisodes, reflet des conditions climatiques moins sévères, ont été mis en évidence, avec le développement des bosquets de conifères.

Cette image générale, concorde assez bien avec les cartes schématiques des paysages paléolithiques présentés par T.H. Van Andel et P.C. Tzedakis (1996) pour cette période.

Pour le Tardiglaciaire, des steppes boisées s'installent en Europe méridionale, des toundras en Europe centrale tandis que l'Europe septentrionale présente une végétation boréale. L'Holocène met en évidence dans toute l'Europe des forêts tempérées.

La figure 56 présente les diagrammes polliniques simplifiés des séquences examinées.

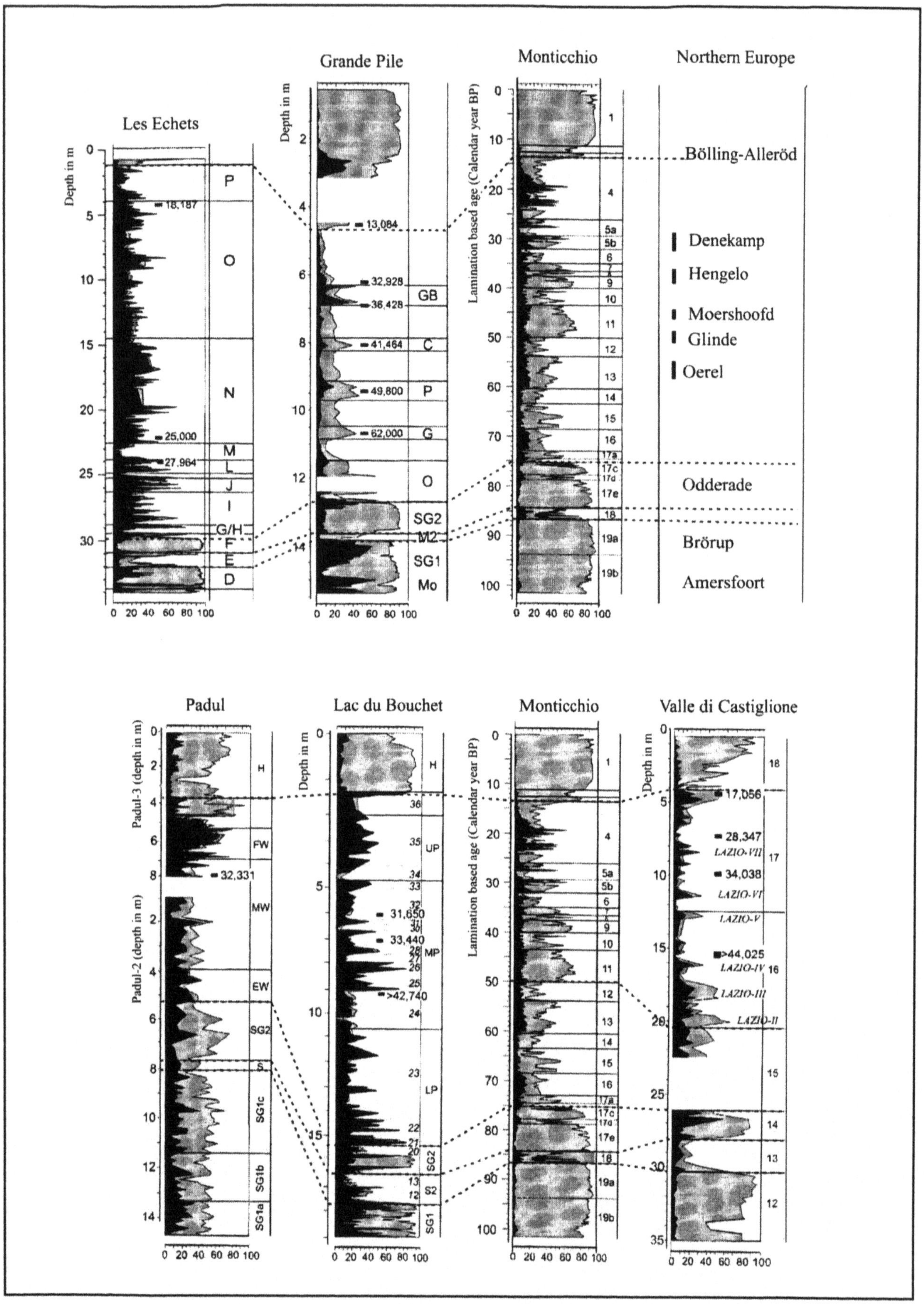


Figure 56 : Diagrammes comparatifs simplifiés des séquences de référence considérées (d'après de Beaulieu et Reille, 1984 ; Woillard, 1978 ; Allen et Huntley, 2000 ; Behre, 1989 ; Pons et Reille, 1988 ; Reille et de Beaulieu, 1990 ; Follieri *et al*, 1988 ; Follieri *et al.*, 1998.).

| Chronologie glaciaire | Padul (Pons et Reille, 1988) | Lac du Bouchet (Reille et de Beaulieu,1990) | Echets (de Beaulieu et Reille,1984) | Grande Pile (Woillard, 1978) | Latium (Follieri *et al.*, 1998) | Monticchio (Allen et Huntley, 2000) | Europe du Nord (Behre, 1989) | Stades isotopiques |
|---|---|---|---|---|---|---|---|---|
| Holocène | 3m à 3t | zone 38 | | Holocène | Holocène | PAZ 1 | Holocène | 1 |
| Tardiglaciaire | zone 3l | | | Lanterne III | | PAZ 2 | Dryas récent | 2 |
| | zones 3i à 3k | zone 37 Allerod | | | Interstade du Tardiglaciaire | PAZ 3 | Bölling/Alleröd | |
| | zones 3g à 3h | zone 36 | P | | | | | |
| Pléniglaciaire supérieur | zones 3d à 3f | zones 34-35 | N O ? | | | PAZ 4 | | |
| Pléniglaciaire moyen | zones 3a à 3c et zones 2l à 2m | zones 24-33 | M ? | | Lazio VI + VII | PAZ 5a | | 3 |
| | | | L | Grand Bois | Lazio V | PAZ 5b | Denekamp | |
| | | | | | | PAZ 6 | | |
| | | | J2? | | Lazio IV | PAZ 7 | | |
| | | | | Stadial IV | | PAZ 8 | | |
| | | | J1? J2? | Charbon | Lazio III | PAZ 9 | Hengelo | |
| | | | | Stadial III | | PAZ 10 | | |
| | | | J1? | Pile | Lazio II | PAZ 11 | Moerhoofd? Glinde? | |
| | | | I ? | Stadial II | | PAZ 12 | Ebersdorf | |
| | | | G H ? | Goulotte | Lazio I | PAZ 13 | Oerel? | |
| Pléniglaciaire inférieur | zone 2k | zones 20 -23 | | | Etruria III ? | PAZ 14 | | 4 |
| | | | | | | PAZ 15 | | |
| | | | | | | PAZ 16 | | |
| | | | F7 | Ognon? | | PAZ 17a | | |
| | | | F6 | Stadial 1 | | PAZ 17b | Schalkholz | |
| Préglaciaire | zones 2i à 2j | St Geneys II zones 15-19 | F5 ↑ F1 | Saint Germain II | Etruria II | PAZ 17c | Odderade | 5a |
| | | | | | | PAZ 17b | | |
| | | | | | | PAZ 17a | | |
| | zone 2h | | E | Melisey II | | PAZ 18 | Rederstal | 5b |
| | zones 2a à 2g | St Geneys I zones 5-11 | D | Saint Germain I | Etruria I | PAZ 19a | Brörup/ Amersfoort | 5c |
| | | | | | | PAZ 19b | | |
| | | zones 3-4 | C | Melisey I | | | Herning | 5d |
| Interglaciaire | | Ribains zones 1-2 | B | Eémien | Eémien | | Eémien | 5e |

Tableau 17 : Proposition de corrélations entre les séquences de référence (d'après Woillard, 1978; de Beaulieu et Reille,1984; Pons et Reille, 1988; Behre, 1989; Reille et de Beaulieu,1990; Follieri *et al.*, 1998; Allen et Huntley, 2000).

## 4. CORRELATIONS AVEC LES TROIS SITES DE L'ETUDE

### 4.1. Caverna delle Fate

La corrélation des zones polliniques de Caverna de Fate avec celles des séquences continues montre que :

La zone Fat 1, pourrait être attribuée à une phase de l'interglaciaire Eémien (stade isotopique 5e) ou à une partie de l'un des deux interstades du Préglaciaire (stade isotopique 5c ou 5a). L'importance de *Quercus* t. *ilex/coccifera* et la présence de *Olea* et *Abies* rapprocherait cette zone à l'Eémien de la séquence de Castiglione, sans pour autant pouvoir exclure une éventuelle corrélation avec l'un des deux interstades du Préglaciaire. Le caractère fragmentaire de l'information concernant la végétation, que livre le seul spectre de la zone, rend impossible son attribution avec certitude à une période distincte. De ce fait, les éventuelles corrélations avancées ne le sont qu'à titre d'hypothèse.

La zone Fat 2 pourrait être rattachée à une phase du premier ou du second interstade du Préglaciaire. Quelques similitudes ont été repérées avec certaines phases de zones équivalentes dans les séquences du Latium, telles que la dominance de *Pinus* parmi les arbres, ainsi que la présence de *Fagus* et *Abies* qui s'associent à des taxons méso-thermophiles (*Quercus*, *Corylus*, *Fraxinus*, *Tilia*...) et méditerranéens (*Quercus* type *ilex/coccifera*, *Olea*, *Ligustrum*). L'abondance de *Hedera* à Fate, serait un phénomène local. Aucune des séquences considérées ne présente de tels pourcentages. Néanmoins, le nombre très restreint d'échantillons de cette zone et sa végétation peu caractérisée ne permet pas de la corréler avec certitude avec l'un des deux interstades. Selon les résultats des datations radiométriques (74 000 ± 10 000 B.P.), cette zone correspondrait au deuxième interstade du Préglaciaire.

La végétation de la zone Fat 3, marquée par des oscillations rapides de faible amplitude, possède quelques caractéristiques pouvant, également, la rapprocher à un épisode du deuxième interstade du Préglaciaire. La végétation de cette zone est caractérisée par *Pinus* qui est associé à un cortège de ligneux méso-thermophiles (*Corylus*, *Quercus* type *pedunculata/pubescens*, *Tilia*, *Fraxinus*, *Fagus*...) avec présence des genres méditerranéens (*Quercus* type *ilex/coccifera*, *Olea*, *Phillyrea*) rappelant la flore mise en évidence dans les séquences de référence, pendant le St Germain II. Toutefois, une éventuelle corrélation avec l'interstade du Pléniglaciaire inférieur, ne peut pas être rejetée. Cet interstade a été nettement mis en évidence à Lago Grande di Monticchio (zone 17a), tandis que, dans le reste de l'Europe, il est peu caractérisé (Ognon de la Grande Pile ; Zone F7 des Echets ; zone 20 du Lac du Bouchet). Cet interstade montre dans les séquences précitées une association végétale constituée de *Pinus* et de quelques arbres caducifoliés (*Quercus*, *Betula*, *Fagus*...). A Caverna delle Fate, *Betula* n'est présent que sporadiquement ce qui pourrait être lié à des conditions locales ou à une concurrence entre des taxons. Le développement de *Artemisia* et des Poaceae simultanément avec le couvert arboré, constitue un point commun entre l'interstade de Monticchio et cette zone. La durée de cet interstade a été estimé à 2 700 ans à Monticchio (Watts *et al.*, 2000). A Caverna delle Fate la vitesse de sédimentation de la calcite nous étant inconnue, la durée de la formation de la stalagmite correspondant à cette zone ne peut être évaluée. Dans le cas où les autres études en cours révéleraient une durée plus longue pour la formation de ce plancher, la corrélation avec l'interstade de Monticchio serait inexacte.

La zone Fat 4, met en évidence une végétation à caractère méditerranéen avec des affinités xérophiles. Selon les datations absolues entre 67 000 et 53 000 B.P. obtenues sur l'échantillon stalagmitique du sommet, cette zone pourrait être attribuée au premier interstade du Pléniglaciaire moyen (Lazio I des séquences de Latium ; Zone 13 du Lago di Monticchio ; Goulotte de la Grande Pile). Toutefois, ces séquences de référence n'ont pas mis en évidence le développement d'une végétation méditerranéenne pour cette période ou pour le reste du Pléniglaciaire moyen. Or, la végétation de la zone Fat 4, reflet d'un réchauffement, pourrait être l'image de la végétation locale tributaire à des conditions édaphiques, ou même la réponse locale à un changement climatique régionale, et dans ce cas, cette végétation ne trouverait pas d'équivalent dans les séquences de référence.

Ces différentes possibilités de corrélation sont à l'origine de quatre hypothèses de succession chronostratigraphique. Selon la première, la zone Fat 1, correspondant à une phase de l'Eémien, est suivie par les deux interstades du Préglaciaire (zones Fat 2 et 3). La zone Fat 4 représente, pour toutes les hypothèses, une phase interstadiaire du Pléniglaciaire moyen, sans pouvoir apporter plus de précisions. La deuxième hypothèse attribue la zone Fat 1 au premier interstade du Préglaciaire et les zones Fat 2 et Fat 3 à deux intervalles distincts au sein du deuxième interstade du Préglaciaire. La troisième hypothèse rattache la zone Fat 1 au premier interstade du Préglaciaire, la zone Fat 2 au deuxième interstade du Préglaciaire et la zone Fat 3 à l'interstade du Pléniglaciaire inférieur. Enfin, selon la quatrième hypothèse les zones Fat 1 et Fat 2 appartiennent à deux phases différentes du deuxième interstade du Préglaciaire et la zone Fat 3 correspond à l'interstade du Pléniglaciaire inférieur.

La totalité des zones polliniques définies a été attribuée à des périodes interstadiaires et/ou interglaciaires. Comme il a déjà été mentionné, l'absence, du schéma logique de succession interstade/stade, dans cette séquence pollinique, résulterait de l'existence d'hiatus (lacunes sédimentaires, arrêts de formation de la calcite) entre les zones polliniques.

La figure suivante rassemble les hypothèses chronostratigraphiques qui ont été émises.

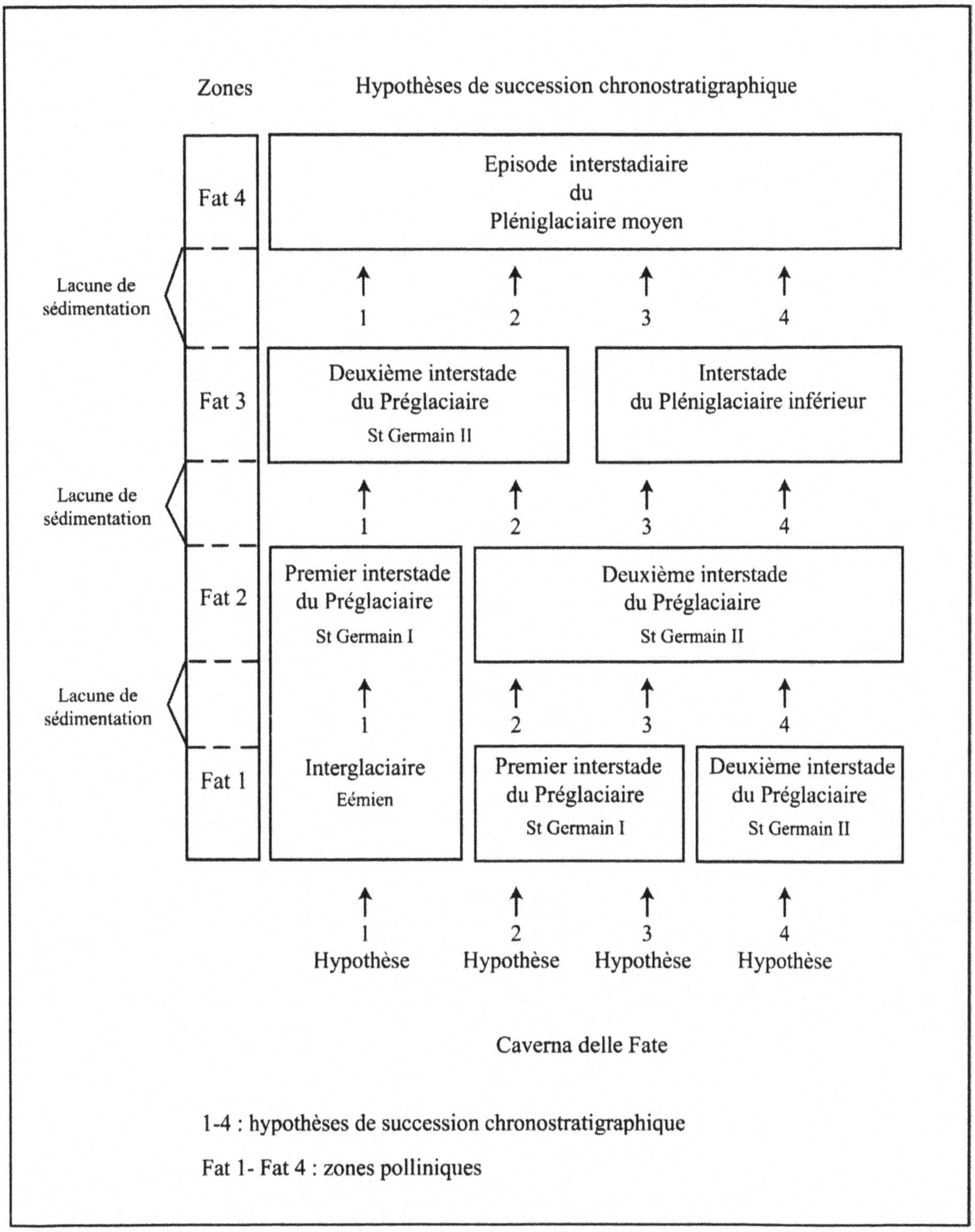


Figure 57 : Hypothèses de succession chronostratigraphique des zones polliniques de Caverna delle Fate, d'après leur comparaison avec les séquences de référence considérées.

## 4.2. Arma delle Manie

A Arma delle Manie, la quasi-absence de datations absolues ne laisse pas situer chronologiquement la séquence avec certitude. Celles-ci sont en cours de réalisation. La comparaison avec les séquences continues lacustres permet, néanmoins, d'avancer quelques hypothèses de corrélation.

La zone Man 1 a été attribuée à une période tempérée forestière. Son association végétale indiquerait une partie d'un épisode interstadiaire ou interglaciaire. La comparaison de cette zone avec les longues séquences permet de la rattacher à une phase interglaciaire ou interstadiaire du Pléistocène supérieur, notamment l'Eémien (stade isotopique 5e) ou l'un des deux interstades du Préglaciaire (St Germain I ou St Germain II, correspondant aux stades isotopiques 5c et 5a respectivement ).

Le développement d'une végétation méso-thermophile à *Corylus*, *Quercus*, *Carpinus* t. *orientalis*, *Tilia*, *Ulmus* et *Olea* opterait pour son attribution à l'Eémien. L'absence de *Taxus*, *Buxus*, *Carpinus* t. *betulus* et *Picea*, taxons typiques de cet interglaciaire dans la plupart des séquences continues examinées ici, pourrait indiquer qu'il s'agit d'une phase antérieure ou postérieure à leur développement. L'absence de ces taxons pourrait aussi être liée aux éventuelles lacunes sédimentaires ou au mode d'enregistrement pollinique spécifique dans les grottes, qui favorise les apports locaux sans que ça signifie leur absence de la végétation régionale (*cf.* Méthodologie). La présence continue de *Tilia*, qui est en contradiction avec les longues séquences où ce taxon est quasiment effacé, serait un phénomène local. Par ailleurs, ses pourcentages à Arma delle Manie indiquent sa présence locale selon les paramètres de B. Huntley et H.J.B. Birks (1983). Il faut, enfin, signaler la rareté de *Fagus* qui, comme dans les séquences continues, n'a joué un rôle important que dans les interstades du Préglaciaire ce qui renforcerait l'hypothèse de l'attribution de cette zone à l'Eémien.

Toutefois, l'association végétale à caractère tempéré de cette zone est assez similaire à celle des zones correspondant au premier interstade du Préglaciaire dans les séquences considérées (St Germain I à la Grande Pile ; Etruria I dans sites de Lazio ; zone 19 à Lago di Monticchio ; Zone D des Echets ; St Geneys I du Lac du Bouchet ; zones 2a à 2g du Padul). Sa composition floristique, peu caractéristique, pourrait même la rapprocher de la végétation du deuxième interstade du Préglaciaire (St Germain II à la Grande Pile ; Etruria II dans les sites de Lazio; zones 17 e à c du Lago di Monticchio ; zones F1-F5 des Echets ; St Geneys II du Lac du Bouchet ; zones 2i à 2j du Padul).

Une telle végétation manquant de taxons repères et d'une dynamique nette, rend difficile l'attribution de cette zone à un de ces trois épisodes, uniquement sur la base de la Palynologie. Comme il a déjà été mentionné, la distinction de ces trois épisodes tempérés dans des séquences courtes est difficile (de Beaulieu, 1984). L'existence d'un plancher stalagmitique vers le sommet de la zone, daté à environ 90 000 B.P. plaiderait pour l'attribution de cette zone à une phase antérieure à cette limite qui se situe dans le stade isotopique 5b (Martinson *et al.*, 1987). Toutefois, seule une série de datations conséquentes pourrait répondre à cette question.

La zone Man 2 met en évidence un paysage semi-ouvert à végétation méso-thermophile révélant des conditions climatiques clémentes, propres à une période interstadiaire. L'enregistrement pollinique de cette zone est comparable avec ceux correspondant au premier interstade (stade isotopique 5c) ou au deuxième du Préglaciaire (stade isotopique 5a), avec *Fagus* ayant joué un rôle assez important parmi les arbres tempérés. Il faut noter que les pourcentages de *Tilia* à Arma delle Manie rappellent les taux de ce taxon mis en évidence dans les zones F1 à F5 des Echets, attribuées au St Germain II. Aux Echets, *Tilia* est mieux représentée durant l'interstade de St Germain II qu'il ne l'est pendant celui de St Germain I, alors que dans d'autres séquences (Castiglione, Monticchio) ce taxon présente de faibles taux dans les deux interstades du Préglaciaire. Cette caractéristique pourrait servir comme appui à la corrélation de la zone Man 2 avec une phase du St Germain II.

La zone Man 3, développée sous un climat tempéré frais, pourrait correspondre à une phase interstadiaire. D'après son association végétale, elle pourrait être attribuée au deuxième interstade du Préglaciaire (stade isotopique 5a), à l'interstade du Pléniglaciaire inférieur (stade isotopique 4) ou à l'un des interstades du Pléniglaciaire moyen (stade isotopique 3).

Plus précisément, cette zone pourrait être rattachée à une phase finale du deuxième interstade du Préglaciaire. Le développement de *Betula* suggère des conditions climatiques plus sévères que celles prévalant dans la zone précédente. La progression de ce taxon parallèlement à celle de *Corylus*, *Quercus* et *Tilia*, ainsi que le recul de *Fraxinus* rappelle la zone F5 des Echets qui correspond à la phase terminale du St Germain II.

L'interstade du Pléniglaciaire inférieur est peu caractérisé en Europe centrale (Ognon de la Grande Pile ; zone F7 des Echets ; zone 20 du Lac du Bouchet). En revanche, à Lago Grande di Monticchio (Italie méridionale), il est bien individualisé (zone 17a). Cet interstade présente une végétation à *Pinus*, *Betula*, *Quercus*, *Fagus* et *Ulmus* qui s'associent à quelques *Corylus*, *Alnus* et *Carpinus betulus* et à des rares *Tilia*. Une telle composition ressemble assez à celle de la zone Man 3, ce qui pourrait également rapprocher les deux zones.

Enfin, le Pléniglaciaire moyen a révélé plusieurs interstades dont le caractère est similaire à celui de la zone Man 3. Dans les séquences italiennes ces intervalles, malgré des différences locales repérées, comprennent, d'un point de vue floristique, une association de taxons méso-thermophiles tels que *Quercus*, *Corylus*, *Betula*, *Fagus*, *Tilia*, *Ulmus* et *Carpinus betulus*. Ce type de végétation est proche de celle mise en évidence dans la zone Man 3. Le caractère peu particulier de la végétation de ces interstades ne permet pas de rapporter la zone Man 3 à une période précise.

La zone Man 4 présente une végétation steppique à *Artemisia*, Poaceae, Asteroideae et Amaranthaceae/Chenopodiaceae qui se serait développée sous un climat froid et sec. Cette zone reflète une phase stadiaire. La composition de sa végétation pourrait la rapprocher d'une phase stadiaire du Pléniglaciaire inférieur (stade isotopique 4) ou même du Pléniglaciaire moyen (stade isotopique 3). Par ailleurs, dans les séquences de référence précitées, les épisodes stadiaires du Pléniglaciaire inférieur et moyen présentent les même principaux traits de végétation.

La zone Man 5 montre la réinstallation des arbres méso-thermophiles (*Betula*, *Corylus*, *Tilia*) et le recul de *Artemisia* ce qui témoignerait d'une amélioration climatique. Cette phase correspondrait à un épisode interstadiaire qui pourrait être contemporaine du Pléniglaciaire moyen (stade isotopique 3). Le développement instantané de *Tilia*, taxon de forêt climacique, pourrait s'expliquer soit par son maintien durant la phase stadiaire précédente, vraisemblablement dans des zones abritées, soit par une lacune sédimentaire à la base de cette zone qui aurait camouflé le début de son installation.

La zone Man 6 reflète une période climatique complexe. Les courbes des différents taxons, principalement arboréens, sont marquées par des variations rapides de faible amplitude ce qui pourrait indiquer des conditions climatiques instables. Ce phénomène pourrait également être dû aux processus sédimentaires tels que l'éventuelle présence de hiatus. La Palynologie a détecté, par ailleurs, une lacune sédimentaire entre les échantillons 46 et 47. Cette zone pourrait être rattachée à une phase d'un épisode interstadiaire du Pléniglaciaire moyen, sans pouvoir préciser lequel. En région méditerranéenne la présence des taxons tels que *Pinus*, *Quercus* t. *ilex/coccifera* et *Pistacia* mis en évidence dans cette zone, marque des épisodes interstadiaires (Wijmstra, 1969). Néanmoins, la végétation de la zone Man 6 caractérisée par un faible couvert rend délicate son attribution à un intervalle distinct de cette période.

Il faut signaler que, pendant le stade isotopique 3, des études palynologiques de certains sites venant du sud-ouest de l'Europe ont montré un changement dans la végétation, résultat d'une légère amélioration climatique. Plus précisément, certaines séquences lacustres (Banyoles, Espagne) et archéologiques ont mis en évidence des épisodes favorisant une végétation thermophile à éléments méditerranéens tels que *Quercus* t. *ilex/coccifera* et des Oleaceae (Carrión, 1992a, 1992b, Burjachs et Julia, 1994). Ces exemples seront examinés ultérieurement.

La zone Man 7 présente quelques similitudes avec ces zones de séquences continues, se rapportant à l'interstade du Tardiglaciaire (zone 19 de Lagaccione ; zone 18 de Lago di Vico ; zone 3b de Lago di Monticchio, zones 3i à 3k de Padul ; zones 37 du Lac du Bouchet). Cependant, l'éloignement géographique ainsi que les différentes altitudes seraient à l'origine des certaines différences qui s'opèrent entre ces séquences continues. A Lago di Vico et à Lago di Monticchio, en dehors du développement de *Pinus*, *Betula* et *Quercus* t. *pedunculata/pubescens*, ces zones sont marquées par l'abondance de *Tilia* qui est accompagné par d'autres genres mésophiles, à savoir *Quercus ilex/coccifera*, *Acer*, *Alnus*, *Corylus* et *Ulmus*. A Padul, *Quercus* t. *ilex/coccifera* domine la végétation de cet intervalle tandis qu'au Lac du Bouchet, *Corylus* est le taxon le plus fréquent. A Arma delle Manie, *Corylus* et *Quercus ilex/coccifera* sont les taxons les mieux représentés parmi les arbres alors que *Tilia* connaît une expansion significative dans l'échantillon n° 51. Il faut enfin noter la présence de *Filipendula*. Ce taxon qui se manifeste, en général, qu'à partir de la fin du Dryas ancien, signale le réchauffement climatique de la période tardiglaciaire (Beaulieu de et Reille, 1984).
La zone Man 8 révèle une association végétale reflétant une phase post-glaciaire. L'attribution de cette zone à une période distincte de l'Holocène est délicate. Ceci car, dans les longues séquences considérées, les principaux taxons rencontrés dans la zone Man 8 sont présents continuellement et dès le début de l'Holocène.

Le trait caractéristique de cette zone est le développement conséquent des Ericaceae. Les analyses polliniques du Lac de Creno et du Lac de Bastanien en Corse (Reille, 1990), mettent en évidence le développement de *Erica arborea* au cours de l'Holocène et établissent l'optimum forestier de ce taxon à la période Atlantique. Dans l'analyse de Manie une détermination spécifique de taxon n'a pas été possible, néanmoins son attribution à *Erica arborea* ne peut être exclue. Sur cette base, cette zone pourrait être rapportée à l'Atlantique.

L'apparition de *Castanea* au début de la zone -ce taxon n'étant apparu dans les séquences de référence qu'à partir du Subboréal- pourrait également indiquer que la zone Man 8 serait contemporaine ou postérieure à cette phase. La présence de *Juglans* vers le sommet de la zone pourrait, également, signaler qu'il s'agit d'une phase tardive de l'Holocène. Cette hypothèse ne peut être affirmée sur la base de quelques grains, qui peuvent être aussi le résultat d'une pollution accidentelle. L'histoire de ces deux taxons est ambiguë. Pour les paléobotanistes, il s'agit d'essences introduites récemment dans le sud de l'Europe. Cependant, *Castanea* a été mise en évidence dans des dépôts archéologiques moustériens du sud de l'Europe (Renault-Miskovsky, 1972a, 1984, Carrión, 1992a ; Sánchez-Goñi, 1992 ; Burjachs et Julia, 1994). *Juglans* a été régulièrement signalé depuis la dernière glaciation ou même le Préglaciaire dans divers types de sédiments (Renault-Miskovsky 1972a, 1984 ; Carrión, 1992a ; Carrión et Sánchez-Gómez, 1992 ; Burjachs et Julià, 1994).

La corrélation de la zone Man 7 avec l'interstade du Tardiglaciaire et celle de la zone Man 8 avec l'Holocène impliquerait que, l'épisode stadiaire du Dryas récent ne serait pas enregistré dans la séquence. Ceci est soutenu par le développement des Cupressaceae dans la zone Man 8, avec des taux immédiatement aux alentours de 6% qui indiqueraient la présence d'une lacune sédimentaire à cet endroit.

La zone Man 9 présente une végétation forestière à *Pinus* et *Abies* associés à des essences méso-thermophiles, qui se serait développée sous un climat tempéré humide. Le développement de *Abies* est le trait caractéristique de cette zone. Dans les séquences lacustres, *Abies* se comporte différemment. Dans les sites du Latium (Castiglione, Vico, Lagaccione et Martigano) ce taxon, présent sporadiquement le long de l'Holocène, n'a pas connu d'expansion considérable. Au lac du Bouchet et à Monticchio son expansion n'a eu lieu qu'à partir du Subboréal. Il faut enfin noter que dans des Alpes maritimes et à des altitudes plus élevées ce taxon s'est développé à partir de l'Atlantique ou du Subboréal (Kharbouch, 1996 ; Finsinger, 2001). Cette zone pourrait donc être rapportée à une période de l'Holocène contemporaine ou postérieure à l'Atlantique.

Il faut noter ici que les associations végétales des zones Man 2 à Man 6, reflétant pour la plupart des conditions interstadiaires malgré les hautes fréquences d'herbacées, laissent également envisager la possibilité qu'elles puissent être corrélées avec différents épisodes du Pléniglaciaire moyen (stade isotopique 3) et probablement du Pléniglaciaire supérieur (stade isotopique 2).

Selon un premier scénario toutes ces zones pourraient être attribuées au Pléniglaciaire moyen (stade isotopique 3) avec les zones Man 2, Man 3, Man 5 et Man 6 correspondant à de phases de caractère interstadiaire et la zone Man 4 reflétant une phase stadiaire.

Pour cette période, les reconstitutions climatiques révèlent une série d'oscillations, les températures des périodes froides approchent celles du Dernier Maximum Glaciaire tandis que celles des périodes chaudes sont légèrement inférieures aux températures enregistrées pendant l'Holocène (Grootes *et al.*, 1993). D'autres reconstitutions, dans le cadre du « Stage 3 Project » (Van Andel, 2002), concluent à des diminutions de précipitations en Europe du Sud (Barron et Pollard, 2002). Pour ce même intervalle (stade isotopique 3), d'après de nombreuses données, le paysage en Méditerranée serait dominé par une forêt mixte de conifères et quelques feuillus caducifoliés, mélangés parfois à des éléments méditerranéens (Van Andel et Tzedakis, 1996). Ces formations arborées ne devenaient denses que rarement, quand les conditions atmosphériques et édaphiques le permettaient (Tzedakis, 1993, Follieri *et al.*, 1998). L'image globale que toutes ces données dégagent, est en accord avec les résultats polliniques des zones Man 2 à Man 6. Cependant, une attribution de ces zones à des épisodes précis n'a pas été possible car les diverses interstades, mis en évidence dans les séquences de référence, sont peu caractérisés.

Dans le cas où la zone Man 4 correspondrait au Pléniglaciaire supérieur un deuxième scénario pourrait être avancé, qui placerait les zones Man 2 et Man 3 dans le Pléniglaciaire moyen et les zones Man 4, Man 5 et Man 6, dans le Pléniglaciaire supérieur. Dans ce cas, les zones Man 5 et Man 6, bien qu'elles présentent une progression des taxons méso-thermophiles et méditerranéens, elles ne pourraient pas être corrélées avec les séquences de référence qui n'ont pas enregistré de végétation de caractère interstadiaire, pour cette période. Ces zones ne reflèteraient donc pas d'amélioration climatique globale mais plutôt des conditions locales correspondant aux interphases définies par M. Welten (1982, *in* Reille et de Beaulieu, 1990).
Il faut toutefois signaler que les données archéologiques ont mis en évidence pour les niveaux correspondants aux zones Man 5 et Man 6 une industrie moustérienne, ce qui les rapporterait à une période antérieure au Paléolithique supérieur. Sur cette base, il est peu probable que les zones Man 4 et Man 5 se rapportent au Pléniglaciaire supérieur tandis qu'un éventuel rattachement de la zone Man 6 à cette période ne peut être écarté.

La comparaison avec les séquences lacustres a permis d'avancer quelques hypothèses de corrélation avec les zones polliniques de Arma delle Manie. Ces corrélations peuvent se synthétiser en cinq hypothèses de succession chronostratigraphique.

Selon la première de ces hypothèses, la séquence débuterait avec l'interglaciaire Eémien (zone Man 1) suivi par les deux interstades du Préglaciaire (zones Man 2 et Man 3). Après un épisode stadiaire (zone Man 4) au sein du Pléniglaciaire inférieur ou moyen, suivent deux phases à caractère interstadiaire du Pléniglaciaire moyen (Zones Man 5 et Man 6). A ces zones succède une phase attribuée à une période interstadiaire durant le Tardiglaciaire (zone Man 7). La séquence s'achève avec deux phases postglaciaires distinctes (zones Man 8 et Man 9).

Il faut mentionner que, pour les hypothèses 1 à 4, à partir de la zone Man 4, les hypothèses de succession sont identiques pour toutes les zones polliniques. Ainsi, au regard de la succession chronostratigraphique des trois premières zones, la deuxième hypothèse rattache la zone Man 1 au premier interstade du Préglaciaire et les zones Man 2 et Man 3 à deux phases distinctes du deuxième interstade du Préglaciaire ; la troisième hypothèse attribue la zone Man 1 au premier interstade du Préglaciaire, la zone Man 2 au deuxième interstade du Préglaciaire et la zone Man 3 à une phase interstadiaire du Pléniglaciaire inférieur ou moyen; la quatrième hypothèse rattache les zones Man 1 et Man 2 à deux phases différentes du deuxième interstade du Préglaciaire et la zone Man 3 à un épisode interstadiaire du Pléniglaciaire inférieur ou moyen. Enfin, la dernière hypothèse attribue la zone Man 1 à l'un des deux interstades du Préglaciaire, les zones Man 2 et Man 3 à des interstades distincts du Pléniglaciaire moyen, la zone Man 4 à un épisode stadiaire du Pléniglaciaire moyen, la zone Man 5 à un épisode interstadiaire du Pléniglaciaire moyen et la zone Man 6 à une phase de caractère interstadiaire du Pléniglaciaire moyen ou à une interphase au sein du Pléniglaciaire supérieur. Les trois dernières zones se rapportent aux même épisodes que les quatre autres hypothèses.

L'attribution de la quasi-totalité de ces zones à des périodes de réchauffement et l'absence du schéma logique de succession interstade/stade serait liée à l'existence de hiatus sédimentaires.

La figure 58 récapitule ces hypothèses de succession chronostratigraphique.

## 4.3. San Francesco

La comparaison des ensembles A, B et C de San Francesco avec les séquences de référence considérées, ne montre pas de corrélation possible avec les zones de ces séquences qui se rapportent à l'Holocène. Celles-ci mettent en évidence une végétation forestière, pour cette période. Ce paysage fermé se modifie durant les phases tardives de l'Holocène essentiellement à cause de l'intervention humaine.

A San Francesco, la végétation évoque des paysages semi-ouverts à ouverts. Néanmoins, une intervention humaine ne peut pas être soutenue avec certitude.

La zone Z2 de Vallée di Castiglione, montre une alternance entre des phases forestières et steppiques. La mise en parallèle des ensembles B et C de San Francesco avec les épisodes steppiques de cet intervalle ne permet pas de corrélation entre ces phases. Ces intervalles révèlent à Castiglione un couvert arboré faible mais très diversifié, ce qui les distingue des deux Ensembles B et C et rend une telle corrélation périlleuse.

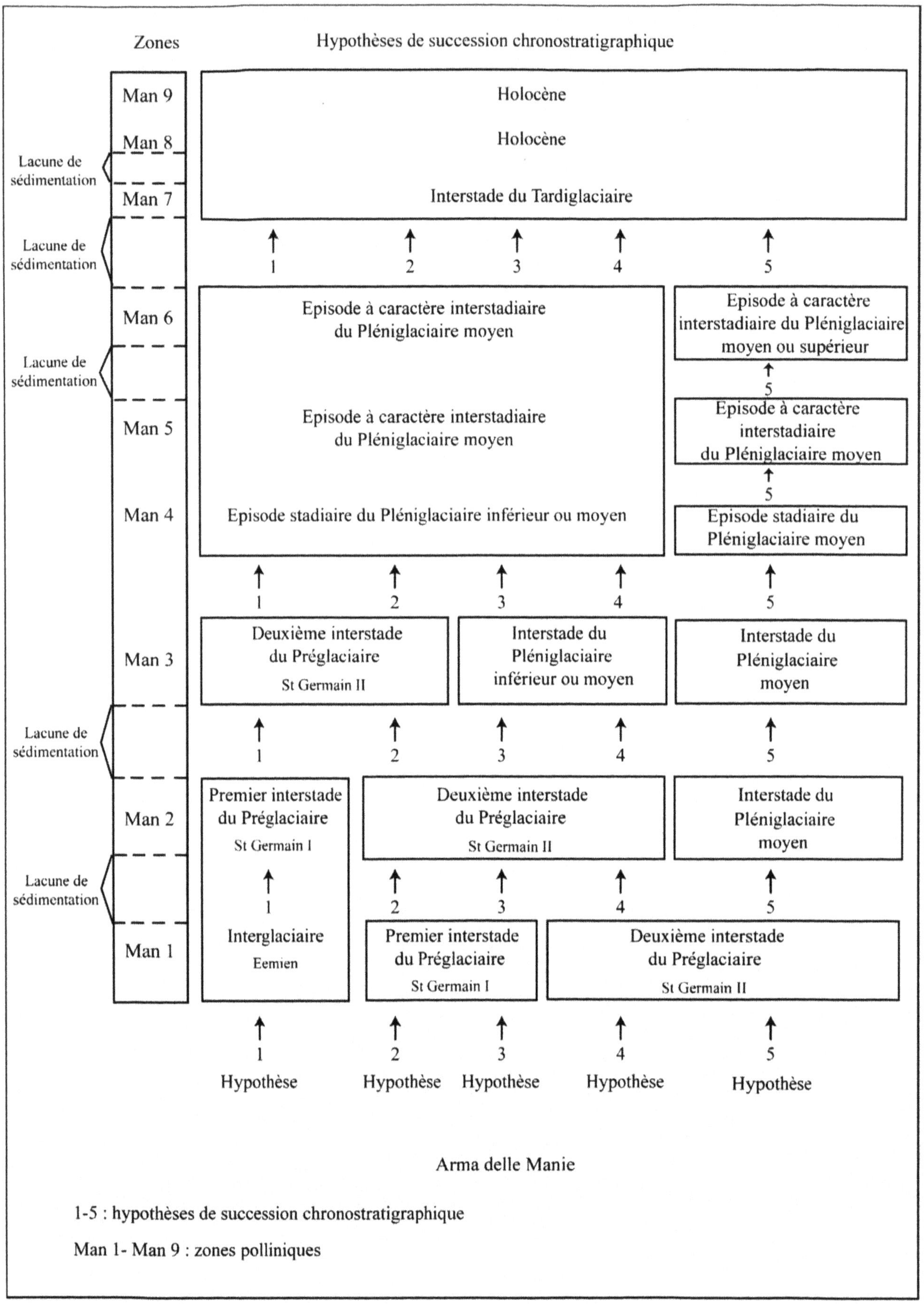


Figure 58 : Hypothèses de succession chronostratigraphique des zones polliniques de Arma delle Manie, d'après leur comparaison avec les séquences de référence considérées.

# II. SITES ARCHEOLOGIQUES DU PLEISTOCENE SUPERIEUR ET DE L'HOLOCENE

La majorité des gisements archéologiques que nous présenterons, appartiennent au midi méditerranéen français et à la Ligurie italienne. Ils recouvrent le dernier cycle climatique et l'Holocène. Des séquences d'Espagne, se rapportant à la même période, seront également examinées car, malgré leur éloignement, elles font partie du domaine méditerranéen (Fig. 55). Les sites, appartenant tous à l'Europe méridionale, seront brièvement présentés ci-dessous en respectant leur position chronostratigraphique, du plus ancien au plus récent, afin de définir le contexte paléoenvironnemental et paléoclimatique de cette région pendant cet intervalle.

## 1. PREGLACIAIRE ET PLENIGLACIAIRE

Les termes Préglaciaire et Pléniglaciaire ont été employés pour regrouper les gisements archéologiques de l'Europe méridionale attribués au Würm I, II et III. Toutefois, cette terminologie usitée dans les sites archéologiques, a été maintenue dans le but d'éviter les confusions.

### 1.1. La grotte de la Calmette (France)

Ce gisement, appelé aussi Baume du Pont, se trouve sur la commune de Dions (Gard). Positionnée dans les calcaires urgoniens, la grotte de la Calmette est formée des deux galeries parallèles, orientées nord-sud.

Huit ensembles ont été individualisés dans le remplissage, datés de l'Interglaciaire « Riss-Wurm » au Postglaciaire. Les ensembles I à V attribués au Würm I seront exposés ici.

L'analyse pollinique de cette séquence (Renault-Miskovsky, 1972) a mis en évidence un paysage dominé majoritairement par les Asteraceae. Cependant, dans la partie se rapportant au Würm I, (ensembles II à V, l'ensemble I s'étant avéré stérile) le taux des arbres oscille considérablement (5-84 %). Ils sont, essentiellement, représentés par *Pinus*, auquel se joignent quelques feuillus méso-thermophiles et, à un moindre degré, des méditerranéens. Selon l'auteur, la forêt n'a jamais été très développée à l'exception de la sous-phase IV-A qui est dominée par des conifères (Renault-Miskovsky, 1988).

Dans la partie supérieure de la zone V, le pourcentage des arbres chute, ceux-ci étant représentés par quelques *Pinus* et de rares *Alnus*, *Quercus* et *Tilia*. La strate herbacée est constituée principalement par des Cichorioideae, *Centaurea*, des Chenopodiaceae, des Brassicaceae et *Plantago*.

Il en résulte que la végétation de la première partie du Glaciaire s'est développée sous un climat relativement frais et humide devenant plus sec à la fin du Würm I.

### 1.2. La grotte du Prince (Italie)

La grotte du Prince occupe la position la plus orientale de l'ensemble des grottes de Grimaldi (Ligurie italienne).

Un témoin de brèche concrétionnée, daté du Würm I et situé sur la formation marine tyrrhénienne de base, a fait l'objet d'une analyse pollinique (Renault-Miskovsky, 1972). Les deux spectres de cette étude ont mis en évidence une flore assez diversifiée, dont la composition évoque, selon l'auteur, un paysage forestier. *Pinus* est le taxon arboré principal, accompagné par d'autres arbres caducifoliés à savoir *Quercus* t. *pedunculata*, *Alnus* et *Ulmus*. Les taxons thermophiles comme les Oleaceae, *Pistacia* et *Quercus* t. *coccifera* sont relativement bien représentés.

Cette analyse révèle que le climat de cet intervalle serait plus clément en Ligurie.

### 1.3. L'abri Piè-Lombard (France)

L'abri Piè-Lombard, situé dans les Alpes Maritimes, près de Tourettes-sur-Loup, est une fenêtre ouverte dans des calcaires jurassiques, sur un karst à développement vertical.

Le remplissage archéologique, composé par un à deux mètres de sédiments, formés de cailloutis anguleux altérés à matrice argilo-sableuse, comprend deux ensembles. Seul l'ensemble II, raviné par l'ensemble I, a livré du matériel archéologique, attribué à la première partie du Würm. Ce remplissage reposait sur un plancher stalagmitique, antérieur à l'ouverture de l'abri et à son remplissage.

L'étude palynologique porte sur deux fragments du plancher stalagmitique ainsi que sur la couche extérieure d'une stalactite piégée dans le remplissage (Renault-Miskovsky et Texier, 1980). Cette analyse a mis en évidence un paysage dominé par *Pinus*, étant accompagné par *Abies*, *Picea*, *Betula*, *Tilia*, *Fraxinus*, *Corylus*, *Acer*, *Alnus*, *Platanus*, *Juglans*, *Carpinus* t. *orientalis*, *Myrtus*, *Buxus*, des Oleaceae et des Cupressaceae, présents toutefois à de faibles taux. Cette végétation se serait développée, selon les auteurs, sous un climat tempéré humide à cachet nettement méditerranéen. En revanche, l'analyse de l'ensemble II (Renault-Miskovsky, 1982), a révélé un cortège floristique pouvant être attribué à une période froide et sèche.

Deux hypothèses ont été avancées : la première corrèle les concrétions stalagmitiques avec l'Interglaciaire « Riss-Würm », suivi par le Würm I (ensemble II). Selon la deuxième hypothèse, il pourrait s'agir des deux épisodes successifs du Würm ancien : le Würm I (concrétions stalagmitiques) et le Würm II (ensemble II).

## 1.4. La grotte de Madonna dell'Arma (Italie)

Le site de Madonna dell'Arma se positionne en Ligurie italienne dans la province de Imperia. Ce gisement attenant au village de Taggia à l'est de San Remo, se trouve à proximité du site de San Francesco. L'étude palynologique (Kaniewski, 2002), effectuée sur la totalité du remplissage sédimentaire a permis de distinguer une succession de phases climatiques. Le diagramme pollinique de la partie karstique du site révèle un régime climatique chaud à tempéré probablement au cours du stade isotopique 5a. Cette phase est suivie par une dégradation climatique pendant le stade 4. L'analyse de la partie externe du site, attribuée au stade isotopique 3, a mis en évidence une instabilité climatique qui a favorisé l'alternance entre les taxons méditerranéens et méso-thermophiles.

## 1.5. L'Abri Romani (Espagne)

L'abri Romani (+300 m d'altitude) situé à 45 km au nord-ouest de Barcelone a livré une séquence archéologique comprenant des industries moustériennes et paléolithiques supérieures.

L'étude palynologique du site (Burjachs et Julià, 1994) porte sur les niveaux moustériens, bien calés chronologiquement par une série de datations U/Th qui les situent entre 70 000 et 40 000 B.P. Cette analyse pollinique met en évidence, à travers cinq zones bien individualisées, une série d'oscillations abruptes durant la dernière glaciation.

La première phase thermophile à *Quercus*, *Olea* et *Phillyrea*, scindée en deux par un épisode steppique à Poaceae, est suivie par un intervalle froid et humide marqué, néanmoins, par de brefs épisodes d'amélioration climatique. La troisième phase est caractérisée par la dominance de *Artemisia*, Poaceae et *Pinus* mais présente aussi des oscillations climatiques fréquentes. La phase suivante montre le développement d'une steppe à Asteraceae, *Artemisia* et Poaceae sous un climat froid et sec. Enfin, la dernière période, reflet d'un réchauffement climatique, montre l'installation d'une végétation pionnière suivie par le développement d'une forêt thermophile.

## 1.6. Les grottes de Beneito et de Perneras (Espagne)

Dans la partie méditerranéenne de l'Espagne, d'autres grottes préhistoriques, en dehors de l'Abri Romani, mettent en évidence pour le Pléniglaciaire moyen la présence continue des associations végétales méditerranéennes, suggérant la proximité des zones abritées ayant servies de refuges (Carrión *et al.*, 1999). Ceci est particulièrement vrai dans les grottes de Beneito (Alicante) et Perneras qui ont permis de détecter le développement d'une végétation méditerranéenne (à *Quercus* t. *ilex*, Oleaceae), dans la partie terminale du Pléniglaciaire moyen correspondant à la phase finale du moustérien (Carrión et Dupré, 1996 ; Carrión et Munuera, 1997).

## 1.7. La grotte de l'Hortus (France)

La grotte de l'Hortus est située sur la commune de Valflaunés (Hérault) à environ 20 km de Montpellier. D'une altitude absolue de 400 m., ce site est constitué d'un réseau de galeries de 200 m de long (Lumley de, 1972).

L'étude palynologique du remplissage, celui-ci étant attribué au Würm II d'après les études sédimentologique et archéologique, a mis en évidence 5 phases successives, qui illustrent l'évolution du paysage végétal (Renault-Miskovsky, 1972 a, b ; 1976, 1988, Cattani et Renault-Miskovsky, 1989).

Les deux premières phases (I et II) présentent une chênaie de type atlantique à *Betula* et Poaceae. *Pinus* est également important. Cette végétation révèle un climat froid et très humide. Pendant les phases suivantes III et IV a, la chênaie prend un aspect méditerranéen. Le climat montre une alternance des épisodes secs et humides. Enfin, les phases IV b et V voient le recul des arbres au profit d'une steppe à Asteraceae, et *Artemisia*, interrompue par trois épisodes plus cléments.

### 1.8. L'abri Mochi (Italie)

L'abri Mochi fait partie des grottes de Grimaldi (Ligurie italienne). Il s'ouvre au pied de la falaise de Baousse-Rouse avec une orientation vers le Sud. Le remplissage sédimentaire a révélé une séquence continue du Moustérien à l'Epipaléolithique.

L'étude palynologique la plus récente (Lebreton, 1997) n'a livré des résultats interprétables que pour les niveaux moustériens de la base du remplissage, attribués à la deuxième partie du Würm ancien (Würm II). Cette analyse a mis en évidence un paysage découvert dominé par des Asteraceae, qui se serait développé sous un climat très froid et très sec vraisemblablement au cours du stade isotopique 4 ou 3.

En revanche, la première analyse palynologique (Renault-Miskovsky, 1972) porte sur la première partie du Würm récent (Würm III). Cette séquence peut être subdivisée en quatre ensembles : L'ensemble I révèle un paysage ouvert, dominé par les Cichorioideae avec une présence sporadique de *Betula*, *Corylus*, *Quercus* et *Pinus* de type méditerranéen, développés sous un climat froid et sec. Le deuxième ensemble voit l'essor des essences arboréennes, principalement *Pinus*, des Oleaceae, *Quercus*, *Betula*, *Corylus*, *Carpinus* et *Alnus*. Le climat serait tempéré chaud. Le troisième ensemble enregistre le recul du couvert arboré qui se serait effectué sous un climat froid et sec. Le quatrième ensemble, mettant en évidence un paysage ouvert est sensiblement identique au troisième. Selon l'auteur, l'ensemble II est contemporain au réchauffement climatique qui marque le début du Würm III.

### 1.9. La grotte de Santa Lucia superiore (Italie)

La grotte de Santa Lucia superiore est située en Ligurie dans la province de Savone, à quelques kilomètres des gisements de Caverna delle Fate et de Arma delle Manie. L'analyse pollinique du site (Kaniewski, 2002) a mis en évidence deux phases de développement du couvert arboré en contexte général steppique. La végétation est principalement dominée par les Poaceae, les Asteraceae et *Artemisia* auxquels s'ajoutent quelques genres méso-thermophiles, tandis que les taxons méditerranéens sont faiblement représentés. Une telle association végétale se serait développée, selon l'auteur, sous un climat plus frais que l'actuel vraisemblablement au cours des stades isotopiques 4 et 3.

## 2. Tardiglaciaire et Postglaciaire

### 2.1. Abri Cornille (France)

L'abri Cornille est localisé près d'Istres (Bouches du Rhône), sur la rive gauche du vallon de Surlauze. Le dépôt sédimentaire du site se rapporte à l'intervalle entre le Dryas II et le Subatlantique. L'analyse pollinique des trois niveaux de cette séquence (Renault-Miskovsky, 1972) a révélé les résultats suivants :

La couche 14 correspondant au Dryas II a mis en évidence un paysage à faible couvert arboré, développé sous un climat frais et humide. La couche 12 se rapportant à l'interstade de Alleröd repère l'essor des arbres. Le paysage est désormais composé par les conifères et la chênaie mixte auxquels se mêlent quelques genres thermophiles. Ce type de végétation serait développé sous un régime climatique chaud et humide. Dans la couche 6, qui correspond au Dryas III, le couvert arboré est très affaibli et le paysage est principalement dominé par les Cichorioideae, *Plantago*, les Chenopodiaceae, les Caryophyllaceae et *Artemisia*. Le climat serait froid et légèrement humide.

## 2.2. Châteauneuf-les-Martigues (France)

L'abri de Châteauneuf-les-Martigues (Bouches-du-Rhône), est situé sur la commune qui porte le même nom, à environ 10 m d'altitude, sur le versant nord de la chaîne de l'Estaque.

Le remplissage de ce gisement couvre l'intervalle entre le Dryas III et la fin du Subboréal. L'analyse palynologique du site (Renault-Miskovsky, 1972) correspond aux niveaux allant du Boréal au Subboréal et met en évidence une série de faibles fluctuations climatiques.

Les couches attribuées au Boréal mettent en évidence un paysage semi-ouvert (N.A.P. : 70 %) à Poaceae, Cichorioideae, Chenopodiaceae, *Plantago*, Cyperaceae et Urticaceae. Le couvert arboré est représenté par *Pinus*, *Quercus* t. *ilex/coccifera*, *Tilia*, *Pistacia*, des Cupressaceae et *Corylus*. Le climat semble être relativement clément et sec.

Dans les niveaux attribués à l'Atlantique le couvert arboré se densifie et fait intervenir les genres plus thermophiles que ceux du niveau Boréal sous-jacent. La phase finale de l'Atlantique présente une végétation plus ouverte, développée sous un climat asséché, à cachet méditerranéen.

Les niveaux supérieurs correspondant au début du Subboréal ou à l'extrême fin de l'Atlantique enregistrent le léger retour des arbres sous des conditions climatiques un peu plus humides.

## 2.3. La grotte de l'Hortus (France)

Les niveaux Postglaciaires de l'Hortus se situent immédiatement au-dessus des dépôts moustériens (*cf.*p. 185). Il s'agit des couches n° 5 à n° 1 dont l'occupation s'étale du Chalcolithique jusqu'à la période wisigothique. L'analyse palynologique de ces niveaux (Renault-Miskovsky, 1972) révèlent l'évolution de la végétation et du climat.

Le niveau 5 daté du Chalcolithique et de l'Age du Bronze révèle un paysage ouvert (N.A.P. : 90 %), développé sous un climat sec. Le faible couvert arboré est dominé par *Pinus* qui est accompagné par *Corylus*, *Alnus*, *Quercus* t. *ilex/coccifera* et *Castanea*. Dans les trois niveaux successifs, la strate herbacée recule au profit des Cichorioideae qui dominent le paysage. *Pinus* progresse également. Le dernier niveau, d'âge wisigothique montre l'installation d'une végétation méditerranéenne ouverte. Selon l'auteur, les niveaux postglaciaires mettent en évidence le développement de la garrigue aux alentours du gisement.

## 2.4. Grottes de l'Or et des Cendres (Espagne)

Les grottes de l'Or et des Cendres (Alicante), situées sur la côte est de l'Espagne, ont livré des remplissages néolithiques. L'analyse palynologique de ces deux sites (Carrión *et al.*, 1999) montre l'importance de *Pinus* parmi la végétation naturelle, constituée par des taxons méso-thermophiles tels que *Quercus*, *Olea*, *Pistacia*, *Corylus*. Les deux gisements ont révélé des taux assez importants d'Ericaceae.

## 3. Correlations avec les trois sites de l'etude

La mise en parallèle des végétations de la Caverna delle Fate, Arma delle Manie et San Francesco avec celles des sites archéologiques considérés, n'a permis de corrélation directe que pour certaines phases climatiques des trois gisements ligures. Ceci pourrait être dû à des différences locales de la végétation ou à un décalage chronostratigraphique des remplissages, ce décalage pouvant même s'inscrire au sein d'une même phase climatique identique.

## 3.1. Caverna delle Fate

Les zones Fat 1, Fat 2 et Fat 3 n'ont pas pu être corrélées avec des phases distinctes de sites archéologiques examinés.

La dernière zone Fat 4 révèle une association végétale analogue à celle de la phase III de l'Hortus. Dans les deux cas, *Pinus* et *Quercus* se trouvent en concurrence à côté des quelques Cupressaceae, *Alnus*, *Betula*, *Corylus*, *Carpinus*, *Tilia* et *Olea*. Toutefois, la chênaie mixte n'est pas entièrement représentée à Fate à cause de l'absence de *Ulmus*. La strate herbacée, peu variée, est constituée par les Asteraceae, Poaceae, Ericaceae, Ranunculaceae et

Rosaceae. La phase III de l'Hortus montre, selon l'auteur, (Renault-Miskovsky, 1972) « une alternance continue entre les épisodes secs et les épisodes humides ». La survie des espèces thermophiles évoquent des périodes douces dans l'année. A Caverna delle Fate l'association végétale de la zone Fat 4, évoque un assèchement du climat cependant peu marqué, comme le suggère la présence des taxons méso-thermophiles.

La phase III de l'Hortus, faisant partie du Würm II, a été corrélée, selon l'auteur, avec l'interstade de l'Odderade. La position chronostratigraphique de cet interstade a été révisée ultérieurement (Behre, 1989). Ainsi pour la présente étude, seule l'attribution de cette phase au Würm II, celui–ci correspondant au Pléniglaciaire moyen, a été prise en considération. La zone Fat 4 a été également attribuée à un interstade indéterminé du Pléniglaciaire moyen ce qui rendrait possible la corrélation des deux zones.

L'association végétale de cette zone Fat 4 est aussi assez similaire avec celle qui a été mise en évidence à Abri Romani dans la zone n° 3. Celle-ci reflète *a priori* une phase froide, révèle une série d'oscillations de faible amplitude avec présence des taxons méso-thermophiles (Burjachs et Julià, 1994). A Fate la végétation se distingue par l'importance de *Quercus* t. *ilex/coccifera* probablement liée à des conditions locales. Ces paramètres locaux auraient favorisé une végétation plus méditerranéenne à Fate.

Ainsi, la zone Fat 4, étant constituée seulement des deux échantillons pourrait se rattacher à une phase de réchauffement au sein de la zone 3 de l'Abri Romani. Selon les datations obtenues pour la zone Fat 4 (60 000 ± 8 000 B.P.), elle pourrait se rapprocher de la base de la zone 3 de l'Abri Romani. Cette dernière zone a été datée de 56 800 à 49 500 B.P.

Toutefois une correspondance entre ces deux zones ne peut être affirmée en raison du nombre d'échantillons très limite à Fate.

Le tableau suivant permet de visualiser ces corrélations.

| Zones polliniques | Hypothèses de corrélation |
|---|---|
| Fat 4 | Phase III de l'Hortus<br>Zone 3 de l'abri Romani → Pléniglaciaire moyen (Würm II) |
| Fat 3 | ? |
| Fat 2 | ? |
| Fat 1 | ? |

Tableau 18 : Hypothèses de corrélation de Caverna delle Fate avec les sites archéologiques considérés.

## 3.2. Arma delle Manie

Pour la zone Man 1, aucune corrélation n'a pu être établie avec les sites archéologiques précités.

La zone Man 2 présente une composition assez similaire avec celle de l'ensemble IV B de la Calmette. En terme général, le couvert arboré est caractérisé, dans les deux gisements, par une formation mixte à *Pinus* et des genres méso-thermophiles tels que *Alnus*, *Corylus*, *Quercus*, *Tilia*, ainsi que des Cupressaceae et quelques méditerranéens. Il faut toutefois signaler la présence de *Fagus* et *Ulmus* à Manie, tous deux absents du gisement français et, inversement, la présence de *Juglans* et *Carpinus* dans la Calmette, pas enregistrés à Arma delle Manie. Ces différences pourraient être liées à l'éloignement géographique des deux sites ou à des différences locales de la végétation. Le cortège floristique herbacé est, quant à lui, quasiment identique dans les deux gisements.

L'épisode obtenu à Manie semble être plus tempéré que celui de la Calmette, mais les deux peuvent être reliés. L'ensemble IV B de la Calmette, attribué au Würm I, a été corrélé avec l'épisode de Brörup qui correspond au premier interstade du Préglaciaire. La zone Man 2 selon les hypothèses chronostratigraphiques n° 2, 3 et 4, peut également se rattacher à une partie du St Germain I, ce qui rendrait possible une telle corrélation.

La zone Man 3 n'a pas d'équivalent dans les gisements considérés.

La zone Man 4 présente une végétation proche de celle mise en évidence par l'analyse des niveaux moustériens de l'Abri Mochi. Plus précisément à l'Abri Mochi, les spectres de la base du remplissage (PP 118-134), attribués au Würm II, révèlent un paysage découvert, dominé par une végétation herbacée à Asteraceae et *Artemisia* où *Pinus* est le principal taxon arboréen. La faible présence de quelques taxons méso-thermophiles à Arma delle Manie serait liée à l'existence des zones ayant servi de refuges à des genres méso-thermophiles et méditerranéens. Ces groupements végétaux étant développés sous des conditions climatiques froides et sèches, il serait possible de rattacher les deux ensembles. L'attribution chronostratigraphique des deux sites montre que ces niveaux pourraient être attribués à un épisode froid des stades isotopiques 4 ou 3 ce qui renforcerait leur corrélation.

La zone Man 5 n'a pas pu être corrélée avec aucune zone pollinique des sites archéologiques.
La zone Man 6 montre l'installation d'une végétation méso-thermophile à éléments méditerranéens. Une telle association végétale rappelle celles mises en évidence dans certains niveaux de Cova Beneito et de la grotte de Perneras. Plus précisément, la base de la zone C de Cova Beneito et le sommet de la zone A de la grotte de Perneras révèlent la survie de quelques éléments méditerranéens quoique à des taux faibles. Cette caractéristique est également rencontrée dans la zone Man 6. Dans les gisements espagnols, les zones précitées se rapportent au stade isotopique 3. La zone Man 6 a été aussi rapportée à un épisode du stade isotopique 3. Au regard de leur correspondance avec les niveaux archéologiques, les zones C (Cova Beneito) et A (grotte de Perneras) correspondent à la phase finale du Moustérien. La zone Man 6 inclut le niveau archéologique I qui a livré une industrie moustérienne, sans pouvoir apporter plus de précision (Cauche, com.oral.) et de ce fait une telle corrélation peut s'avérer probable.

La zone Man 7 montre une végétation similaire à celle mise en évidence dans la couche 12 de l'Abri Cornille. Les deux séquences présentent dans ces niveaux la coexistence de *Pinus* et de la chênaie à côté d'un cortège d'arbres méso-thermophiles tels que *Tilia*, *Corylus*, *Ulmus*, *Pistacia*, *Olea* et *Alnus*. *Tilia* joue un rôle important dans les deux sites. Le climat serait dans les deux sites tempéré, relativement chaud et humide.

La couche 12 de l'Abri Cornille a été rapportée à l'Alleröd alors que la zone Man 7 de Manie a été corrélée, d'après sa comparaison avec les séquences de référence, à l'interstade du Tardiglaciaire. Ces zones étant définies dans les deux gisements sur la base de un ou deux spectres, leur corrélation doit être considérée avec prudence.

La zone Man 8 présente quelques similitudes avec la zone B de la grotte de l'Or. Les deux phases sont caractérisées par le développement conséquent des Ericaceae. La strate herbacée comprend principalement des Poaceae, Chenopodiaceae et *Plantago*. Le couvert arboré voit le développement des taxons méso-thermophiles tandis que *Pinus* est beaucoup mieux représenté dans le gisement espagnol.

La zone B de la grotte de l'Or correspondrait à l'Atlantique. La zone Man 8 a été rapportée à une période indéterminée de l'Holocène, peut-être à l'Atlantique. Sa comparaison avec les séquences continues incite à une phase tardive, cependant une attribution précise n'a pas été possible. Néanmoins, l'attribution de la zone Man 9 sus-jacente à une période contemporaine ou postérieure de l'Atlantique, constitue un indice pour la position chronostratigraphique de la zone Man 8. La corrélation entre les zones B de la grotte de l'Or et Man 8 et serait donc plausible.

Pour la dernière zone Man 9, aucune corrélation n'a pu être avancée, probablement en raison de l'intervention humaine sur la végétation naturelle.

Le tableau 19 présente toutes les hypothèses émises d'après la comparaison des zones polliniques de Arma delle Manie avec les sites archéologiques.

| Zones polliniques | Hypothèses de corrélation | | |
|---|---|---|---|
| Man 9 | | ? | |
| Man 8 | Zone B de la grotte de l'Or | → | Holocène (Atlantique) |
| Man 7 | Zone 12 de l'Abri Cornille | → | Interstade du Tardiglaciaire (Alleröd) |
| Man 6 | Zone C de Cova Beneito<br>Zone A de la grotte de Perneras | → | Pléniglaciaire moyen |
| Man 5 | | ? | |
| Man 4 | Niveaux 118-134 de l'Abri Mochi | → | Stade du Pléniglaciaire inférieur ou moyen (Würm I et Würm II) |
| Man 3 | | ? | |
| Man 2 | Zone IV B de la Calmette | → | Préglaciaire (Würm I) |
| Man 1 | | ? | |

Tableau 19 : Hypothèses de corrélation de Arma delle Manie avec les sites archéologiques considérés.

### 3.3. San Francesco

Les associations végétales des ensembles B et C de San Francesco présentent des similitudes avec celles des couches 8 à 7 de Châteauneuf-les-Martigues.

Les deux séquences sont caractérisées par un couvert arboré faible où *Pinus* domine à coté des quelques *Quercus*, *Corylus*, *Ulmus* et *Pistacia* La strate herbacée comprend essentiellement des Cichorioideae, Amaranthaceae/Chenopodiaceae, *Plantago*, Cyperaceae et Poaceae. L'absence de *Tilia* à San Francesco, taxon présent dans le gisement français pourrait être liée à des conditions locales. Il serait donc envisageable de rattacher les deux ensembles B et C de San Francesco aux couches 8 à 7 de Châteauneuf-les-Martigues. En effet, dans les deux gisements, le climat est assez clément et sec. Il faut noter que les couches 8 à 7 de Châteauneuf-les-Martigues ont été attribuées au Boréal. A San Francesco, une attribution chronologique précise n'est pas encore établie. Sur cette base cette corrélation ne peut être avancée qu'à titre d'hypothèse.

L'ensemble A de San Francesco présente une flore assez proche de celle mise en évidence dans les niveaux 4, 3, et 2 de la grotte de Hortus. Dans les deux gisements, la végétation herbacée, parmi laquelle les Cichorioideae prédominent, est bien développée, alors que le couvert arboré est faible, *Pinus* étant le taxon le mieux représenté. Cependant, certaines disparités ont été repérées, notamment l'importance de *Quercus* à San Francesco par rapport à l'Hortus. Une éventuelle présence plus importante de *Quercus* dans les environs du site serait à l'origine de ces taux plus élevés. Il serait même envisageable qu'à San Francesco, site de plein air, les apports polliniques seraient mieux enregistrés, aboutissant à des taux d'arbres plus élevés. En revanche, les taux faibles de *Quercus* à l'Hortus pourraient indiquer une intervention humaine intensive. Il faut remarquer ici, que l'Ensemble A de San Francesco a livré des céramiques médiévales et les niveaux 4, 3, et 2 de la grotte de l'Hortus, sont contemporains du Haut Moyen-Age.

Dans le cas où la végétation serait naturelle, elle refléterait un climat assez chaud et sec à Hortus, tandis qu'à San Francesco elle indiquerait des conditions plus tempérées mais relativement sèches. Toutefois, en absence de repère chronologique précis la corrélation des deux phases ne peut être affirmée.

Le tableau 20 permet de visualiser ces hypothèses de corrélation. Enfin, le tableau 21 évoque la position chronostragraphique des trois sites d'après leur corrélation avec les séquences de référence et les sites archéologiques considérés.

| Ensembles polliniques | Hypothèses de corrélation | | |
|---|---|---|---|
| Ensemble A | Niveaux 4 à 2 de l'Hortus | → | Haut Moyen-Age |
| Ensembles B et C | Niveaux 8 à 7 de Châteauneuf-les-Martigues | → | Boréal |

Tableau 20 : Hypothèses de corrélation de San Francesco avec les sites archéologiques considérés.

| Paléo magnetisme (Shackleton, 1995) | Age Ka (Martinson et al.,1987) | Courbe isotopique (Pisias et al., 1984) -1 0 +1 | Stade isotopique | Climatostratigraphie: Chronologie glaciaire | Climatostratigraphie: Grande Pile (Woillard, 1978) | Préhistoire européenne | Caverna delle Fate Hypothèses chronostratigraphiques | | | | Arma delle Manie Hypothèses chronostratigraphiques | | | | | San Francesco Hypothèses chronostratigraphiques |
|---|---|---|---|---|---|---|---|---|---|---|---|---|---|---|---|---|
| B R U N H E S | 11 | 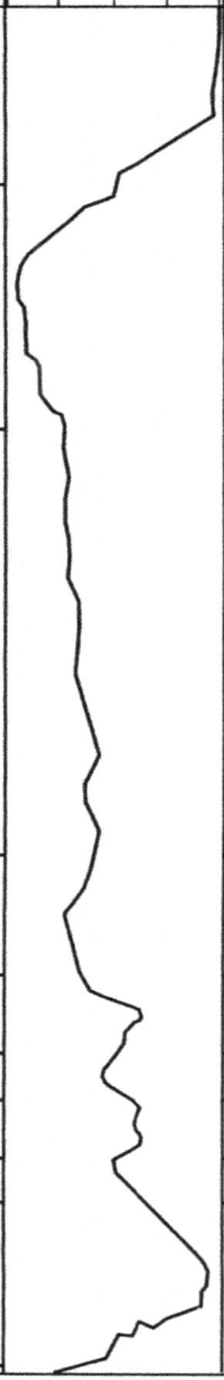 | 1 | Postglaciaire | Subatlantique<br>Subboréal<br>Atlantique<br>Boréal<br>Préboréal | Age des metaux<br>Néolithique<br>Mésolithique | | | | | Man 9<br>Man 8 | Man 9<br>Man 8 | Man 9<br>Man 8 | Man 9<br>Man 8 | Man 9<br>Man 8 | Ensemble A<br>Ensembles B + C |
| | 24 | | 2 | Tardiglaciaire<br>Pléniglaciaire supérieur | Alleröd<br>-<br>Bölling | Epipaléolithique<br>Paléolithique supérieur | | | | | Man 7 | Man 7 | Man 7 | Man 7 | Man 7<br>Man 6 ? | |
| Mono Lake<br>Laschamp | 59 | | 3 | Pléniglaciaire moyen | Grande Bois<br>Charbon<br>Pile<br>Goulotte | | Fat 4 | Fat 4 | Fat 4 | Fat 4 | Man 6<br>Man 5<br>Man 4 ? | Man 6<br>Man 5<br>Man 4 ? | Man 6<br>Man 5<br>Man 4 | Man 6<br>Man 5<br>Man 4 ?<br>Man 3 ? | Man 6 ?<br>Man 5<br>Man 4<br>Man 3<br>Man 2 | |
| | 74 | | 4 | Pléniglaciaire inférieur | Ognon | Moustérien | | | Fat 3 | Fat 3 | Man 4 ? | Man 4 ? | Man 3 | Man 4 ?<br>Man 3 ? | | |
| | 85 | | 5a | Préglaciaire | St. Germain II | | Fat 3 | Fat 3<br>Fat 2 | Fat 2 | Fat 2<br>Fat 1 | Man 3 | Man 3<br>Man 2 | Man 2 | Man 2<br>Man 1 | Man 1 | |
| | 94 | | 5b | | | | | | | | | | | | | |
| | 105 | | 5c | | St. Germain I | | Fat 2 | Fat 1 | Fat 1 | | Man 2 | Man 1 | Man 1 | | | |
| Blake | 117 | | 5d | | | | | | | | | | | | | |
| | 130 | | 5e | Interglaciaire | Eémien | | Fat 1 | | | | Man 1 | | | | | |

Tableau 21 : Position chronostratigraphique des trois sites d'après les corrélations avec les séquences de référence et les sites archéologiques considérés.

## III. CORRELATIONS DES TROIS SITES D'APRES LES RESULTATS PALYNOLOGIQUES ET LES HYPOTHESES CHRONOSTRATIGRAPHIQUES

Les trois sites étudiés sont localisés dans la même région géographique. De ce fait, leur corrélation pourrait apporter des indications utiles à la définition du cadre chronostratigraphique régional. Par ailleurs, Caverna delle Fate et Arma delle Manie, distants d'environ 1 kilomètre, se situent dans le même secteur naturel ce qui permet d'envisager un rapport entre leurs données polliniques.

La mise en parallèle des trois sites basée sur l'ensemble des hypothèses chronostratigraphiques avancées, montre qu'il existe entre Caverna delle Fate et Arma delle Manie certaines possibilités de corrélation tandis qu'à San Francesco aucune zone pollinique ne trouve d'équivalent dans les deux autres sites (Fig. 59). Les hypothèses émises d'après la comparaison de Caverna delle Fate et Arma delle Manie avec les séquences de référence, révèlent que les trois premières zones des deux sites (Man 1, 2, 3 et Fat 1, 2, 3) sont susceptibles d'appartenir aux même épisodes chronostratigraphiques. Néanmoins, la multiplicité d'hypothèses chronostratigraphiques (quatre pour Caverna delle Fate et cinq pour Arma delle Manie) montre que les possibilités de corrélation entre les différentes zones sont assez flexibles, en fonction de l'hypothèse chronostratigraphique favorisée.

Les compositions floristiques des deux sites sont assez proches. Le couvert arboré est dominé par *Pinus* à l'exception des échantillons n° 4 et n° 5 de Caverna delle Fate. Les Gymnospermes sont également représentés par les Cupressaceae et par quelques *Abies*. Un cortège de méso-thermophiles (*Alnus*, *Betula*, *Corylus*, *Fraxinus*, *Quercus* t. *pedunculata/pubescens* et *Tilia*) est omniprésent. Parmi les méditerranéens, *Quercus* t. *ilex/coccifera* est présent en continu, tandis que *Pistacia*, *Olea* et *Phillyrea* n'apparaissent que sporadiquement. Il faut signaler qu'à Arma delle Manie, *Betula*, *Fagus* et *Ulmus*, sont mieux représentés qu'ils ne le sont à Caverna delle Fate, probablement pour des raisons topographiques (ouverture de la grotte, exposition aux vents), ou édaphiques locales (nature du sol), ou même à cause des différences d'enregistrement pollinique entre les concrétions stalagmitiques et les sédiments meubles. La strate herbacée est essentiellement représentée par les Poaceae et les Ranunculaceae qui sont accompagnées par les Apiaceae, les Asteroideae, les Lamiaceae, les Liliaceae, *Plantago* et les Rosaceae.

La corrélation de la zone Fat 1, constituée d'un seul spectre, avec l'une des zones Man 1, 2 ou 3, s'avère difficile. Les taux de *Quercus* t. *ilex/coccifera* (13 %) et *Quercus* t. *pedunculata/pubescens* (9 %) mis en évidence dans la zone Fat 1 ne sont enregistrés à Arma delle Manie que dans les périodes postglaciaires. Néanmoins, ces pourcentages élevés à Fate pourraient être liés au nombre réduit de taxons enregistrés et à la somme de base relativement faible, qui auraient fait paraître des pourcentages plus accentués.

L'association végétale à *Pinus*, *Abies*, Cupressaceae, *Alnus*, *Betula*, *Carpinus* t. *orientalis*, *Corylus*, *Fraxinus*, *Quercus* et *Tilia* de cette zone, la rapproche à certains spectres des zones Man 1 et Man 2. Toutefois, il est difficile de corréler cette zone avec certitude sur la base d'un seul spectre.

La zone Fat 2 voit l'installation de *Hedera* et de *Fagus* ainsi que le développement de la strate herbacée. *Hedera*, présent à Manie à de taux faibles ne serait à Fate qu'un phénomène local. La végétation de cette zone est également proche à celle des zones Man 1 et Man 2. Une éventuelle corrélation avec la zone Man 3 ne serait pas réalisable à cause des différences de végétation. En effet, dans la zone Man 3, la disparition des taxons présents dans la zone Fat 2, tels que les Cupressaceae, *Abies*, *Carpinus* t. *orientalis* et *Olea*, évoque des associations végétales différentes.

La comparaison de la zone Fat 3 avec les zones Man 1, Man 2 et Man 3 la rapprocherait à la zone Man 2. En effet, les zones Man 1 sous-jacente et Man 3 sus-jacente, présentent une composition floristique différente de celle mise en évidence dans la zone Fat 3. Le développement des Cupressaceae et de *Artemisia* dans la zone Fat 3, taxons faiblement représentés dans la zone Man 1, ainsi que la présence des Cupressaceae, *Abies* et *Olea* dans la zone Fat 3, qui ne sont pas enregistrés dans la zone Man 3 ne permettent pas une corrélation.

Au regard des hypothèses chronostratigraphiques émises pour les deux sites, cette dernière corrélation favoriserait les hypothèses n°2, n°3 et n°4 de Manie et les hypothèses n° 1 et n° 2 de Fate. Les hypothèses n°2 et n° 3 attribuent la zone Man 1 à un épisode au sein du premier interstade du Préglaciaire (St Germain I à la Grande Pile) et la zone Man 2 à une phase du deuxième interstade du Préglaciaire (St Germain II à la Grande Pile) tandis que selon l'hypothèse n° 4 les deux zones correspondent au St Germain II. La corrélation entre Fat 3 et Man 2 plaiderait également pour la corrélation de la zone sous-jacente Fat 2 avec la zone sous-jacente Man 1 rapportée par les hypothèses chronostratigraphiques n° 3 et n° 4 au St Germain I et au St Germain II respectivement. Dans ce cas la zone pollinique Fat 1 qui n'aurait pas d'équivalent dans la séquence de Manie, pourrait se rapporter à l'interglaciaire Eémien ou au premier interstade du Préglaciaire.

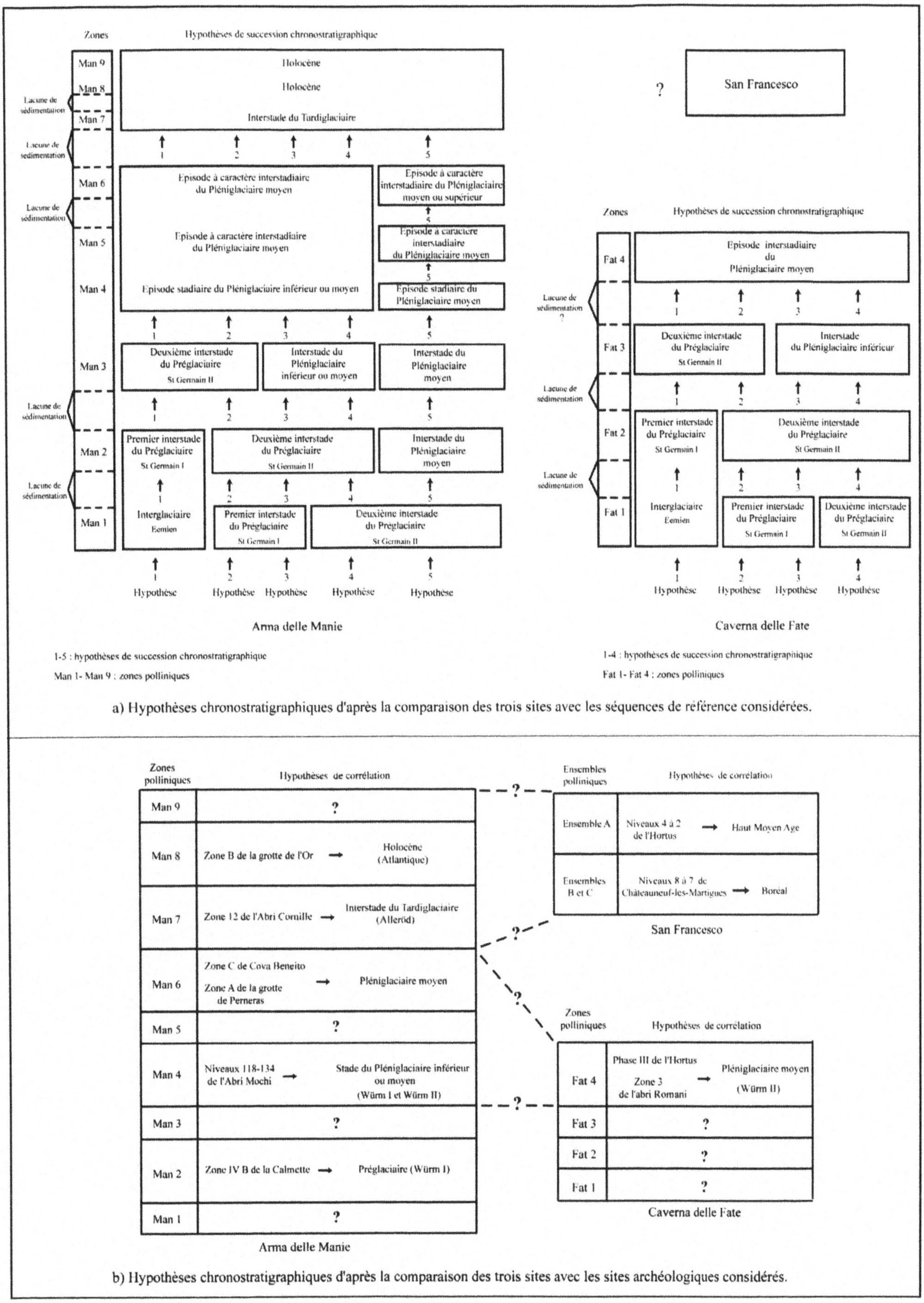


Figure 59 : Ensemble des hypothèses chronostratigraphiques émises d'après la comparaison des trois sites avec les séquences de référence et les sites archéologiques considérés.

D'après ces hypothèses, la corrélation de la Man 2 avec la zone IV de la Calmette attribué au premier interstade du Préglaciaire, devient douteuse. En effet la comparaison entre Caverna delle Fate et Arma delle Manie suggère l'attribution de la zone Man 2 au sein du St Germain II.

L'association végétale de la zone Fat 4, rapportée à un épisode interstadiaire du Pléniglaciaire moyen, n'a pas mis en évidence une végétation similaire à celles des zones Man 5 et Man 6, attribuées également à des épisodes interstadiaires du même intervalle. Plusieurs causes pourraient être à l'origine de cette discordance : des conditions édaphiques locales qui auraient favorisé des groupements végétaux différents ou l'espacement chronologique de ces trois zones. Dans ce dernier cas ces zones pourraient également appartenir à des interstades différents du Pléniglaciaire moyen avec des caractéristiques de végétation distincts.

Ces tentatives de corrélation révèlent la complexité de la corrélation entre deux dépôts différents. En effet, à Fate la majorité des spectres proviennent des planchers stalagmitiques dans lesquels les zones Fat 1 et Fat 2 ne sont constituées que de un ou deux spectres ; en revanche, à Manie les spectres polliniques sont obtenus dans des sédiments meubles et les zones polliniques sont constituées de plusieurs échantillons. Ces facteurs pourraient être à l'origine de différences repérées au niveau de la végétation et de ce fait des zones polliniques *a priori* non corrélables pourraient appartenir à des phases différentes au sein du même épisode climatique. Les propositions qui ont été retenues d'après la comparaison des deux sites semblent être les plus vraisemblables. Toutefois, les possibilités que la mise en parallèle des deux sites a révélé, d'après leur corrélation avec les séquences de référence (Fig. 59) ne peuvent pas être rejetées.

Sur cette base, les corrélations entre Caverna delle Fate et Arma delle Manie ne sont proposées qu'à titre d'hypothèse. La figure n° 60 résume ces hypothèses de corrélation entre les deux sites.

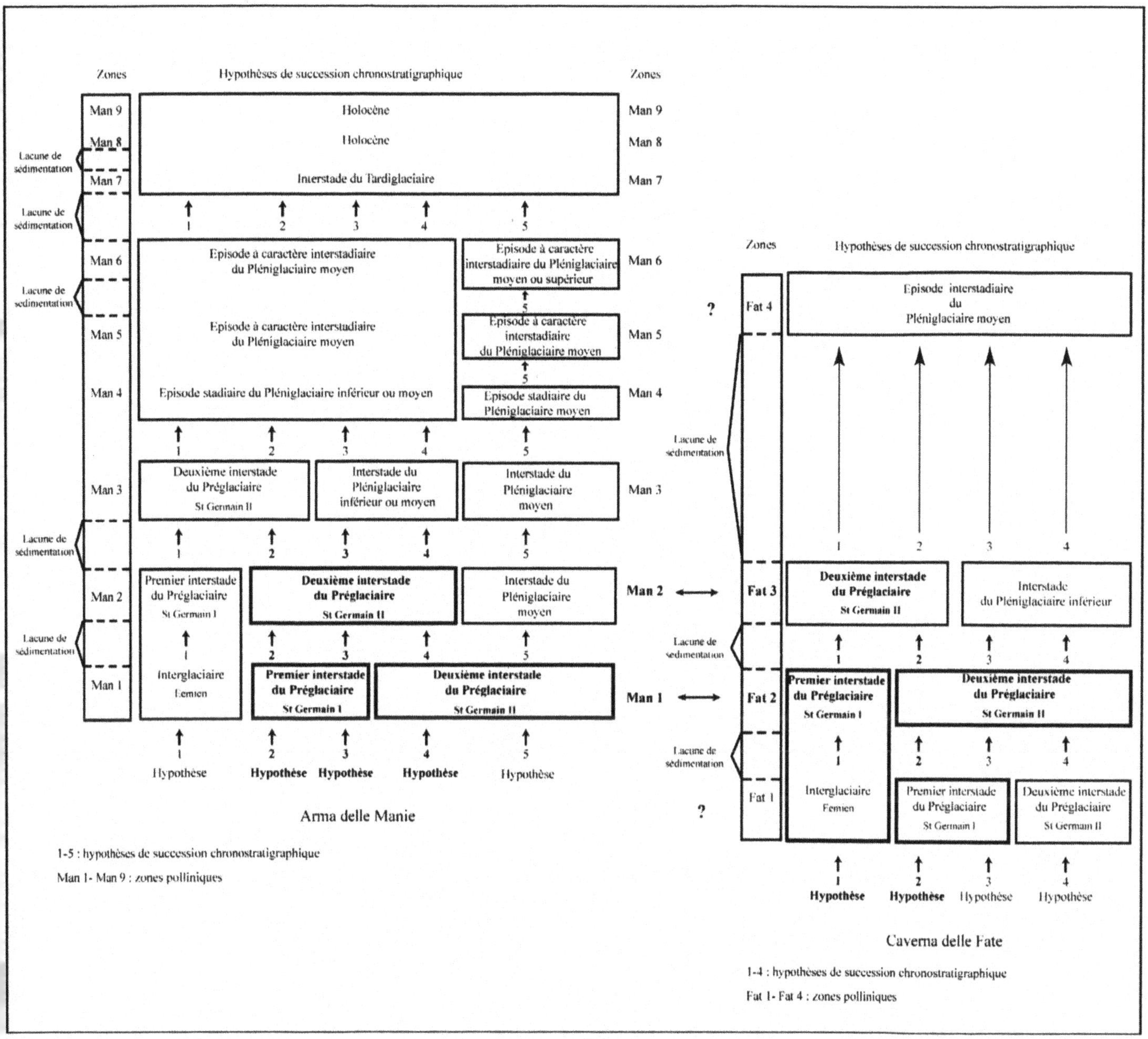


Figure 60: Hypothèses de corrélation entre les zones polliniques de Caverna delle Fate et de Arma delle Manie.

# CONCLUSIONS GENERALES

# CONCLUSIONS GENERALES

L'étude palynologique des gisements de Caverna delle Fate, Arma delle Manie et San Francesco a tenté de définir le cadre paléoenvironnemental et paléoclimatique des Hommes préhistoriques, présents en Ligurie pendant le Pléistocène supérieur et l'Holocène.

Sur deux cent dix échantillons traités et analysés, seuls quatre-vingt-neuf échantillons ont pu fournir des spectres polliniques statistiquement valables. Cette analyse s'est heurtée à certaines contraintes : une mauvaise conservation du matériel sporopollinique, probablement liée aux processus post-dépositionnels, une faible richesse sporopollinique et une sur-représentation des Cichorioideae, dans les cas de Arma delle Manie et de San Francesco. A Caverna delle Fate, les échantillons de calcite ont présenté le meilleur état de conservation des sporomorphes parmi les trois gisements. Néanmoins, malgré ces difficultés rencontrées, l'analyse pollinique de ces trois gisements a permis d'appréhender l'évolution de l'environnement végétal et du climat, au cours d'une grande partie du Quaternaire récent.

Les données polliniques de Arma delle Manie ont été traitées par l'analyse en composantes principales (ACP). Ces études statistiques ont apporté des résultats intéressants : elles ont illustré, entre autres, l'étagement de la végétation selon les différentes altitudes et ont permis de vérifier la validité des zones polliniques déjà établies sur les diagrammes détaillés et synthétiques. Les deux autres sites, Caverna delle Fate et San Francesco, ayant livré un nombre limité des spectres valables, ce traitement statistique n'as pas pu être appliqué sur leurs données.

A **Caverna delle Fate** l'analyse palynologique apporte des informations sur des paysages végétaux contemporains de l'occupation du site par l'Homme de Néandertal.

L'assemblage pollinique refléterait tout d'abord la végétation locale, mais il aurait également enregistré quelques apports régionaux. Cet ensemble représente une végétation en mosaïque installée aux environs du site et sur les pentes les plus proches.

La zone Fat 1 évoque un paysage forestier développé sous un climat tempéré chaud. Cette zone pourrait être attribuée à un épisode interglaciaire qui se rapporterait à une partie de l'Eémien (stade isotopique 5e) ou à un épisode interstadiaire du Préglaciaire (stade isotopique 5c ou 5a). L'association floristique de la zone Fat 2, caractérisée par le développement des herbacées xérophiles au détriment de *Pinus* et de certains genres méso-thermophiles, suggère une légère détérioration climatique, au sein d'un épisode interstadiaire. Cette zone pourrait être rattachée à une phase du deuxième interstade du Préglaciaire (stade isotopique 5a). La zone Fat 3 est marquée par l'instabilité des courbes polliniques qui présentent des oscillations rapides de faible amplitude. La végétation semi-forestière manifeste toujours un caractère tempéré mais avec une influence méditerranéenne, qui témoigne de l'assèchement du climat. Une telle association végétale pourrait être attribuée à une phase du deuxième interstade du Préglaciaire sans pouvoir exclure une corrélation avec l'interstade du Pléniglaciaire inférieur (stade isotopique 4). La zone Fat 4, marquée par le développement de *Quercus* t. *ilex/coccifera*, à côté des quelques *Olea*, *Pistacia* et *Cistus*, souligne le caractère méditerranéen du climat. Cependant, la présence de taxons méso-thermophiles indique le maintien d'un cachet tempéré. Ce type de végétation se serait probablement développé au sein d'un épisode interstadiaire du Pléniglaciaire moyen (stade isotopique 3) sans qu'il puisse être rapporté à une période précise.

A **Arma delle Manie,** le remplissage sédimentaire couvre la plus grande partie du Pléistocène supérieur et de l'Holocène, avec néanmoins des lacunes sédimentaires. Ainsi, les neuf zones polliniques établies au sein de cette séquence documentent l'histoire de la végétation et du climat pendant cet intervalle qui a vu l'expansion de l'Homme de Néandertal et son remplacement par l'Homme moderne.

La végétation, mise en évidence par cette analyse, refléterait essentiellement les apports locaux, mais apporterait aussi quelques renseignements sur l'étagement altitudinal de la végétation, qui est également soutenu par le traitement statistique des données.

Selon une synthèse des hypothèses chronostratigraphiques avancées, l'Eémien ou l'un des deux interstades du Préglaciaire (zone Man 1) et l'Holocène (zones Man 8 et Man 9), encadreraient la dernière période glaciaire (zones Man 2 à Man 7). Celle-ci est surtout représentée par des phases à caractère interstadiaire (zones Man 2, Man 3, Man 5, Man 6 et Man 7) et une seule phase stadiaire (zone Man 4).

La zone Man 1 évoque un paysage semi-forestier à forestier, constitué d'une association mixte à *Pinus* et à taxons méso-thermophiles et méditerranéens. Elle pourrait être corrélée à un épisode interglaciaire au cours de l'Eémien ou à une phase interstadiaire du Préglaciaire (St Germain I ou St Germain II). L'évolution de la végétation herbacée xérophile, en basse altitude, dans la zone Man 2, témoigne d'une dégradation climatique au sein d'une phase interstadiaire durant le Préglaciaire. La progression de *Betula*, dans la zone Man 3, suggère un climat plus frais mais suffisamment tempéré pour permettre le développement d'une formation caducifoliée sur les pentes de moyenne altitude. Cet intervalle pourrait être corrélé avec un épisode interstadiaire dans le deuxième interstade du Préglaciaire ou avec l'interstade du Pléniglaciaire inférieur ou encore avec un des interstades du Pléniglaciaire moyen. La végétation steppique de la zone Man 4 témoigne d'un climat rigoureux au sein d'un épisode stadiaire, dans le Pléniglaciaire inférieur ou le Pléniglaciaire moyen. La zone Man 5 reflète une amélioration climatique avec la récolonisation du paysage par des arbres. Elle pourrait être rattachée à un épisode interstadiaire du Pléniglaciaire moyen. Dans la zone Man 6, une végétation méditerranéenne colonisant les basses altitudes, est relayée sur les premières pentes par des feuillus caducifoliés probablement au sein d'une phase interstadiaire du Pléniglaciaire moyen ou une « interphase » du Pléniglaciaire supérieur. La végétation peu caractéristique de ces interstades dans les séquences de référence n'a pas permis l'attribution des zones Man 5 et Man 6 à des épisodes distincts. Une végétation à caractère tempéré s'installe dans la zone Man 7. Elle correspond à un réchauffement climatique, probablement établi au cours d'une phase à caractère interstadiaire du Tardiglaciaire. La zone Man 8 reflète une végétation semi-forestière à caractère méditerranéen, tandis que dans la dernière zone Man 9, la végétation semi-fermée se serait établie sous des conditions climatiques tempérées humides comme le souligne le retrait des méditerranéens et des xérophiles. Les deux zones peuvent être rattachées à deux phases différentes de l'Holocène.

Cette analyse révèle deux points intéressants : a) la présence quasi-constante des taxons méso-thermophiles et méditerranéens qui indique des conditions climatiques clémentes. Ceci serait en accord avec la douceur du climat de la Ligurie et l'ensoleillement important dont elle bénéficie. b) la survie de certains de ces taxons pendant les périodes de dégradation climatique. La persistance des taxons arborés suggère l'existence de zones abritées ayant servi de refuges dans des périodes plus sévères.

Dans le site de **San Francesco**, seuls les échantillons provenant des niveaux stratigraphiques supérieurs, attribués au Postglaciaire, ont livré des résultats exploitables. Ces spectres polliniques ne livrent que des images ponctuelles de la végétation, essentiellement à cause de leur discontinuité.

Les ensembles B et C mettent en évidence une végétation semi-ouverte à ouverte. Ce paysage est constitué d'une prairie d'herbacées ubiquistes et xérophiles avec une présence éparse des feuillus méso-thermophiles et méditerranéens. Le couvert arboré est légèrement plus important dans l'ensemble A laissant supposer l'existence d'une formation en mosaïque de *Pinus* et *Quercus* aux environs du site. L'interprétation climatique de ces données incite à une certaine prudence à cause de la possibilité d'une modification du paysage par l'Homme.

La faible présence de quelques indices d'anthropisation ne permet pas de détecter le degré de l'éventuelle intervention humaine sur la végétation. Ces caractères de l'assemblage pollinique évoquent deux possibilités : un assèchement du climat qui serait à l'origine des formations ouvertes ou une intervention humaine qui serait responsable de l'ouverture du paysage.

La mise en parallèle des trois sites a révélé une possibilité de corrélation des zones Man 1 et Man 2 avec les zones Fat 2 et Fat 3, suggérant leur attribution au premier et au deuxième interstade du Préglaciaire ou uniquement au deuxième interstade du Préglaciaire. Néanmoins, la difficulté de corrélation entre les deux gisements, malgré leur proximité, montre la complexité de mettre en parallèle deux dépôts de nature différente (plancher stalagmitique, sédiment meuble) et dont certains de ces niveaux n'ont livré qu'un nombre très réduit de spectres.

L'analyse pollinique de ces trois sites archéologiques allant du Pléistocène supérieur jusqu'à l'Holocène et localisés dans la même région géographique contribue à la connaissance de l'évolution paléoenvironnementale et paléoclimatique, durant l'occupation par deux populations différentes : l'Homme de Néandertal et l'Homme moderne.

Les facteurs gênant cette analyse tels que les discontinuités sédimentaires, la pauvreté et la mauvaise conservation des spores et des pollens, se trouvent à l'origine des données fragmentaires.

L'étude de sédiments favorables à la conservation du matériel sporopollinique, pour le Pléistocène supérieur et l'Holocène, permettrait de reconstituer une image fiable du cadre paléovégétal et paléoclimatique des *Homo Neanderthalensis* et des *Homo sapiens sapiens*. Ces reconstitutions pourraient nous éclairer sur le comportement de ces deux populations.

Notre objectif est de poursuivre des recherches sur d'autres sites ligures afin de compléter nos connaissances sur la végétation et le climat, installés en Ligurie pendant le Quaternaire récent. Ces analyses pourraient être poursuivies dans le secteur marin à proximité des côtes ligures dans le but d'établir une séquence qui servira de base à toute corrélation entre les sites ligures. L'ensemble de ces recherches permettrait de reconstruire l'image du paléoenvironnement de toute cette région et élucider les interactions qui s'exercent entre les Hommes et le Milieu et qui sont d'une importance primordiale pour la compréhension de l'évolution humaine.

# BIBLIOGRAPHIE

# BIBLIOGRAPHIE


1. AALBERSBERG G. & LITT T. (1998). Multiproxy climate reconstructions for the Eemian and Early Weichselian. *Journal of Quaternary Science*, 13 (5), p. 367-390.

2. ABBASSI M. (1999). *Les rongeurs du sud-est de la France et de Ligurie : implications systématiques, biostratigraphiques et paléoenvironnementales*. Thèse, M.N.H.N. Paris, 230 p.

3. ABBASSI M & DESCLAUX E., (1996). Arvicola Lacepède, 1799 (Rodentia, Mammalia) de quatre séquences du sud-est de la France et de Ligurie datant de la fin du Pléistocène supérieur. *Quaternaire*, 7 (1), p.29-37.

4. ABLIN D. (1985). *Analyse pollinique des dépôts lacustres de Ceysac (Plio-pléistocène du Velay, Massif Central français) : flore, végétation et climat*. Thèse 3ème cycle, M.N.H.N. Paris et Univ. Paris VI, 124 p.

5. ALESSIO M., ALLEGRI L., BELLA F., CALDERONI G., CORTESI C., DAI PRA G., DE RITA D., ESU D., FOLLIERI M., IMPORTA S., MAGRI D., NARCISI B., PETRONE V., & SADORI L. (1986). 14C dating, geochemical features, faunistic and pollen analyses of the uppermost 10 m core from Valle di Castiglione (Rome, Italy). *Geologica Romana*, 25, p. 287-308.

6. ALLEN J.R.M., HUNTLEY B. (2000). Weichselian palynological records from southern Europe : correlation and chronology. *Quaternary International* 73/74, p. 111-125.

7. ALLEN J.R.M., WATTS W.A., HUNTLEY B. (2000). Weichselian palynostratigraphy, palaeovegetation and palaeoenvirronment: the record from Lago Grande di Monticchio, southern Italy. *Quaternary International* 73/74, p. 91-110.

8. ALLEY R.B., MEESE D.A., SHUMAN C.A., GOW A.J., TAYLOR K.C., GROOTES P.M., WHITE J.W.C., RAM M., WADDING-TON E. D., MAYEWSKI P.A. & ZIELINSKI G.A. (1993). Abrupt increase in Greenland snow accumulation at the end of the Younger Dryas event. *Nature*, 362, p. 527-529.

9. ALM T. (1993). Øvre Aerasvatn, palynology of a 22.000 to 10.000 lacustrine record on Andoya, northern Norway. *Boreas*, 22: 171-188.

10. AMERANO G.B. (1889). La Caverna delle Fate (Ligurie). *Congrès International d'Anthropologie et d'Archéologie Préhistorique* (10ème session), Paris, p. 173-182.

11. AROBBA D., GIUGGIOLA O., IMPERIALE G., LAMBERTI A., OXILIA M., VICINO G. (1976). Le Manie. Il giacimento musteriano dell'Arma (Finale, Savona). *Archeologia in Liguria, scavi e scoperte 1967-1975*. Soprintendenza Archeologica della Liguria, Genova, p. 113-144.

12. AROBBA D., IMPERIALE G., VICINO G. (1983). Prima segnalazione di Presenza "in situ" di industria del paleolitico inferiore alla caverna delle Fate (Finale Ligure). *Rivista Ingauna e Intermelia*, XXXVIII, n° 1-2, p.65-68.

13. AROBBA D., d'ERRICO F., ECHASSOUX A., GIACOBINI G., del LUCCHESSE A., de LUMLEY H., de LUMLEY M.-A., PERPERE M., VICINO G. (1985). La seconda campagna di scavo alla Caverna delle Fate (Finale Ligure-Savona). *Rivista Ingauna e Intermelia*, XL, no 4, p.1-7.

14. BARBERIS G., PECCENINI S. & PAOLA G. (1992). Notes on Quercus ilex L. in Liguria (NW Italy). *Vegetatio*, 99-100, p. 35-50.

15. BARRON E. & POLLARD D. (2002). High-resolution climate simulations of oxygen isotope Stage 3 in Europe. *Quaternary Research*, 58, p. 296-309.

16. BARTHELEMY L. (1985). Réflexion sur la répartition du pollen. Conséquences pour l'archéologie. *In* J. Renault-Miskovsky, Bui-Thi-Mai et M.Girard (eds), *Palynologie archéologique*. C.N.R.S. Paris, p.53-86.

17. BASTIN B. (1978). L'analyse pollinique des stalagmites : une nouvelle possibilité d'approche des fluctuations climatiques du Quaternaire. *Annales de la Société géologique de Belgique*, 101, p.13-19.

18. BASTIN B., LEVEQUE F., PRADEL L (1976). Mise en évidence des spectres polliniques interstadiaires entre le Moustérien et le Périgordien ancien de la grotte des Cottés (Vienne). *C.R.Acad. des Sciences*, Paris, 282-D, p. 1261-1264.

19. BEAULIEU de J.-L., & REILLE M. (1973). L'interprétation des spectres polliniques des périodes froides : à propos du Cèdre au Quaternaire en Europe. *9e Congrès International de l'I.N.Q.U.A.*, Christchurch. Le Quaternaire. Géodynamique, Stratigraphie et Environnement, p. 198-199.

20. BEAULIEU de J.-L., & REILLE M. (1984). A long upper Pleistocene pollen record from Les Echets near Lyon, France. *Boreas* 13, p. 111-132.

21. BEAULIEU de J.-L., & REILLE M. (1989). The transition from temperate phases to stadials in the long upper Pleistocene sequence from Les Echets (France). *Palaeogeography, Palaeoclimatology, Palaeoecology*, 72, p. 147-159.

22. BEAULIEU de J.-L., ANDRIEU V., PONEL P. & REILLE M. (1994). The Weichselian Late-glacial in southwestern Europe (Iberian Peninsula, Pyrenees, Massif Central, nortern Apennines). *Journal of Quaternary Science*, 9 (2), p. 101-107.

23. BEHRE K.E. (1981). The interpretation of anthropogenic indicators in pollen diagrams. *Pollen et Spores*, 23, p. 225-245.

24. BEHRE K.E. (1989). Biostratigraphy of the last glacial period in Europe. *Quaternary Science Reviews*, 8, p. 25-44.

25. BEHRE K.E. & VAN DER PLICHT J. (1992). Towards an absolute chronology for the last glacial period in Europe: radiocarbon dates from Oerel, northern Germany. *Vegetation History and Archaebotany*, 1, p. 111-117.

26. BJÖRCK S., WALKER M.J.C., CWYNAR L.C., JOHNSEN S., KNUDSEN K-L., LOWE J.J., & INTIMATE MEMBERS (1998). An event stratigraphy for the Last Termination in the North Atlantic region based on the Greenland ice-core record : a proposal by the INTIMATE group. *Journal of Quaternary Science*, 13, p. 283-292.

27. BICHET V. (1987). *Contribution à l'étude sédimentologique du remplissage karstique de la Caverna delle Fate (Ligurie italienne). Essai chronostratigraphique.* Mémoire de D.E.A., I.P.H., Paris, 69 p.

28. BIRKS H.J.B. & BIRKS H.H. (1980). *Quaternary Palaeoecology*. Edward Arnold (ed.), London, 289 p.

29. BOND G.C. & LOTTI R. (1995). Iceberg discharges into the North Atlantic on millennial time scales during the last glaciation. *Science*, 267, p. 1005-1010.

30. BONI P., MOSNA S., VANOSSI M. (1969). La Pietra di Finale. (Liguria occidentale). *Atti dell'Istituto geologico, Universita di Pavia*, vol. XVIII, p. 102-150.

31. BONI P., CERRO A., GIANOTTI R; & VANOSSI M. (1971). *Albenga-Savona foglio 92-93, Carta geologica d'Italia e note illustrative.* Scala 1/100 000e.

32. BOTTEMA S. (1975). The interpretation of pollen spectra from perhistoric settlements (with special attention to Liguliflorae). *Palaeohistoria*, 17, p.17-35.

33. BOTTEMA S. (2001). A note on the pollen represantation of ivy (Hedera helix L.). *Review of Palaeobotany and Palynology*, 117, p. 159-166.

34. BOYD W.E. (1986). The role of mosses in modern pollen analysis: the influence of moss morphology on pollen entrapment. *Pollen et Spores*, Vol. 28 (2), p. 243-256.

35. BROECKER W., BOND G., KLAS M., CLARK E. & McMANUS J. (1992). Origin of the northern Atlantic's Heinrich events. *Climate Dynamics*, 6, p. 265-273.

36. BUI-THI-MAI (1974). *Contribution à l'étude du transport et de la sédimentation des pluies polliniques dans un abri-sous-roche. L'abri Vaufrey (Dordogne).* Thèse 3ème cycle, Univ. Bordeaux, 121 p.

37. BUI-THI-MAI (1985). Conservation des pollens et leur interprétation en milieu archéologique. *In* J.Renault-Miskovsky, Bui-Thi-Mai et M.Girard (eds). *Palynologie archéologique.* C.N.R.S., Paris, p. 23-37.

38. BUI-THI-MAI (1989). Transport et sédimentation des pluies polliniques actuelles dans un abri-sous-roche : la grotte Vaufrey. *In* J.Ph.Rigaud (dir). : *La grotte Vaufrey (Dordogne). Paléoenvironnement, chronologie, activités humaines. Mémoires de la Soc. Préh. Franç.*, XIX, p. 65-74.

39. BURJACHS F. & JULIÀ R. (1994). Abrupt climatic changes during the Last Glaciation based on pollen analysis of the Abri Romani, Catalonia, Spain. *Quaternary Research*, 42, p. 308-315.

40. BURNEY D.A. & PIGOTT BURNEY L. (1993). Modern pollen deposition in cave sites: experimental results from New York State. *New Phytologist*, 124, p. 523-535.

41. CAMPY M. (1985). Continuités et discontinuités sédimentaires dans les sites archéologiques de porches de grottes : implication sur les séquences palynologiques correspondantes. *In* J. Renault-Miskovsky, Bui-Thi-Mai et M.Girard (eds), *Palynologie archéologique.* C.N.R.S. Paris, p. 227-244.

42. CARRIÓN J.S. (1992a). Late Quaternary pollen sequence from Carihuela Cave, southeastern Spain. *Review of Palaeobotany and Palynology*, 71, p. 33-77.

43. CARRIÓN J.S. (1992b). A palaeoecological study in the western Mediterranean area. The Upper Pleistocene pollen record from Cova Beneito (Alicante, Spain). *Palaeogeography, Palaeoclimatology, Palaeoecology*, 92, p. 1-14.

44. CARRIÓN J.S. & SÁNCHEZ-GÓMEZ P. (1992). Palynological data in support of the survival of walnut (*Juglans regia* L.) in the western Mediterranean area during last glacial times. *Journal of Biogeography*, 19, p. 623-630.

45. CARRIÓN J.S. & DUPRE M. (1996). Late Quaternary vegetational history at Navarrés, Eastern Spain. A two core approach. *New Phytologist*, vol. 134, p. 177-191.

46. CARRIÓN J.S., & MUNUERA M. (1997). Upper Pleistocene palaeoenvironmental change in Eastern Spain : new pollen-analytical data from Cova Beneito (Alicante). *Palaeogeography, Palaeoclimatology, Palaeoecology*, 128, p. 287-299.

47. CARRIÓN J.S., MUNUERA M., NAVARRO C., BURJACHS F., DUPRE M. & WALKER M.J. (1999). The palaeoecological potential of pollen records in caves : the case of mediterraneen Spain. *Quaternary Science Reviews*, 18, p. 1061-1073.

48. CATTANI L. & RENAULT-MISKOVSKY J. (1989). La réponse des végétations aux variations climatiques quaternaires autour des sites archéologiques du sud de la France et du nord-est de l'Italie. *Il Quaternario* 2, no 2, p. 147-170.

49. CAUCHE D. (1996). *Contribution à l'étude des industries lithiques moustériennes de la grotte d'Arma delle Manie (Ligurie-Italie).* Mémoire de D.E.A., M.N.H.N., Paris, 69 p.

50. CAUCHE D. (2002). *Les cultures moustériennes en Ligurie italienne : études des industries lithiques des grottes de la Madonna dell'Arma, d'Arma delle Manie et de Santa Lucia Superiore.* Thèse, Université de La Méditerranée, Marseille, 249 p.

51. CHARMAN D.J. (1992). The effects of acetylation on fossil *Pinus* and *Sphagnum* spores discovered during routine pollen analysis. *Review of Palaeobotany and Palynology*, 72, p. 159-164.

52. COLES G.M., GILBERSTON D., HUNT C.O. & JENKINSON R.D.S. (1989). Taphonomy and Palynology of cave deposits. *Cave science*, vol. 16, p. 83-89.

53. CORTIJO E., REYNAUD J.Y., LABEYRIE L., PAILLARD D., LEHMAN B., CREMER M. & GROUSSET F. (1995). Etude de la variabilité climatique à haute résolution dans des sédiments de l'Atlantique Nord. *C. R .Acad. Sci.* Paris, t. 321, série II a, p. 231-238.

54. CORTIJO E., LABEYRIE L., ELIOT M., BALBON E. & TISNERAT N. (2000). Rapid climatic variability of the North Atlantic Ocean and global climate : a focus of the IMAGES program. *Quaternary Science Reviews*, 19, p. 227-241.

55. COUR P. (1974). Nouvelles techniques de détection des flux et des retombées polliniques : étude de la sédimentation des pollens et des spores à la surface du sol. *Pollen et Spores*, 16 (1), p.103-141.

56. COUTEAUX M. (1977). A propos de l'interprétation des analyses polliniques de sédiments minéraux, principalement archéologiques. *In* H. Laville et J. Renault-Miskovsky (eds) : *Approche écologique de l'Homme fossile. Suppl. de l'A.F.E.Q.*, Paris, p. 259-276.

57. CUSHING J.E. (1967). Evidence for differential pollen preservation in late Quaternary Sediments in Minnesota. *Review of Palaeobotany and Palynology*, 4, p. 87-101.

58. DAVIS O.K. (1990). Caves as sources of biotic remains in arid western North America. *Palaeogeography, Palaeoclimatology, Palaeoecology*, 76, p.331-348.

59. DAMBLON F. (1974). Observations palynologiques dans la grotte de Remouchamps. *Bull. Soc. R.oy. Belge d'anthropologie et de préhistoire*, 85, p. 131-155.

60. DANSGAARD W., JOHNSEN S.J., CLAUSEN H.B., DAHL-JENSEN D., GUNDESTRUP N.S, HAMMER C.U., HVIDBERG C.S., STEFFENSEN J.P., SVEINBJORNSDOTTIR A.E., JOUZEL J., & BOND G. (1993). Evidence for general instability of past climate from a 250 ice-core record. *Nature*, 364, p. 218-220.

61. DEBELMAS J. & MASLE G. (1991). *Les grandes structures géologiques*. Ed. Masson, 299 p.

62. DEL LUCCHESE A., GIACOBINI G., VICINO G. (1985). *L'Uomo di Neandertal in Liguria.* Quaderni della Soprintendenza Archeologica della Liguria-N.2. Tormena Editore Genova, 112 p.

63. DIOT M.F. & FAYOLLE-LUSSAC B. (1983). Analyse pollinique d'un site médiéval: la motte de Bourzac (Dordogne). *Aquitania*, tome I, p. 155-172.

64. DIOT M.F. (1988). Les données actuelles de l'environnement végétal de la grotte de Vaufrey. *In* J.PH.Rigaud (dir). : *La grotte Vaufrey (Dordogne). Paléoenvironnement, chronologie, activités humaines. Mémoire de la Soc. Préh. Franç.*, XIX, p. 55-64.

65. DIOT M.F. (1991a). Présentation de la Palynologie en Archéologie, *Les sciences dans la Préhistoire*, C.D.D.P. de la Marne, p. 77-81.

66. DIOT M.F. (1991b). Apport et conservation sporopollinique dans les grottes : relation avec la fréquentation humaine et animale. *Archéologie expérimentale. Tome 2 – La terre l'os et la pierre, la maison et les champs. Actes du Colloque International « Expérimentation en archéologie : Bilan et perspectives »*, Beaune 1988, p. 236-245

67. ECHASSOUX A., d'ERRICO F., GIACOBINI G., del LUCCHESSE A., de LUMLEY H. PERPERE M., VICINO G. (1983). La prima campagna di scavo alla Caverna delle Fate (Finale Ligure). *Rivista Ingauna et Intermelia*, 38, 3-4, p. 50-53.

68. ECHASSOUX A., D'ERRICO F., GIACOBINI G., del LUCCHESSE A., de LUMLEY H., de LUMLEY M.-A., PERPERE M., VICINO G. (1989). Les nouvelles fouilles dans le gisement moustérien de la Caverna delle Fate (Finale, Ligurie italienne). *Actes du Colloque international de Liège, L'Homme de Neandertal*, vol.6, *La subsistance*, p. 49-58.

69. ERDTMAN G. (1969). *Handbook of Palynology*. Ed. Munkgaard, Copenhagen, 486 p.

70. ELSIK W.C. (1971). Microbiological degradation of sporopollenin. *In*, Brooks J., Grant P.R, Muir M.D., Gijzel P. Van, and Shaw G. (editors), *Sporopollenin*. Acad. Press, London, New York, p. 480-511.

71. ESCOFIER B. & PAGES J. (1997). *Initiation aux traitements statistiques. Méthodes, méthodologie.* Presses Universitaires de Rennes, 263 p.

72. FAEGRI K. & IVERSEN J. (1989) *Textbook of pollen analysis*. John Wiley & Sons Ltd, England, Edition IV, 328 p.

73. FANUCCI F. (1986). Evolution stratigraphique du golfe de Gênes depuis l'Eocène supérieur. *Mem. Soc. Geol. It*, 36, p. 19-30.

74. FALGUERES C., YOKOYAMA Y., BIBRON R. (1990). Electron Spin Resonance (ESR) of Hominid-Bearing deposits in the Caverna delle Fate, Ligurie, Italy. *Quaternary Research*, 34, p. 121-128.

75. FARBOS S. (1985). Réflexions sur la variation quantitative et qualitative de spectres polliniques fossiles en grotte. *In* J. Renault-Miskovsky, Bui-Thi-Mai et M.Girard (eds), *Palynologie archéologique.* C.N.R.S. Paris, p. 39-51.

76. FAYARD A., DEBELMAS J., RICHARD L., BOQUET A., GARCIN A., GENEST L., LESEIGNEUR L., LYON-CAEN J.-F., NOBLET J.-F., PAUTOU G., ZUANON J.-P. (1999). *Les Alpes. La géologie, les milieux, la faune et la flore, les hommes*. Delachaux et Niestlé, Lauzanne-Paris, 319 p.

77. FELLAG H. (1998). Apport de l'analyse pollinique à la connaissance du paléoenvironnement du Paléolithique supérieur de l'Abri Pataud (Dordogne, France). *Bulletin de la Société Préhistorique Française*, 95 (2), p. 171-181.

78. FELLAG H. (2000). Observations sur la conservation pollinique dans le remplissage de quelques grottes et abris paléolithiques du Sud-Ouest français et d'Algerie. *Revue d'Archéométrie*, 24, p. 71-83.

79. FIELD M.H., HUNTLEY B. & MULLER H. (1994). Eemian climate fluctuations observed in a European pollen record. *Nature*, 371, p. 779-783.

80. FINSINGER W. (2001). Vegetation history and human impact at the Lago del Vei del Bouc (Argentera massif, maritime Alps). *Quaternaire*, 12 (4), p. 223-233.

81. FOLLIERI M., MAGRI D. & SADORI L. (1988). 250.000 year pollen record from Valle di Castiglione (Roma). *Pollen et Spores*, 30 (3-4), p. 329-356.

82. FOLLIERI M., MAGRI D. & SADORI L. (1989). Pollen stratigraphical synthesis from Valle di Castiglione (Roma). *Quaternary International*, 3/4, p. 81-84.

83. FOLLIERI M., MAGRI D., NARCISI B. (1993). Palaeoenvironmental investigations on long sediment cores from volcanic lakes of Lazio (central Italy)-an overview. *In*: Negendank, J.F.W., Zolitschka B. (Eds.) *Paleolimnology of European Maar Lakes. Lecture Notes in Earth Sciences* 49, Springer, Berlin, pp. 95-107.

84. FOLLIERI M., GIARDINI M., MAGRI D. & SADORI L. (1998). Palynostratigraphy of the last glacial period in the volcanic region of central Italy. *Quaternary International*, 47/48, p. 3-20.

85. FOUCART T. (1997). *L'analyse des données. Mode d'emploi.* Presses Universitaires de Rennes, 192 p.

86. FOUCAULT A. & POWICHROWSKI L. (1984). Définition de l'Unité d'Imperia (Flysch à Helminthoïdes), Alpes Ligures, Italie. *Comptes rendus de l'Académie des Sciences de Paris,* 299 (II), p. 657-660.

87. FRANCUS P., LEROY S., MEGREAI I., SERET G. & WANSARD G. (1993). A multidisciplinary study oh the Vico Maar sequence (Latium, Italy) : part of the last cycle in the mediterranean area. Preliminary results. *In*: Negendank, J.F.W. and Zolitschka, B. (eds), *Paleolimnology of European Mar Lakes. Lecture Notes in Earth Sciences,* 49, p. 289-304. Springer-Verlag, Berlin.

88. FRANK A.H.E (1969). Pollen stratigraphy of the Lake of Vico (Central Italy). *Palaeogeography, Palaeoclimatology, Palaeoecology*, 6, p. 67-85.

89. FROGLEY M.R., TZEDAKIS P.C. & HEATON T.H.E. (1999). Climate variability in Northwest Greece during the Last Interglacial. *Science*, 285, p. 1886-1889.

90. FUNKHOUSER J.W. & EVIT W.R. (1959). Preparation techniques for acid-insoluble microfossils. *Micropaleontology*, 5, p. 369-375.

91. FUNNEL B.M. (1995). Global sea-level and the (pen-)insularity of the late Cenozoic Britain. *In* Preece R.C. (ed.), *Island Britain: a Quaternary perspective*. Geological Society Special Publication, London, 96, p. 3-13.

92. GAUTHIER A. (1992). *Paléoenvironnements du Pléistocène moyen dans le Sud de la France. Apports et limites de l'analyse pollinique de trois sites préhistoriques* : Caune de l'Arago, Orgnac 3, Grotte du Lazaret. Thèse, M.N.H.N. Paris, 265 p.

93. GIACOBINI G. & LUMLEY M.-A. de (1983). Restes humains néandertaliens de la Caverna delle Fate (Finale, Ligurie italienne). *L'Anthropologie*, 87, p. 142-144.

94. GIACOBINI G. & LUMLEY M.-A. de (1984). Les Néandertaliens de la Caverna delle Fate (Finale, Ligurie italienne). *Comptes rendus de l'Académie des Sciences de Paris*, série D 296, p. 712-715.

95. GIACOBINI G., LUMLEY M.-A. de & VENTURINO M. (1985). Les restes humains néandertaliens de la « Caverna delle Fate » (Finale, Ligurie italienne). *Rivista di Studi Liguri*, 48, p. 49-74.

96. GIACOBINI G. & LUMLEY M.-A. de (1988). Les fossiles humains de la Caverna delle Fate (Finale, Ligurie italienne) et la définition des caractères néandertaliens au début du Würm. *Actes du Colloque international de Liège, L'Homme de Néandertal*, vol. 3, *L'Anatomie*, p. 53-56.

97. GIACOBINI G., LUMLEY de M.-A., YOKOYAMA Y. & NGUYEN. H.V. (1984). Neandertal child and adults remains from a Mousterian deposit in Northern Italy (Caverna delle Fate, Finale Ligure). *Journal of Humain Evolution*, 13, p. 687-707.

98. GIARDINI M. (1993). Late Pleistocene and Holocene history of vegetation at Stracciacappa, Monti Sabatini volcanic district (central Italy). Abstracts INQUA SEQS Symposium "*Quaternary Stratigraphy in Volcanic Areas*". Rome, 20-22 September 1993, p. 34.

99. GIBBARD P.L. & WEST R.G. (2000). Quaternary chronostratigraphy: the nomenclature of terrestrial sequences. *Boreas*, 29, p. 329-336.

100. GRIP MEMBERS. (1993). Climate instability during the last interglacial period recorded in the GRIP ice core. *Nature*, 364, p. 203-207.

101. GROOTES P.M., STUIVER M., WHITE J.W.C., JOHNSEN S. & JOUSEL J. (1993). Comparison of oxyzen isotope records from the GISP2 and GRIP Greenland ice cores. *Nature*, 366, p. 552-554.

102. GROUSSET F. (2001). Les changements abrupts du climat depuis 60 000 ans. *Quaternaire*, 12 (4), p. 203-211.

103. GULLENTOPS F. (1954). Contributions à la chronologie du Pléistocène et des formations du relief en Belgique. *Mém. Inst. Géol. Univ. Louvain*, 18, p. 125-252.

104. HACCARD D. (1975) Les grands ensembles structuraux de la Ligurie entre Nice et Sestri Levante. *Bull. Soc. géol. France*, 7, XVII, no 6, p. 919-921.

105. HAFSTEN U. (1959). Bleaching + HF + acetolysis = a hazardous preparation process. *Pollen et Spores*, 1, p. 77-79.

106. HALL S.A. (1981). Deteriorated pollen grains and the interpretation of Quaternary pollen diagrams. *Review of Palaeobotany and Palynology*, 32, p. 193-206.

107. HAVINGA A.G. (1967). Palynology and pollen presevation. *Review of Palaeobotany and Palynology*, 2, p. 81-98.

108. HAVINGA A.G. (1971). An experimental investigation into the decay of pollen and spore in various soil types. *In* J.Brooks, P.R.Grant,M.D.Muir, P.Van Gijzel and G.Shaw (eds), *Sporopollenin*, London, p. 446-479.

109. HAVINGA A.G. (1974). Problems in the interpretation of pollen diagrams from mineral soil soils. *Geologie en Mijnbouw*, 53, p. 449-453.

110. HAVINGA A.G. (1984). A 20-year experimental investigation into differential corrosion susceptibility of pollen and spores in various soil types. *Pollen et Spores*, 26 (3-4), p. 541-558.

111. HEDERIA-CARDERON E.A., & SICCARDI F. (1999). Regional analysis of short duration precipitation nual maxima in Liguria (Italy). *Regionalization in Hydrology*. IAHS Publ. No 254, p. 71-78.

112. HEIM J. (1971). Etude statistique sur la validité des spectres polliniques provenant d'échantillons de mousses. *Lejeunia*, 58, p. 1-34.

113. HEINRICH H. (1988). Origin and consequences of cyclic ice rafting in the northeast Atlantic Ocean during the past 130,000 years. *Quaternary Research*, 29, p.142-152.

114. HUNTLEY B. & BIRKS H.J.B. (1983). *An atlas of past and present pollenmaps for Europe : 0-13 000 B.P. years ago*. Cambridge University Press Ed., Cambridge.

115. HUGHEN K.A., OVERPECK J.T., PETERSON L.C. & TRUMBORE S. (1996). Rapid climatic changes in the tropical Atlantic region during the last deglaciation. *Nature*, 380, p.51-54.

116. ISSEL A. (1878). Nuove ricerche sulle caverne ossifere della Liguria. V. Caverna delle Fate. *Atti. R. Accad. dei Lincei, ser. 3a, Mem. d. Cl. Sc. fis. mat e nat.*, t. II, p. 98-114.

117. ISETTI G. (1961). Una stazione paleolitica nel centro di San Remo. *Revue d'Etude Ligure*, XVIIe année n° 1-4, p. 5-43.

118. ISETTI G. & LUMLEY H., de (1962). Prima segnalazione di un giacimento mousteriano nell'Arma delle Manie (Finale), *Rivista Ingauna e Intermelia*, XVI, n° 1-4, p. 3-8.

119. IVERSEN J. (1954). The Late Glacial flora of Demark and its relation to climate and soil. *Danmarks Geol. Unders.* (2), 80, p. 87-119.

120. JAURAND E. (1998). Les glaciers disparus de l'Apennin : géomorphologie et paléoenvironnement glaciaires de l'Italie péninsulaire. Univ. Paris I : Panthéon- Sorbonne, Publications de la Sorbonne, *Géographie*, 10, 382 p.

121. JOHNSEN S., CLAUSEN H.B., DANSGAARD W., FUHRER K., GUNDESTRUP N., HAMMER C.U., IVERSEN P., JOUZEL J., STAUFFER B., & STEFFENSEN J.P. (1992). Irregular interstadials recorded in a new Greenland ice core. *Nature*, 359, p. 311-313.

122. JOUZEL J., LORIUS C., PETIT J.R., GENTHON C., BARKOV N.I., KOTLYAKOV V.M. & PETROV V.M. (1987). Vostok ice core: a continuous isotope temperature record over the last climatic cycle (160,000 years). *Nature*, 329, p. 403-408.

123. KANG C-K. (1994). *Epiacheuléen, Prémoustérien, et Moustérien sur le littoral des Alpes maritimes et de Ligurie : grotte du Lazaret à Nice, Caverne delle Fate à Finale Ligure et site de Vosgelade à Vence.* Thèse de doctorat, M.N.H.N. Paris, 340 p.

124. KANIEWSKI D. (2002). *Reconstitution des paysages et des climats contemporains des Homo Neandertalensis d'après l'analyse pollinique des deux sites moustériens ligures : la grotte de Madonna dell'Arma (San Remo) et la Grotte de Santa Lucia superiore (Toirano).* Thèse M.N.H.N., Paris, 355 p.

125. KING J.E., KLIPPEL W.E. & DUFFIELD R. (1975). Pollen preservation and Archaeology in eastern north America. *American Antiquity*, 40 (2), p. 180-190.

126. KHARBOUCH M. (1996). *Paléoenvironnement végétal de la région du Mont Bego (Tende-Alpes Maritimes) depuis 15.000 ans. Contributions palynologiques et interprétations paléoclimatiques*. Thèse de doctorat du M.N.H.N., Paris, 252 p.

127. KELLY M.G. & HUNTLEY B. (1991). An 11 000-year record of vegetation and environment from Lago di Martigano, Latium, Italy. *Journal of Quaternary Science*, 6 (3), p. 209-224.

128. KUKLA G.J. (2000). The Last Interglacial. *Science*, 287, p. 987-988.

129. KUPRIANOVA L.A. & ALYOSHINA L.A. (1972). *Pollen and spores of plants (from the florae part of the U.S.S.R. Tome I.* The academy of science of the U.S.S.R., 169 p.

130. LABEYRIE J. (1984). Le cadre paléoclimatique depuis 140 000 ans. *L'Anthropologie*, 88, no 1, p. 19-48.

131. LEBRETON V. (1997). *Etudes palynologiques des remplissages Pléistocènes supérieurs de l'Abri Mochi (Baousse Rousse-Grimaldi-Ligurie italienne) et de la grotte de Kalamakia (Areopolis-Grèce).* Mémoire de D.E.A., I.P.H., Paris, 60 p.

132. LEROI-GOURHAN ARL. (1960). La grotte de Lascaux. *Bull. Soc. Bot. France*, 109, p. 91-95.

133. LEROI-GOURHAN ARL. (1964). Chronologie des grottes d'Arcy-sur-Cure (Yonne). *Gallia Préhistoire*, 7, p. 1-64.

134. LEROI-GOURHAN ARL. (1965). Les analyses polliniques sur les sédiments des grottes. *Bull. de l'A.F.E.Q.*, 2, p. 145-152.

135. LEROI-GOURHAN ARL. (1968). L'abri du facteur à Tursac (Dordogne) : Analyse pollinique. *Gallia Préhistoire*, 11 (1), p. 123-132.

136. LEROI-GOURHAN ARL. (1971). La fin du Tardiglaciaire et les industries préhistoriques (Pyrénées-Cantabres). *Munibe*, 23 (2/3), p. 249-254.

137. LEROI-GOURHAN ARL. (1980). Interstades würmiennes : Laugerie et Lascaux. *Bull. de l'A.F.E.Q.*, 3, p. 95-100.

138. LEROI-GOURHAN ARL. & RENAULT-MISKOVSKY J. (1977). La palynologie appliquée à l'archéologie : méthodes et limites. *In* H. Laville et J. Renault-Miskovsky (eds). *Approche écologique de l'homme fossile. Suppl. Bull. de l'A.F.E.Q.*, 47, p. 35-51.

139. LEROY S.A.G. (1992). Analyses palynologiques préliminaires d'une phase relativement tempérée (stade isotopique 3), au sein de la dernière période glaciaire, maar de Vico, Latium, Italie). *Bulletin de la société belge de Géologie*, 101, 3-4, p. 303-309.

140. LEROY S.A.G (1994). The glacial interstadial périods of the Vico Maar sequence (Latium, Italy) by palynology in the scope of the long continental sequences and the ice cores. *Terra Nostra*, 1/94, p. 104-110.

141. LEROY S.A.G., GIRALT S., FRANCUS P.& SERET G. (1996). The high sensitivity of the palynological record in the Vico maar lacustrine sequence (Latium, Italy) highlights the climatic gradient through Europe for the last 90 ka. *Quaternary Science Reviews*, 15, p. 189-201.

142. LEROYER C. (1989). La palynologie appliquée aux sédiments archéologiques de milieux secs. *Le temps de la Préhistoire.* Sous la direction de J.-P. Mohen, Ed. Archeologia, S.P.F., Paris, Vol. II, p. 142-146.

143. LORENZ C. (1984). Evolution stratigraphique et structurale des Alpes Ligures depuis l'Eocène supérieur. *Mem. Soc. Geol. It.*, 28, p. 211-228.

144. LUMLEY-WOODYEAR H. de (1969). *Le paléolithique inférieur et moyen du Midi Méditerranéen dans son cadre géologique, t. I, Ligurie-Provence.* V° supplément à Gallia Préhistoire, 463 p.

145. LUMLEY H. de (1972). La stratigraphie des dépôts quaternaires de la grotte de Hortus (Valflaunès, Hérault). *Etudes Quaternaires*, Mem. n° 1 : La grotte moustérienne de l'Hortus, Univ. Provence, p. 57-99.

146. LUMLEY H. de & ISETTI G. (1965). Le Moustérien à denticulés tardif de la station de San Francesco (San Remo) et de la grotte Tournal (Aude). *Cahiers Ligures de Préhistoire et d'Archéologie*, t. 64, 1ère partie, p. 5-30.

147. MAGRI D. (1999). Late Quaternary vegetation history at Lagaccione near Lago di Bolsena (central Italy). *Review of Palaeobotany and Palynology*, 106, p. 171-208.

148. MAGRI D & FOLLIERI M. (1992). Transitions from interglacial to glacial at Valle di Castiglione (Roma). *In* : Kukla G. & Went E. (eds). *Start of a Glacial, Procceedings of the Mallorca NATO ARW*, NATO ASI Series I, Volume 3, p. 23-26, Springer Verlag, Heidelberg.

149. MAGRI D & SADORI L. (1999). Late Pleistocene and Holocene pollen stratigraphy at Lago di Vico, central Italy. *Vegetation History and Archaeobotany*, 8, p. 247-260.

150. MANDRIOLI P, PUPPI G.L., BAGNI N., PRODI F. (1973). Distribution of micro organismes in Hailstones. *Nature*, 246, p. 416-417.

151. MANGERUD J. (1989). Correlation of the Eemian and the Weichselian with deep sea oxygen isotope stratigraphy. *Quaternary International*, 3/4, p. 1-4.

152. MANGERUD J., ANDERSEN S.T., BERLUNG B.E. & DONNER J.J. (1974). Quaternary stratigraphy of Norden: A proposal for terminology and clasification. *Boreas*, 3, p. 109-128.

153. MANGERUD J., SONSTEGAARD E. & SEJRUP H.P. (1979). Correlation of Eemian (interglacial) stage and the deep sea oxygen isotope stratigraphy. *Nature*, 277, p. 189-192.

154. MARTINSON D.G., PISIAS N.G., HAYS J.D., IMBRIE J., MOORE T.C.JR., SCHACKLETON N.J. (1987). Age dating and the orbital theory of ice ages: development of a high resolution 0 to 300 000-year chronostratigraphy. *Quaternary Research*, 27, p. 1-29.

155. MC ANDREWS J.H. (1984). Pollen analysis of the 1973 ice core from Devon Island glacier, Canada. *Quaternary Research*, 22, p. 68-76.

156. MC ANDREWS J.H. & KING J.E. (1976). Pollen of the North American Quaternary: the top twenty. *Geoscience and man*, Baton Rouge, 15, p. 41-49.

157. MC MANUS J.-F., OPPO D.-W., CULLEN J.-L. (1999). A 0.5- Million-Year record of millenian-scale climate variability in the North Atlantic. *Science*, 283, p. 971-975.

158. MORZADEC-KERFOURN M.T. (1977). Remarques concernant la corrosion des grains de pollen dans les sédiments soumis à l'altération. *In* H.Lavile et J.Renault-Miskovsky (eds) : *Approche écologique de l'Homme fossile.* Suppl. *Bull. de l'AFEQ*, 47, p. 51-52.

159. MOORE P.D., WEBB J.A. & COLLINSON M.E. (1991). *Pollen analysis.* Second edition, Blackwelle Scientific Publication, Oxford, 216 p.

160. NADRI I. (2002). *Contribution à l'étude sédimentologique du site moustérien de San Francesco.* Mémoire de D.E.A., I.P.H., Paris, 41 p.

161. NAVARRO CAMACHO C., CARRION J.S., NAVARRO C., MUNUERA M. & PRIETO A.R. (2000). An experimental approach to the palynology of cave deposits. *Journal of Quaternary Science*, 15 (6), p. 603-619.

162. NAVARRO C., CARRION J.S., MUNUERA M., PRIETO A.R. (2001). Cave surface pollen and the palynological potential of karstic cave sediments in palaeoecology. *Review of Palaeobotany and Palynology*, 117, p. 245-265.

163. NILSSON T. (1983). *The Pleistocene. Geology and Life in the Quaternary Ice Age*. D Reidel Publishing Company, Dordrecht, Holland/Boston, U.S.A./London, England, 651 p.

164. NOIRFALISE A., DAHL E., OZENDA P., & QUEZEL P. (1987). *Carte de la végétation naturelle des états membres des Communautés européennes et du Conseil de l'Europe*. Conseil de l'Europe, Strasbourg, 78 p.

165. OZENDA P. (1981). *Végétation des Alpes sud-occidentales*. Editions du Centre national de la recherche scientifique, Paris, 258 p.

166. OZENDA P. (1985). *La végétation de la chaîne dans l'espace montagnard européen*. Ed. Masson, 331 p.

167. OZENDA P. (1994). *Végétation du continent européen*, Delachaux et Niestlé S.A, Lauzanne-Paris, 271 p.

168. OZENDA P. & BOREL J.-L. (2000). An ecological map of Europe : why and how? *Comptes rendus de l'Académie des Sciences de Paris*, Sciences de la vie 323, p.983-994.

169. PAQUEREAU M.M. (1978). Flores et climats du Würm III dans le Sud-Ouest de la France. *Quaternaria* XX, p. 123-164.

170. PALMA DI CESNOLA A. (1996). *Le Paléolithique inférieur et moyen en Italie*. Série « Préhistoire d'Europe » dirigée par M.Groenen, no 1, édition Jérôme Million, 384 p.

171. PALMA DI CESNOLA A. (2001). *Le Paléolithique supérieur en Italie*. Série « Préhistoire d'Europe » dirigée par M.Groenen, no 9, édition Jérôme Million, 482 p.

172. PENCK A. & BRUCKNER E. (1909). *Die Alpen im Eiszeitalter. 3 Volumes*, Leipzig, 1199 p.

173. PERPERE M. (1985). Fouilles récentes dans le site moustérien de la Caverna delle Fate. *Bull. Soc. Préh. Française*, t. 82, no 7, p. 198.

174. PISIAS N.G., MARTINSON D.G., MOORE T.C., Jr., SHACKLETON N.J., PRELL W., HAYS J. & BODEN G. (1984). High resolution stratigraphic correlation of benthic oxygen isotopic records spanning the last 300 000 years. *Marine geology*, 56, p. 119-136.

175. PLANCHAIS N. (1962). Le pollen de quelques chênes du domaine méditerranéen occidental. *Pollen et Spores*, 4 (1), p. 87-93.

176. PONS A. & REILLE M. (1988). The Holocene and upper Pleistocene record from Padul (Granada, Spain) : a new study. *Palaeogeography, Palaeoclimatology Palaeoecology*, 66, p. 243-263.

177. PROKOVSKAIA I.M. (1958). : Analyse pollinique. *Annales du service d'Information Géologique du B.R.G.M.*, Paris, no 24, 435 p.

178. PSATHI E. (en préparation)-*Les sites moustériens de l'Arma delle Manie et De la Caverna delle Fate (Ligurie, Italie). Etude Paléontologique et archéozoologique de la faune des grands mammifères*. Thèse de Doctorat, Muséum National d'Histoire Naturelle, Paris.

179. PSATHI E. & VICINO G. (ss-presse). Le site moustérien de l'Arma delle Manie (Ligurie, Italie). L'apport de l'étude archéozoologique des grands mammifères. Actes du XIV Congrès UISPP, Liège, 2-8 septembre 2001, *Bar International Series*, 10 p.

180. PUNT W., JANSSEN C.R., REITSA T.J. & CLARKE G.C.S. (1976). *The northern european pollen flora*. Tome I. Elsevier Scientific Publishing Company, Amsterdam, 145 p.

181. PUNT W., & CLARKE G.C.S. (1980). *The northern european pollen flora.* Tome II. Elsevier Scientific Publishing Company, Amsterdam, 265 p.

182. PUNT W., & CLARKE G.C.S. (1981). *The northern european pollen flora.* Tome III. Elsevier Scientific Publishing Company, Amsterdam, 138 p.

183. PUNT W., & CLARKE G.C.S. (1984). *The northern european pollen flora.* Tome IV. Elsevier Scientific Publishing Company, Amsterdam, 369 p.

184. PUNT W., BLACKMORE S. & CLARKE G.C.S. (1988). *The northern european pollen flora.* Tome V. Elsevier Scientific Publishing Company, Amsterdam, 154 p.

185. PUNT W., &. BLACKMORE S. (1991). *The northern european pollen flora.* Tome VI. Elsevier Scientific Publishing Company, Amsterdam, 275 p.

186. QUÉZEL P. (1995). La flore du bassin méditerranéen : origine, mise en place, endémisme. *Ecologia méditerranea*, XXI (1/2), p. 19-39.

187. QUÉZEL P. (1999). Les grandes structures de végétation en région méditerranéenne : facteurs déterminants dans leur mise en place post-glaciaire. *Geobios*, 32, 1, p. 19-31.

188. REILLE M. (1990). *Leçons de Palynologie et d'analyse pollinique.* Ed. C.N.R.S., Paris, 206 p.

189. REILLE M. (1992). *Pollen et spores d'Europe et d'Afrique du Nord.* Editions du C.N.R.S. Editions Louis-Jean, Gap, 520 p.

190. REILLE M. (1995). *Pollen et spores d'Europe et d'Afrique du Nord.* Supplement I. Editions Empora, Prague, 329 p.

191. REILLE M. (1998). *Pollen et spores d'Europe et d'Afrique du Nord.* Supplement II. Editions Louis-Jean, Gap, 521 p.

192. REILLE M. & BEAULIEU de J.L. (1988). History of the Würm and Holocene vegetation in western Velay (Massif Central, France): A comparison of pollen analysis from three corings at Lac du Bouchet. *Review of Palaeobotany and Palynology*, 54, p. 233-248.

193. REILLE M. & BEAULIEU de J.L. (1990). Pollen analysis of a long upper Pleistocene continental sequence in a Velay maar (Massif central, France). *Palaeogeography, Palaeoclimatology, Palaeoecology*, 80, p. 35-48.

194. RENAULT-MISKOVSKY J. (1972a). *Contribution à l'étude paléoclimatique du midi méditerranéen pendant la dernière glaciation et le post-glaciaire, d'après l'étude palynologique du remplissage des grottes et abris sous-roche.* Thèse Doct. Etat, Univ. Paris VI, 495 p.

195. RENAULT-MISKOVSKY J. (1972b). La végétation pendant Le Würmien II, aux environs de la grotte de l'Hortus (Valflaunès, Hérault) d'après l'étude des pollens. *Etudes Quaternaires*, Univ. Provence, Mém. no 1 : La grotte moustérienne de l'Hortus, p. 313-324.

196. RENAULT-MISKOVSKY J. (1976). La végétation au Pléistocène moyen en Provence. *La Préhistoire Française.* Sous la direction de H. de Lumley, Ed. C.N.R.S., t. I.1, p. 483-485.

197. RENAULT-MISKOVSKY J. (1982). Climatostratigraphy of South-East of France: new palynologic results about Piè-Lombard rock-shelter (Alpes maritimes). *11e Congrès international de l' I.N.Q.U.A.*, Moscou, Résumés, Vol. II, p. 262.

198. RENAULT-MISKOVSKY J. (1984). A propos de l'indigenat ou de l'introduction de *Juglans* et *Platanus* dans l'Ouest de l'Europe au Quaternaire. *Revue de Paléobiologie*, volume spécial, p. 155-178.

199. RENAULT-MISKOVSKY J. (1988). L'Environnement végétal de l'Homme de Néandertal dans le bassin méditerranéen français. Données de la palynologie. *L'Homme de Néandertal, Liège, vol. 2 : L'Environnement*, p. 147-151.

200. RENAULT-MISKOVSKY J. & TEXIER J.-P. (1980). Intérêt de l'analyse pollinique détaillée dans les concrétions de grotte. Application à l'abri Pié-Lombard (Tourettes-sur-Loup, Alpes Maritimes). *Bull. de l'AFEQ.*, Paris, 2e série, no 3, 3, p. 129-134.

201. RENAULT-MISKOVSKY J. & PETZOLD M., (1992). *Spores et pollen.* Ed. Delachaud et Niestlé, Neuchâtel-Paris, 360 p.

202. RICHARD H. (1997). Indices polliniques de néolithisation du massif jurassien aux VIème et Vème millénaires. *Quaternaire*, 8 (1), p. 55-62.

203. RICHARD H. & BEGEOT C. (2000). Le Tardiglaciaire du massif jurassien : bilan et perspectives de recherches. *Quaternaire* 11 (2), p. 145-154.

204. RITCHIE J.C. (1986). Modern pollen spectra from Dakleh Oasis, Western Egyptian Desert. *Grana*, 25, p. 177-182.

205. RIOUAL P., ANDRIEU-PONEL V., RIETTI-SHATI M., BATTARBEE R.W., BEAULIEU de J.-L., CHEDDADI R., REILLE M., SVOBODOVA H. & SHEMESH A. (2001). High-resolution record of climate stability in France during the last interglacial period. *Nature*, vol. 413, p. 293-296.

206. ROVERETO G. (1939). Liguria geologica. *Memorie della Societa geologica Italiana*, vol. 2, 677 p.

207. RUDDIMAN W.F. & MCINTYRE A. (1981). The North Atlantic Ocean during the last deglaciation. *Palaeogeography, Palaeoclimatology, Palaeoecology*, 35, p. 145-214.

208. RUDDIMAN W.F., RAYMO M.E., MARTINSON D.G., CLEMENT B.M. & BACKMAN J. (1989). Pleistocene evolution: northern hemisphere ice sheets and North Atlantic Ocean. *Palaeoceanography*, 4 (4), p. 353-412.

209. SÁNCHEZ-GOÑI M.F. (1991). *Analyses polliniques des remplissages de grotte de Lezetxiki, Labeko et Urtiaga (Pays Basque espagnol). Leur place dans le cadre des séquences polliniques de la côte cantabrique et des Pyrénées occidentales. De la taphonomie à la reconstitution de l'environnement.* Thèse M.N.H.N., Paris, 261 p.

210. SÁNCHEZ-GOÑI M.F. (1994). L'environnement de l'Homme préhistorique dans la région cantabrique d'après la taphonomie pollinique des grottes. *L'Anthropologie*, 98 (2-3), 379-417.

211. SÁNCHEZ-GOÑI M.F., TURON J.L. & SHACKLETON N.J. (2000). European climatic reponse to the millenial-scale changes in the atmosphere-ocean system during the last glacial period. *Quaternary Research*, 54, p. 394-403.

212. SAUVAGE J. (1968). *La Palynologie : historique, méthodes et applications. Revue de Géographie physique et de Géologie dynamique*, 2, vol., X, fasc. 3, p. 197-203.

213. SCHWARTZ M.W. (1989). Predicting tree frequencies from pollen frequency: an attempt to validate the R-method. *New. Phytol.*, Vol. 112, p. 129-143.

214. SELLE W. (1957). Das letzte Interglazial in Niedersachsen. *Ber. Natur. Ges. Hannover*, p. 77-89.

215. SHACKLETON N.J. (1969). The last interglacial in the marine and terrestrial records. *Proceedings Royal Society London*, B, 174, p. 135-154.

216. SHACKLETON N.J. (1995). New data on the evolution of Pliocene Climatic Variability. *In* Vrba S.E., DENTON G.H., Partridge T.C., Burckle L.H. (eds.), *Paleoclimate and evolution, with emphasis on human origins*, Yale University: p. 242-248.

217. SHACKLETON N.J., OPDYKE N.D. (1973). Oxygen isotope and paleomagnetic stratigraphy of equatorial Pacific core V28-238: Oxygen isotope temperature and ice volume on a 10 year and 10 year scale. *Quaternary Research*, 3, p. 39-55.

218. SHACKLETON N.J., BERGER A. & PELTIER W.R. (1990). An alternative astronomical calibration of the lower Pleistocene timescale based on OPD Site 677. *Transaction of the Royal Society of Edinburgh : Earth Sciences*, 81, p. 251-261.

219. SITTLER C. (1955). Méthodes et techniques physico-chimiques de préparation des sédiments en vue de leur analyse pollinique. *Revue de l'I.F.P.*, X, 2, 11 p.

220. SPIEKMA F.TH.M., NIKKELS B.H., BOTTEMA S. (1994). Reletionship beetween recent pollen deposition and airborne pollen concentration. *Review of Paleobotany and Palynology*, 82, p. 141-145.

221. SUC J.-P. (1984). Origin and evolution of the mediterranean vegetation and climate in Europe. *Nature*, London, 307, p. 429-432.

222. TAVOSO A. (1988). L'outillage du gisement de San Francesco à San Remo (Ligurie, Italie): nouvel examen. *Actes du Colloque international de Liège, L'Homme de Néandertal, vol. 8, La mutation*, p. 193-210.

223. THOMPSON R.S., VAN DEVENDER T.R., MARTIN P.S., FOPPE T. & LONG A. (1980). Shasta Ground Sloth (Nothrotheriops shastense) at Shelter Cave, New Mexico, USA: environment diet et exctinction. *Quaternary Research*, vol. 14, p. 360-376.

224. TORRI P., ACCORSI C.A., BANDINI MAZZANTI M. & FORLANI L. (1990). Flora palynologica italiana : *Ostrya carpinifolia* Scop., *Carpinus betulus* L, *Carpinus orientalis* Miller: Schede palinologiche e chiave specifica. *G.Bot. Ital.*, 124, 1: 182.

225. TRIAT H. (1971). Contribution à l'étude des fréquences polliniques de *Corylus avellana* L., Corylaies du Lubeon. *Pollen et Spores*, 13 (3), p. 405-414.

226. TURNER C. (1985). Problems and pitfalls in the application of palynologie to Pleistocene archaeological sites in Western Europe. *In* J. Renault-Miskovsky, Bui-Thi-Mai et M.Girard (eds), *Palynologie archéologique*. C.N.R.S. Paris, p. 347-373.

227. TURNER C. & HANNON G.E. (1988). Vegetational evidence for late climatic changes in southwest Europe in relation to the influence of the North Atlantic Ocean. *Phil. Trans. R. Soc. London*, B, 318, p. 451-485.

228. TURNER J. (1964). Surface sample analysis from Ayrshire Scotland (with appendix by David Nicol). *Pollen et Spores*, 6, p. 583-592.

229. TURON J.L. (1984). Direct land/sea correlations in the last interglacial complex. *Nature*, 309, p.673-676.

230. TZEDAKIS P.C., ANDRIEU V., BEAULIEU DE J.L., CROWHURST S., FOLLIERI M., HOOGHIEMSTRA H., MAGRI D., REILLE M., SADORI L., SCHACKLETON N.J., & WIJMSTRA T.A. (1997). Comparison of terrestrial and marine records of changing climate of the last 500 000 years. *Earth and Planetary Science letters*, 150, p. 171-176.

231. TZEDAKIS P.C., LAWSON I.T., FROGLEY M.R., HEWITT G.M., & PREECE R.C. (2002). Buffered tree population changes in a Quaternary refugium: evolutionary implications. *Science*, vol. 297, p. 2044-2047.

232. VAN ANDEL T.H. (2001). Reconstructing climate and landscape of the last midpleniglacial in Europe-The Stage 3 Project. *Quaternary Research*, 57, p. 2-8.

233. VAN ANDEL T.H. & TZEDAKIS P.C. (1996). Paleolithic landscapes of Europe and environs 150,000-25,000 years ago: an overview. *Quaternary Science Reviews*, Vol, 15, p. 481-500.

234. VAN CAMPO M.M. (1984). Relations entre la végétation de l'Europe et les températures de surface océaniques après le dernier maximum glaciaire. *Pollen et Spores*, 26 (3/4), p. 497-518.

235. VAN CAMPO M.M. & ELHAI H. (1956). Etude comparative des pollens de quelques chênes. Application à une tourbière normande. *Bull. Soc. Bot. Fr.*, 103 (5-6), p.254-260.

236. VAN CAMPO M.M. & LEROI-GOURHAN ARL. (1956). Note préliminaire à l'étude des pollens fossiles de différents niveaux des grottes d'Arcy-Sur-Cure. *Bull. du Muséum, 2e série*, t. XXVIII (3), p. 326-330.

237. WALKER M.J.C., BJÖRCK S., LOWE J.J., CWYNAR L.C., JOHNSEN S., KNUDSEN K-L., WOHLFARTH B., INTIMATE GROUP (1999). Isotopic "events" in the GRIP ice core: a stratotype for the Late Pleistocene. *Quaternary Science Reviews*, 18, p. 1143-1150.

238. WALTER H., HARNICKELL E. & MUELLER-DOMBOIS D. (1975). *Climate-diagram Maps of the Individual Continents and the Ecological Climatic Regions of the Earth.* Springer-Verlag, Berlin, 36 p.

239. WATTS W.A. (1985). A long pollen record from Laghi di Montcchio, southern Italy: a preliminary account. *Journal of the geological society*, 142, 491-499.

240. WATTS W.A., ALLEN J.R.M., HUNTLEY B. (1996a). Vegetation history and palaeoclimate of the Last Glacial Period at Lago Grande di Monticchio, southern Italy. *Quaternary Science Reviews*, 15, p. 113-132.

241. WATTS W.A., ALLEN J.R.M., HUNTLEY B., FRITZ S.C. (1996b). Vegetation history and climate of the last 15,000 years at Laghi di Monticchio southern Italy. *Quaternary Science Reviews*, 15, 133-153.

242. WATTS W.A., ALLEN J.R.M., HUNTLEY B. (2000). Palaeoecology of three interstadial events during oxygen isotope Stages 3 and 4: a lacustrine record from Lago Grande di Monticchio, southern Italy. *Palaeogeography, Palaeoclimatology, Palaeoecology*, 155, p. 83-93.

243. WEINSTEIN M. (1983). The influence of slope direction on the pollen spectra. *Pollen et Spores*, 23, p.381-387.

244. WIJMSTRA T.A. (1969). Palynology of the first 30 metres of a 120 m deep section in northern Greece (Macedonia). *Acta Bot. Neerl.*, 25 (4), p. 297-312.

245. WOILLARD G. (1978). Grande Pile peat bog: a continuous pollen record for the last 140.000 years. *Quaternary Research*, 9, p. 1-21.

246. WOILLARD G. & MOOK W. (1982). Carbon-14 dates at Grande Pile: correlation of land and sea chronologies. *Science*, vol. 215, p. 159-161.

247. ZAGWIJN W.H. (1992). The beginning of the ice age in Europe and its major subdivisions. *Quaternary Science Reviews*, 11, p. 583-591.

248. ZAGWIJN W.H. (1996). An analysis of Eemian climate in western and central Europe. *Quaternary Science Reviews*, 19, p. 129-146.

# PLANCHES PHOTOGRAPHIQUES

# Planche I

**1, 2 et 3. CUPRESSACEAE.** Arma delle Manie. Spectre n° 10. Coupes optiques. Granulations de l'exine.

**4 et 5. PINACEAE.** *Abies.* Arma delle Manie. Spectre n° 53.

4. Structure du corps, de la crête marginale et des ballonnets.
5. Structure des ballonnets.

# Planche I

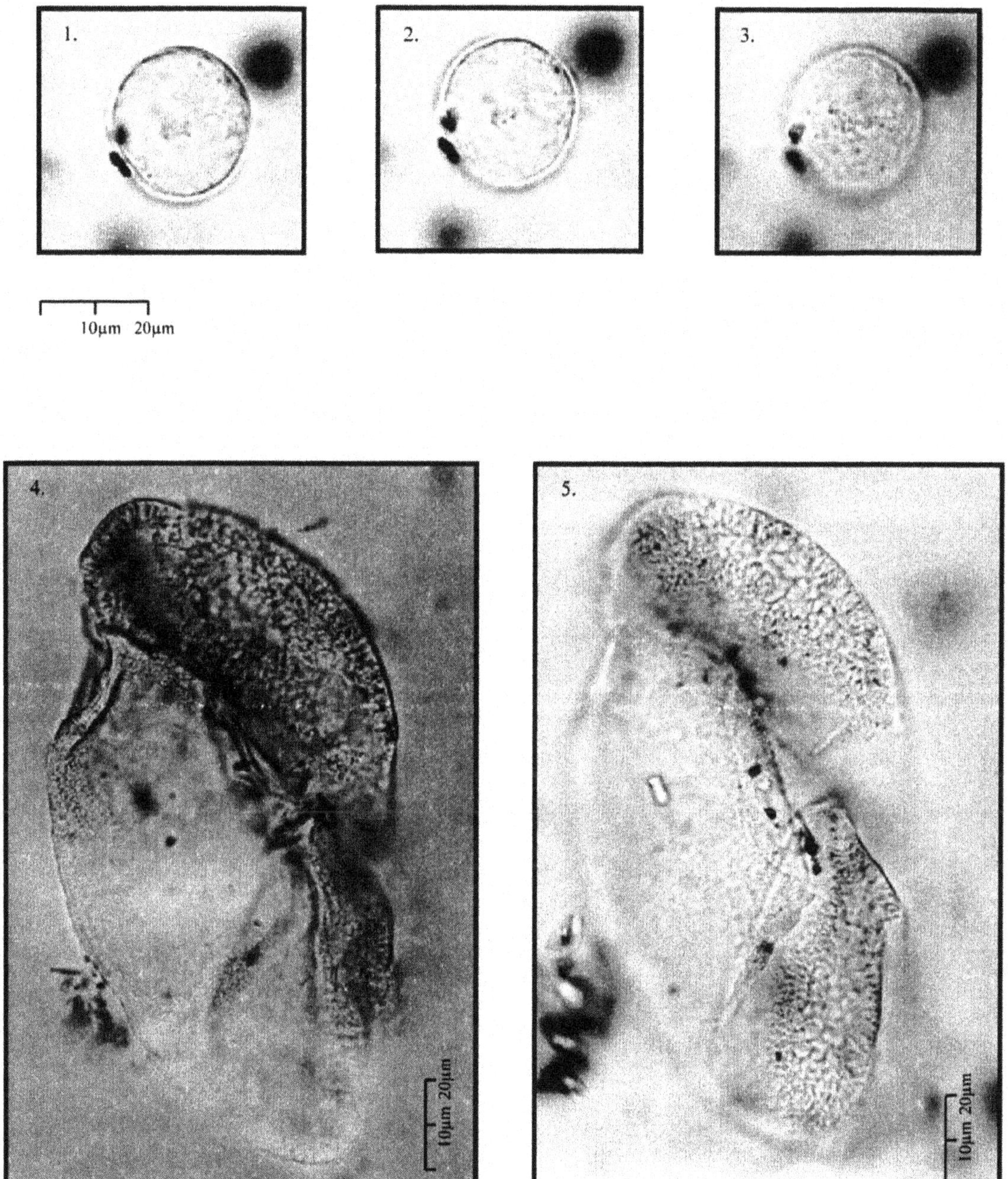

# Planche II

**1 et 2. PINACEAE.** *Cedrus*. San Francesco. Spectre n° 53, (Ensemble A).

1. Coupe optique de la calotte et structure des ballonnets.
2. Structure du corps, de la crête marginale et des ballonnets.

**3 et 4. PINACEAE.** *Pinus*. Arma delle Manie. Spectre n° 22.

3. Structure de la crête marginale et des ballonnets.
4. Structure du corps et des ballonnets.

# Planche II

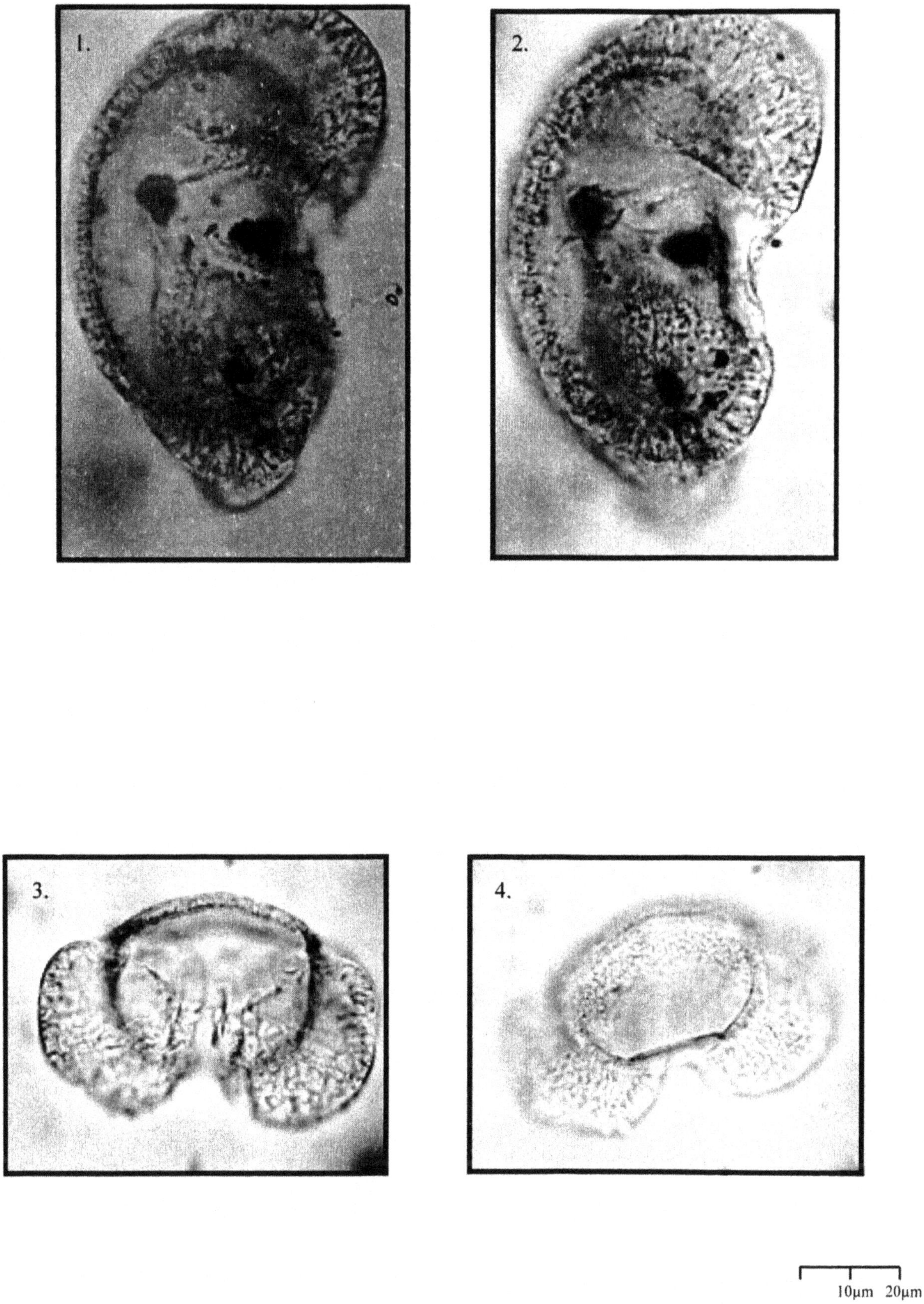

# Planche III

**1 et 2. ACERACEAE.** *Acer.* Arma delle Manie. Spectre n° 44.

1. Vue polaire. Coupe optique équatoriale. Structure des sillons.
2. Vue polaire. Coupe optique équatoriale. Structure de l'exine.

**3, 4 et 5. ARALIACEAE.** *Hedera.* Caverna delle Fate. Spectre n° 5.

3. Vue méridienne. Coupe optique méridienne.
4. Vue méridienne. Structure de l'exine.
5. Vue ¾ polaire. Structure de l'exine.

**6 et 7. BETULACEAE.** *Alnus.* Caverna delle Fate. Spectre n° 4. Vue polaire. Coupe optique équatoriale. Structure des apertures.

**8 et 9. BETULACEAE.** *Corylus.* Arma delle Manie. Spectre n° 23. Vue polaire. Coupe otique équatoriale. Structure des apertures.

# Planche III

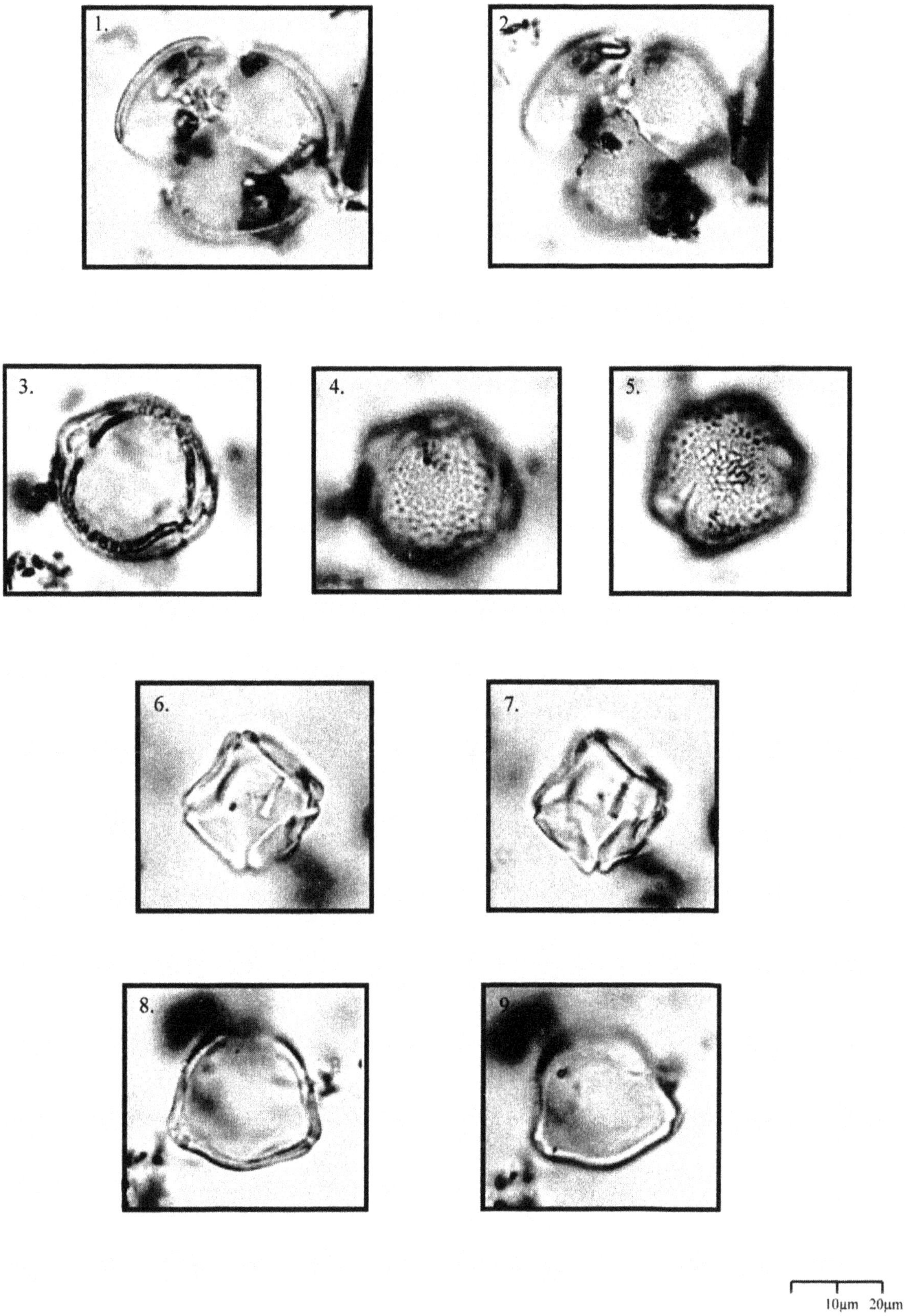

# Planche IV

**1 et 2. FAGACEAE.** *Castanea*. Arma delle Manie. Spectre n° 51. Vue méridienne. Coupe optique méridienne. Structure des apertures.

**3 et 4. FAGACEAE.** *Fagus*. Arma delle Manie. Spectre n° 10.

3. Vue 3/4 méridienne. Coupe optique méridienne. Structure de l'exine.
4. Vue 3/4 méridienne. Coupe optique méridienne. Structure des apertures.

**5, 6 et 7. FAGACEAE.** *Quercus* type *ilex/coccifera*. Arma delle Manie. Spectre n° 16.

5. Vue polaire. Coupe optique équatoriale.
6. Vue polaire. Coupe optique équatoriale.
7. Vue méridienne. Coupe optique méridienne. Structure des apertures.

**8, 9, 10 et 11. FAGACEAE.** *Quercus* type *pedunculata/pubescens*. Arma delle Manie. Spectre n° 21.

8. Vue 3/4 polaire. Coupe optique équatoriale.
9. Vue 3/4 polaire. Coupe optique équatoriale. Structure de l'exine.
10. Vue méridienne. Coupe optique méridienne.
11. Vue méridienne. Coupe optique méridienne. Structure du sillon médian.

# Planche IV

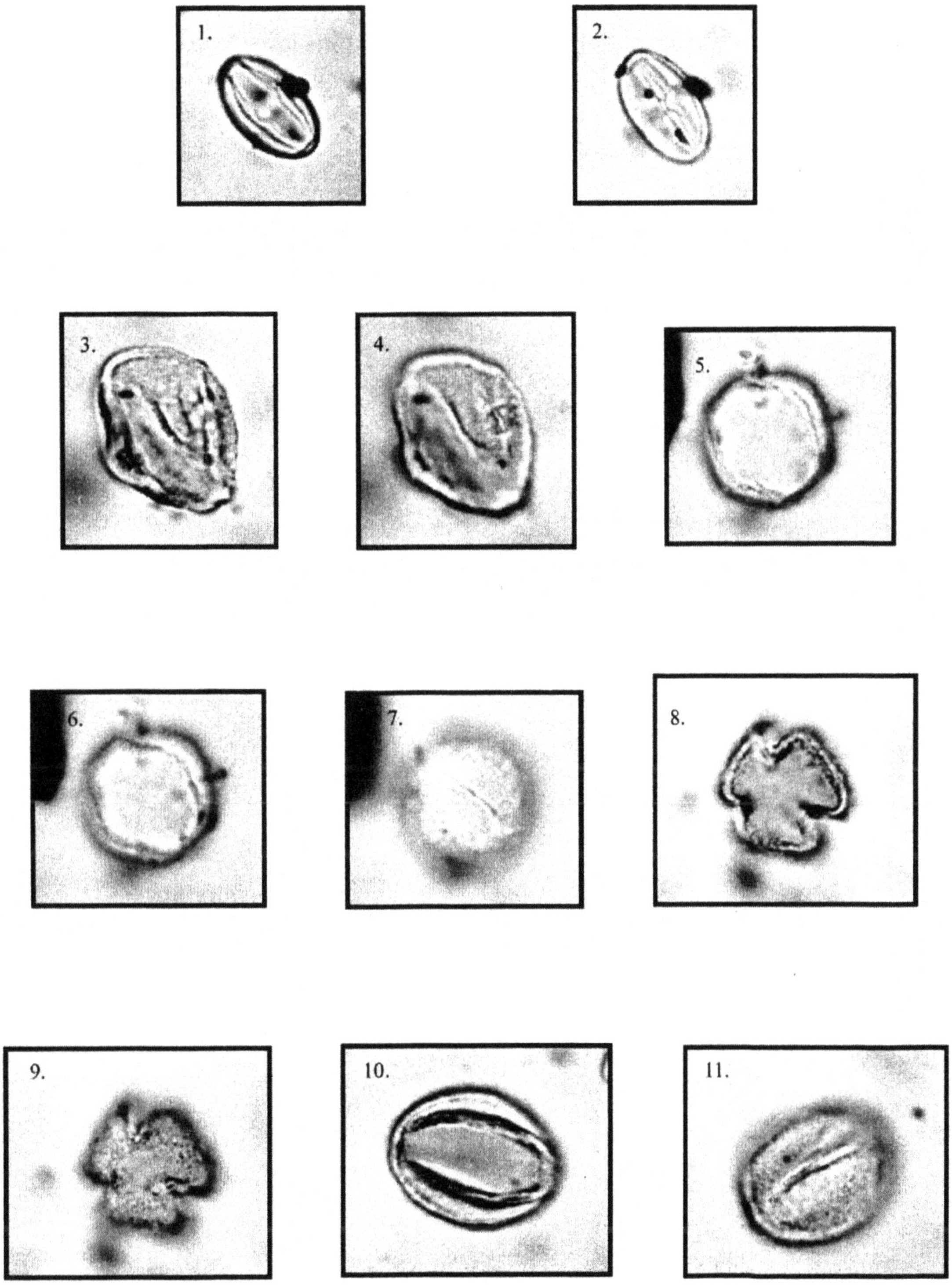

# Planche V

**1 et 2. JUGLANDACEAE.** *Juglans*. Arma delle Manie. Spectre n° 58. Coupes optiques. Apertures.

**3, 4 et 5. OLEACEAE.** *Fraxinus*. San Francesco. Spectre n° 60, (Ensemble B).

3. Vue polaire. Coupe optique équatoriale.

4 et 5. Vue polaire. Coupes optiques équatoriales. Structure de l'exine.

**6 et 7. OLEACEAE.** *Olea*. San Francesco. Spectre n° 70, (Ensemble C).

6. Vue polaire. Coupe optique équatoriale, apertures, structure et ornementation de l'exine.

7. Vue méridienne. Coupe optique méridienne. Ornementation de l'exine.

**8 et 9. TILIACEAE.** *Tilia*. Arma delle Manie. Spectre n° 15.

8. Vue polaire. Coupe optique équatoriale.

9. Vue polaire. Coupe optique équatoriale. Structure de l'exine et des apertures.

# Planche V

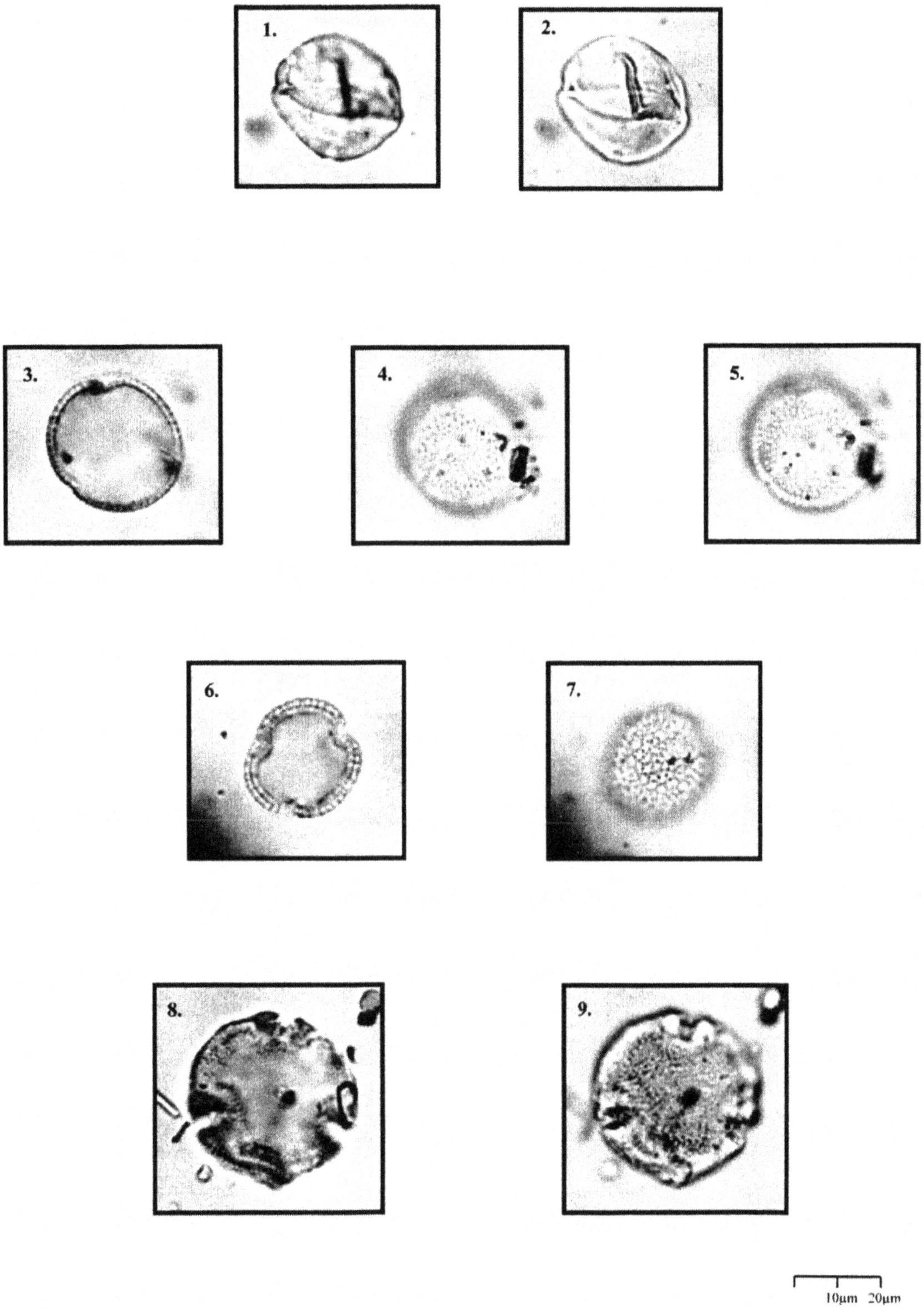

# Planche VI

**1, 2 et 3. AMARANTHACEAE/CHENOPODIACEAE.** Arma delle Manie. Spectre n° 29.

1. et 2. Coupes optiques.

3. Ornementation de l'exine.

**4 et 5. APIACEAE.** Caverna delle Fate. Spectre n° 6.

3. Vue méridienne. Coupe optique méridienne.

4. Vue méridienne. Coupe optique méridienne. Structure des apertures.

**6, 7 et 8. ASTERACEAE** Asteroideae. Arma delle Manie. Spectre n° 35.

6. Vue 3/4 polaire. Coupe optique équatoriale.

7. et 8. Vue polaire. Coupes optiques équatoriales. Structure de l'exine.

**9, 10 et 11. ASTERACEAE** Cichorioideae. Arma delle Manie. Spectre n° 20.

9. Vue polaire. Coupe optique équatoriale.

10. et 11. Vue polaire. Coupe optique équatoriale. Structure de l'exine.

**12 et 13. ASTERACEAE.** *Artemisia.* Arma delle Manie. Spectre n° 28.

12. Vue polaire. Coupe optique équatoriale.

13. Vue polaire. Coupe optique équatoriale. Structure de l'exine.

# Planche VI

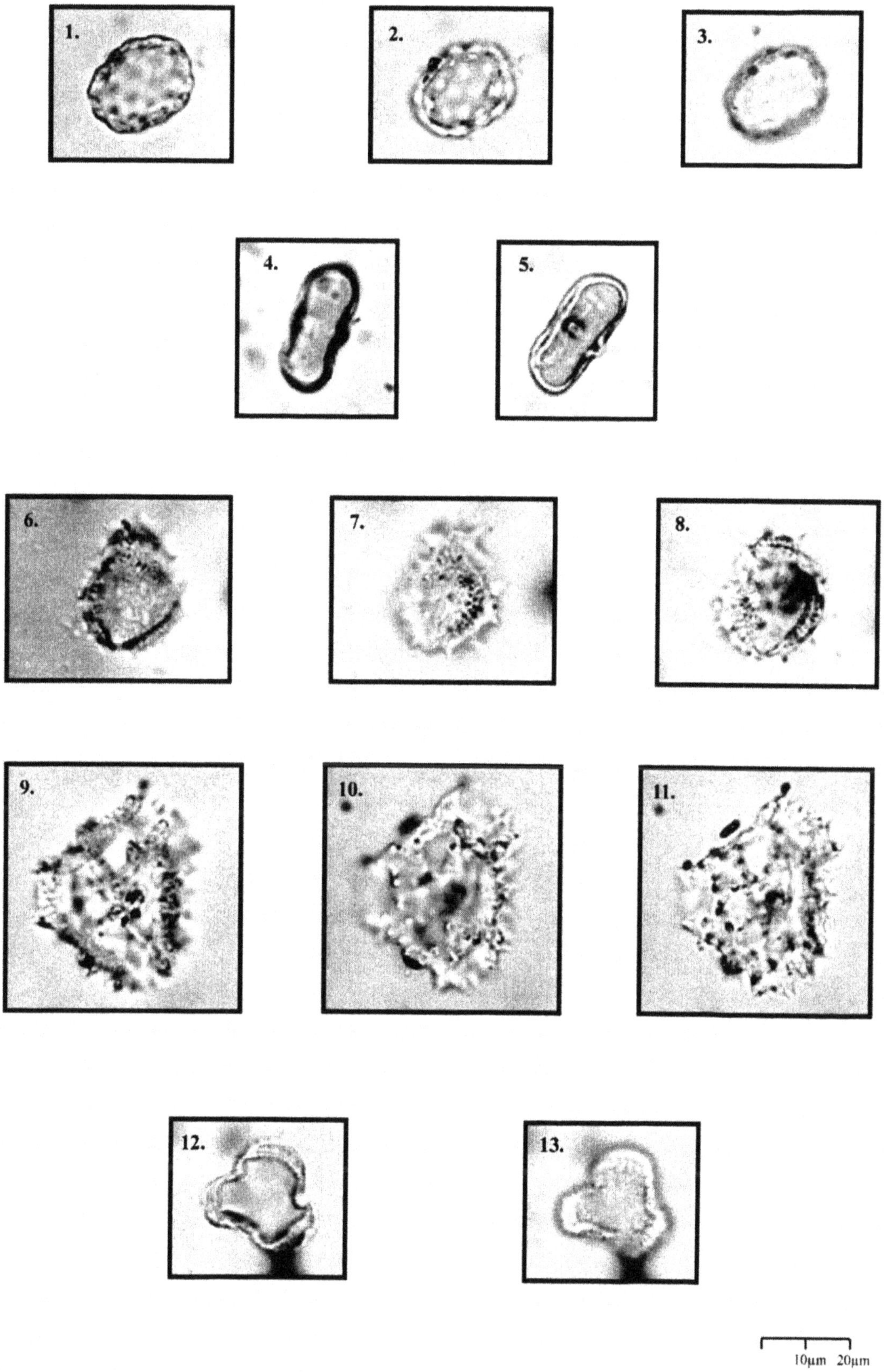

# Planche VII

**1 et 2. BRASSICACEAE.** Arma delle Manie. Spectre n° 43.

1. Vue 3/4 polaire. Coupe optique équatoriale.
2. Vue 3/4 polaire. Coupe optique équatoriale. Apertures et structure de l'exine.

**3 et 4. CARYOPHYLLACEAE.** Caverna delle Fate. Spectre n° 2. Coupe optique. Structure des apertures et ornementation de l'exine.

**5. CYPERACEAE.** Arma delle Manie. Spectre n° 43. Vue méridienne. Coupe optique méridienne. Structure de l'exine.

**6 et 7. DIPSACACEAE.** type *Scabiosa*. Arma delle Manie. Spectre n° 53.

6. Vue méridienne. Coupe optique méridienne.
7. Vue méridienne. Coupe optique méridienne. Ornementation de l'exine.

**8 et 9. ERICACEAE.** Arma delle Manie. Spectre n° 57.

8. Coupe optique.
9. Structure de l'exine.

**10 et 11. EUPHORBIACEAE.** Arma delle Manie. Spectre n° 8. Vue polaire. Coupe optique équatoriale. Apertures.

# Planche VII

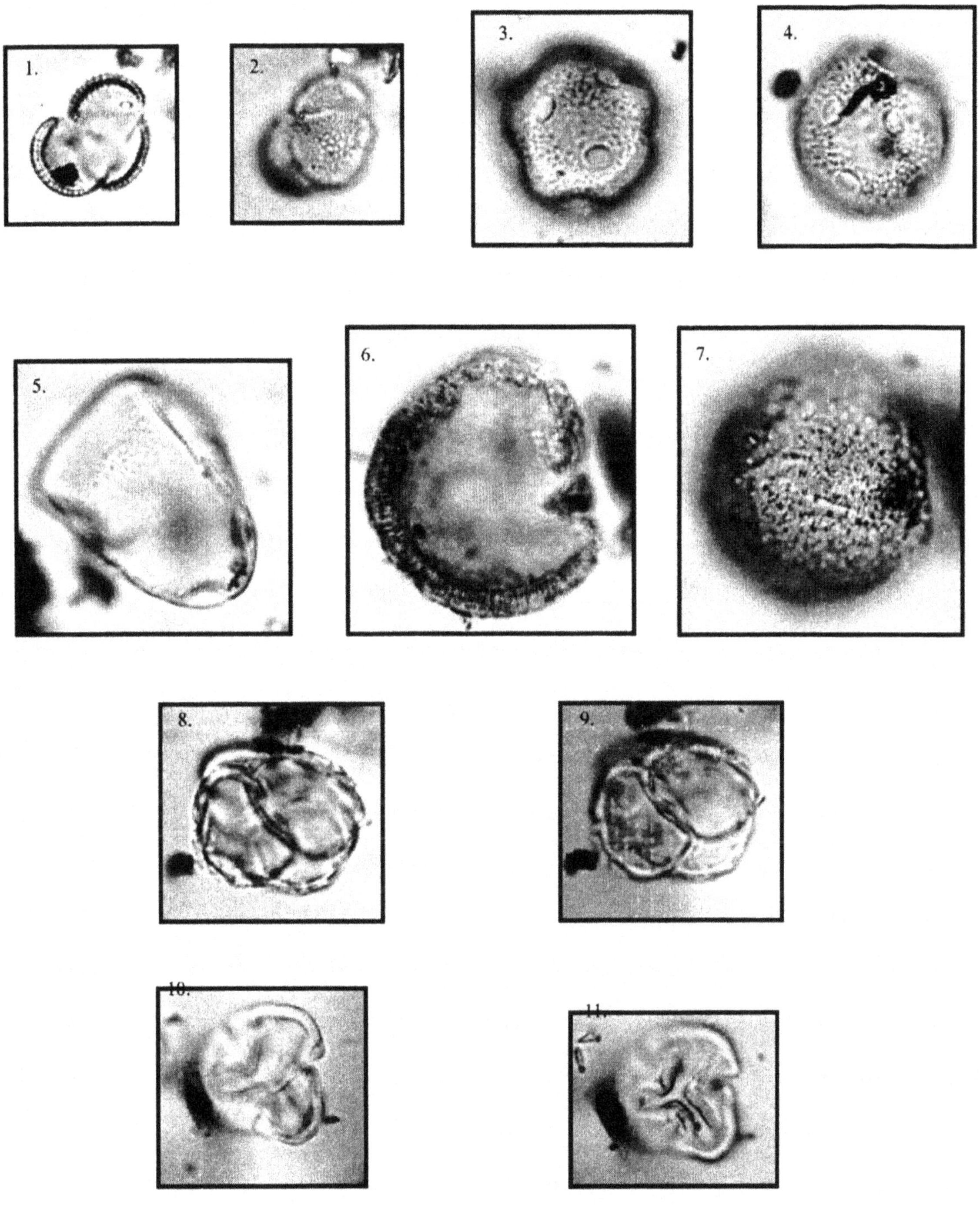

# Planche VIII

**1, 2 et 3. LAMIACEAE.** Caverna delle Fate. Spectre n° 10.

1. Vue méridienne. Coupe optique méridienne. Apertures.
2. Vue 3/4 polaire. Coupe optique équatoriale. Apertures.
3. Vue 3/4 polaire. Coupe optique équatoriale. Ornementation de l'exine.

**4 et 5. LILIACEAE.** Caverna delle Fate. Spectre n° 8. Vue méridienne. Coupe optique méridienne. Aperture et ornementation de l'exine.

**6 et 7. PLANTAGINACEAE.** San Francesco. *Plantago.* Spectre n° 64, (Ensemble B).

6. Ornementation de l'exine.
7. Structure des apertures.

**8 et 9. POACEAE.** San Francesco. Spectre n° 47. Coupes optiques. Aperture.

# Planche VIII

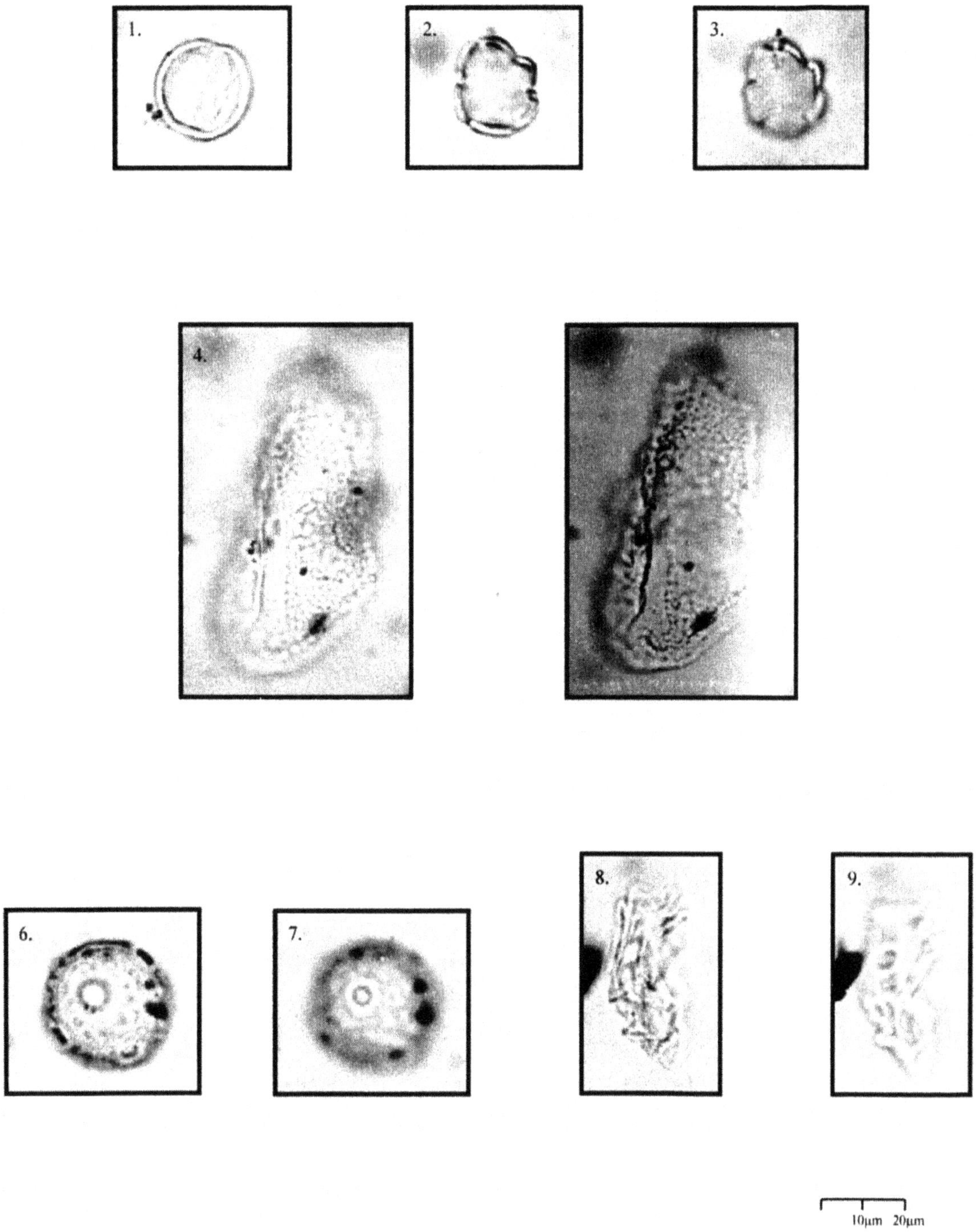

# Planche IX

**1 et 2. RANUNCULACEAE.** Arma delle Manie. Spectre n° 34. Vue 3/4 polaire. Coupe optique équatoriale. Ornementation de l'exine.

**3, 4 et 5. SCROFULARIACEAE.** *Melampyrum*. Caverna delle Fate. Spectre n° 5.

3. Vue polaire. Coupe optique équatoriale.
4. Vue méridienne. Coupe optique méridienne. Structure de l'exine.
5. Vue méridienne. Coupe optique méridienne. Apertures.

**6 et 7. VALERIANACEAE.** Arma delle Manie. Spectre n° 48.

6 et 7. Vue méridienne. Coupe optique méridienne. Ornementation de l'exine.

8. Vue polaire. Coupe optique équatoriale Apertures.

**9 et 10. FILICALES.** Spore monolète lisse. Arma delle Manie. Spectre n° 18.

9. Coupe optique.
10. Aperture.

**11. FILICALES.** Spore trilète lisse. Arma delle Manie. Spectre n° 32. Coupe optique. Aperture.

# Planche IX

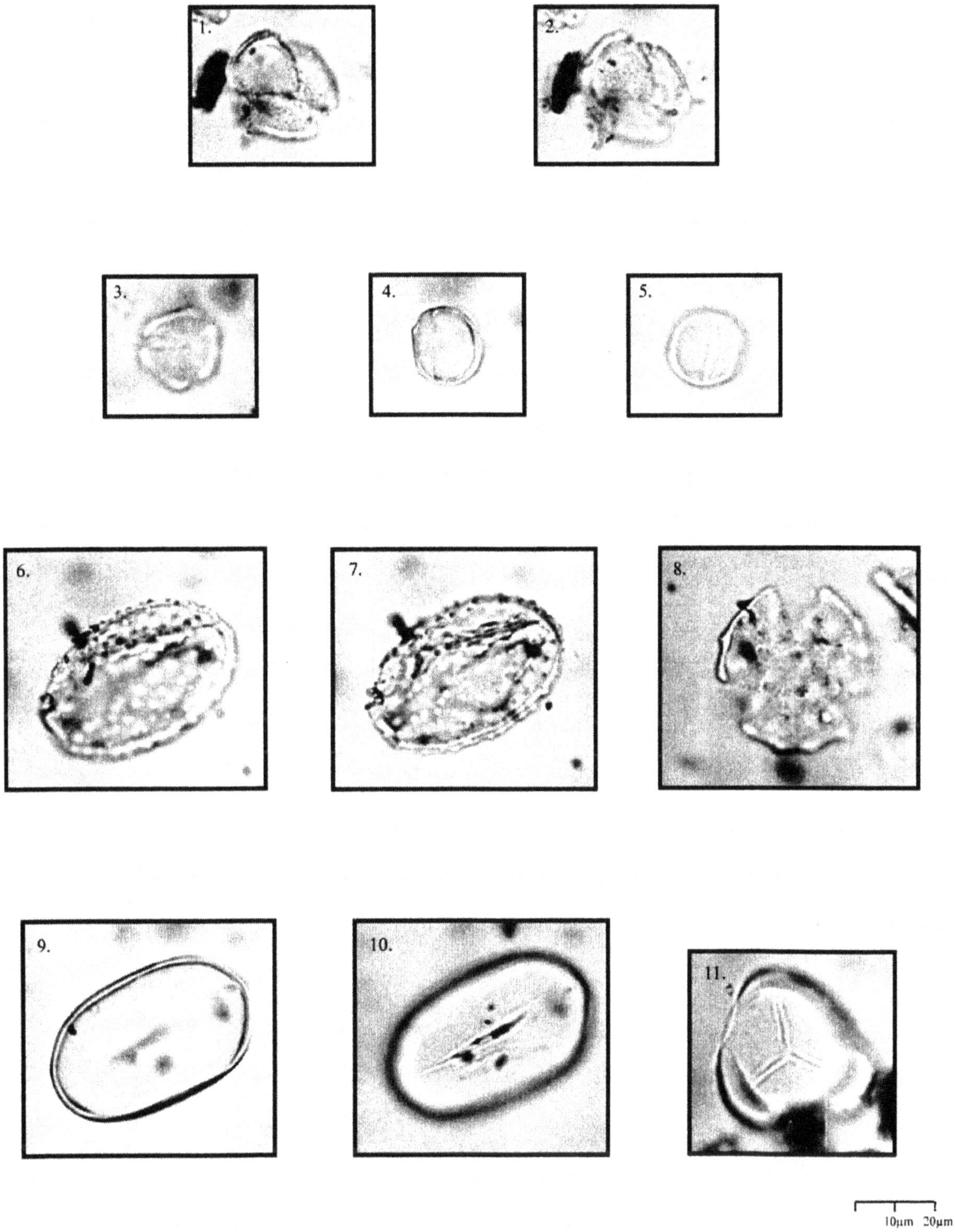

# ANNEXE

# LISTE DES TAXONS RENCONTRES LORS DES ANALYSES PALYNOLOGIQUES

| Nom latin | Nom français | Nom grec |
|---|---|---|
| | | |
| Cupressaceae | Cupressacées | Κυπαρισσίδες |
| *Abies* | Sapin | Ελάτη |
| *Cedrus* | Cèdre | Κέδρος |
| *Picea* | Epicéa | Πικέα ή Ερυθρελάτη |
| *Pinus* | Pin | Πεύκη |
| *Acer* | Erable | Ακερ |
| *Pistacia* | Pistachier | Πιστακία |
| *Rhus* | Sumac | Ρους |
| *Hedera* | Lierre | Κισσός |
| *Alnus* | Aulne | Αλνος ή Σκλήθρα |
| *Betula* | Bouleau | Συμήδα |
| *Carpinus* t. *betulus* | Charme (Charmille) | Κάρπινος ο βετουλοειδής ή γαύρος |
| *Carpinus* t. *orientalis/* | Charme orientale | Κάρπινος ο ανατολικός |
| *Ostrya* t. *carpinifolia* | Charme houblon | Οστρύα |
| *Corylus* | Noisetier | Φουντουκιά |
| *Castanea* | Châtaignier | Καστανιά |
| *Fagus* | Hêtre | Οξιά |
| *Quercus* t. *ilex* | Chêne sempervirent | Βελανιδιά αειθαλής |
| *Quercus* t. *pedunculata* | Chêne caducifolié | Βελανιδιά φυλλοβόλα |
| *Juglans* | Noyer | Καρυδιά |
| *Fraxinus* | Frêne | Φράξινος |
| *Ligustrum* | Troène | Λιγούστρο ή Αγριομυρτιά |
| *Olea* | Olivier | Ελιά |
| *Phillyrea* | Filaria | Φιλλυρέα |
| *Myrtus* | Myrte | Μυρτιά |
| *Eucalyptus* | Eucalyptus | Ευκάλυπτος |
| *Platanus* | Platane | Πλάτανος |
| *Populus* | Peuplier | Λεύκα |
| *Rhamnus* | Neprum | Ράμνος |
| *Salix* | Saule | Ιτιά |
| *Tilia* | Tilleul | Φλαμουριά |
| *Ulmus* | Orme | Φτελιά |
| *Celtis* | Micocoulier | Κελτίς |
| *Vitis* | Vigne | Αμπέλι |
| Amaranthaceae/Chenopodiaceae | Amarantacées/Chénopodiacées | Αμαρανθίδες / Χηνοποδίδες |
| Apiaceae | Apiacées | Σκιαδοφόρα |
| Asteraceae | Astéracées | Αστερίδες |
| Asteroideae | Tubuliflores | Σωληνιδιοανθή |
| Cichorioideae | Liguliflores | Γλωσσιδιοανθή |
| *Artemisia* | Armoise | Αρτεμισία |
| *Centaurea* | Centaurée | Κενταύριο |
| t. *Echinops* | Echinops | Εχίνωψ |
| Boraginaceae | Borraginacées | Βοραγινίδες |

| | | |
|---|---|---|
| Brassicaceae | Brassicacées | Σταυρανθή |
| Campanulaceae | Campanulacées | Καμπανουλίδες |
| Caryophyllaceae | Caryophyllacées | Καρυοφυλλίδες |
| *Cistus* | Ciste | Κίστος |
| *Helianthemum* | Hélianthème | Ηλιάνθεμο |
| Cyperaceae | Cypéracées | Κυπερίδες |
| Dipsacaceae | Dipsacacées | Διψακίδες |
| t. *Knautia* | Knautie | Κναούτια ή Κνώτια |
| t. *Scabiosa* | Scabieuse | Σκαβιόζα |
| Ericaceae | Ericacées | Ερεικίδες |
| Euphorbiaceae | Euphorbiacées | Ευφορβιίδες |
| *Mercurialis* | Mercuriale | Μερκουριάλις ή Λινοζώστις |
| Fabaceae | Fabacées | Φαβίδες |
| Gentianaceae | Gentianacées | Γεντιανίδες |
| Geraniaceae | Géraniacées | Γερανιίδες |
| Lamiaceae | Lamiaceae | Χειλανθή |
| Liliaceae | Liliacées | Λιλιίδες |
| Onagraceae | Onagracées | Οναγρίδες |
| *Plantago* | Plantain | Πλαντάγον |
| Poaceae | Poacées | Ποίδες |
| t. *Cerealia* | Céréale | Σιτηρά |
| *Polygonum* | Renouée | Πολύγονο ή Βοιδόγλωσσα |
| *Rumex* | Rumex | Ρούμεξ |
| Primulaceae | Primulacées | Πριόυλίδες |
| Ranunculaceae | Renonculacées | Ρανουγκουλίδες |
| *Thalictrum* | Pigamon | Θάλικτρον |
| *Rosaceae* | Rosacées | Ροδίδες |
| t. *Filipendula* | Filipendule (Reine des Près) | Φιλιπένδουλα |
| t. *Sanguisorba minor* | Petite Sanguisorbe | Σαγκουισόρβον |
| Rubiaceae | Rubiacées | Ρουβιίδες |
| Saxifragaceae | Saxifragacées | Σαχιφραγκίδες |
| Scrofulariaceae | Scrofulariacées | Σκροφουλαριίδες |
| *Melampyrum* | Mélampyre | Μελάμπυρο |
| Typhaceae | Typhacées | Τυφίδες |
| Urticaceae | Urticacées | Ουρτικίδες |
| Valerianaceae | Valérianacées | Βαλεριανίδες |
| *Centranthus* | Centranthe | Κέντρανθος |
| | Filicales | Πτεριδικά |

# LISTE DES FIGURES

Figure 1 : Cadre géographique de l'étude. .......... 6
Figure 2a : Les grands ensembles structuraux des Alpes (d'après Debelmas et Mascle, 1991, modifié). .......... 8
Figure 2b : Schéma structural de la marge méditerranéenne de Nice à Sestri Levante .......... 8
(d'après Haccard, 1975, modifiée). .......... 8
Figure 3 : carte géologique simplifiée de la région de Caverna delle Fate et de Arma delle Manie .......... 9
(d'après Boni et al., 1971, modifiée) .......... 9
Figure 4 : Localisation des sites moustériens italiens d'après palma di Cesnola, 1996). .......... 11
Figure 5 : Isothermes annuelles (T, degrés Celsius) et isohyètes annuelles (P, mm) .......... 12
(d'après Barberis *et al.*, 1992, modifiée) .......... 12
Figure 6 : Carte des étages de végétation de l'Italie (d'après Ozenda et Borel, 2000, modifiée). .......... 14
Figure 7 : Stratification du sporoderme et différents types d'ornementation de l'exine (d'après Bui-Thi-Mai, 1974, modifiée). .......... 28
Figure 8 : Localisation géographique du gisement de Caverna delle Fate en Ligurie (d'après Bichet, 1987, modifiée). .......... 58
Figure 9 : Plan du réseau karstique de Caverna delle Fate (d'après Echassoux *et al.*, 1983). . 58
Figure 10 : Stratigraphie du remplissage de Caverna delle Fate. .......... 60
Figure 11 : Le Fate I . Frontal d'un enfant néandertalien (Del Lucchese *et al.*, 1985). .......... 62
Figure 12 : Le Fate II. Hémimandibule gauche d'un enfant néandertalien (Del Lucchese *et al.*, 1985). .......... 62
Figure 13 : Le Fate III. Fragment droit de mandibule d'un Néandertalien adulte (Del Lucchese *et al.*, 1985). .......... 62
Figure 14 : Proposition de reconstitution du crâne d'un enfant néandertalien, basée sur les fragments Fate Ia, Ib, Ic, Id, et Fate II. (Del Lucchese *et al.*, 1985). .......... 63
Figure 15 : Le Fate IV. Fragment d'occipital d'un Néandertalien adulte (Del Lucchese *et al.*, 1985). .......... 63
Figure 16 : Le Fate X. Phalangine de main d'un Néandertalien adulte (Del Lucchese *et al.*, 1985) .......... 63
Figure 17 : Dents isolées (Del Lucchese *et al.*, 1985). .......... 64
Figure 18 : Coupe schématique de la paroi sud du corridor et position stratigraphique des prélèvements des planchers stalagmitiques datés par E.S.R. (d'après Falguères *et al.*, 1990). 66
Figure 19 : Industrie lithique de Caverna delle Fate (d'après Lumley-Woodyear de, 1969). . 67
Figure 20 : Localisation des prélèvements palynologiques à Caverna delle Fate. .......... 69

Figure 21 : Diagramme pollinique détaillé de Caverna delle Fate (Ensemble stratigraphique III b) ; ........ 73

Figure 22 : Diagramme pollinique synthétique de Caverna delle Fate (Ensemble stratigraphique III b) ........ 76

Figure 23 : Diagramme des concentrations absolues des principaux taxons et diagramme des concentrations absolues des différents groupes écologiques de Caverna delle Fate (Ensemble stratigraphique III b). ........ 78

Figure 24 : Spectres polliniques actuels de Caverna delle Fate. ........ 79

Figure 25 : Localisation géographique du gisement Arma delle Manie ........ 90

Figure 26 : Plan de la fouille de Arma delle Manie ........ 90

Figure 27 : Stratigraphie du remplissage de Arma delle Manie ........ 91

Figure 28 : Diagramme pollinique du niveau G VII/2 du gisement de Arma delle Manie ........ 92

(d'après Arobba *et al.*, 1976, modifiée) ........ 92

Figure 29 : Diagrammes des groupes écologiques des rongeurs de Arma delle Manie (d'après Abassi, 1999). ........ 94

Figure 30 : Industrie lithique du site de Arma delle Manie (d'après Cauche, 2002). ........ 95

Figure 31 : Localisation des prélèvements palynologiques à Arma delle Manie et correspondance avec les niveaux stratigraphiques et archéologiques ........ 97

Figure 32 : Diagramme pollinique détaillé de Arma delle Manie (Coupes R.5, Q.5, P.5, P.4, O.4. et O.6, P.6, Q.6). ........ 101

Figure 33 : Diagramme pollinique détaillé sans les Cichorioideae, de Arma delle Manie (Coupes R.5, Q.5, P.5, P.4, O.4 et O.6, P.6, Q.6). ........ 103

Figure 34 : Diagramme pollinique synthétique et diagramme pollinique synthétique sans les Cichorioideae, de Arma delle Manie (Coupes R.5,Q.5, P.5, P.4, O.4 et O.6, P.6, Q.6. ). ........ 108

Figure35 : Diagramme des concentrations absolues des principaux taxons de Arma delle Manie (Coupes R.5, Q.5, P.5, P.4, O.4 et O.6, P.6, Q.6) ........ 111

Figure36 : Diagramme des concentrations absolues des A.P., des N.A.P., des Filicales et de la concentration globale de Arma delle Manie (Coupes R.5, Q.5, P.5, P.4, O.4 et O.6, P.6, Q.6). ........ 112

Figure 37 : Diagramme des concentrations absolues des A.P., des N.A.P., des Filicales et de la concentration globale de Arma delle Manie (Coupes R.5, Q.5, P.5, P.4, O.4 et O.6, P.6, Q.6). ........ 113

Figure 38 : Analyse en composantes principales de la séquence de Arma delle Manie. ........ 115

Figure 39 : Spectres polliniques actuels de Arma delle Manie. ........ 117

Figure 40 : Localisation géographique du site de San Francesco en Ligurie ........ 129

Figure 41 : Coupe stratigraphique principale (Orto del P.P. Gesuiti) du site de plein air de San Francesco. ........ 131

Figure 42 : Industrie lithique de la station de San Francesco (d'après Lumley-Woodyear de, 1969) ........ 133

Figure 43 : Coupe stratigraphique principale (Orto del P.P. Gesuiti) du site de San Francesco, emplacement et corrélation stratigraphique des prélèvements palynologiques. ........ 135

Figure 44 : Diagramme pollinique détaillé complet et diagramme pollinique détaillé sans les Cichorioideae de l'Ensemble B du site de San Francesco. ........ 138

Figure 45 : Diagramme pollinique synthétique complet et diagramme pollinique synthétique sans les Cichorioideae de l'Ensemble B du site de San Francesco. 139

Figure 46 : Diagrammes des concentrations absolues des principaux taxons de l'Ensemble B du site de San Francesco 140

Figure 47 : Diagramme pollinique détaillé complet et diagramme pollinique détaillé sans les Cichorioideae de l'Ensemble C du site de San Francesco 143

Figure 48 : Diagramme synthétique complet et diagramme synthétique sans les Cichorioideae de l'Ensemble C de San Francesco 144

Figure 49 : Diagrammes des concentrations absolues des principaux taxons de l'Ensemble C de San Francesco. 145

Figure 50 : Diagramme pollinique détaillé complet et diagramme pollinique détaillé sans les Cichorioideae de l'Ensemble A du site de San Francesco ? 148

Figure 51 : Diagramme synthétique complet et diagramme synthétique sans les Cichorioideae de l'Ensemble A du site de San Francesco 149

Figure 52 : Diagrammes des concentrations absolues des principaux taxons de l'Ensemble A du site de San Francesco. 150

Figure 53 : Spectre pollinique actuel complet et spectre pollinique actuel sans *Pinus* du site de San Francesco. 152

Figure 54: Synthèse des résultats palynologiques de San Francesco. 154

Figure 55 : Localisation des séquences de référence et des sites archéologiques considérés. 160

Figure 56 : Diagrammes comparatifs simplifiés des séquences de référence considérées (d'après de Beaulieu et Reille, 1984 ; Woillard, 1978 ; Allen et Huntley, 2000 ; Behre, 1989 ; Pons et Reille, 1988 ; Reille et de Beaulieu, 1990 ; Follieri *et al*, 1988 ; Follieri *et al.*, 1998.). 166

Figure 57 : Hypothèses de succession chronostratigraphique des zones polliniques de Caverna delle Fate, d'après leur comparaison avec les séquences de référence considérées. 169

Figure 58 : Hypothèses de succession chronostratigraphique des zones polliniques de Arma delle Manie, d'après leur comparaison avec les séquences de référence considérées. 174

Figure 59 : Ensemble des hypothèses chronostratigraphiques émises d'après la comparaison des trois sites avec les séquences de référence et les sites archéologiques considérés. 185

Figure 60: Hypothèses de corrélation entre les zones polliniques de Caverna delle Fate et de Arma delle Manie. 187

# LISTE DES TABLEAUX

Tableau 1 : Synthèse chronostratigraphique du Pléistocène supérieur et de l'Holocène (d'après Woillard, 1978 ; Labeyrie, 1984 ; Pisias *et al.*,1984 ; Martinson *et al.*, 1987 ; Behre, 1989 ; Shackleton, 1995)........ 24

Tableau 2 : Rapport entre la pluie pollinique et la représentation de quelques taxons arboréens dans la végétation environnante (d'après Huntley et Birks, 1983)........ 43

Tableau 3 : Nombre minimal et maximal d'individus néandertaliens représentés par les fossiles de Caverna delle Fate (d'après Giacobini et de Lumley, 1988)........ 64

Tableau 4 : Liste floristique des taxons déterminés à Caverna delle Fate........ 70

Tableau 6 : Principaux caractères de la végétation et du climat de Caverna delle Fate........ 82

Tableau 7 : Corrélations entre les subdivisions sédimentologiques de l'Ensemble stratigraphique III b et les zones polliniques de Caverna delle Fate........ 83

Tableau 8 : Synthèse des résultats palynologiques dans l'ensemble du remplissage de Caverna delle Fate........ 85

Tableau 9 : Liste floristique des taxons déterminés à Arma delle Manie........ 98

Tableau 11 : Principaux caractères de la végétation et du climat déduits de l'analyse pollinique de Arma delle Manie........ 123

Tableau 12 : Synthèse des résultats palynologiques dans l'ensemble du remplissage de Arma delle Manie........ 124

Tableau 13 : Liste floristique des taxons déterminés à San Francesco........ 136

Tableau 14 : Principaux caractères de la végétation et du climat de l'Ensemble B de San Francesco........ 141

Tableau 15 : Principaux caractères de la végétation et du climat de l'Ensemble C de San Francesco........ 146

Tableau 16 : Principaux caractères de la végétation et du climat de l'Ensemble A de San Francesco........ 151

Tableau 17 : Proposition de corrélations entre les séquences de référence (d'après Woillard, 1978 ; de Beaulieu et Reille, 1984 ; Pons et Reille 1988 ; Behre, 1989 ; Reille et de Beaulieu, 1990 ; Follieri *et al.*, 1998 ; Allen et Huntley, 2000)........ 167

Tableau 18 : Hypothèses de corrélation de Caverna delle Fate avec les sites archéologiques considérés........ 179

Tableau 19 : Hypothèses de corrélation de Arma delle Manie avec les sites........ 181

archéologiques considérés........ 181

Tableau 20 : Hypothèses de corrélation de San Francesco avec les sites archéologiques considérés........ 182

Tableau 21 : Position chronostratigraphique des trois sites d'après les corrélations avec les séquences de référence et les sites archéologiques considérés........ 183

# TABLE DES MATIERES

**SOMMAIRE** III

**INTRODUCTION** V

**PREMIERE PARTIE - GENERALITES** 1

**CHAPITRE I - CADRE NATUREL DE L'ETUDE** 3

**I. CADRE GEOGRAPHIQUE** 5

**II. CADRE GEOLOGIQUE** 5

1. LES ALPES 5
2. LES APENNINS 7
3. LA LIGURIE DANS LE CONTEXTE GEOLOGIQUE APENNIN ET ALPIN 7
4. LES SITES ETUDIES DANS LE CONTEXTE GEOLOGIQUE LIGURE 7

**III. CADRE ARCHEOLOGIQUE** 10

**IV. CLIMAT ACTUEL** 10

**V. VEGETATION ACTUELLE** 13

**CHAPITRE II - CADRE CHRONOSTRATIGRAPHIQUE DU PLEISTOCENE SUPERIEUR ET DE L'HOLOCENE ESSAI D'UNE APPROCHE MULTIDISCIPLINAIRE** 17

**I. BREF HISTORIQUE DE LA DEFNITION DU CADRE CHRONOSTRATIGRAPHIQUE DU QUATERNAIRE** 19

**II. LE QUATERNAIRE** 19

**III. LE PLEISTOCENE SUPERIEUR** 20

1. LA LIMITE PLEISTOCENE MOYEN-PLEISTOCENE SUPERIEUR 20
2. L'INTERGLACIAIRE EEMIEN 20
3. LE « PREGLACIAIRE » 20
4. LE PLENIGLACIAIRE 21
   - 4.1. Le Pléniglaciaire inférieur 21
   - 4.2. Le Pléniglaciaire moyen 21
   - 4.3. Le Pléniglaciaire supérieur 22
5. LE TARDIGLACIAIRE 22
6. CORRESPONDANCE AVEC LA NOMENCLATURE GLACIAIRE ALPINE ET NORD EUROPEENNE 23
7. LA LIMITE PLEISTOCENE SUPERIEUR-HOLOCENE 23

**IV. L'HOLOCENE** 23

**CHAPITRE III - METHODOLOGIE PALYNOLOGIQUE** 25

**I. INTRODUCTION A LA PALYNOLOGIE** 27

1. DEFINITION 27

2. Pollen et spores ........ 27
3. Dissemination des grains ........ 27
**II. Morphologie sporopollinique ........ 27**
1. Stratification et composition du sporoderme ........ 27
2. Structure et sculpture ........ 28
3. Apertures ........ 29
4. Fonction de la morphologie du grain ........ 29
**III. Applications de la Palynologie ........ 29**
1. La Biologie ........ 29
2. L'Allergologie ........ 30
3. La Criminologie ........ 30
4. La Melissopalynologie ........ 30
5. L'Agronomie ........ 30
6. Les etudes petrolieres ........ 30
7. La Geologie sedimentaire ........ 30
**IV. Principe de l'analyse palynologique dans de depots sedimentaires ........ 31**
**V. Prelevements ........ 31**
1. Prelevements de sediments meubles en grotte ........ 31
2. Prelevements sur stalagmite ........ 32
3. Prelevements de coupe en plein air ........ 32
4. Prelevements de surface ........ 32
**VI. Extraction du materiel sporopollinique ........ 32**
1. Traitement physico-chimique des echantillons meubles au laboratoire ........ 32
1.1. Acide chlorhydrique (HCl) à froid ........ 33
1.2. Acide fluorhydrique (HF) ........ 33
1.3. Acide chlorhydrique (HCl) à chaud ........ 33
1.4. Hydroxyde de potassium (KOH) ........ 33
1.5. Concentration du contenu sporopollinique par application d'une liqueur dense ($ZnCl_2$). 33
2. Traitement des stalagmites ........ 34
3. Montage de lames (par luttage) ........ 34
**VII. Microscopie ........ 34**
1. Determination ........ 34
2. La L.O. analyse ........ 35
3. Comptage ........ 35
**VIII. Saisie informatique des resultats ........ 35**
1. Principe de calcul de pourcentage ........ 35
2. Calcul de la richesse du sediment en materiel sporopollinique ........ 36
3. Construction de diagrammes ........ 37
3.1. Diagramme détaillé ........ 37
3.2. Zones polliniques ........ 37
3.3. Diagramme synthétique ........ 38
3.4. Diagramme des concentrations absolues ........ 38
4. Analyse en composantes principales (ACP) ........ 38
**IX. Interpretation des diagrammes ........ 39**
1. Production pollinique ........ 39
2. Dispersion pollinique ........ 40
3. Conservation sporopollinique ........ 40
3.1. Les facteurs externes ........ 40
3.2. Les causes internes ........ 41

4. RECONSTITUTION DES PAYSAGES ........ 42

**CHAPITRE IV - PARTICULARITES DE LA PALYNOLOGIE EN DEPoT ARCHEOLOGIQUE 45**

**I. ORIGINE DU MATERIEL SPOROPOLLINIQUE EN GROTTES ........ 47**

**II. MECANISMES DE TRANSPORT DU MATERIEL SPOROPOLLINIQUE EN GROTTE ........ 47**

1. TRANSPORT PAR L'AIR ........ 47
2. TRANSPORT PAR L'EAU ........ 48
3. TRANSPORT ZOO-ANTHROPOGENE ........ 48
4. MECANISMES POST-DEPOSITIONELS ........ 49

**III. PHENOMENES DE TAPHONOMIE SPOROPOLLINIQUE ........ 49**

**IV. LE CAS DES SITES DE PLEIN AIR ........ 50**

**V. LIMITES DE L'ANALYSE PALYNOLOGIQUE EN DEPOT ARCHEOLOGIQUE ........ 50**

**DEUXIEME PARTIE-ETUDE DES SITES 53**

**CHAPITRE V - CAVERNA DELLE FATE 55**

**I. PRESENTATION DU SITE ........ 57**

1. LOCALISATION GEOGRAPHIQUE ........ 57
2. DESCRIPTION DU SITE ........ 57
3. HISTORIQUE DES FOUILLES ........ 57
4. LA STRATIGRAPHIE DU GISEMENT ........ 59
5. LA FAUNE ........ 59
6. L'HOMME ........ 59
7. LES DATATIONS ABSOLUES ........ 65
8. L'INDUSTRIE LITHIQUE ........ 65

**II. ETUDE PALYNOLOGIQUE ........ 68**

1. ECHANTILLONNAGE ........ 68
2. LISTE FLORISTIQUE ........ 68
3. PRECISIONS SUR QUELQUES DETERMINATIONS ........ 68
4. ANALYSE FLORISTIQUE ........ 70
5. DESCRIPTION DES DIAGRAMMES ........ 71
   5.1. Diagramme détaillé ........ 71
   5.2. Diagramme synthétique ........ 75
   5.3. Diagramme de concentrations sporopolliniques ........ 75
6. ANALYSE DES PRELEVEMENTS DE MOUSSES ........ 77
7. INTERPRETATION DES RESULTATS ........ 80
   7.1. Reconstitution de la végétation ........ 80
   7.2. Reconstitution du climat ........ 81
8. COMPARAISON AVEC LES DONNEES DES AUTRES DISCIPLINES ........ 82
   8.1. Sous-ensemble stratigraphique IIIa ........ 82
   8.2. Sous-ensemble stratigraphique IIIb ........ 83
      8.2.1. Sédimentologie ........ 83
      8.2.2. Datations absolues ........ 84
      8.2.3. Matériel lithique et faunique ........ 84
      8.2.4. Discussion ........ 84
9. CONCLUSIONS ........ 85

**CHAPITRE VI - ARMA DELLE MANIE 87**

**I. PRESENTATION DU SITE** ............ **89**
1. LOCALISATION GEOGRAPHIQUE ............ 89
2. DESCRIPTION DU SITE ............ 89
3. HISTORIQUE DES FOUILLES ............ 89
4. STRATIGRAPHIE DU GISEMENT ............ 89
5. ANALYSES PALYNOLOGIQUES ANTERIEURES ............ 92
6. LA FAUNE ............ 93
6.1 La macrofaune ............ 93
6.2. La microfaune ............ 93
7. L'INDUSTRIE LITHIQUE ............ 93
**II. ETUDE PALYNOLOGIQUE** ............ **96**
1. ECHANTILLONNAGE ............ 96
2. LISTE FLORISTIQUE ............ 96
3. ANALYSE FLORISTIQUE ............ 96
4. DESCRIPTION DES DIAGRAMMES ............ 99
4.1. Diagrammes détaillés ............ 99
4.2. Diagrammes synthétiques ............ 107
4.3. Diagrammes de concentrations sporopolliniques ............ 109
4.4. Analyse en composantes principales (ACP) ............ 114
5. ANALYSE DES PRELEVEMENTS DES MOUSSES ............ 116
6. INTERPRETATION DE RESULTATS ............ 118
6.1. Reconstitution de la végétation ............ 118
6.2. Reconstitution du climat ............ 121
7. COMPARAISON AVEC LES DONNES DES AUTRES DISCIPLINES ............ 122
7.1. Analyse palynologique antérieure ............ 122
7.2. Datations ............ 122
7.3. Faune ............ 122
7.4. Microfaune ............ 124
8. CONCLUSIONS ............ 125

**CHAPITRE VII - SAN FRANCESCO** **127**

**I. PRESENTATION DU SITE** ............ **129**
1. LOCALISATION GEOGRAPHIQUE ............ 129
2. HISTORIQUE DES FOUILLES ............ 129
3. STRATIGRAPHIE DU GISEMENT ............ 130
4. LA FAUNE ............ 130
5. L'INDUSTRIE LITHIQUE ............ 132
**II. ETUDE PALYNOLOGIQUE** ............ **134**
1. ECHANTILLONNAGE ............ 134
2. LISTE FLORISTIQUE ............ 134
3. ANALYSE FLORISTIQUE ............ 136
4. DESCRIPTION DES DIAGRAMMES DE SAN FRANCESCO ............ 137
4.1. Ensemble B ............ 137
4.1.1. Diagrammes détaillés ............ 137
4.1.2. Diagrammes synthétiques ............ 137
4.1.3. Diagramme des concentrations absolues ............ 137
4.1.4. Interprétations ............ 141
4.1.4.1. Reconstitution de la végétation 141
4.1.4.2. Reconstitution du climat 141
4.2. Ensemble C ............ 142

4.2.1. Diagrammes détaillés ........ 142
4.2.2. Diagrammes synthétiques ........ 142
4.2.3. Diagrammes de concentrations absolues ........ 142
4.2.4. Interprétations ........ 146
4.2.4.1. Reconstitution de la végétation 146
4.3. Ensemble A ........ 146
4.3.1. Diagrammes détaillés (échantillons 44-53) ........ 146
4.3.2. Diagrammes synthétiques ........ 147
4.3.3. Diagramme des concentrations absolues ........ 147
4.3.4. Interprétations ........ 147
4.3.4.1. Reconstitution de la végétation 147
4.3.4.2. Reconstitution du climat 151
5. SPECTRES POLLINIQUES ACTUELS ........ 151
6. COMPARAISON AVEC LES DONNES DES ATRES DISCIPLINES ........ 153
7. DISCUSSION ........ 153
8. CONCLUSIONS ........ 155

**CHAPITRE VIII - CORRELATIONS DES RESULTATS AVEC dES SEQUENCES POLLINIQUES DU PLEISTOCENE SUPERIEUR ET DE L'HOLOCENE 157**

**I. SEQUENCES LACUSTRES DU PLEISTOCENE SUPERIEUR ET DE L'HOLOCENE ........ 159**
1. EUROPE MERIDIONALE ........ 159
1.1. Italie centrale (Latium) ........ 159
1.1.1. Présentation des sites ........ 161
1.1.2. Corrélations bio-chronostratigraphiques entre les cinq séquences ........ 161
1.2. Italie méridionale (Lago Grande di Monticchio) ........ 162
1.3. Espagne (Padul) ........ 163
2. EUROPE CENTRALE ........ 164
2.1. France (Les Echets) ........ 164
3. EUROPE SEPTENTRIONALE ........ 164
CORRELATIONS AVEC LES TROIS SITES DE L'ETUDE ........ 168
4.1. Caverna delle Fate ........ 168
4.2. Arma delle Manie ........ 170
4.3. San Francesco ........ 173

**II. SITES ARCHEOLOGIQUES DU PLEISTOCENE SUPERIEUR ET DE L'HOLOCENE ........ 175**
4. PREGLACIAIRE ET PLENIGLACIAIRE ........ 175
1.1. La grotte de la Calmette (France) ........ 175
1.2. La grotte du Prince (Italie) ........ 175
1.3. L'abri Piè-Lombard (France) ........ 175
1.4. La grotte de Madonna dell'Arma (Italie) ........ 176
1.5. L'Abri Romani (Espagne) ........ 176
1.6. Les grottes de Beneito et de Perneras (Espagne) ........ 176
1.7. La grotte de l'Hortus (France) ........ 176
1.8. L'abri Mochi (Italie) ........ 177
1.9. La grotte de Santa Lucia superiore (Italie) ........ 177
5. TARDIGLACIAIRE ET POSTGLACIAIRE ........ 177
2.1. Abri Cornille (France) ........ 177
2.2. Châteauneuf-les-Martigues (France) ........ 178
2.3. La grotte de l'Hortus (France) ........ 178
2.4. Grottes de l'Or et des Cendres (Espagne) ........ 178
6. CORRELATIONS AVEC LES TROIS SITES DE L'ETUDE ........ 178
3.1. Caverna delle Fate ........ 178

3.2. Arma delle Manie ..... 179
3.3. San Francesco ..... 181
**III. CORRELATIONS DES TROIS SITES D'APRES LES RESULTATS PALYNOLOGIQUES ET LES HYPOTHESES CHRONOSTRATIGRAPHIQUES ..... 184**

**CONCLUSIONS GENERALES 189**

**BIBLIOGRAPHIE 195**

**PLANCHES PHOTOGRAPHIQUES 211**

**ANNEXE 231**

**RESUME 245**

RESUME ..... 247
ABSTRACT ..... 248
RIASSUNTO ..... 249
ΠΕΡΙΛΗΨΗ ..... 250

# RESUME

# RESUME

Les analyses polliniques des gisements archéologiques de Caverna delle Fate, Arma delle Manie (Finale Ligure) et San Francesco (San Remo) en Ligurie italienne, documentent le cadre paléoenvironnemental et paléoclimatique de cette région pendant le Pléistocène supérieur et l'Holocène.

Les discontinuités sédimentaires dans les trois sites, ainsi que les processus post-dépositionnels entraînant une mauvaise conservation du matériel sporopollinique et une faible concentration, sont à l'origine des données fragmentaires. L'enregistrement pollinique n'a pas permis de percevoir une dynamique de végétation, rendant délicate une attribution chronologique précise pour les trois gisements. C'est la comparaison des résultats palynologiques avec ceux des autres disciplines, ainsi que leur corrélation avec des séquences polliniques de référence et des sites archéologiques, qui permettent d'avancer des hypothèses chronostratigraphiques pour les différentes phases de végétation enregistrées.

Caverna delle Fate livre des informations sur les paysages végétaux contemporains de l'occupation du site par l'Homme de Néandertal. L'ensemble de la séquence pollinique est caractérisé par une végétation semi-forestière à forestière qui reflète des conditions climatiques clémentes. Le développement des taxons méso-thermophiles suggère un régime climatique tempéré tandis que la progression croissante des taxons méditerranéens témoigne d'une chaleur évidente. Les quatre épisodes climatiques déduits de cette analyse peuvent être attribués à des phases différentes de l'intervalle compris entre les stades isotopiques 5 e et 3.

La séquence pollinique de Arma delle Manie décrit l'évolution du paléoenvironnement végétal de l'Homme fossile ayant occupé le gisement du début du Pléistocène supérieur jusqu'à l'Holocène. La végétation est marquée par la présence constante des taxons méso-thermophiles et méditerranéens, suggérant des conditions climatiques tempérées. La survie de certains d'ente eux pendant les périodes de dégradation climatique serait liée à l'existence des zones abritées ayant servi de refuges. Les espaces ouverts sont occupés par les Poaceae et les Asteraceae dont les Asteroideae et *Artemisia*, tandis que la dominance des Cichorioideae est vraisemblablement due à une conservation différentielle. Les neuf zones polliniques définies, ont été attribuées à des phases discontinues allant du stade isotopique 5 e au stade isotopique 1. Une seule zone a été rattachée à un épisode stadiaire, reflet d'un climat rigoureux, les autres présentant des caractéristiques propres à des périodes interstadiaires et/ou interglaciaires.

A San Francesco, seuls les niveaux post-glaciaires ont pu livrer des résultats exploitables répartis sur trois ensembles polliniques. Ceux-ci révèlent des paysages semi-ouverts à ouverts avec une présence éparse de feuillus méso-thermophiles et méditerranéens témoignant de conditions climatiques relativement sèches. L'absence de traces incontestables de l'intervention humaine sur le paysage n'a pas permis de mettre en évidence le degré de l'éventuel impact de l'Homme sur la végétation.



**Mots clés : Palynologie, Paléoenvironnements, Paléoclimats, Archéologie, Moustérien, Pléistocène supérieur, Holocène, Ligurie, Italie.**

## ABSTRACT

Pollen analysis of the archaeological sites of Caverna delle Fate, Arma delle Manie (Finale Ligure) and San Francesco (San Remo) of the Italian Liguria, inform us of the paleoenvironment and paleoclimatic conditions of the region during the Upper Pleistocene and the Holocene.

The sedimentary discontinuity and various post-depositional factors, which caused low concentrations and poor preservation of pollen material, are responsible for a fragmentary data collection. This pollen record does not allow the identification of vegetal dynamics and this makes the precise chronological attribution for the three sites very delicate. We can only achieve chrono-stratigraphic hypotheses for the recorded vegetation phases if we compare the palynological results with results from other disciplines, which have studied these three sites, and correlate them with pollen sequences of reference and archaeological sites.

Caverna delle Fate provides information about vegetative landscapes that were contemporary with the occupation of the site by Neanderthals. This pollen sequence is characteristic of a medium to dense forested landscape, which reflects mild climatic conditions. The development of meso-thermophilous taxa suggests a temperate climatic regime, while the increasing progression of Mediterranean taxa testifies an increase in the area's temperature. Four climatic episodes inferred from this analysis can be attributed to different phases of the interval between isotopic stages 5 e and 3.

The pollen sequence of Arma delle Manie describes the evolution of the vegetative paleoenvironment of the 'fossil man', who occupied the site from the beginning of the Upper Pleistocene up to the Holocene. The vegetation is characterised by a continuous presence of meso-thermophilous taxa, which suggests temperate climatic conditions. The survival of a number of these taxa during periods of climatic deterioration indicates the existence of shelter zones used as vegetative refuges. Open landscape spaces are constituted by Poaceae and Asteraceae, some of them Asteroideae and *Artemisia*, while the dominance of Cichorioideae is probably due to a differential preservation of pollen. There are nine defined pollen zones, which can be attributed to discontinuous phases covering the isotopic stage 5 e up to stage 1. Only one of these pollen zones indicates an episode reflecting a harsh climate, while the others present characteristics proper to interstadial or interglacial periods.

At San Francesco, only the post-glacial levels have provided usable results, distributed over three pollen diagrams. These diagrams reveal semi-open to open landscapes with sparse presence of meso-thermophilous and mediterranean leaf-bearing plants, testifying relatively dry climatic conditions. We cannot be certain of the degree of human impact to the vegetation of this site, since there is not direct and indisputable evidence of human intervention to the landscape.



**Key words : Palynology, Paleoenvironments, Paleoclimates, Archaeology, Mousterian, Upper Pleistocene, Holocene, Liguria, Italy.**

## RIASSUNTO

Le analisi polliniche dei siti archeologici di Caverna delle Fate, Arma delle Manie (Finale Ligure) e di San Francesco (San Remo) descrivono il contesto paleoambientale e paleoclimatico della Liguria durante il Pleistocene superiore e l'Olocene.

Le discontinuità sedimentarie dei tre siti e i processi post-deposizionali che provocano una cattiva conservazione e una bassa concentrazione sporopollinica, sono responsabili dei risultati frammentari. La registrazione pollinica non ha permesso di ottenere una dinamica della vegetazione e ciò rende difficile un'attribuzione cronologica precisa per i tre siti. La comparazione dei risultati pollinici con risultati ottenuti grazie ad altri studi (geocronologici, paleontologici, ecc...) e la loro correlazione sia con alcune sequenze polliniche continue sia con altri siti archeologici, ci permettono di proporre delle ipotesi cronostratigrafiche per le diverse fasi registrate della vegetazione.

La Caverna delle Fate ci dà informazioni sui paesaggi vegetali contemporanei dell'occupazione del sito da parte dell'Uomo di Neandertal. L'intera sequenza pollinica è caratterizzata da una vegetazione da semi-forestale a forestale, la quale riflette condizioni climatiche favorevoli. Lo sviluppo dei taxa meso-termofili suggerisce un clima temperato, mentre la progressione dei taxa mediterranei testimonia l'aumento della temperatura. I quattro episodi climatici che risultano da queste analisi possono essere attribuiti alle diverse fasi comprese nell'intervallo fra gli stadi isotopici 5e e 3.

La sequenza pollinica dell'Arma delle Manie descrive l'evoluzione del paleoambiente vegetale degli Uomini preistorici che hanno occupato il giacimento dall'inizio del Pleistocene superiore fino all'Olocene. La vegetazione è caratterizzata dalla continua presenza dei taxa meso-termofili e mediterranei che suggeriscono condizioni climatiche temperate. La sopravvivenza di alcuni di questi taxa durante i periodi di degradazione climatica potrebbe essere collegata all'esistenza di zone riparate servite come rifugi. Gli ambienti aperti sono occupati da Poaceae e Asteraceae tra cui Asteroideae e Artemisia, mentre la predominanza di Cichorioideae è dovuta probabilmente ad una conservazione differenziale. Le nove zone polliniche definite sono attribuite a fasi discontinue comprese entro gli stadi isotopici 1 e 5. Una zona soltanto è attribuibile ad uno stadio isotopico che riflette un clima freddo, mentre le altre zone presentano caratteristiche proprie ai periodi interstadiari e interglaciali.

A San Francesco, soltanto i livelli post glaciali hanno dato risultati che possono essere analizzati e ripartiti su tre diagrammi pollinici. Questi diagrammi rivelano dei paesaggi da semi-aperti ad aperti con una presenza rara d'alberi meso-termofili e mediterranei che testimoniano condizioni climatiche relativamente secche. L'assenza di tracce incontestabili dell'intervento dell'Uomo sul paesaggio non ci permette di evidenziare il grado di un'eventuale impatto dell'attività umana sulla vegetazione.

**Parole chiave : Palinologia, Paleoambienti, Paleoclimi, Archeologia, Musteriano, Pleistocene superiore, Olocene, Liguria, Italia**

# ΠΕΡΙΛΗΨΗ

Οι παλυνολογικές αναλύσεις των αρχαιολογικών θέσεων Caverna delle Fate, Arma delle Manie και San Francesco στην ιταλικη Λιγουρία, μας παρέχουν πληροφορίες για τις παλαιοπεριβαλλοντολογικές και παλαιοκλιματολογικές συνθήκες της περιοχής κατά το Ανώτερο Πλειστόκαινο και το Ολόκαινο.

Οι στρωματογραφικές ασυνέχειες στις τρεις θέσεις, καθώς και οι παράγοντες που δρουν μετά την εναπόθεση των ιζημάτων και οι οποιοι προκαλούν την κακή διατήρηση των γυρεόκοκκων και των σπορίων και την χαμηλή συγκέντρωση τους ανά γραμμάριο ιζήματος, είναι συνυπεύθυνα για την άντληση αποσπασματικών δεδομένων.

Η γύρη που είχε εγκλωβιστεί στα ιζήματα δεν επέτρεψε τη διάγνωση μιας δυναμικής της βλάστησης, πράγμα το οποιο καθιστά δύσκολη την ακριβή χρονολογική απόδοση των τριων αρχαιολογικών θέσεων. Η σύγκριση των παλυνολογικών δεδομένων με τα δεδομένα των άλλων επιστημών οι οποιές μελέτησαν τις τρεις θέσεις, καθώς και η συσχέτισή τους μέ ορισμένες παλυνολογικές θέσεις αναφοράς και αρχαιολογικές θέσεις επιτρέπουν την πρόταση χρονο-στρωματογραφικών υποθέσεων για τις διαφορετικές φάσεις της βλάστησης που καταγράφηκαν.

Η θέση Caverna delle Fate, παρέχει πληροφορίες για το φυτικό περιβάλλον της περιόδου κατοικησης της σπηλιάς από τον Ανθρωπο του Νεάντερνταλ. Το διάγραμμα γύρης εμφανίζει μια ημιδασώδη εως δασώδη βλάστηση η οποία αντανακλά ήπιες κλιματικές συνθήκες. Η ανάπτυξη μεσο-θερμόφιλων φυτικών ειδών υποδεικνύει ενα εύκρατο κλίμα, ενώ η σταδιακή αύξηση των μεσογειακών ειδών υποδηλώνει την αύξηση της θερμοκρασίας. Οι τέσσερεις κλιματικές φάσεις που προκύπτουν από την παλυνολογική ανάλυση μπορούν να αποδοθούν σε διαφορετικές περιόδους ανάμεσα στα ισοτοπικά στάδια 5 e και 3.

Το διάγραμμα γύρης της θέσης Arma delle Manie περιγράφει την εξέλιξη του φυτικού παλαιοπεριβάλλοντος των προιστορικών ανθρώπων που κατοίκησαν τη σπηλιά από την αρχή του Ανώτερου Πλειστόκαινου μέχρι το Ολόκαινο. Η βλάστηση διακρίνεται από τη συνεχή παρουσία μεσο-θερμόφιλων και μεσογειακών φυτικών ειδών που υποδεικνύουν εύκρατες κλιματικές συνθήκες. Η επιβίωση ορισμένων από αυτά τα είδη κατά τις περιόδους κλιματικής επιδείνωσης θα μπορούσε να συνδεθεί με την ύπαρξη προστατευμένων ζωνών που θα χρισίμευαν ως καταφύγια. Οι ανοιχτοί χώροι αποτελούνται από Poaceae και Asteraceae, μεταξύ των οποίων Asteroideae και *Artemisia*, ενώ η υπεροχή των Cichorioideae οφείλεται πιθανότατα σε μια διαφορετικού βαθμού συντήρηση των γυρεόκκοκων. Οι εννιά καθορισμένες ζώνες γύρης αποδόθηκαν σε ασυνέχεις φάσεις από το ισοτοπικο στάδιο 5 εώς το στάδιο 1. Μια μονάχα ζώνη συνδέθηκε με ένα επεισόδιο στο εσωτερικό ενός σταδίου, αντανάκλαση ενός ψυχρού κλίματος, οι υπόλοιπες οκτώ παρουσιάζουν χαρακτηριστικά που αντιστοιχούν σε μεσοστάδια ή μεσοπαγετώδεις περιόδους.

Στη θέση San Francesco μόνο τα στρώματα που ανήκουν στο Ολόκαινο έδωσαν επεξεργάσιμα αποτελέσματα που κατανέμονται σε τρία διαγράμματα γύρης.. Αυτά τα διαγράμματα δείχνουν χώρους ημιανοιχτούς εως ανοιχτούς μέ αραιή παρουσία μεσο-θερμόφιλων και μεσογειακών φυλλοφόρων, υποδεικνύοντας σχετικά ξηρές κλιματικές συνθήκες. Η απουσία μη αμφισβητησιμων ιχνών παρέμβασης του Ανθρώπου στο περιβάλλον δεν μας επιτρέπει να τεκμηριώσουμε το βαθμό μιας πιθανής επίδρασης του στη βλάστηση.



**Λέξεις-κλειδιά : Παλυνολογία, Παλαιοπεριβάλλον, Παλαιοκλίμα, Αρχαιολογία, Μουστέρια περίοδος, Ανώτερο Πλειστόκαινο, Ολόκαινο, Λιγουρία, Ιταλία.**

www.ingramcontent.com/pod-product-compliance
Lightning Source LLC
LaVergne TN
LVHW072251300926
849160LV00018B/1642